深入浅出Go语言编程
从原理解析到实战进阶

阮正平 杜 军 著

人民邮电出版社

北 京

图书在版编目（ＣＩＰ）数据

深入浅出Go语言编程 ：从原理解析到实战进阶 / 阮
正平，杜军著. -- 北京 ：人民邮电出版社，2024.7
ISBN 978-7-115-61978-5

Ⅰ. ①深… Ⅱ. ①阮… ②杜… Ⅲ. ①程序语言－程
序设计 Ⅳ. ①TP312

中国国家版本馆CIP数据核字(2023)第107180号

内 容 提 要

本书是一部从核心概念、设计原理、应用场景、操作方法和实战技巧等维度全面、深入探讨 Go 语言的著作。书中首先介绍 Go 语言的基本概念，并通过"hello world"程序引导读者熟悉 Go 的工具链。接下来逐步深入，介绍面向包的设计、测试框架、错误与异常处理等内容。第8章开始探讨指针和内存逃逸分析，这对于理解 Go 语言的内存模型至关重要。随后的章节涉及数据结构、面向对象和接口编程等核心知识。从第15章开始，重点转向并发编程，从基本的并发模式到复杂的并发原理，再到内存管理和垃圾回收等高级主题。最后几章关注实际开发中的问题，如使用标准库和第三方库、性能问题分析与追踪，以及重构"hello world"示例代码。

本书适合想要掌握 Go 语言的基本使用方法，以及了解其底层工作原理和设计实现的初、中级读者阅读。

◆ 著   阮正平 杜 军

责任编辑 杨绣国

责任印制 王 郁 焦志炜

◆ 人民邮电出版社出版发行   北京市丰台区成寿寺路 11 号

邮编 100164   电子邮件 315@ptpress.com.cn

网址 https://www.ptpress.com.cn

涿州市京南印刷厂印刷

◆ 开本：800×1000 1/16

印张：27   2024 年 7 月第 1 版

字数：642 千字   2024 年 7 月河北第 1 次印刷

定价：109.80 元

读者服务热线：(010)81055410 印装质量热线：(010)81055316

反盗版热线：(010)81055315

广告经营许可证：京东市监广登字 20170147 号

前言

为什么要写这本书

在我们所处的"技术宇宙"中，Go 语言犹如一颗熠熠生辉的新星，它已经在云计算、微服务以及众多知名的开源项目中证明了自己的能量和潜力。当你推开 Docker、Kubernetes、Prometheus 等技术架构的大门时，你会发现它们的"心脏部位"都被 Go 语言这个强有力的"脉搏"所驱动。在云原生技术的浪潮中，Go 语言已成为一股不可忽视的力量。在我看来，掌握 Go 语言，便是掌握了深入理解和解构这些技术的钥匙。

想要系统学习一门技术，自然少不了阅读相关技术图书。然而，我注意到，目前市面上关于 Go 语言的书籍大多关注的是其语法和使用，对设计原理和底层实现探讨得较少。这可能会让读者只知其然，就如同我们只看到了山的外表，却无法洞察其内部的岩层和矿脉一样。为了帮助更多的读者深入理解和掌握 Go 语言的精髓，我与另一位作者杜军商量了一下，决定合著一本介绍 Go 语言的使用方法并剖析其底层实现的书，让读者知其然，且知其所以然。

2016 年，我在研究数据库容器化的过程中接触到 Docker 和 Kubernetes，自此步入了 Go 语言的世界。在学习 Go 语言的过程中，我基于官方文档、技术博客以及许多 Gopher 的作品逐步深入了解相关开源项目的源码，这个过程就像在探索一片未知的森林，其中的每一个发现都让我惊叹不已。Go 语言如同游戏《我的世界》中的工具，它强大且灵活，每一行代码都有可能改变世界。不过，想要改变世界，首先要打好坚实的基础。万丈高楼平地起，基础是重中之重。这本书介绍的核心概念、语法规则、应用场景以及编程技巧，都是用来帮助读者打好基础的。

撰写本书并不仅仅是为了给读者提供一本关于 Go 语言语法和功能的教程，我们希望走得更远一些。我们的目标是让这本书成为读者学习和理解 Go 语言的全面指南，无论是基础的语法和功能，还是深层的设计哲学和原则，以及可能被忽略的特性，都可以为读者呈现。我们渴望读者能在阅读本书的过程中感受到 Go 语言的精髓，并以此指导自己的编程实践。

这本书的创作于我而言，既是一次挑战，也是一次成长。尽管我曾写过许多技术文章，但我发现一本书的创作过程与之截然不同。这是一次基于全局性知识的挑战，也是一次将深度思考后获得的启发以文字的形式表达出来的尝试。一篇文章就像一块拼图，一本书则是将零散的拼图拼接在一起，形成一个完整的图案。在这个过程中，我一遍遍地调整写作思路，不断地补充和完善章节内容，希望基于自己的理解用浅显的文句把内容讲透，方便读者更深入地掌握知识点。

在写作的过程中，我也参考了其他书的写作风格，比如《Oracle Database 11g 数据库管理艺术》这本书，它的构思独特，在讲解常规的知识之外，还揭示了许多非常规的 Oracle 特性，这让我对 Oracle 有了更深的理解。受此启发，我们也把那些可能容易被遗忘或者忽略的 Go 语言特性整理并展示出来，以便读者更全面地了解 Go 语言，也能更好地在应用中有的放矢。

在过去的三年中，我对人生有了更深的思考。我想，我们应该为这个世界带来一些价值，这本书就是我们为这个世界所做的一份贡献。我希望这本书能够帮助所有渴望深入理解 Go 语言的读者，帮助他们找到方向，让他们开启自己的技术旅程。

就像未知的宝藏等待探险家探寻一样，Go 语言也有其独特的风景和挑战。每一行代码、每一个功能，都是我们探索 Go 语言的证明。我很开心能通过这本书与大家共同探索 Go 语言，发现更多的宝藏、惊喜和可能性，让我们一起用代码改变世界！

读者对象

本书的目标读者主要包括以下几类。

- 编程初学者：对于刚开始接触编程的读者，本书将是一把钥匙，它会引领你开启 Go 语言的大门。本书详尽地介绍了 Go 语言的基础知识，包括基本语法和核心编程概念等，可助你快速步入编程世界。
- 具有其他编程语言基础的开发者：如果你已经熟悉了 C++、Java 或 Python 等编程语言，现在希望扩充自己的技术栈，了解并学习 Go 语言，那么本书将是你理想的选择。它将帮助你迅速了解 Go 语言的特点和优势，并掌握 Go 语言的语法和功能，使你在新的语言领域游刃有余。
- 希望提高编程能力的资深开发者：对于已经在编程世界里摸爬滚打多年，积累了丰富经验的开发者来说，本书将为你揭示 Go 语言的设计原则和源码结构，帮助你深入理解 Go 语言的内部机制，进而提高你的编程技能。

如何阅读本书

如果你是初学者，需要了解 Go 语言的基本使用方式，可以重点阅读第 1~7 章及第 11 章，这几章重点讲解了 Go 语言的背景、基本概念、数据类型、结构化语法、测试框架、错误与异常处理机制、字符串以及函数在 Go 语言中的各种应用场景。此外，第 8 章中指针的使用、第 9 章中 Go 语言的三种核心数据结构，以及第 10 章中结构体的使用也是初学者必读的内容。你还能通过阅读第 21 章了解 Go 语言丰富的标准库和常用的第三方库，尤其是 io 包和 net 包的使用。

对于已经拥有一定编程基础的读者，可以重点关注第 12~17 章，以及第 22 章和第 23 章。这些章详细介绍了 Go 语言在面向对象编程中的独特实现方式，如接口的使用和设计原则，以及与接口紧密相关的反射技术等，这些内容可以帮助你在 Go 语言环境中快速地理解和运用面向对象的编程思想。其中，第 15~17 章全面地阐述了 Go 语言中的并发技术，如协程、通道等，以及它们的使用模式，这将为你编写高效的并发代码提供实质性帮助。第 22 章则着重介绍了性能问题分析与追踪的工具，能让你了解评估和提升 Go 代码性能的方法。第 23 章则对"hello world"程序进行了重构，你可以更深入地理解和应用前面所学的技术和思想。

对于希望提高编程能力的资深开发者来说，可以关注第 8 章的活动帧、值语义和内存逃逸分析，

第 9 章中面向数据的设计和可预测的内存访问模式，以及第 10 章中内存对齐与使用 unsafe.Pointer 类型等的内容。此外，第 18～20 章深入探讨了 Go 语言的核心设计，基于源码分析了并发编程与通道的实现，以及 Go 语言的内存管理和垃圾回收设计等，这些内容将帮助你更深入地理解 Go 语言的底层工作原理，并能够让你在实际编程中更好地优化和调试自己的代码。

本书对 Go 语言的使用和设计实现都有深入的讲解，按照上述指南阅读本书，相信大家可以逐步提升自己的 Go 语言编程能力。

勘误和支持

尽管对本书进行了多次调整和修改，但由于作者的水平有限，书中难免会出现一些错误或者不恰当的地方。如果你在阅读过程中发现了问题，包括但不限于错别字、语法错误、代码错误或者对 Go 语言的误解，我们都非常欢迎你向我们反馈并指正，我们的电子邮件地址是 golang1_qa@163.com。

如果你对本书的具体内容或在 Go 语言的使用和理解上存有疑惑，我们也非常乐意提供帮助和解答。希望通过大家的共同努力，这本书能够更加完善，能更好地服务于想要学习和提升 Go 语言技能的读者。

此外，我们也提供了一些额外的支持资源，包括本书附带的源码、示例项目等，希望能帮助你更好地理解和掌握相关知识。

致谢

本书的撰写是一次既充实又激动人心的旅程，其中有很多人给予了支持和帮助，没有他们，这本书是无法完成的。在这里，我想对他们表达我最深的谢意。

首先，我要感谢本书的编辑杨绣国（Lisa），谢谢她的付出、耐心和包容，她的专业精神和对工作的执着，为本书的出版起到了至关重要的作用。她的严谨评审和宝贵建议，使本书的内容更为准确、深入和易于理解。

其次，我要感谢本书的另一位作者杜军，除了在专业上给予我支持，他还像精神导师一样时刻给我鞭策，让我始终保持清晰的头脑和高昂的斗志。

同时，我要感谢所有 Gopher 以及 Go 官方社区团队。他们精心编写的文档和技术博客，以及对技术的无私分享，为我们创作这本书提供了宝贵的参考。没有他们的智慧和经验，这本书的内容将不会如此丰富和精准。

我要特别感谢我的家人。他们的支持和奉献是我完成这项工作的最大动力。他们的爱给了我信心和力量，使我有勇气和决心在任何困难面前坚持下去。

最后，我要向所有的读者表示感谢。是你们的存在和对知识的渴求，使这本书充满了生命力和价值。我希望这本书能够帮助你们更好地理解和应用 Go 语言。

谨以此书，献给我最亲爱的家人，以及热爱 Go 语言的所有朋友。再次感谢为这本书付出过努力的所有人，你们的贡献将被我永远铭记。

阮正平

2024 年 5 月写于成都

资源与支持

资源获取

本书提供如下资源：
- 本书源代码；
- 示例项目。

要获得以上资源，您可以扫描下方二维码，根据指引领取。

提交错误信息

作者和编辑虽已尽最大努力来确保书中内容的准确性，但难免会存在疏漏。欢迎您将发现的问题反馈给我们，帮助我们提升图书的质量。

当您发现错误时，请登录异步社区（https://www.epubit.com/），按书名搜索，进入本书页面，依次单击"图书勘误""发表勘误"，输入错误信息，单击"提交勘误"按钮即可（见下图）。本书的作者和编辑会对您提交的勘误进行审核，确认并接受后，您将获赠异步社区的 100 积分。

图书勘误		发表勘误
页码： 1	页内位置（行数）： 1	勘误印次： 1

图书类型： ◉ 纸书　○ 电子书

添加勘误图片（最多可上传4张图片）

+

提交勘误

全部勘误　我的勘误

与我们联系

我们的联系邮箱是 contact@epubit.com.cn。

如果您对本书有任何疑问或建议,请您发邮件给我们,并请在邮件标题中注明本书书名,以便我们更高效地做出反馈。

如果您有兴趣出版图书、录制教学视频,或者参与图书翻译、技术审校等工作,可以发邮件给本书的责任编辑(yangxiuguo@ptpress.com.cn)。

如果您所在的学校、培训机构或企业,想批量购买本书或异步社区出版的其他图书,也可以发邮件给我们。

如果您在网上发现有针对异步社区出品图书的各种形式的盗版行为,包括对图书全部或部分内容的非授权传播,请您将怀疑有侵权行为的链接发邮件给我们。您的这一举动是对作者权益的保护,也是我们持续为您提供有价值内容的动力之源。

关于异步社区和异步图书

"异步社区"(www.epubit.com)是由人民邮电出版社创办的 IT 专业图书社区,于 2015 年 8 月上线运营,致力于优质内容的出版和分享,为读者提供高品质的学习内容,为作译者提供专业的出版服务,实现作者与读者在线交流互动,以及传统出版与数字出版的融合发展。

"异步图书"是异步社区策划出版的精品 IT 图书的品牌,依托于人民邮电出版社在计算机图书领域 40 余年的发展与积淀。异步图书面向 IT 行业以及各行业使用 IT 技术的用户。

目录

第 1 章

Go 语言初探

Google 公司有一个传统，允许员工利用 20%的工作时间开发自己的实验项目。2007 年 9 月，UTF-8 的设计者之一 Rob Pike（罗布·皮克）在 Google 的分布式编译平台上进行 C++编译时，与同事 Robert Griesemer（罗布·格里泽默）在漫长的等待中讨论了编程语言面临的主要问题。他们一致认为，相较于在已经臃肿的语言上不断增加新特性，简化编程语言将会带来更大的进步。随后，他们又说服 UNIX 的发明人 Ken Thompson（肯·汤普森）一同来为此做点事情。几天后，他们三人启动了名为"Go 语言"的开发项目，这标志着 Go 语言的诞生。

1.1　Go 语言的发展里程碑

下面看一下 Go 语言发展过程中的里程碑。

（1）2007 年 9 月，Go 语言设计草稿在白板上诞生。

（2）2008 年 1 月，Ken Thompson 开发了 Go 语言编译器，并将 Go 代码编译成 C 代码。

（3）2009 年 11 月，Go 语言正式对外公开，Google 开源了该编程语言的源码。

（4）2012 年 3 月，Go1.0 版本发布，从这个版本开始，Go 语言承诺对 API 保持兼容性，也就是确保未来的版本升级不会破坏现有的代码。

（5）2015 年 8 月，Go1.5 版本实现了自举。这个版本的编译器不再依赖 C 编译器，而是使用 Go 编译 Go，其中有少量代码是使用汇编语言实现的。

（6）2016 年，内存管理领域权威专家 Rick Hudson（里克·赫德森）加入团队，重新设计了垃圾回收机制。在这一阶段，Go 语言开始支持并发垃圾回收，这极大地提高了垃圾回收的性能。此外，这次改进还解决了 Go 语言一直被诟病的垃圾回收停顿时间（Stop-The-World，STW）问题。这一改进在 Go1.5 和 Go1.6 版本中得到了体现，这标志着 Go 语言在内存管理方面迈出了重要的一步。

（7）2017 年 2 月，Go1.8 版本发布，垃圾回收的效率进一步提高，延迟时间降低到毫秒级别。比如，在相同的业务场景下，垃圾回收的延迟时间已经可以控制在 1 毫秒内。可以说，在解决垃圾回收延迟时间长的问题后，Go 语言在服务器端的开发方面几乎没有短板了。

（8）2020 年 2 月，Go1.14 版本发布，包管理工具 Go Module 被正式推荐在生产环境中使用。

（9）2022 年 3 月，Go1.18 版本发布，此版本中引入了被争论多年的泛型。

在 Go 语言的版本迭代过程中，由于官方承诺新版本与老版本的代码兼容，因此，每次版本迭代时，Go 语言开发团队都会把重心放在代码的优化、稳定性、编译速度、执行效率、垃圾回收的性能上，而对于是否增加新的语言特性则较为谨慎，这在一定程度上避免了由新特性带来的不兼容问题。

具体的版本特性可以查阅官方文档了解，地址为 https://golang.org/doc/go<版本号>。

1.2　云时代 Go 语言的发展趋势

Go 语言诞生至今（2023 年）已有十多年，越来越多以 Go 语言为基础的成功案例让用户和决策者信心倍增。近年来，热门云原生项目（Docker、Kubernetes、Prometheus 等）为 Go 语言的发展提供了很大的帮助。

Go 语言正式发布后，初期虽获得关注，但在 TIOBE Index①中的排名较低。之后，Go 语言逐渐得到开发者和企业的认可，并被应用到云计算、微服务等领域，其在 TIOBE Index 中的排名也上升并稳定在前 20 名左右。值得一提的是在 2009 年和 2016 年，Go 语言被评为年度最佳编程语言。

图 1-1 是 TIOBE Index 发布的 Go 语言发展趋势图。从该图中可以看出，Go 语言目前处于理性接受阶段。这意味着越来越多的开发者和企业开始认识到 Go 语言的优势，并将其应用于各种软件项目中。

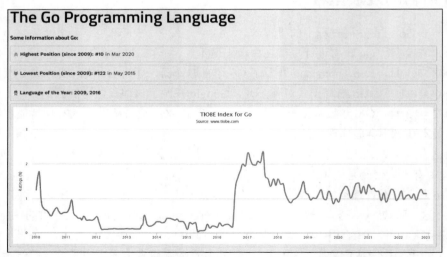

图 1-1　TIOBE Index 发布的 Go 语言发展趋势图

---

① TIOBE Index 是一个被广泛认可的编程语言流行度指标，但它并不是绝对权威的。实际的编程语言使用情况可能受多种因素的影响，包括地区、行业等。

1.3 Go 语言优秀的语言特性

在编写代码时，我们最关心的往往是编码效率，其次是程序的执行效率。Go 语言在编码效率和执行效率方面实现了极佳的平衡，且其代码的设计理念与计算机的运行方式高度契合，因此我们可以准确地判断程序的走向和运行速度，清晰地了解其工作原理。编码效率与执行效率的平衡、代码的设计理念与计算机运行方式的契合，正是 Go 语言的核心优势所在。

笔者结合自己的理解和使用 Go 语言进行软件开发的经验，并根据重要性将 Go 语言的特点进行了整理，具体如下。

- 采用了"少即是多"的设计哲学。
- 拥有强大的运行时（runtime）。
- 支持面向接口编程。
- 它是为工程服务的语言。
- 自带标准化的测试框架。
- 拥有丰富的标准库和第三方库。

1.3.1 "少即是多"的设计哲学

Go 语言的设计哲学是"少即是多"，它没有太多的创新，语法糖也少，只有 25 个关键字，但是它却支持面向接口编程、并发、垃圾回收、内存自动管理等功能，同时它还像 C 语言一样简洁，且支持 C 语言函数的调用。

Go 语言的"少"使得开发者可以快速上手，且开发效率很高。Go 语言的代码简洁易读，编译速度也很快。

下面的代码实现了调用 API 查询天气预报并返回最高和最低温度的功能。

```go
type Weather struct{}

//调用 API 查询天气预报并返回最高和最低温度
func (w *Weather) GetTemperature(cityId string) (float64, float64, error) {
    var url string
    resp, err := http.Get(url)
    if err != nil {
return 0, 0, err
    }
    defer resp.Body.Close()
    var data struct {
        Main struct {
                    city        string      `json:"city"`
                    tempHigh    float64     `json:"tem1"`
                    tempLow     float64     `json:"tem2"`
                    updateTime  time.Time   `json:"update_time"`
        } `json:"main"`
    }
    if err := json.NewDecoder(resp.Body).Decode(&data); err != nil {
        return 0, 0, err
```

```
        }

        return data.Main.tempHigh, data.Main.tempLow, nil
}
```

这段代码虽行数不多，但清晰地展示了 Go 语言的各种特性。它使用了结构体、方法、多返回值函数、defer 关键字、指针和标准库，且实现了简单声明变量、错误处理和序列化等功能。

1.3.2　强大的 runtime

Go 语言具有强大的 runtime，支持语言级别的并发、高效的内存管理和自动垃圾回收机制。

1. 语言级别的并发

一些编程语言需要通过包装库来实现并发，这可能会降低代码的可读性。然而，Go 在语言层面就实现了并发，Go 语言的并发特性体现在能够充分利用多核提高 CPU 的并发利用率上，并且从单核转换为多核的成本也较低。编写并发代码的过程很简单，即使是刚接触 Go 语言的开发者也能轻松编写出高并发程序，这也是众多开发人员选择 Go 语言的原因之一。

下面的代码用于开启 1000 个协程（goroutine），且并发输出传入的 i 值。

```
func Print(i int) {
        fmt.Println("goroutine:", i)
}

func main() {
        for i := 0; i < 1000; i++ {
                go Print(i)
        }
        time.Sleep(time.Second)
}
```

从上述代码可知，使用 Go 语言进行并发编程非常简单，仅仅使用一个关键字 go 即可。其中涉及的 CPU 绑定、时间切片优化等工作，已由 Go 语言底层进行了封装。另外，Go 并发源码的可读性非常强。

Go 语言能实现高并发得益于其实现的 GPM 调度模型。G、P、M 这三个字母分别指模型中的协程、逻辑处理器和工作线程，Go 语言在用户层实现了 GPM 调度模型。Go 语言中的协程是轻量级的线程，每个协程占用约 2KB 的内存，因此可以有效利用多核进行大规模的并发处理。在 Go 语言中实现并发的原因很简单，就是为了高效地完成协程对 CPU 资源的调度。因此，Go 语言调度的核心是根据特定的算法将协程投放到操作系统的线程中执行。因为 Go 程序在 runtime 中就实现了自己的调度器，所以我们常说 Go 在语言级别支持并发性。

在高并发场景中，可能会出现临界资源安全（数据冲突）问题。为了解决这个问题，除了使用传统的锁，Go 语言还实现了极具特色的通信顺序进程（Communicating Sequential Processes，CSP）模型。该模型吸收了管道通信机制的优点，形成了独特的通道（channel）数据类型。

2. 高效的内存管理

Go 语言的内存管理借鉴了 Google 公司为 C 语言开发的 TCMalloc 算法。TCMalloc 算法的核心思想是将内存分级管理，从而降低锁的粒度，还可以通过分配连续的内存来减少内存碎片。它可以替代系统中与内存分配相关的函数（如 malloc、free、new 等）。Go 语言借鉴这个思路，将内存按照大小分配给不同的对象，并通过一些高效的内存分配算法来实现内存管理。内存分配、管理的大致过程如下。

（1）程序启动时，向操作系统申请一大块虚拟内存。

（2）根据规则将申请的虚拟内存切割成小的内存块，并根据对象的大小分配对应规格的内存块。

（3）回收时不直接将空闲内存返还给操作系统，而是自己管理，若有新对象进入内存并提出分配申请，则直接进行分配，从而减轻操作系统的工作负担。

内存使用多级分配的管理方式，每个线程维护自己的本地内存池。进行内存分配时，优先从本地内存池中分配，这种方式不需要加锁，可以避免或减少因频繁向全局内存池申请内存而引发的竞争。当本地内存池中的内存不足时，再向上一级内存池申请。

3.　自动垃圾回收机制

C 语言虽然性能好，但对开发人员的要求也很高，因为开发人员需要负责管理内存（包括分配和释放内存等），稍不注意就可能导致内存泄漏等问题。在 Go 语言中，栈和堆是 Go 程序在运行过程中分配和管理内存的两个主要区域，它们有各自的特点且承担着不同的责任。对于栈中的数据，系统会在当前函数执行结束后自动清理；对于堆中的数据，则通过自动垃圾回收机制统一回收管理。当然，自动进行垃圾回收的语言其性能赶不上手动管理内存的语言。

自动垃圾回收机制的好坏取决于 STW 的长短。Go 语言使用三色标记、混合写屏障、并发增量回收等机制来提高垃圾回收的性能。在 Go1.14 版本中，垃圾回收的时间已经达到了亚毫秒级。

1.3.3　面向接口编程

在 Go 语言中，接口扮演着重要的角色。接口提供了一种抽象机制，使得程序员可以编写更灵活、可扩展的代码。通过接口，不同的类型可以在共享相同行为（方法）的情况下实现松耦合的交互，从而提高代码的可维护性和可重用性。

Go 语言中没有类的概念，因此它将面向对象的三个基本特征（封装、继承和多态）以自己的方式实现。Go 语言通过接口实现了鸭子类型（Duck Typing），这是一种动态类型的编程范式。鸭子类型基于一个简单的原则实现：如果一个对象走起来像鸭子，叫起来像鸭子，那么它就可以被认为是鸭子。换句话说，鸭子类型关注的是对象的行为，而不是对象的实际类型。在 Go 语言中，接口是一个或多个方法签名的集合，任何实现了这些方法的类型都可以被认为实现了该接口。这是一种隐式的实现，没有显式地使用 implement 之类的关键字。需要注意的是，尽管 Go 语言是静态类型的，但因为接口实现了鸭子类型，所以它的类型处理更为灵活。Go 语言官方建议使用组合方式实现继承这个特征。一般情况下，组合是 "has-a" 关系，继承是 "is-a" 关系，相比之下，组合的耦合更松。

在笔者看来，Go 语言就是一门基于连接与组合实现的编程语言。在 Go 语言中，连接指的是对各个函数或方法进行串联的方式,组合指的是将简单对象组合成复杂对象的方式。编程的目标就是化繁为简,充分运用组合的思想大幅简化了开发模式和项目代码,实现返璞归真。

1.3.4 为工程服务的语言

从 Go 语言的"出身"来看,它更像学院派语言,但实际上设计它的初衷是将其用作为工程服务的语言。Go 语言具有开发效率高、代码规范统一、写并发相对容易等特点,非常适合团队开发。它的应用场景包括基础架构、中间件、云原生开发等。Go 语言简化了指针设计,实现了将变量初始化为零值、通过 runtime 分配内存、内存逃逸分析以及自动垃圾回收等功能,让内存使用变得更为简单和安全。从这些实现细节中,我们可以深刻地认识到 Go 语言是一门为工程服务的编程语言。

1. 静态强类型编译型语言

Go 语言是一种静态强类型编译型语言,它具有以下特征。

(1)因为是静态语言,所以在程序运行之前就已经知道值类型是什么。这是一件很好的事情,可以在编译时就检查出隐藏的大多数问题。如果我们在错误的位置使用了错误的类型,Go 语言就会及时告诉我们(比如常见的类型转换错误)。这减少了隐藏的缺陷(Bug),使线上的稳定运行成为可能。

(2)因为是强类型语言,所以类型之间的转换是显式的。

(3)因为是编译型语言,所以在运行前需要先生成二进制机器码。

提示: 与静态语言相对的是动态语言。因为动态语言没有编译器,所以在执行过程中只能逐条地判断对错,如果出现问题,可能会立即崩溃或产生异常。静态语言会在编译过程中直接将源码转换为机器码,这意味着程序在运行时不需要实现额外的解释过程,因此可以提供更快的运行速度。此外,它还可以在编译过程中进行代码优化,如函数内联优化、消除死代码、展开循环等,以提高机器码的性能。

2. 静态链接

关于静态链接和动态链接的争议一直存在。在笔者看来,在存储已经很便宜的今天,静态链接可能是更好的选择。Go 语言正好属于静态链接库阵营。在 Go 语言中,一个几千字节大小的"hello world"程序编译后的可执行文件会达到几兆字节大小,这是因为 Go 语言在编译时会将一些静态链接库以及 runtime 环境打包到可执行文件中,虽然体积变大了,但程序更具可移植性和独立性了。不要低估了这一点,因为在复杂的生产系统中,使用动态链接可能会存在程序依赖于多个版本库的问题。此外,静态链接还具有另一个优势,即编译一次即可在任何地方运行。众所周知,部署 Java 程序需要在运行环境中安装 JRE,而编译后的 Go 语言可执行文件并不依赖于任何运行环境,也就是说,它可以直接运行。这进一步证明了 Go 语言是以实用为主的工程语言。

3. 编译速度快

"天下武功唯快不破",程序的编译与执行也是如此。但是,对于快速编译和快速执行,我们往往只能选择其一,就像鱼与熊掌不可兼得一样。C 语言运行速度快,但编译速度慢,依赖库运行时错误很多。Java 的执行速度和编译速度都不错,但在不同的环境下,需要使用不同的 JVM 运行代码。Go 语言一开始就考虑实现快速编译,就像解释型语言一样,我们不会注意到它正在编译。用 Go 语言编写的项目可以在秒级完成编译，这对提高生产力很重要！

4. 执行性能高

Go 语言虽然简单，语法糖少，但性能不差。它的性能略低于 C++，相当于 Java，比 Python 快几十倍。表 1-1 是 The Benchmarks Game[①]中列出的编程语言性能数据，其中给出了在 10 种性能测试方法下多种语言的运行时间。

表 1-1　10 种性能测试方法下多种语言的运行时间对比（单位：秒）

性能测试方法	Go	Java	C++	Python
fannkuch-redux	8.28	11.00	8.08	367.49
pidigits	0.86	0.79	0.6	1.28
fasta	1.20	1.20	0.78	39.10
n-body	6.38	6.75	4.09	586.17
spectral-norm	1.43	1.68	0.72	118.40
reverse-complement	1.43	1.54	0.63	7.16
regex-redux	3.61	5.70	1.08	1.36
k-nucleotide	8.29	5.00	1.95	46.37
mandelbrot	3.75	4.11	0.84	172.58
binary-trees	6.74	2.50	1.04	49.35

从表 1-1 可以看出，在这 10 种性能测试方法下，C++的性能最好，Go 与 Java 差不多，Python 要慢几个数量级。

5. 支持跨平台交叉编译

Go 语言支持跨平台交叉编译，可以轻松地根据指定的平台编译源码并运行。

6. 拥有丰富的工具链

Go 语言拥有丰富的工具链（命令行工具），包括编译、运行调试、下载和代码格式化等工具。

1.3.5　自带标准化的测试框架

Go 语言自带标准化的测试框架，可以很好地执行单元、黑盒、白盒、压力和模糊（模糊测试是 Go1.18 版本中新增的功能）等多种测试。除了标准化的测试框架，它还有很多第三方优秀的测试框架。

说明：建议一个项目仅使用一套测试框架，以确保项目的完整性和一致性。

1.3.6　丰富的标准库和第三方库

Go 语言拥有非常丰富的标准库和第三方库，这些库几乎涵盖了所有常用的功能和操作，涉及网络编程、数据处理、文件操作、并发处理、加密算法、图片处理、数据库操作等。借助这些库，我

---

① The Benchmarks Game 的官方地址为 https://benchmarksgame-team.pages.debian.net/benchmarksgame，它是目前较为权威的为多种编程语言提供性能测试结果和评估的网站。

们可以轻松地编写出高可用、高性能且具有良好可维护性的代码！

更进一步说，Go 语言的活跃社区和开源生态系统使得开发者可以快速找到合适的库来满足特定的需求。Go 语言简洁的语法和清晰的代码组织结构也使得第三方库易于理解和集成。以上这些因素都有助于提高我们的开发效率，这进一步体现了 Go 语言在工程实践中的优势。

1.4　强大的生态圈和成功案例

最初 Go 语言的定位是成为系统编程语言，但由于自动垃圾回收机制会影响性能，所以在系统层面人们更多还是会选择 C 和 C++语言。如今，在大数据和电商领域，Java 占据主导地位；在人工智能领域，Python 占据主导地位。Go 语言则常被选择用于构建位于上层应用和底层操作系统之间的中间层。

在云原生领域，大多数项目是使用 Go 语言实现的，包括著名的容器运行时代表 Docker、事实上的容器编排标准 Kubernetes、分布式 KV 存储系统 Etcd、监视的首选 Prometheus 等。目前，一些大型 IT 公司也在使用 Go 语言重构部分业务。可以说，Go 语言是云原生的第一开发语言。

Go 语言赶上了云时代，促进了云的发展，云原生和 Go 语言互相成就。

1.5　Go 程序是如何运行的

想了解 Go 程序在计算机上是如何运行的，就得了解该程序运行可能涉及的步骤，此步骤一般包括编译、连接和执行等环节。

对源码进行编译后，可执行文件如何由操作系统加载到内存中并运行呢？事实上，操作系统已将整个内存划分为多个区域，每个区域用于执行不同的任务。内存区域的名称与作用如表 1-2 所示。

表 1-2　内存区域的名称与作用

内存区域	名称	作用
stack	栈空间	栈是一种自动管理的内存区域，用于存储局部变量、函数调用的参数和返回地址。栈具有先进后出的特性。当函数被调用时，栈会自动为函数的局部变量和参数分配空间；当函数返回时，这些空间会被自动释放。栈内存分配和回收的速度较快，但栈提供的内存空间有限
heap	堆空间	堆是一种手动管理的内存区域，用于存储程序在运行时动态分配的内存。相较于栈，堆提供了更大的内存空间，但其分配和回收的速度较慢。在使用堆内存时，需要注意内存泄漏和内存碎片问题。回收此部分内存需要自动垃圾回收机制的介入
bss 段	bss 段	用于存放未被初始化的全局变量和静态变量。在程序启动时，操作系统会将 bss 段中的所有变量初始化为零值。bss 段中的变量不会占用磁盘空间，只在程序加载到内存中时分配空间
data 段	data 段	用于存储已被初始化的全局变量和静态变量。这些变量在程序编译时就已经被赋予了初始值。data 段可以进一步细分为只读数据段（如常量）和可读写数据段（如普通已初始化的变量）
text 段	text 段	存储程序的二进制指令，以及其他的一些静态内容。它通常是只读的，以防止程序在运行时意外地修改自身代码。这个段也称为代码段

Go 源码文本转换为二进制可执行文件涉及以下两个步骤。

（1）编译：将文本代码编译为目标文件（.o、.a）。

（2）连接：将目标文件合并为可执行文件。

可以使用命令 go build -x main.go 查看 Go 源码的编译和连接过程，具体如下，请注意其中的关键字 compile 和 link。

```
go build -x main.go
WORK=/var/folders/dw/hlkj1z416618ml089msv27q40000gp/T/go-build3987574679
mkdir -p $WORK/b038/
...
cd ../golang-1/1-intro-golang/helloworld/v1
/usr/local/go/pkg/tool/darwin_amd64/compile -o $WORK/b038/_pkg_.a -trimpath "$WORK/b038=>"
-p golang-1/1-intro-golang/helloworld/v1/mytask -lang=go1.17 -complete -buildid _AQjJb_
oKnpP5p-Roetq/_AQjJb_oKnpP5p-Roetq -goversion go1.17.1 -importcfg $WORK/b038/importcfg
-pack -c=4 ./mytask/mystruct.go ./mytask/taskprocess.go
/usr/local/go/pkg/tool/darwin_amd64/buildid -w $WORK/b038/_pkg_.a # internal
cp $WORK/b038/_pkg_.a /Users/makesure10/Library/Caches/go-build/c2/c23aaafabe1f90ef18
755a4aa4a017ae2a3b5cd48fcb5e65a77722b1a47f262f-d # internal
mkdir -p $WORK/b001/
...
mkdir -p $WORK/b001/exe/
cd .
/usr/local/go/pkg/tool/darwin_amd64/link -o $WORK/b001/exe/a.out -importcfg $WORK/b001/
importcfg.link -buildmode=exe -buildid=-hKqHVTOB_jOb7Jh11JS/HTWG1gA5dVlOMQ10XUm4/
jng5Q6XZtNSFKpOfgseT/-hKqHVTOB_jOb7Jh11JS -extld=clang $WORK/b001/_pkg_.a
/usr/local/go/pkg/tool/darwin_amd64/buildid -w $WORK/b001/exe/a.out # internal
mv $WORK/b001/exe/a.out main
rm -r $WORK/b001/
```

以 Linux 系统为例，生成二进制可执行文件后，操作系统执行该文件的步骤为解析 EFL Hearder，加载文件内容到内存中，从 Entry point 处开始执行代码。

在 Linux 系统中，我们可以使用工具 readelf 查找程序的入口地址。通过关键字 Entry point 找到 Go 进程的执行入口后，就可以知道 Go 进程开始的位置。示例代码如下。

```
[root ~]# readelf -h main
ELF Header:
  Magic:   7f 45 4c 46 02 01 01 00 00 00 00 00 00 00 00 00
  Class:                             ELF64
  Data:                              2's complement, little endian
  Version:                           1 (current)
  OS/ABI:                            UNIX - System V
  ABI Version:                       0
  Type:                              EXEC (Executable file)
  Machine:                           Advanced Micro Devices X86-64
  Version:                           0x1
  Entry point address:               0x45c220 //程序的入口地址
  Start of program headers:          64 (bytes into file)
  Start of section headers:          456 (bytes into file)
  Flags:                             0x0
  Size of this header:               64 (bytes)
```

```
Size of program headers:              56 (bytes)
Number of program headers:            7
Size of section headers:              64 (bytes)
Number of section headers:            23
Section header string table index: 3
```

从上面的结果可以看到，程序的入口地址是 0x45c220。接着使用 dlv 调试器查看汇编代码。

```
# dlv exec ./main
2022-03-04T16:26:02+08:00 error layer=deBugger can't find build-id note on binary
Type 'help' for list of commands.
(dlv) b *0x45c220
Breakpoint 1 set at 0x45c220 for _rt0_amd64_linux() /usr/local/go/src/runtime/rt0_linux_
amd64.s:8
```

可以看到，与地址 0x45c220 对应的汇编代码是 rt0_linux_amd64.s（此入口文件因平台而异）。下面这段代码显示了汇编代码 rt0_linux_amd64.s 涉及的一些指令。

```
TEXT _rt0_amd64(SB),NOSPLIT,$-8
        MOVQ      0(SP), DI          // argc
        LEAQ      8(SP), SI          // argv
        JMP       runtime·rt0_go(SB)
```

rt0_go 的功能可分为两部分。第一部分是获取系统参数和检查 runtime，第二部分则是启动 Go 程序，大致启动流程为从 rt0_linux_amd64.s 中进入程序，创建主协程，创建 runtime.main，调用 main.main。

汇编语言是高级语言与操作系统之间的桥梁，所有的汇编指令都可以转换为二进制机器码序列，以被 CPU 理解。Go 语言在编译时也会转换成汇编语言，所以了解一些汇编知识可以更好地帮助我们深入理解 Go 语言的一些底层机制。

1.6　plan9 与 Go 语言

Go 语言使用的是 plan9 汇编。最初 Go 语言是在 plan9 操作系统上开发的，后来才在 Linux 系统和 macOS 系统上实现。虽然 plan9 汇编与传统汇编有一些差异，但汇编知识基本是通用的，我们可以参考《plan9 汇编手册》和 Go 官方提供的《Go 汇编快速引导手册》来了解更详细的知识。

1.6.1　寄存器

寄存器是 CPU 内部存储容量有限的高速存储部件，可临时存放参与运算的指令、数据和地址。

与 amd64 有关的通用寄存器都可以在 plan9 操作系统中使用，应用代码级别的通用寄存器主要是 rax、rbx、rcx、rdx、rdi、rsi、r8~r15 这 14 个，管理栈顶和栈底的则为 bp 和 sp，不建议使用这两个寄存器进行运算。

在 plan9 操作系统中使用寄存器时不需要带 r 或 e 前缀，例如 rax，只需要写成 AX 即可，示例命令如下：

```
MOVQ $101, AX = mov rax, 101
```

表 1-3 是在 x64 和 plan9 操作系统中通用寄存器名字的对照表。

表 1-3　在 x64 与 plan9 操作系统中通用寄存器名字的对照表

x64	rax	...	rdx	rdi	rsi	rbp	rsp	r8	...	r14	rip
plan9	AX	...	DX	DI	SI	BP	SP	R8	...	R14	PC

常用汇编指令的对应关系如下（左边为 plan9，右边为 x64）：

```
plan9 -> x64
MOVB $1, DI -> mov dil, 0x1     // 将 1 字节的立即数 0x1 存入寄存器 DI 的低 8 位
MOVW $0x10 BX -> mov bx, 0x10 // 将 2 字节的立即数 0x10 存入寄存器 BX 中
MOVQ $100, DX -> mov edx, 100  // 将 4 字节的立即数 100 存入寄存器 DX 中
MOVQ $-10, AX -> mov rax, -10  // 将 8 字节的立即数 -10 存入寄存器 AX（RAX）中
ADDL $5, CX -> add ecx, 5 // 将寄存器 CX（ECX）的值加上立即数 5
SUBQ $20, SP -> sub rsp, 20 // 将寄存器 SP（RSP）的值减去立即数 20
ANDW $0xFF, SI -> and si, 0xFF // 将寄存器 SI 与立即数 0xFF 进行按位与操作
ORL $0xF0F0, DI -> or edi, 0xF0F0 // 将寄存器 DI（EDI）与立即数 0xF0F0 进行按位或操作
```

可以看到，plan9 汇编操作数的方向与 AT&T 类似，与 Intel 的相反。

Go 语言的汇编还引入了 4 个伪寄存器，分别如下。

- FP（Frame Pointer）：帧指针，用于指向当前函数栈帧的基址。在 Go 语言的汇编中，FP 可用于访问局部变量和函数的参数。通常，FP 会指向栈帧的底部（高地址处），而局部变量和参数都位于 FP 以下的地址中。
- PC（Program Counter）：程序计数器，用于表示当前正在执行的指令地址。在 Go 语言的汇编中，PC 通常用于计算相对跳转地址。这个伪寄存器主要用于控制程序的流程，如条件跳转、循环等。
- SB（Static Base Pointer）：静态基址指针，主要用于访问全局变量和静态变量。在 Go 语言的汇编中，全局变量和静态变量的地址都是相对于 SB 的偏移量。SB 使得访问这些变量更加方便，同时避免了硬编码绝对地址。
- SP（Stack Pointer）：栈指针，用于指向当前栈帧的栈顶（低地址处）。在 Go 语言的汇编中，SP 用于管理函数栈帧，如分配临时变量、调用其他函数等。SP 和 FP 一起维护了函数调用过程中的栈结构。

1.6.2　Go 语言的反汇编方法

Go 语言提供了多种反汇编方法，具体如下。

- 使用 objdump 工具实现，命令为 "objdump -S Go 二进制文件"。
- 使用 gdb 的反汇编实现，命令为 disassemble/disass。
- 将 Go 代码编译成汇编代码，命令为 go tool compile。
- 将 Go 语言的二进制文件反编译成汇编代码，命令为 go tool objdump。
- 在构建 Go 程序的同时生成汇编代码文件，命令为 go build -gcflags。

在上述反汇编方法中，前两种主要用在操作系统层面，我们常用的是后面三种，下面具体介绍这三种。

1.　使用 go tool compile 命令将 Go 代码编译成汇编代码

将 Go 代码编译成汇编代码时，输出的汇编代码没有链接，呈现的地址都是偏移量。go tool compile 命令的使用方式如下。

```
$ go tool compile -N -l -S main.go
"".plan9ExampleFunc STEXT size=80 args=0x0 locals=0x28 funcid=0x0 align=0x0
    0x0000 00000 (main.go:3)    TEXT    "".plan9ExampleFunc(SB), ABIInternal, $40-0
    0x0000 00000 (main.go:3)    CMPQ    SP, 16(R14)
    ...
    0x0024 00036 (main.go:4)    CALL    runtime.newobject(SB)
    ...
"".main STEXT size=86 args=0x0 locals=0x20 funcid=0x0 align=0x0
    0x0000 00000 (main.go:8)    TEXT    "".main(SB), ABIInternal, $32-0
    0x0000 00000 (main.go:8)    CMPQ    SP, 16(R14)
    ...
    0x004f 00079 (main.go:8)    CALL    runtime.morestack_noctxt(SB)
    0x0054 00084 (main.go:8)    PCDATA  $0, $-1
    0x0054 00084 (main.go:8)    JMP     0
```

2.　使用 go tool objdump 命令将 Go 语言的二进制文件反汇编成汇编代码

go tool objdump 命令的使用方式如下。

```
$ go tool objdump main.o
TEXT "".plan9ExampleFunc(SB) gofile..../main.go
  main.go:3   0x723   493b6610    CMPQ 0x10(R14), SP
  ...
  main.go:5   0x76b   c3          RET
  main.go:3   0x76c   e800000000  CALL 0x771    [1:5]R_CALL:runtime.morestack_noctxt
  main.go:3   0x771   ebb0        JMP "".plan9ExampleFunc(SB)
TEXT "".main(SB) gofile...../main.go
  main.go:8   0x773   493b6610    CMPQ 0x10(R14), SP
  ...
  main.go:8   0x7c2   e800000000  CALL 0x7c7    [1:5]R_CALL:runtime.morestack_noctxt
  main.go:8   0x7c7   ebaa        JMP "".main(SB)
```

要说明的是，反编译 Go 二进制文件成汇编代码时会丢失很多信息。

3.　在构建 Go 程序的同时使用 go build -gcflags 命令生成汇编代码

go build -gcflags 命令的使用方式如下。

```
$ go build -gcflags -S main.go
"".plan9ExampleFunc STEXT size=61 args=0x0 locals=0x18 funcid=0x0 align=0x0
    0x0000 00000 (..../main.go:3)    TEXT    "".plan9ExampleFunc(SB), ABIInternal, $24-0
    0x0000 00000 (..../main.go:3)    CMPQ    SP, 16(R14)
    ...
    0x0036 00054 (..../main.go:3)    CALL    runtime.morestack_noctxt(SB)
    0x003b 00059 (..../main.go:3)    PCDATA  $0, $-1
    0x003b 00059 (..../main.go:3)    JMP     0

"".main STEXT size=66 args=0x0 locals=0x10 funcid=0x0 align=0x0
```

```
        0x0000 00000 (..../main.go:8)        TEXT    "".main(SB), ABIInternal, $16-0
        0x0000 00000 (..../main.go:8)        CMPQ    SP, 16(R14)
        ...
        0x0040 00064 (..../main.go:8)        JMP     0
```

也可以使用上述命令查看某个具体的函数。

```
$ go build -gcflags '-l' -o main main.go
$ go tool objdump -s "main\.plan9ExampleFunc" main
TEXT main.plan9ExampleFunc(SB) ..../main.go
main.go:3       0x1053f60      493b6610CMPQ 0x10(R14), SP
...
main.go:3       0x1053f96      e865d0ffff      CALL runtime.morestack_noctxt.abi0(SB)
main.go:3       0x1053f9b      ebc3            JMP main.plan9ExampleFunc(SB)
```

小技巧：命令 go build -gcflags -S 用于生成正在处理的汇编代码，命令 go tool objdump 则用于生成最终机器码的汇编代码。

1.6.3　反汇编的查看示例

利用反汇编可以查看映射被转换为哪种 runtime 函数，也可以确定内存是否在堆上分配。

1. 查看映射被转换为哪种 runtime 函数

先使用 Go 语言编写一段包含映射（map）初始化的代码。

```
package main

import "fmt"

func main() {
        var a = map[int]int{}
        a[1] = 1
        fmt.Println(a)
}
```

接着通过前面提到的 go tool compile 命令将 Go 代码编译成汇编代码，这段代码初始化时调用了 runtime.makemap_small(SB)函数。如果想看映射被转换为哪种 runtime 函数，就去源码 src/runtime 中寻找 makemap_small 的相关定义，示例代码如下。

```
$ go tool compile -S map.go | grep 'map.go:6'
0x0014 00020 (map.go:6) PCDATA  $1, $0
0x0014 00020 (map.go:6) CALL    runtime.makemap_small(SB)
0x0019 00025 (map.go:6) MOVQ    AX, "".a+40(SP)
```

2. 确定内存是否在堆上分配

先使用 Go 语言编写一段涉及内存分配的示例代码。

```
package main

import "fmt"
```

```
func main() {
        var a = new([]int)
        fmt.Println(a)
}
```

内存是否在堆上分配，取决于初始化时是否调用了 runtime.newobject(SB)函数。确定内存是否在堆上分配的示例代码如下。

```
$ go tool compile -S heap.go|grep 'heap.go:6'
0x0014 00020 (heap.go:6)        LEAQ     type.[]int(SB), AX
0x001b 00027 (heap.go:6)        PCDATA   $1, $0
0x001b 00027 (heap.go:6)        NOP
0x0020 00032 (heap.go:6)        CALL     runtime.newobject(SB)
```

第 2 章

"hello world" 与工具链

本章首先介绍 Go 语言的安装和配置方法，然后编写并运行"hello world"程序，最后介绍 Go 语言常用的工具链命令。

2.1 Go 语言的安装和配置

下面主要介绍 Go 语言的安装和配置方法。

2.1.1 下载和安装

我们可以从 Go 语言的官方网站下载并安装所需的版本。图 2-1 所示是官网 Go1.18 版本的下载界面。

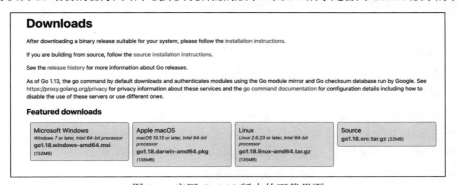

图 2-1 官网 Go1.18 版本的下载界面

2.1.2 配置 Go 语言的环境变量

Go 语言的安装步骤通常是下载，解压，把安装文件放置到某个目录，配置环境变量，最后输入命令"go version"验证是否安装成功。

安装完成后，有以下三个环境变量需要配置。

● GOROOT：指定 Go 的安装路径。

- GOPATH：工作目录，以后作为 Go 项目的工作路径。
- PATH：添加$GOROOT/bin 目录。

笔者使用的是 macOS 系统，可以直接使用命令 brew install go 安装 Go 语言，此命令会根据 brew 中配置的源自动下载相应的版本，并自动配置相应的环境变量。当有新版本发布时，还可以使用命令 brew upgrade go 升级版本。在 macOS 系统中，可直接使用下载的安装包将 Go 语言发行版安装到/usr/local/go 目录中，它会自动将/usr/local/go/bin 目录配置到 PATH 环境变量中。安装或更新 Go 语言后，为了确保自动配置的环境变量生效，可能需要重新启动所有打开的终端会话。

Go 语言在 Windows 系统和 Linux 系统中的安装、配置过程与在 macOS 系统中的安装类似，环境变量的配置方法可以参考官方文档，在此不再赘述。

2.1.3　查看配置信息

配置好环境变量以后，可以运行命令 go env 来查看。以下是在 macOS 系统中安装并配置 Go 语言后的环境变量示例。

```
$ go version
go version go1.18 darwin/amd64
$ go env
..
GOARCH="amd64"
...
GOOS="darwin"
GOPATH="../goworkspace/src
"
...
GOPROXY="https://goproxy.cn,direct"
GOROOT="/usr/local/go"
...
```

Go 语言中常用环境变量的含义如下。

- GOROOT：表示 Go 的安装位置。
- GOPATH：表示 Go 的工作目录。
- GOARCH：表示处理器架构，可以是 386、amd64 或 arm。
- GOOS：表示操作系统，可以是 Darwin、FreeBSD、Linux 或 Windows。

Go 语言允许多个版本共存，实现此功能只需要重新配置环境变量 GOROOT，让其指向不同版本的目录即可。可以使用命令 go version 或者 go env 显示相关版本的信息。

要更改 Go 语言的环境变量，可以使用命令 go env -w key=value 进行设置。例如，想要设置 GOPROXY，可使用命令 go env -w GOPROXY=https://goproxy.cn,direct 来实现。

Go 语言官方提供了包管理工具 Go Module，它是为解决 Go 开发过程中出现的依赖管理问题而引入的。Go Module 在 Go1.11 版本中发布，经过改进和迭代，在 Go1.14 版本中正式被推荐用于生产。

2.2　第一个程序"hello world"

Go 语言的环境已经设置好，接下来开始编写"hello world"程序。

在实际业务中，我们常会对一些重要业务进行埋点处理，以将我们想要关注的信息记录在日志中。自然，随之而来的会有处理埋点日志的业务需求，即读取埋点的日志文件（比如 Nginx 日志），通过对日志内容进行过滤、整理、分析和挖掘来获取一些与性能有关的关键信息（如访问量、访问来源、处理时间等），获取这些信息后既可以进行可视化结果展示，也可以将结果发送到下一个环节进行消费。本章抽象和简化了这类需求，并基于该需求来编写 "hello world" 程序。不过，在本书的最后一章中会对它进行重构，从而展示 Go 语言的更多使用方法。简化的业务流程如图 2-2 所示。

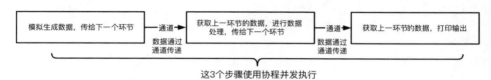

图 2-2 "hello world" 的业务流程

在此示例中，三个环节使用协程并发执行。在并发处理期间，使用通道传输数据。

数据样本的格式为 "开发工程师-/Bug-881.763s"。

2.2.1 "hello world" 程序的代码说明

笔者使用的集成开发环境是 Goland。首先创建工程 golang-1，并使用 Go Module 进行管理，可使用如下命令初始化项目。

```
$ go mod init goang-1
go: creating new go.mod: module golang-1
```

代码结构如下。

```
golang-1/intro-golang/helloworld/v1
$ tree .
.
├── main.go
└── mytask
    ├── mystruct.go
    └── taskprocess.go

1 directory, 3 files
```

1. 源码文件 mystruct.go

下面展示的是源码文件 mystruct.go 中的内容，此代码所在的位置是 golang-1/intro-golang/helloworld/v1/mytask/mystruct.go。

```
package mytask

import "time"

const (
        LogFilePath     = "./my.log"
)

//定义了结构体MyTask
```

```
type MyTask struct {
        InPath          string              //读取的路径
        OutPath         string              //写入的路径
        ReadChannel     chan string         //HandleLog 从 ReadChannel 通道读取数据
        WriteChannel    chan *EveryoneDoIT  //HandleLog 处理完后，将数据传入 WriteChannel 通道
}

type EveryoneDoIT struct {
        User, DoSth string // 用户，干什么事情
        TimeLocal   time.Time //本地时间
        SpendTime   float64 //花费的时间
}
```

代码说明如下。

（1）Go 语言以包作为管理单位，在每个源码文件的顶部都必须先声明包。同一个包下可以有多个源码文件，文件中的函数、常量和结构体都可以被直接调用。在上述源码文件中，以 mytask 作为包名，写法为 package mytask。

（2）在调用函数之前，必须先使用关键字 import 导入要使用的软件包。上述源码文件使用了与时间相关的函数，因此需要使用代码 import "time"导入标准库 time。

（3）在上述源码文件中可以看到典型的代码布局，从上到下依次为 package 语句、import 语句和实际的程序代码。

（4）代码 const (...)是 Go 语言中定义常量的方法。

（5）定义结构体的语法是 "type 结构体名字 struct"，这里结构体的名字是 MyTask。Go 语言中没有 "类"，它使用 "结构体+方法" 来代替面向对象语言中 "类" 的概念。

（6）结构体中的 InPath string、OutPath string 是该结构体定义的一些基本类型属性。请注意，在 Go 语言中，以大写字母开头的变量或者方法才可以在其他包中被引用。

（7）代码 ReadChannel chan string 表示 Go 语言中的通道数据类型。

（8）代码 type EveryoneDoIT struct 定义了另外一个结构体，用于封装处理后的原始数据。

2. 源码文件 main.go

下面展示的是源码文件 main.go 中的内容，此代码所在的位置是 golang-1/intro-golang/helloworld/v1/main.go。

```
package main

import (
        "time"
        "golang-1/intro-golang/helloworld/v1/mytask"
)

func main() {
        //初始化一个 MyTask 实例
        myTask := &mytask.MyTask{
                InPath:       mytask.LogFilePath,
                OutPath:      "",
                ReadChannel:  make(chan string),
                WriteChannel: make(chan *mytask.EveryoneDoIT),
        }
```

```
        //循环,以下三个环节每次都会并发执行
        for{
                go myTask.ReadFromFile()
                go myTask.HandleLog()
                go myTask.WriteToDB()
                //阻塞
                time.Sleep(time.Second)
        }
}
```

代码说明如下。

(1)这里根据 mystruct.go 中的定义初始化了 MyTask 对象。main.go 文件属于 main 包。要访问 mytask 包中的结构体 MyTask,必须在 main.go 文件中导入 mytask 包。此项目使用了包管理工具 Go Module,开头的路径 golang-1 用于初始化 Go Moudle 的模块名字,被导入的软件包将被标记为 import "golang-1/intro-golang/helloworld/v1/mytask"。

(2)main 包中的 main 函数是项目的入口函数。每个需要运行的 Go 程序都要有一个 main 包,因为程序要从 main.main 函数开始。当然,其文件名不一定叫 main.go,只要保证包名是 main 即可。

(3)在 main 函数中,我们执行了三个方法 go ReadFromFile、go HandleLog 和 go WriteToDB。注意前面的关键字 go,使用该关键字意味着开启了一个协程。在 Go 语言中,协程的执行采用的是抢占机制。

(4)最后注意 time.Sleep 函数。因为 main 函数是一个主协程,所以当 main 函数执行结束时程序就退出了,它不会等其他三个方法的协程执行完,在上述代码中使用 time.Sleep 函数是为了让主协程等待其他协程。另外,为了让这三个协程不停地执行任务,这里使用了 for 循环。当然,还有更好的方法控制协程的生命周期,这将在后面的章节中讲解。

3. 源码文件 taskprocess.go

下面展示的是源码文件 taskprocess.go 中的内容,此源码所在的位置是 golang-1/intro-golang/helloworld/v1/mytask/taskprocess.go。

```
package mytask

import (
        "fmt"
        "math/rand"
        "strconv"
        "strings"
        "time"
)

func init() {
        rand.Seed(time.Now().UnixNano())
}

//读取数据
//将模拟生成的数据通过 ReadChannel 传递给 Process goroutine
func (my *MyTask) ReadFromFile() {
        //模拟创建数据,格式为"老板-/Bug-881.763s"
```

```
        users := []string{"前端工程师", "后端工程师", "架构师", "老板"}
        user := users[rand.Intn(len(users))]
        doSths := []string{"/Bug", "/code", "/markdown", "/ppt", "/search"}
        doSth := doSths[rand.Intn(len(doSths))]
        spendTime := rand.Float64() * 1000

        content := fmt.Sprintf("%s-%s-%.3f\n", user, doSth, spendTime)
        my.ReadChannel <- content
}

//将从 ReadChannel 处获取的数据以"-"分割,
//并将分割后的数据重新组装为一个 EveryoneDoIT 对象,
//再把 EveryoneDoIT 对象通过 WriteChannel 传递给 Write goroutine
func (my *MyTask) HandleLog() {
        msg := &EveryoneDoIT{}
        ret:=strings.Split(<-my.ReadChannel,"-")
        msg.User=ret[0]
        msg.DoSth=ret[1]
        f,_:= strconv.ParseFloat(ret[2],64)
        msg.SpendTime=f

        now := time.Now()
        loc, _ := time.LoadLocation("Asia/Shanghai")
        dateTime, err := time.ParseInLocation("02/Jan/2006:15:04:05",
            now.Format("02/Jan/2006:15:04:05"), loc)
        if err!=nil{
                panic(err)
        }
        msg.TimeLocal=dateTime

        my.WriteChannel <- *msg
}

//写入方法,这里仅做演示,将写入数据库的逻辑简化为从 WriteChannel 处
//获取上一步传递过来的 EveryoneDoIT,并输出
func (my *MyTask) WriteToDB() {
        fmt.Println(<-my.WriteChannel)
}
```

代码说明如下。

（1）注意上述源码中第一行的包名依然是 mytask，因为在同一级目录下只能有一个包名。

（2）业务逻辑都在 taskprocess.go 源码文件中。

（3）为什么在 main.go 的 main 函数中，我们可以直接以"myTask.函数名"的方式来调用 ReadFromFile、HandleLog 和 WriteToDB 函数呢？这是因为这些函数前面添加了代码(my *MyTask)，这表示这些函数都是 *MyTask 的函数。通常情况下，我们应该使用带指针的"*MyTask.函数名"来调用这些函数，但这里有一个语法糖会自动进行转换，所以我们可以直接使用不带指针的"mytask.函数名"来调用。

（4）ReadFromFile 函数用于模拟生成格式为"老板-/Bug-881.763s"的数据，然后通过通道将生成的数据传递到 go HandleLog 协程中。对于并发，Go 语言的设计哲学是：不要通过共享内存来通信，而应该通过通信来共享内存。因此，这里使用通道进行数据传输。

（5）ReadFromFile 函数用于模拟将读取的数据通过通道 my.ReadChannel 传递给 go HandleLog 协程进行处理。在 HandleLog 函数中，从通道 my.ReadChannel 中接收传输过来的数据，然后进行一定的处

理，处理完以后又将新数据封装到对象 EveryoneDoIT 中，并通过通道 my.WriteChannel 传递给 go WriteToDB 协程。

（6）WriteToDB 函数打印并输出从通道 WriteChannel 中传递过来的数据。至此，数据的处理流程结束。

（7）上述 3 个函数在 main.main 函数中是以协程的方式启动的，所以执行时没有固定的先后顺序。

（8）注意代码 "dateTime, err := time.ParseInLocation"。因为 Go 语言允许函数返回多个值，所以在使用 Go 语言的标准库或者第三方库时，常常会遇到第一个为返回值，第二个为错误值的多返回值形式。对于这种情况，第一步是先判断返回的错误值是否为 nil，只有返回的 err 为 nil 时，才会执行下一步逻辑。

（9）如果返回的 err 不为 nil，则说明存在错误的执行逻辑。这也是 Go 语言的特色语法，与 Java 中的异常抛出相似。

注意：通道是 Go 语言中一种并发安全的数据类型。

2.2.2 代码的编译与运行

编写好代码后，需要将它运行起来。运行源码文件.go 有以下两种方式。

（1）直接运行源码得到结果。

（2）先编译源码生成可执行文件，再运行可执行文件得到结果。

第一种方式通常在开发阶段使用。要直接运行源码文件.go，必须在对应的系统上安装 Go 语言环境，否则无法运行。对于第二种方式，编译器会将 runtime 包与编译后的可执行文件打包在一起使用，因此在运行时不需要依赖 Go 语言环境。但因为这种方式包括了 runtime 环境，所以可执行文件相对较大。

直接运行的结果如下。

```
golang-1/intro-golang/helloworld/v1
$ go run main.go
{老板 /ppt 2021-09-29 14:22:27 +0800 CST 0}
{架构师 /ppt 2021-09-29 14:22:28 +0800 CST 0}
{前端工程师 /code 2021-09-29 14:22:30 +0800 CST 0}
...
```

编译后运行的结果如下。

```
$ go build main.go
$ ls
main     main.go mytask
$ ./main
{后端工程师 /Bug 2021-09-29 14:23:08 +0800 CST 0}
{架构师 /Bug 2021-09-29 14:23:09 +0800 CST 0}
{前端工程师 /code 2021-09-29 14:23:10 +0800 CST 0}
...
```

2.2.3 "hello world" 示例总结

前面介绍的这个稍显复杂的 "hello world" 示例中包含了 Go 语言的多个知识点，初学者可能需要在阅读后续章节了解更多的语法后，再回顾该 "hello world" 程序，以便更好地理解并掌握其中的概念。在后面的章节中，我们会对"hello world"的代码进行重构，加入的功能如下。

- 读、写文件。
- 使用 defer 关键字。
- 将读、写方法抽象为接口，便于更多读、写类操作的适配和接入。
- 演示协程和通道的使用方法。
- 演示更多标准库的使用方法。
- 使用第三方库 Prometheus，编写向 Prometheus 提供监控样本数据的程序，用于暴露和消费数据。

2.3 Go 语言的工具链命令

在上面的示例中，使用 go build 命令编译了代码。Go 语言还提供了编译、打包、运行、下载、格式化代码，以及生成文档等的多种工具链命令。Go 语言环境安装完以后，可以运行 go --help 命令来获取有关工具链命令的帮助，且可使用 go help xxx 命令获取相应子命令的详细信息。

Go 语言的工具链命令很丰富，下面将介绍几个常用的命令。

提示：go vet 命令用于完成代码的静态检查，但在 Go1.13 版本之后不再维护此命令。

2.3.1 与编译执行有关的工具链命令

1. 编译和执行源码

go run 命令用于编译和执行源码文件。此前，我们通过运行 go run main.go 命令完成了程序的编译和运行任务。go run 命令不会在运行的目录中创建任何文件，编译后的可执行文件会存放在临时文件夹中，当前目录则会被设置为工作目录（环境变量 GOPATH 所指向的目录称为工作目录）。可以在 go run 命令的后面添加参数，这些参数可以通过 os 包获取。然而，我们无法使用"go run +包"的方式进行编译，因为 go run 命令仅适用于源码文件。

2. 编译和测试源码

go test 命令会运行源码目录下名为"*_test.go"的文件，并输出相应的结果。

3. 编译代码包或源文件

go build 命令用于编译代码包或源文件，语法为"go build [-o 输出名] [-i] [编译标记] [包名|源文件]"。该命令中的编译标记较多，可以查阅官方文档了解相关详细信息，在此不再赘述。

提示：与 go build 命令有关的编译标记也可以在 clean、get、install、list、run 和 test 命令中使用。

2.3.2 获取与安装第三方包

1. 获取第三方包

go get 命令用于获取第三方包。此命令首先会下载第三方包并将其解压到$GOPATH/src 目录中，然后运行"go install xxx"命令进行安装，最后会在 $GOPATH/pkg 目录中生成 xxx.a 文件。实际上，go get 命令是 git clone 与 go install 命令的组合。获取到第三方包后，在源码文件中使用"import 包名"命令将其导入。go get 命令的参数选项较多，具体如表 2-1 所示。

表 2-1　go get 命令的参数选项说明

参数	使用说明
-x	打印输出安装的具体过程，默认情况下无提示
-d	只下载代码包到 src 目录下，不编译和安装
-u	默认情况下，该标记只会从网络上下载本地不存在的代码包，而不会更新已有的代码包
-f	配合-u 标记使用。该标记会让命令程序忽略对已下载代码包导入路径的检查
-fix	修复因 Go 语言规范变更而造成的语法错误
-t	额外下载测试代码需要的包
-insecure	允许使用非安全模式（如 HTTP）下载指定的代码包

运行 go get 命令的注意事项如下。

（1）运行 go get -u 命令会将 Go 语言升级为最新的次要版本或者修订版本（版本号 x.y.z 中的 y 是次要版本号，z 是修订版本号）。

（2）运行 go get -u=patch 命令会将 Go 语言升级为最新修订版。

（3）运行 go get package@version 命令会将 Go 语言升级为指定 version 的版本号。

（4）如果运行 go get 命令时 Go 语言的版本发生变更，则 go.mod 文件也会自动变更。

2．编译安装软件包

go install 命令用于编译安装软件包。此命令会将编译生成的可执行文件放在$GOPATH/bin 目录中，并将生成的归档文件（静态链接库）保存在$GOPATH/pkg 目录中。此命令的使用方式类似于 go build 命令，它可直接在代码包目录下使用，也可以在指定的代码包中使用。

2.3.3　工具包组合命令 go tool

常用的 go tool 命令如下。

- go tool compile -S main.go：用于将 Go 程序的源码转换为汇编代码。
- go tool trace：用于收集和查看 Go 程序的执行追踪信息。
- go tool pprof：用于分析 Go 程序的性能。

以上工具包组合命令均有许多参数选项，可以使用"go tool 具体命令 -h"命令查看各选项的使用方法。

请注意，上述命令可能会随着 Go 语言版本的更新而变化，要获取最新的工具列表，请参考官方文档或在最新版本的 Go 中运行 go tool 命令。

2.3.4　跨平台交叉编译

Go 语言支持跨平台交叉编译，可通过 go build 加选项的方式实现。

在 macOS 中的语法如下。

```
//编译 Linux 可执行二进制文件
CGO_ENABLED=0 GOOS=linux GOARCH=amd64 go build main.go`
//编译 Windows 可执行二进制文件
CGO_ENABLED=0 GOOS=windows GOARCH=amd64 go build main.go
```

在 Linux 系统中的语法如下。

```
//编译 macOS 可执行二进制文件
CGO_ENABLED=0 GOOS=darwin GOARCH=amd64 go build main.go
//编译 Windows 可执行二进制文件
CGO_ENABLED=0 GOOS=windows GOARCH=amd64 go build main.go
```

在 Windows 系统中的语法如下。

```
//编译 macOS 可执行二进制文件
SET CGO_ENABLED=0 SET GOOS=darwin SET GOARCH=amd64 go build main.go
//编译 Linux 可执行二进制文件
SET CGO_ENABLED=0 SET GOOS=linux SET GOARCH=amd64 go build main.go
```

上述文件中涉及的交叉编译参数的含义如下。

- CGO_ENABLED：是否使用 cgo 编译。0 为不使用，1 为使用。
- GOOS：目标操作系统的标识。
- GOARCH：目标可执行程序的操作系统架构。arm 表示 ARM 架构，amd64 表示 64 位架构。

注意：虽然可以在 Go 语言中直接编写 C 语言代码，但编译器必须支持 C 语言才行。换句话说，编译环境中也需要安装 C 编译器。

2.3.5 网络代理 GOPROXY

有可能我们在安装 Go 语言环境和编写"hello world"程序时都非常顺畅，但在下载第三方包时，网络成了我们最大的绊脚石！特别是以 golang.org/x/开头的包，国内是无法直接访问该包的。

例如使用 go get 命令下载包 golang.org/x/sys/windows 时，可能会出现网络超时错误，示例如下。

```
package golang.org/x/sys/windows: unrecognized import path "golang.org/x/sys/windows"
(https fetch:
Get https://golang.org/x/sys/windows?go-get=1: dial tcp 216.239.37.1:443: i/o timeout)
```

为了解决网络问题，不同版本的 Go 语言采取了不同的处理方式。

1. 解决网络问题的方法

在 Go1.11 之前的版本中，解决网络问题首先要下载第三方软件包，然后根据软件包官方提供的下载路径创建与其对应的$GOPATH/src 路径，最后运行 go install 命令安装此软件包。

在 Go1.11 版本之后，有了更简便的解决方法！使用与 Go Module 一起发布的 Module proxy protocol 来设置模块代理，然后将其交由环境变量 GOPROXY 处理，再然后通过代理的方式指引 go 命令抓取模块的路径，从而解决网络和路径的问题。从 Go1.11 版本开始，困扰用户很久的网络问题已不再是问题。通过设置环境变量 GOPROXY，可以直接使用 go get 命令下载软件包。在 Go1.13 版本中，可以为 GOPROXY 设置多个代理列表，各代理服务器之间采用逗号分隔。此外，Go1.15 版本

还实现了社区的需求，添加了管道符 "|" 作为分隔符。

2. 使用 GOPROXY 的注意事项

使用 "go env -w GOPROXY=https://goproxy.cn,direct" 命令配置环境变量 GOPROXY 时，请注意以下两点。

（1）在 Go1.11 和 Go1.12 版本中，需要将 GO111MODULE 配置成 on 才能使 GOPROXY 的配置生效。

（2）direct 是 Go1.13 版本中新增的语法，目的是在一定程度上解决私有库的问题。其工作原理是若 Go 在抓取目标模块时遇到错误 "404"，则回退到 direct 处，直接去目标模块的源头（比如 GitHub）抓取。

3. 环境变量的使用方法

在使用 GOPROXY 时，需要注意表 2-2 中提到的几个环境变量的使用方法。

表 2-2　与 GOPROXY 有关的环境变量及其使用说明

环境变量	说明
GOPRIVATE	Go1.13 版本为了方便管理私有库而添加了环境变量 GOPRIVATE，可以简单地将此举理解为设置它即同时设置了 GONOPROXY 和 GONOSUMDB
GOSUMDB	同样是在 Go1.13 版本中添加的，默认值为 sum.golang.org。此环境变量的值是可信模块校验和数据库地址。无论是否通过模块代理抓取，Go 都会在抓取模块后对所有模块进行散列校验。只有当验证的值与数据库中的现有值相匹配时，才算抓取成功
GONOSUMDB	设置不需要做校验的代码仓库

第 3 章

Go 语言的基础知识

通过编写 "hello world" 程序，我们对 Go 语言有了初步的了解。本章将介绍 Go 语言的常用规范、数据类型、常量、运算符、结构化语法、类型转换和语法糖等知识。此外，本章还会讲解变量的本质，希望能让读者不再对数据类型的长度感到困惑。

3.1 Go 语言的常用规范

Go 程序必须遵循一定的规则，否则编译器会出现混乱。下面来了解与命名、注释、声明、赋值、包和文件相关的一些规范。

3.1.1 命名与注释

Go 语言是区分字母大小写的，并且它有一套适用于变量、函数和类型的简单命名规则，具体如下。

- 为变量函数和类型命名时，须以一个字母或下画线开头，后跟任意数量的字母、数字或下画线。
- 如果变量、函数和类型的名字以大写字母开头，则认为可以导出。也就是说，可以从当前包外部的包中访问。反之，则认为不可导出。如果它被认为不可导出，那么就只能在当前包内使用。

Go 语言中只有 25 个关键字，这些关键字只能在特定的语法结构中使用，不能用于自定义名称。具体的关键字如下。

```
break       default      func      interface   select
case        defer        go        map         struct
chan        else         goto      package     switch
const       fallthrough  if        range       type
continue    for          import    return      var
```

此外，它有 37 个保留字，这些保留字可分为常量、类型和函数三类，具体如表 3-1 所示。

表 3-1　Go 语言的 37 个保留字分类

分类	保留字
常量	true、false、iota、nil
类型	int、int8、int16、int32、int64、uint、uint8、uint16、uint32、uint64、uintptr、float32、float64、complex128、complex64、bool、byte、rune、string、error
函数	make、len、cap、new、append、copy、close、delete、complex、real、imag、panic、recover

Go 程序还遵循了一些额外的约定，比如推荐使用"驼峰式"命名法，如果名称由几个单词组成，则优先使用大小写来分隔，而不是下画线。

依照习惯，Go 语言使用符号"//"对单行代码进行注释，多行注释使用符号"/* */"，其常用于包的说明中。

3.1.2　声明

1. 声明语句

声明语句定义了程序的各种实体对象和部分（或全部）属性。以下代码展示了 Go 语言常用类型的声明。

```
package mypkg //包的声明
import(
        "fmt"
        "os"
        ...
)
const Pi, pi = 3.1415926, 3.14 //常量的声明

type interger int //类型的声明
type Interger interface{}

type Example struct{} //结构体的声明
type example struct{}

type MyInt = int //使用别名，而非新定义的类型

func add(i, j int) (result int, err error)  //函数的声明
func Add(i, j int) (result int, err error)

var 变量名字 类型 = 表达式 //变量的声明
```

每个 Go 源文件都以 "package 包名" 语句开始，该语句用于描述源文件属于哪个包。在包声明语句后面使用 import 语句导入依赖包，接着是包这一层级的常量、类型、结构体、函数、变量和方法等的声明。

2. 可导出

在 Go 语言中，如果类型是在函数内部声明的，则仅在函数内有效；如果是在函数外部声明的，则当前包中的所有文件都可以访问。

变量、常量、类型、函数和结构体的可见性与其名称开头字母的大小写有关。如果名称以大写字母开头，则外部程序包可以访问该名称，也称为"可导出"。例如 fmt 包的 Printf 函数就是可导出

的，即可以被外部包访问。包本身的名字则通常使用小写字母表示。

在前面的示例中，未导出的常量 pi、类型 interger、结构体 example、函数 add 虽然能够被同一个包内的函数或方法访问，但不能被跨包访问。在 Go 语言里，导出类似于一种封装机制。

> **注意：** 建议源文件的命名与包名相同。

3. 作用域

作用域是指在代码中可以有效使用这个名字的范围。在 Go 语言中，代码段可以按照块来划分。通常，块由大括号"{}"括起来。源码文件和包级别也有块。在 Go 语言中，不同类型的块可以相互嵌套。

- 函数内的块：由大括号括起来的代码段，包含在函数体中。
- 控制结构块：指 if、for 和 switch 等语句中的块，同样由大括号括起来。
- 文件级别的块：整个源码文件本身就是一个块，其包含该文件中定义的所有变量和函数等。
- 包级别的块：整个包构成一个块，包里面包含多个源文件，包级别的块包括包内所有文件中定义的变量、常量、类型和函数等。

不同类型的块相互嵌套，共同构成了代码结构和作用域。根据 Go 语言的规范可知，标识符的作用域是基于块的。作用域的范围见表 3-2。

表 3-2　作用域的范围

类型	作用域的范围
内置函数、内置类型、内置常量，如 len、string、true	全局作用域，可以在整个程序中直接使用
在函数外部声明的变量、函数	可以在同一个包的任何源文件中被访问
导入的包	源文件级的作用域
break、continue 和 goto	函数代码段的作用域

4. 局部变量和全局变量

变量又分为局部变量和全局变量，具体说明如下。

- 局部变量：在函数内或代码块内声明的变量称为局部变量。参数和返回值变量也是局部变量。
- 全局变量：其作用域是全局的。在函数体外声明，可以在整个包中使用。若满足可导出性，则可以被外部包使用。

3.1.3　对变量赋值

在对变量赋值时，可使用"var 变量名字 类型 = 表达式"语句声明变量并为其赋予初始值，也可以省略"类型"或"= 表达式"。如果省略的是"类型"，Go 语言将根据初始化表达式推导变量的类型信息。如果省略的是"= 表达式"，Go 语言将使用类型对应的零值为该变量赋值。

可以在函数内使用短变量的形式声明和初始化变量，使用短变量声明的变量其类型会根据表达式自动推导。声明变量后，可以使用赋值语句初始化或者更新变量值。

3.1.4　包和文件

Go 语言中的包和其他语言中的库的作用类似，目的都是支持模块化、封装、单独编译和代码重用。一个包的源码保存在一个或多个以.go 为后缀名的文件中。

　　每个包对应一个单独的命名空间。例如，ioutil 包中的 WriteFile 函数和 syscall 包中的 WriteFile 函数是不同的。要在外部引用这两个包中的相应函数，必须使用 ioutil.WriteFile 或 syscall.WriteFile 显式访问。

　　包还可以用于隐藏内部实现的信息。如果不想让变量被直接修改，可以在给变量命名时，以小写字母开头，并将修改变量值的方法名设为大写。

1. 包的声明

包的声明可使用关键字 package 实现，如 package hello。

2. 引入包

引入包又分为单行引入和多行引入，示例如下。

```
//单行引入
import "fmt"
import "math/rand"

//多行引入
import (
  "fmt"
  "math/rand"
)
```

3. 包的别名

可以在包名前加上自定义的别名，调用时可以使用"别名.xxx"的形式，示例如下。

```
import r "math/rand"

r.Intn()
```

3.2　数据类型

　　根据笔者的理解，可将 Go 语言的数据类型分为基本类型、非引用类型、引用类型和用户自定义类型。表 3-3 列举了数据类型的分类。

表 3-3　数据类型的分类

类型分类	类型
基本类型	数值型（整型、浮点型和复数）、布尔型、字符串
非引用类型	数组
引用类型	切片、映射、指针、通道、接口、函数
用户自定义类型	结构体

小技巧：可以通过将任意值传递给反射包的 TypeOf 函数来查看这个值对应的类型。

3.2.1　基本类型

Go 语言中内置了 19 种基本类型。其中，整型 10 种，其他类型 9 种。

1. 整型

Go 语言中的整型有 10 种，其中与计算机架构有关的是两种，即 int（有符号）和 uint（无符号），如表 3-4 所示。

表 3-4　int 和 uint 的类型宽度

数据类型	计算机架构	类型宽度（单位：位）	类型宽度（单位：字节）
int	32 位	32	4
	64 位	64	8
uint	32 位	32	4
	64 位	64	8

显式表达自身宽度的整型有 8 种，如表 3-5 所示。

表 3-5　显式表达自身宽度的整型

数据类型	类型宽度（单位：位）	字节数	int 的取值范围	uint 的取值范围
int8/uint8	8	1	$-128 \sim 127$	$0 \sim 255$
int16/uint16	16	2	$-32768 \sim 32767$	$0 \sim 65535$
int32/uint32	32	4	$-2^{31} \sim 2^{31}-1$	$0 \sim 2^{32}-1$
int64/uint64	64	8	$-2^{63} \sim 2^{63}-1$	$0 \sim 2^{64}-1$

整型的取值范围是 2 的类型宽度次幂。

2. 其他类型

除整型以外的其他类型如表 3-6 所示。

表 3-6　其他类型

数据类型	类型	类型宽度（单位：位）	零值	说明
bool	布尔类型	1	false	不能用数字代表 true 或者 false
byte	字节类型	1	0	int8 的别称，常用来处理 ascii 字符
rune	字符类型	4	0	int32 的别称，一个 rune 类型的值表示一个 Unicode 字符，可用它来区分字符值和整数值，常用于处理 Unicode 或 UTF-8 字符
float32	单精度浮点类型	4	0.0	在计算机中表示浮点数时，float32 类型的有效数字的位数大约为 7 位，这意味着此类型的数值在计算过程中通常会精确到小数点后 6 到 7 位
float64	双精度浮点类型	8	0.0	在计算机中表示浮点数时，float64 类型的有效数字的位数大约为 15 到 17 位，这意味着此类型的数值在计算过程中通常会精确到小数点后 14 到 16 位
complex64	复数类型	8	complex(0,0)	分别以两个 float32 类型的值来表示复数的实部和虚部
complex128	复数类型	16	complex(0,0)	分别以两个 float64 类型的值来表示复数的实部和虚部
uintptr	无符号整数类型	4 或 8	uintptr(0)	用于存储指针的整数类型，包括 uint32、uint64 等类型
string	字节类型	16	" "	UTF-8 字符串

在使用上述类型时，有以下注意事项。

- rune 是 int32 的别名。Unicode 标准使用术语"码点"来指代由单个 Unicode 值表示的个体。Go 语言则引入"rune"这个术语来表示"码点"。一个 rune 值表示一个字符，比如，'开'、'始'、'学'、'习' 均代表一个 Unicode 字符。
- 传统的字符串由字符组成，在 Go 语言中，字符串（string 类型）由字节组成。Go 语言提供了 rune 类型，允许将字符串转换为 rune 数组，从而方便地处理单个 Unicode 字符。
- Go 是强一致性类型的语言，不允许使用隐式类型转换，就算别名和基础类型一样，也不能进行隐式类型转换。

注意：尽管这些基本类型在使用上相对简单，但仍要关注一些细节，如类型转换、溢出和精度等。了解这些细节可确保代码的正确性和可维护性。

3.2.2　非引用类型和引用类型

1. 数组

每种语言里面都有数组，数组是一系列"同一类型数据"的集合，它由两部分组成：数组元素和长度。数组中包含的数据称为数组元素，包含的元素个数则称为数组的长度。下面的示例中展示了一个长度为 5、元素类型为 int、元素值为"0、1、2、3、4"的数组。

```
numbers := [5]int{0, 1, 2, 3, 4}
```

2. 切片

数组的长度在定义后是无法修改的。数组是值类型，每次传递都会产生一份副本，这无疑会增加内存开销。切片（slice）的诞生弥补了数组的不足。初看起来，切片就像一个指向数组的指针，实际上它底层的数据结构由以下三部分组成。

- 指向原生数组的指针。
- 数组切片中的元素个数。
- 分配给数组切片的存储空间。

切片的示例如下。

```
slice := []byte("Hello")
```

3. 映射

映射是一种无序的键值对集合，通过散列表来实现。映射最重要的特点是可以通过键快速检索数据。键类似于数据库中的唯一索引，它指向数据的值。映射相关的示例如下。

```
m := map[string]int{"one": 1, "two": 2, "three": 3}
m1 := map[string]int{}
m1["one"] = 1
m2 := make(map[string]int, 10)
```

4. 指针

每个变量都会占据一块内存空间，每个内存空间都有其地址。指针用于指向内存地址，指针类型变量的值则指向某个值的内存地址。指针的示例如下。

```
var ptrA *int
fmt.Println(&ptrA)
```

5. 通道

通道是基于 Go 语言的设计模型 CSP 诞生的。在并发场景中，协程通过通信来共享内存。通道是并发安全的数据类型，通道的示例如下。

```
ch := make(chan int, 2)
ch <- 1
ch <- 2
```

6. 接口

接口被用来描述行为。接口包含一系列定义的行为（方法），但不直接实现这些行为（方法），它们是由自定义类型（如结构体）实现的。我们设定 T 表示类型，I 表示接口，t 表示类型的值。如果类型 T 实现了接口 I 中包含的方法集的所有方法，则可以将此类型的值 t（可以理解为类型为 T，它的实例为 t）赋予这个接口 I。接口相关的示例如下。

```
type Duck interface {
        Swim()
        Walk()
}
```

7. 函数

函数除了具有我们所熟知的功能，还可以作为类型存在。函数的示例如下。

```
myfunc := func() bool {
  return x > 100
}
```

3.2.3 用户自定义类型

结构体是一种用户自定义类型，它是由零个或多个任意类型的成员聚合而成的组合。结构体可以嵌套结构体。结构体相关的示例如下。

```
type Database struct {
        name         string
        dbType       string
        isOpenSource bool
}
```

3.2.4 类型别名

Go 语言支持使用语法"type 别名 = 数据类型"为数据类型指定别名。类型别名只会在代码中存在，在编译完成后该别名就不存在了。

在 Go1.7 版本之前，golang.org/x/net/context 包实现了上下文（Context）功能，并将其广泛应用于并发编程。但从 Go1.7 版本开始，golang.org/x/net/context 包被纳入标准库，这导致在标准库中出现了 context 包和 golang.org/x/net/context 包共存的问题。该问题表现为在代码中使用标准库中的 context
包时，无法直接调用依赖于 golang.org/x/net/context 包实现的方法。为了解决这个问题，在 Go1.9 版
本中引入了类型别名（type alias），这样就可以通过将 golang.org/x/net/context 包中的 Context 对象定
义成标准库中 context 包的别名，来让新、旧 Context 类型共存，从而消除了潜在的兼容性问题。这
使得开发人员能够逐渐过渡为使用标准库中的 context 包，同时也保持了旧代码和库的兼容性。

3.2.5 传参方式

有些编程语言的传参方式包括值传递和引用传递等，但在 Go 语言中只有一种参数传递方式，即
值传递！

在 Go 语言中传递参数时，我们应该注意以下方面。

（1）Go 语言中所有的传参都是值传递（传值），进行参数传递时传的都是备份（副本）。

（2）参数类型有值类型和引用类型之分。如果副本是值类型（数值、字符串、结构体等），则在函
数中无法修改原数据；如果是引用类型（切片、映射、通道、指针等），则可以修改原数据。

（3）引用类型的参数是通过指针来维护同一个变量，从而实现传递"引用"的，但其传递的实
质仍然是复制后的数据结构。

（4）引用传递与引用类型是两个不同的概念。

3.3 变量的本质

内存中的数据都是按字节存放的。在本节中，我们看看不同长度的内置类型在内存中占用的字节数。

3.3.1 类型的两个要素

类型是变量的根本，类型为我们提供了两个要素。第一个是大小，表示占用多大内存，或者说，
读取和写入这种类型时需要操作的字节数是多少。第二个是表示方法，即告诉内存如何表示此变量。
没有这两个要素，我们就无法知道变量的含义。

下面以数据类型 float64 为例来分析。首先是大小，其中 64 表示类型的大小是 8（由 64/8 得到）字节，
内存的相应开销为 64 个二进制位（64 位）。其次是表示方法，float 用于告诉使用者，这是以 IEEE754 格
式表示的浮点小数（IEEE 754 是 20 世纪 80 年代以来广泛使用的浮点数运算标准，许多 CPU 与浮
点运算器均采用该标准）。可见，float64 这种写法同时满足了两个关于类型的关键要素。

我们知道，int 是一种整型，下面来看看明确了字节长度的整型，如 int8 占用 1 字节，int16 占
用 2 字节，int32 占用 4 字节，int64 占用 8 字节。可以使用 "unsafe.Sizeof(数据类型)" 查看对应数
据类型占用的字节数，示例如下。

```go
func main() {
    var flag bool
    var n int
    var counter int32
    var name string
```

```
            fmt.Printf("bool 占用位为：%v\n", unsafe.Sizeof(flag))
            fmt.Printf("int 占用字节大小为：%v\n", unsafe.Sizeof(n))
            fmt.Printf("counter 占用字节大小为：%v\n", unsafe.Sizeof(counter))
            fmt.Printf("string 占用字节大小为：%v\n", unsafe.Sizeof(name))
}

//输出
bool 占用字节大小为1
int 占用字节大小为4
counter 占用字节大小为4
string 占用字节大小为16
```

我们常说的 64 位处理器，意味着它所使用的是 64 位的架构。从 Go 语言的设计角度来看，指针的大小和内存地址的大小都是 64 位（或 8 字节），这里的 64 位我们称为字长。

字长是与具体架构相对应的单位。既然内存地址和字长都是 64 位（或 8 字节），于是也把一般的整型的长度定为了 8 字节。所以，默认的 int 类型就占 64 位（8 字节）。这样一来，内存地址、字长与 int 的大小就统一了。

默认的 int 类型的长度是与处理器架构有关的。在使用整型时，尽量使用默认大小的 int，建议少使用在 int 后面写出位数的整型（如 int8、int64 等），除非遇到了不得不这么做的情况（比如使用 atom 包时要求有精确的长度）。

布尔类型比较特殊，虽然它只占用了 1 比特位，但因为存在内存对齐问题（1 字节是 8 比特位），所以它会填满剩下的 7 位凑成 1 字节。字符串类型占用的字节大小为 16 字节，原因是底层数据结构由指向字符串起始地址的指针和字符串的长度构成，这两个成员分别占用了 8 字节。要说明的是，这里说的是字符串描述符的大小，而不是字符串本身的内存长度。

3.3.2 变量的声明

变量表示内存中的一个存储区域，该区域有自己的名称（变量名）和类型（数据类型）。编译器可以根据初始化值推断类型，这是一种语法糖。比如数值 1 的默认类型是 int，数值 2.0 的默认类型是 float（但并不能推断它是 float32 还是 float64）。

在声明变量时，必须有确切的类型。完成声明后，变量会引用一个或多个内存来存储和修改数据。类型决定了分配的内存长度和数据存储的格式。Go 语言是强类型语言，它不能把一个变量从一种类型隐式地转换为另一种类型。此外，还需要用一个名称来指代分配给变量的内存（注意，这里指代的不是这块内存的地址），这个名称就是变量的名字。

注意：写代码时，我们并不知道变量的地址，变量的内存是在运行时分配的。例如，在赋值语句 i:= 1 中，由变量 i 来指代这块分配给变量的内存，而不是由 i 来指代 1 的地址。地址和内存是两个不同的概念。编译器会把 i 解析为一个地址，但在开发过程中 i 实际上指代的是这块内存。

在 Go 语言中，变量会被显式地声明，编译时编译器会检查函数所调用的类型是否正确。定义变量的语法有以下三种。

（1）指定变量类型，定义后若不赋值则使用零值，如 var a string = "sure"。当然，也可以一次性声明多个变量，如 var b, c int。

（2）根据值进行类型推导，判定变量的类型，如 var num = 3.14。

（3）省略关键字 var，使用短变量声明方式 ":="，如 name:="sure"。需要注意的是，":=" 左侧的变量必须是一个新的变量，否则会导致编译报错。

3.3.3 零值机制

使用关键字 var 声明变量时，还会涉及 "零值" 这个概念，这也是 Go 语言的设计特色之一。零值机制指的是，如果提前为刚分配的内存指定了值，那么系统会把这块内存初始化成这个值，否则初始化为零值状态。零值机制的目的是减少 Bug，它在确保 Go 代码的可靠性方面发挥着重要的作用。如果没有零值机制，且为变量分配了内存但并没有初始化，那么程序就会按照内存中原有的值继续运行。这可能一开始不会暴露出什么问题，但其状态肯定是错的。另外，如果不使用关键字 var 声明变量，那么它的值可能就不是零值。

使用 var str string 声明的字符串叫作空字符串。在 Go 语言中，字符串是由两个 8 字节组成的数据结构。比如在 64 位的架构中，一个字符串要占两个 8 字节也就是 16 字节。在这两个 8 字节中，第一个是指针，第二个是字节的数量。对于空字符串，指针是 0；对于不需要指向存储字符内容的支撑数组，字节数自然也为 0。

在 Go 语言中，编译器会确保变量为二进制零值，不过，我们阅读的 "0" 值和二进制零值不同。因为计算机只识别二进制，所以可以看到汇编中全是整数，其他类型（如浮点数）都是通过整数模拟的。许多语言都有自己的检查规则，比如在使用变量时必须确认是否已初始化，如果未初始化，则其值就是不确定的，这可能会产生不确定的逻辑，编译器在编译时会给出警告或者报错。Go 语言在此处是基于工程语言的特点设计的，也就是说，只要拿到变量，就一定是初始化过的。对于全局变量，在编译代码之前会显式提供初始化值。对于局部变量，编译器通过插入类似 MOVQ BP, 0x8(SP)等的汇编指令执行零值初始化操作。Go 语言的变量声明机制在一定程度上保证了程序的可靠性。此外，因为有零值机制，所以使用关键字 var 声明变量时，可以保证变量至少能够初始化成全零的状态。表 3-7 列举了各类型对应的零值。

表 3-7 各类型对应的零值

数据类型	布尔类型	数值类型	字符串类型	指针类型	切片类型	映射类型	通道类型	函数类型	接口类型
对应的零值	false	0	""	nil	[]	map[]	nil	nil	nil

数组和结构体类型的零值是其每个元素对应类型的零值。从表 3-7 可以看到，所有引用类型的零值都是 nil。

3.3.4 短变量声明与类型转换

在某些情况下，如果需要将变量直接初始化为特定的值，则需要使用字面量的声明方式。字面量是变量的一种表示形式，它不是一种值，而是一种变量记法。除去表达式，给变量赋值时，等号右边的内容都可以认为是字面量。

Go 语言还提供了短变量的声明方式。也就是说，可以省略关键字 var，使用短变量 ":=" 声明变量值（这个值可以是字面量）。需要注意的是，":=" 左侧的变量不能是已经声明过的变量，否则将出现编译错误。使用短变量声明的变量，其类型都是编译器自动推导出来的。编译器会根据短变量声明来操作右侧的值的类型，从而确定左侧变量的类型。

　　casting（类型转换）是一种传统的数据类型转换方式。使用这种转换方式时，如果分配的是 1 个单字节的整数 i，那么它会占 1 字节。但若出于某种原因，i 不再表示 1 字节的整数，而是表示 4 字节的整数，那么就会对它进行强制类型转换。此时程序就会告诉编译器，尽管 i 原本是一个 int8 类型的整数（占用 1 字节），但现在需要通过强制类型转换把它转换成 4 字节的整数。于是，i 就从 1 字节扩展为 4 字节了。这样一来，从这个位置开始的 4 字节就都能参与读取和写入操作了。

　　然而这种强制类型转换可能会导致内存数据被破坏。强制类型转换的使用场景通常是在处理一批数据时。例如，为了实现高性能，在处理数据时，想要将这批数据全部复制到一段连续的内存地址中，这时就可以使用强制类型转换。但是，在使用这段连续的内存地址时，如果多计算或者少计算字节，那么后面的数据就有可能会被破坏，这是一个很严重的问题。在进行强制类型转换时，如果错了 1 字节，操作的可能就不是我们想要的数据了。

　　Go 语言没有强制类型转换机制，它的转换是显式的，需要开发者明确指定要转换的类型，并且这种转换不会隐式地改变值的类型。

　　Go 语言通过类型系统确保程序在运行时只对兼容的数据类型执行相应的操作。例如，我们不能将字符串与整数相加，或者将浮点数与整数相比较。类型安全可以帮助程序员避免许多运行阶段的错误，确保代码的稳定性和可维护性。Go 语言通过内存管理和访问规则来确保程序在运行时不会出现未定义的内存访问行为。这包括在分配和释放内存时执行正确的操作，以及在访问内存时确定合适的边界等。

　　内存安全机制有助于防止出现潜在的程序崩溃问题和安全漏洞。然而，Go 语言的 unsafe 包能绕过类型安全和内存安全机制，直接对内存进行读、写操作。尽管通过 unsafe 包可以实现一定的使用类型转换的效果，但 Go 语言通常会优先考虑采用转化而非强制类型转换，以此来保证程序的可靠性。比如，如果需要把 i 当成 4 字节的值使用，Go 语言会建议将 i 转化成新值，让新值去占据 4 字节。虽然这样做必须开辟新的内存空间，但总比程序出错好。

注意：在短变量声明中，保证有一个新的变量即可。也就是说，在声明多个变量时，只要其中有一个变量是未声明过的，那么短变量声明就是合法的。这是因为 Go 语言的许多函数都会返回多个值，如果仅仅因为要重用其中一个变量而去分别声明所有的变量，那将是一件得不偿失的事。

3.4　常量

　　常量是代码在编译阶段就确定下来的值，不能在运行时更改，如果尝试为常量分配新值，则会出现编译错误。在 Go 程序中，常量可以是数值类型（整型、浮点型和复数类型）、布尔类型和字符串类型等。

　　常量的表示方法有两种，即带类型的和不带类型的。常量相关的示例如下。

```
const i = 10
const f = 2.71828

const i int = 10
const f float64 = 2.71828
```

　　编译器可以对不带类型的常量做隐式类型转换。常量的精度要求是 256 位，也就是说，不带类型的常量最多可以用 256 比特来表示。字面量的值都属于不带类型的常量。

　　定义常量要使用关键字 const，其语法为 const identifier [type] = value。不过，因为 Go 语言编译器可以根据变量值推导类型，所以可以省略类型标识 type。声明多个相同类型的常量时，该语法可以简写为 const c_name1, c_name2 = value1, value2。

3.4.1 常量 iota

　　Go 语言预定义了 true、false 和 iota 三个常量。

- true 和 false 经常与布尔类型一起使用。
- iota 是 Go 语言中预定义的标识符，枚举常量时，它常用于自动生成连续值的序列。可以认为 iota 是一个自增枚举常量的计数器。iota 只能在常量表达式中使用，常常被用于定义一组相关常量，它可以在不显式指定值的情况下自动递增。在每个关键字 const 出现时，iota 都会被重置为 0。在下个关键字 const 出现之前，每出现一次 iota，变量的值会在上个值的基础上增加 1。

　　下面的示例代码演示了通过 iota 定义一个星期中每一天的方式。

```
//枚举是一种特殊的数据类型，用于定义一组有限的、互不相同的值
//Go 语言并不支持关键字 enum，但可以使用关键字 const 创建一组相关的常量，这在概念上类似于枚举
//一组常量的定义方式通常是在关键字 const 后跟一对圆括号（常量就放在括号内）
//下面是常规的通过枚举的方式定义一个星期中每一天的示例
const (
        Monday = 1 + iota //1
        Tuesday          //2
        Wednesday        //3
        Thursday         //4
        Friday           //5
        Saturday         //6
        Sunday           //7
)
fmt.Println(Monday, Tuesday, Saturday) //输出：1 2 6
```

　　在上述示例中，iota 的值会依次自动递增，此值从 0 开始，所以 Monday 的值是 1，Tuesday 的值是 2，以此类推。

　　在各种标准库中，为了方便开发人员使用，会预定义一些常量。例如，使用 log 包输出日志时，自带的 log 包默认的输入格式是内容和时间。下面的示例提供了几个很简单的输出选项。

```
const (
        Ldate          = 1 << iota   //日期示例：2022/07/07
        Ltime                        //时间示例：01:23:45
        Lmicroseconds                //微秒：01:23:45.000000.
        Llongfile                    //路径+文件名+行号：/a/b/c/d.go:10
        Lshortfile                   //文件名+行号：main.go:10
        LUTC                         //UTC 时间格式
        LstdFlags      = Ldate | Ltime //默认
)

func init(){
    log.SetFlags(log.Ldate|log.Lshortfile)
}
```

3.4.2   常量的类型提升机制

在 Go 语言中，变量的类型提升或者说隐式类型转换是不被直接支持的，这样的设计可以避免一些因隐式类型转换而导致的潜在问题。不过，Go 语言中的常量有一些特殊的类型提升机制，未显式指定类型的常量被称为"无类型"常量，这样的常量在编译时会被隐式地转换为合适的类型。例如，当无符号整数类型与有符号整数类型进行运算时，会自动将无符号整数类型提升为有符号整数类型，以避免可能出现的错误。另一个例子是当一个变量被赋值为一个常量时，如果常量被视为更高级别的数据类型，则变量的数据类型将自动提升为更高级别的。

需要注意的是，类型提升只会在特定的情况下发生，并不是所有情况下都会自动提升类型。因此，在编写代码时，仍然需要注意数据类型的匹配与转换。

下面这个示例演示了将 int 类型提升为 float 类型以及将不带类型的常量提升为带类型的常量的过程。

```
const int_n = 10
const float_e = 2.71828

var v = int_n*float_e
```

上述示例是基于 10 与 2.71828 做乘法运算。从字面上看，这是一个整数和一个浮点数相乘。在 Go 语言中，不支持让两个不同类型的变量之间发生隐式类型转换。但是常量相对特殊，编译器可以在变量和常量之间进行隐式类型转换。在 Go 语言中，字面量是不带类型的常量。由于常量 int_n 和 float_e 只有值，没有给出明确的类型，因此会根据类型提升机制，把常量 10 从整数常量提升为浮点数常量。这样一来，乘号两边就是相同类型的常量了。

接下来是一个有趣的内容，将 int_n*float_e 的值赋给变量 v 后，会降低结果的精度。这是因为常量的精度是 256 位，而变量 v 的精度只有 64 位，这样一来，结果的精度就从 256 位下降到了 64 位。

另外，常量与常量之间的运算也可能导致精度下降。示例代码如下。

```
const i int8 = 1
const j  = 2*i
```

常量 i 限制了类型为 int8，所以精度是 8 位。而常量 j 没有限制类型，所以精度是 256 位。但是将 i 的值赋给 j 后，根据类型提升机制，j 的精度就会从 256 位下降到 8 位。

需要注意的是，常量仅存在于编译期。下面这段代码在编译时不会报错。

```
const i = 123456789012345678901234567890 //编译时不会报错
```

3.5   运算符

Go 语言中有丰富的内置运算符，具体如下：

- 算术运算符
- 比较运算符
- 逻辑运算符
- 位运算符

- 赋值运算符
- 指针运算符

对于这些常规的运算符，下面仅做简单的说明，不进行代码演示。

3.5.1 算术运算符

假设变量 a 的值为 5，变量 b 的值为 10。算术运算符的描述及示例如表 3-8 所示。

表 3-8 算术运算符的描述及示例

运算符	描述	示例
+	两数相加	$a+b=15$
−	两数相减	$a-b=-5$
*	两数相乘	$a*b=50$
/	两数相除	$a/b=0$
%	两数取模，结果为余数	$a\%b=5$
++	将整数值加 1	$a++=6$
−−	将整数值减 1	$a--=4$

3.5.2 比较运算符

假设变量 a 的值为 5，变量 b 的值为 10。比较运算符的描述及示例如表 3-9 所示。

表 3-9 比较运算符的描述及示例

运算符	描述	示例
==	两操作数比较，若值相等，则结果为 true	$a==b$ 的结果为 false
!=	两操作数比较，若值不相等，则结果为 true	$a!=b$ 的结果为 true
>	两操作数比较，若左边大于右边，则结果为 true	$a>b$ 的结果为 false
<	两操作数比较，若左边小于右边，则结果为 true	$a<b$ 的结果为 true
>=	两操作数比较，若左边大于或等于右边，则结果为 true	$A>=b$ 的结果为 false
<=	两操作数比较，若左边小于或等于右边，则结果为 true	$a<=b$ 的结果为 true

进行比较时，需要注意的地方如下。

（1）函数、映射和切片这三种数据类型不支持比较操作。

（2）对结构体、接口进行比较时，需要自己实现方法或者使用第三方库。

（3）对于数组类型，比较时，各数组中元素的数据类型与个数必须相同才可以进行比较，且只有当每个元素均相同时才会认为它们相等。

3.5.3 逻辑运算符

假设变量 a 的值为 true，变量 b 的值为 false。逻辑运算符的描述及示例如表 3-10 所示。

表 3-10 逻辑运算符的描述及示例

运算符	描述	示例
&&	逻辑与运算符，若操作数都不为 0，则结果为 true	a && b=false
||	逻辑或运算符，若任意一个操作数非零，则结果为 true	a || b=true
!	逻辑非运算符，用于反转操作数的逻辑状态	!b=true

3.5.4 位运算符

使用位运算符的前提是两个操作数均可以转换为二进制数。假设变量 a 的值为 9，变量 b 的值为 7，位运算符的描述及示例如表 3-11 所示。

表 3-11 位运算符的描述及示例

运算符	描述	示例
&	按位取与	(a&b)=(1001&0111)=1
|	按位取或	(a|b)=(1001|0111)=01111（即十进制的 15）
^	按位异或	(a&b)=(1001^0111)=01110（即十进制的 14）
<<	二进制左移位运算，左为被操作数，右为移动的位数	a<<1 = 1001<<1 = 10010（即十进制的 18）
>>	二进制右移位运算，左为被操作数，右为需要移动的位数	a>>1 = 1001>>11 = 100（即十进制的 4）

假设变量 a 与 b 进行了位运算，其结果如表 3-12 所示。

表 3-12 位运算的结果

a	b	a&b	a|b	a^b
0	0	0	0	0
0	1	0	1	1
1	1	1	1	0
1	0	0	1	1

3.5.5 赋值运算符

除了最简单的赋值运算符=，Go 语言还提供了一些组合的赋值运算符，赋值运算符的描述及示例如表 3-13 所示。

表 3-13 赋值运算符的描述及示例

运算符	示例
+=	a+=b 等价于 a=a+b
−=	a−=b 等价于 a=a−b
*=	a*=b 等价于 a=a*b
/=	a/=b 等价于 a=a/b
%=	a%=b 等价于 a=a%b
<<=	a<<=2 等价于 a=a<<2

运算符	示例
>>=	*a*>>=2 等价于 *a*=*a*>>2
&=	*a*&=*b* 等价于 *a*=*a*&*b*
^=	*a*^=*b* 等价于 *a*=*a*^*b*
|=	*a*|=*b* 等价于 *a*=*a*|*b*

3.5.6 指针运算符

指针运算符相对简单，其描述与示例如表 3-14 所示。

表 3-14　指针运算符的描述及示例

运算符	描述	示例
&	返回变量的地址	&*a* 返回变量 *a* 的实际地址
*	声明指针变量或解引用指针	var*a int 表示声明一个指向 int 类型的指针变量 *a*。如果 *a* 是一个指向 int 类型的指针，那么*a 表示获取 *a* 指向 int 值

3.6　结构化语法

结构化语法也是每种语言最基本的语法，下面让我们看看 Go 语言与其他语言的异同。

3.6.1 循环结构

循环结构会根据是否满足条件循环执行某个序列。Go 语言仅支持 for 循环，不支持 while 或者 do…while 这种循环结构语法。相关示例如下。

（1）只有单个循环条件。

```
i := 1
for i <= 3 {
    i = i + 1
}
```

（2）"初始化-条件-后续"形式的 for 循环。

```
for j := 7; j <= 9; j++ {
    ...
}
```

（3）不带条件的 for 循环，类似其他语言的 while(true)循环。

```
// 直到遇到循环体内的关键字 break 或者 return 才跳出循环
for {
    ...
    break
}
```

（4）关键字 range 和 for 循环搭配使用，可用 for…range 结构完成数据迭代，返回"[索引、键值数]"或者"[key,value]"。

示例代码如下。

```
str := "abcd"
//迭代输出每个元素，默认返回两个值：元素索引和元素键值
for index, value := range str {
        fmt.Printf("str[%d] = %c ", index, value)
}

//输出
str[0] = a
str[1] = b
str[2] = c
str[3] = d
```

3.6.2　条件语句

条件语句就是常用的 if 语句，语句中"条件"表达式的结果必须为布尔值。条件语句的使用方法如下。

（1）if...else 语句的使用方法为：

```
if 条件 {
    // 条件为 true 时执行
} else {
    // 条件为 false 时执行
}
```

（2）if...else if...else 语句的使用方法为：

```
if 条件-1 {
    // 条件-1 为 true 时执行
} else if 条件-2 {
    // 条件-2 为 true 时执行
} else {
    // 条件-1 和条件-2 均为 false 时执行
}
```

（3）支持变量赋值语句的 if 语句的使用方法为：

```
if var declaration; 条件 {
    // 条件为 true 时执行
}
```

3.6.3　switch-case 语句

switch 后面可以跟表达式、常量值、变量和有返回值的函数。如果有多个表达式，使用逗号分隔，比如"switch 表达式 1，表达式 2 ..."。在 Go 语言中，case 后面每个表达式的值的数据类型都必须和 switch 后的一致。如果表达式是常量，常量值是不能重复的。case 后面不需要 break 语句，如果程序与 case 匹配，则会执行相应的代码块，然后退出 switch 代码块；如果任何一个条件都不匹配，则执行 default 语句；如果在 case 代码块后增加了 fallthrough 语句，则会继续执行下一个 case 代码块。当 switch 后面没有表达式时，可以把它当成 if-else 语句使用。下面是相关示例。

（1）最简单的 switch 语句。

```
switch i {
case 1:
        fmt.Println("one")
case 2:
        fmt.Println("two")
case 3:
        fmt.Println("three")
}
```

（2）在一个 case 语句中，可以使用逗号来分隔多个表达式。如果这些表达式都不满足条件，则执行 default 分支。

```
switch time.Now().Weekday() {
case time.Saturday, time.Sunday:
        fmt.Println("今天是周末")
default:
        fmt.Println("今天是工作日")
}
```

（3）不带表达式的 switch 语句是实现 if-else 逻辑的另一种方式。

```
ti := time.Now()
switch {
case ti.Hour() < 12:
        fmt.Println("现在是上午")
default:
        fmt.Println("现在是下午")
}
```

3.6.4 控制或跳出循环语句的关键字

Go 语言支持通过以下方式使用关键字 break、continue、goto 和 return 控制或者跳出循环语句。

- break：常用于 for、switch 以及 select 控制的循环语句。它会终止 for 循环，for 循环后面的内容会继续执行。如果嵌套了多个循环，则会跳出最近的那个循环。
- continue：仅用于 for 循环语句，表示跳出当前循环，进入下一轮循环。
- goto：可用于任何程序语句中，其作用是使程序跳转到函数内定义好的标签处。已定义但未使用的标签会导致编译错误。另外，它不能跨函数和内层代码块跳转。
- return：可以终止 for 循环。跳出后，后面的内容也不会执行。

3.7 类型转换

变量或表达式的类型决定了对应存储值的特性，包括分配的内存大小、支持的操作符以及关联的方法集等。类型声明语句通常出现在包一级别，声明方式为"type 类型名字 底层类型"。

用类型声明语句可以创建一个新的类型名称，其与现有类型具有相同的底层结构，如 type myInt int。

因为 Go 语言是强类型语言，不支持隐式类型转换，所以一种类型转换为另外一种类型需要显式地声明，并且被转换的类型要兼容包裹它的类型，否则程序会出现异常。

3.7.1 转换的语法

转换的语法为 T(*v*)，表示将 *v* 转换为类型 T。其中 T 表示数据类型，*v* 表示需要转换的变量。转换的示例如下。

```
var i int = 2
f := float64(i)
u := uint(i)
```

转换时需要注意：

（1）数据类型的转换可以从低精度到高精度，也可以从高精度到低精度。

（2）被转换的是变量中存储的值，变量本身的数据类型并没有变化。

（3）转换时可能出现溢出问题。例如，将 int64 转换成 int8（取值范围为[-128~127]），在编译时不会报错，但是转换的结果会按溢出处理。因此，转换时必须考虑类型的取值范围。

3.7.2 类型断言

类型断言和类型转换是两个不同的概念，类型断言仅适用于接口。接口类型包含两部分：数据和数据的类型。类型断言意味着在接口内部获取值，其使用语法为"t, ok := i.(T)"。该语句断言接口值 i 存储了具体的类型 T，并会将其底层类型为 T 的值赋予变量 *t*。其中 ok 是一个布尔值，用来表示断言是否成功，而 *t* 则是接口转换成功后的基础值。

3.8 Go 语言的语法糖

3.8.1 短变量声明和 new 函数

短变量声明和 new 函数都是 Go 语言的语法糖。

1. 短变量声明

在 Go 语言中，可以使用语法 name:= expression 声明和初始化局部变量。

2. new 函数

内置函数 new(T)用于创建一个类型为 T 的值（零值），其返回的是该值的地址。下面两种创建类型为 T 的值并返回该值地址的写法是等价的。

```
func newInt() *int {
 return new(int)
}

func newInt() *int {
 var x int
 return &x
}
```

3.8.2 符号"…"与切片

定义函数时，符号"…"表示可变参数，用于接受任意个类型相同的参数。…T 的本质是一个切片，其元素类型为 T。因此，代码...interface{}的类型等价于[]interface{}，这也是 fmt.Print 函数可以接受任意个和任意类型的参数的原因。注意，将切片作为参数传入的写法为 slice...，示例如下。

```
cmd :="ls -a -l"
str := strings.Split(cmd, " ") //返回的是 string 类型的切片
exec.Command(str[0], str[1:]...) //第一个参数是字符串，第二个参数是字符串切片
```

提示：符号 "..." 还可用于初始化数组，如 x := [...]int{10:1, 100:2, 1:0}。

3.8.3　for range

循环是所有编程语言都会涉及的控制单元，其中最经典的就是三段式循环。Go 语言还提供了 for range 语法糖，使用它可以安全快速地遍历可迭代的对象。

1. 对切片、数组和字符串进行遍历

以下代码展示了使用 for range 对切片、数组和字符串进行遍历的方法。

```
a := []int{1, 2, 3} // 数组和字符串类似

// 遍历一：对索引和数据均不关心
for range a

// 遍历二：只关心索引
for index := range a

// 遍历三：关心索引和数据
for index, value := range a
```

2. 对映射进行遍历

以下代码展示了使用 for range 对映射进行遍历的方法。

```
rds := map[int]string{1: "Oracle", 2: "MySQL", 3: "NoSQL"}
// 遍历一：不关心 key 和 value
for range rds

// 遍历二：只关心 key
for key := range rds

// 遍历三：关心 key 和 value
for key, value := range rds
```

3. 对通道进行遍历

以下代码展示了使用 for range 对通道进行遍历的方法。

```
ch := make(chan int)

// 遍历一：不关心通道数据
for range ch

// 遍历二：关心通道数据
for data := range ch
```

第 4 章

面向包的设计与依赖管理

在前面的"hello world"示例中，演示了如何在 main 包中调用其他包中的函数以及使用标准库中的函数。本章将介绍包的使用与面向包的设计方法，并演示使用 Go Module 对包依赖关系进行管理的方法。

4.1 包的使用

函数的作用是把复杂的任务分解成小任务，而包的作用是将一系列作用类似或者属于同一功能模块的函数组合在一起。在实际的开发中，常需要在源文件中调用在其他包中定义的资源，这就是所谓的跨包调用。

4.1.1 包的概述

1. 包的定义

Go 语言中的包是用来组织代码的。在 Go 语言中，我们用包的形式来管理文件和项目的目录结构。

2. 包的命名规范

包名应以小写字母开头。通常情况下包名应该是一个单词，但如果含义明确，也可以采用缩写形式。如果包名是两个单词及以上，不建议用下画线分割，第二个单词的首字母也不建议用大写。

3. 包的作用

使用包可以控制函数、变量等的访问范围（即作用域）。当程序文件很多时，使用包可以很好地管理项目。此外，包还可以用于区分具有相同名字的函数、变量等。

4. 包的存放路径

Go 语言的源码复用是建立在包的基础之上的。通过配置环境变量 GOPATH 可以对包进行查找并引用。$GOPATH 目录下包含如下三个子目录。

- src：存放源码。go run、go install 等命令默认会在此路径下执行。
- pkg：存放编译时生成的中间文件（*.a）。
- bin：存放编译后生成的可执行文件。

提示：Java 语言中有类的概念，它是最小的组织单元。在同一个包下可以有多个类，一个文件就是一个类，且不同类里面的方法可以重名，比如，每个类中都可以有 main 函数。
Go 语言中最小的组织单元是包。同一个文件夹下只能有一个包名，文件可以任意命名，但文件中的方法名不能重复，比如，main 包内只能有一个 main 函数。

5. 包的获取方法

在编写代码的过程中，若标准库没有直接提供某个功能，又恰好有第三方包实现了这个功能，那么就需要导入第三方包。例如，要使用 Web 框架 Beego，可使用命令 go get github.com/astaxie/beego 下载，在源码中再通过关键字 import 导入。

6. 与包有关的术语

与包有关的术语如下。

- 文件归属的包。在同一个目录下，所有.go 文件的开头位置都需要添加包定义，用以标记该文件所归属的包，如 "package 包名"。
- main 包。Go 语言的入口函数 main 所在的包叫 main 包。如果 main 包想要引用别的包中的代码，则必须使用关键字 import 导入
- 包的嵌套。包下面可以有子包，其对应一个子目录。

注意：代码包的包名和文件目录名不要求一致。比如文件目录叫 abc，代码包的包名可以声明为 xyz。但是，在同一个目录下，每个源码文件第一行有关包的声明必须一致！

4.1.2　包的查找方式

以下示例代码来自 Go 官网，它列举了三种类型的包的引入方法。

```
import (
        "fmt"

        "example.com/user/hello/morestrings"
        "github.com/google/go-cmp/"
)
```

- 内置的包（标准库），如 fmt。
- 本地的包，如 example.com/user/hello/morestrings。
- 第三方包，如 github.com/google/go-cmp/。

那么，使用这些包的时候，查找的顺序是怎样的呢？

1. 查找内置的包

在 Go 语言中查找内置的包时，主要依赖于两个环境变量 GOROOT 和 GOPATH。GOROOT 是安

装目录，这个目录包含了 Go 语言的标准库、编译器和其他工具。GOPATH 是工作目录，这个目录用于存储项目和依赖的第三方包。在源码中使用 import 命令导入内置的包时，Go 语言首先会在 $GOROOT/src 目录下查找对应的包，如果在 $GOROOT/src 中找不到，则继续在 $GOPATH/src 目录下查找。如果遇到找不到内置的包的情况，建议检查 GOROOT 和 GOPATH 的设置是否正确。

2. 查找本地的包

在 Go1.11 版本之前，用户自己开发的项目都必须位于 $GOPATH/src 目录中，项目的路径通常为 $GOPATH/src/shorturl/model/xxx 这样的形式。

查找本地的包时，如果要在 src/abc/pkg/utils/main.go 文件中调用 src/xyz/pkg/utils/ utils.go 中的相关函数（假设包名为 utils），那么首先需要在 main.go 中使用 import "xyz/pkg/utils" 语句导入 utils 包，然后，以包的名字加上 ".函数名" 的形式来调用函数，如 utils.Method()。

查找本地的包时，有一些注意事项，具体如下。

（1）导入包时，不用写 src 目录，可直接写下一级的路径。

（2）导入包时，虽然绝对路径和相对路径都可以使用，但建议使用绝对路径。

（3）通过相对路径导入包的方法为使用 import "./utils" 语句，这表示导入与当前文件位于同一目录下的 utils 目录。

（4）通过绝对路径导入包的方法为使用 import "shorturl/model" 语句，这表示加载的包位于 $GOPATH/ src/shorturl 目录下。

（5）导入包时，首先会到 $GOPATH/src 和 $GOROOT/src 目录中找，如果在这两个目录中都找不到，就会报错。

在 Go1.11 及更高的版本中，引入了 Go Module 功能，这是一种新的依赖管理方式，使用该功能时，不再需要用到环境变量 GOPATH，因为模块可以在任意目录下工作，并且会自动处理依赖包。有了 Go Module 功能，我们可以通过模块名称来导入包，如在 import "module_name/xxx" 语句中，module_name 表示在 go.mod 文件中定义的模块名。有了这种机制，就可以使用模块名来代替导入路径，因此环境变量 GOPATH 不再是必需的选项。

3. 查找第三方包

在 Go1.11 版本之前，第三方包会被下载到 $GOPATH/src 目录下，因此在查找第三方包时，编译器也会在 $GOPATH/src 目录下进行搜索。引入了 Go Module 功能后，第三方包会被下载到 $GOPATH/pkg/mod 目录下。这时，编译器会在 $GOPATH/pkg/mod 目录下查找第三方包。

总之，在查找包时，Go 编译器会按照内置的包、本地的包、第三方包的顺序进行搜索。如果在这些目录下都找不到对应的包，则需要检查环境变量的设置以及包的导入路径是否正确。

4.1.3　包加载的顺序

在使用 Go 语言时，我们也需要注意包加载的顺序。有时初始化的结果不是我们想要的，可能就是因为编写代码时没有注意到包加载的顺序。包加载的顺序如下。

（1）程序的初始化和执行都起始于 main 包。如果 main 包还导入了其他的包，则会在编译时将它们依次导入。

（2）如果一个包被多个包同时导入，那么它只会被导入一次。

（3）导入包 A 时，如果包 A 还依赖了包 B、包 C，那么会先将包 B、包 C 导入。直到所有包都导入后，才会对这些包中的包级常量和变量进行初始化，然后执行 init 函数。如果每个包中都有 init 函数，则按顺序执行。

（4）main 包是起点，但它直到最后才会被初始化。也就是说，只有在所有被导入的包都加载完以后，才会初始化 main 包中的包级常量和变量，然后执行 main 包中的 init 函数以及 main 函数。

> **说明：** 包加载的顺序和 Go 语言中的 happens-before 关系保障有关。除了单个协程内部提供的 happens-before 关系保障，Go 语言中还提供了一些额外的 happens-before 关系保障。例如，在同一个包中，多个 init 函数的调用顺序是确定的。

4.1.4　包中 init 函数的加载

有一种导入语句是这样写的：import _ 包名。注意，import 语句中有一个下画线 "_"，它的作用是导入该包，但不直接使用包中的函数，它只是加载该包中的 init 函数。换句话说，如果使用下画线作为包的别名，那么 Go 仅执行该包中的 init 函数。init 函数有点类似 Java 中的构造函数。虽然 Go 的编译器严格遵循 "不要引入无用的东西" 这种设计理念，但它有时又需要做一些初始化的工作，于是就通过在 init 函数中编写这类初始化代码，然后使用 "_ 包名" 的方式调用包中对应的 init 函数来实现。

使用 init 函数时应注意，所有依赖包中的 init 函数均会在 main 包初始化之前被执行。如果多个包中都有 init 函数，那么执行顺序是基于导入包的依赖关系确定的。每个包都可以有多个 init 函数，每个源文件也可以有多个 init 函数。

4.1.5　包加载顺序的示例

对于稍微复杂一些的工程，如果 main 包有 main 函数和 init 函数，又引用了其他包，且其他包中还有一个或多个 init 函数，那加载顺序又是怎样的呢？

在包加载的过程中，执行顺序是从里到外，从上到下。

（1）从最里层包的 init 函数开始，逐层加载。

（2）如果同一个包下有多个源码文件，每个源码文件中又都有 init 函数，那么按照包名顺序执行 init 函数。

（3）如果同一个包内有多个 init 函数，那么执行顺序为从上到下。

（4）导入的包加载完以后才加载 main 包。

（5）加载 main 包时，先运行 main 包的 init 函数，然后运行 main 函数。

本书的配套代码中含有此示例完整的代码，具体见 golang-1/intro-golang/pkgdemo。图 4-1 展示了包加载的过程。

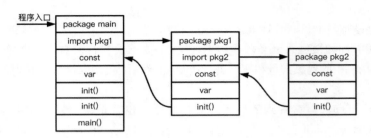

图 4-1 包加载过程的示意图

4.1.6 包的使用总结

（1）同一个目录中的同级文件属于同一个包，在同一个包下所有文件的包名必须唯一。

（2）建议包名与其目录名相同，包名通常使用小写字母。

（3）同一个包的代码可以拆分放在同一个目录的不同文件中。

（4）同一个包内的函数不需要导入就可以直接使用。

（5）在同一个包内函数名、全局变量名不能重复。

（6）若要调用其他包的函数或变量，必须先导入这个包。调用语法是"包名.函数名"。

（7）Go 支持为包取别名，不过在取别名后，原来的包名就不能使用了。

（8）跨包访问对象遵循可导入的规则。

（9）包可以嵌套。

4.2 面向包的设计

有的开发人员在刚学写 Go 代码时，喜欢把所有的代码都放在一个文件里，随着程序越来越大、越来越复杂，程序很快就会变成一团糟。那么在面对真正复杂的工程项目时，我们该如何设计项目的结构呢？

对于项目结构的设计，这里针对其特性给出如下建议。

- 要明确目的性。包的命名要直观地表达目的。建议参考标准库中 io、os、net 这些包的命名，这些包从名字就能看出其用途。

- 要具有可用性。明确地界定功能，当包代码需要迭代时，不能让引用它的程序出错。

- 要具有可移植性。不同的包可能有重复的类型或者方法，但即使是重复定义，也不要让包成为单一的依赖点，即避免大量其他包或组件依赖它来实现某些功能。

- 要具有可测试性。可以在没有用户界面、数据库、Web 服务器或其他外部元素的情况下，模拟接口测试业务规则。

- 要与用户界面无关。编写完业务层的代码后，不论是控制台还是 Web 界面都要可以直接调用用户界面，无须修改。

- 与使用何种数据库无关。将业务规则和特定的数据库操作解耦，从而使得替换底层的数据库时，业务层无感知。

　　无论使用哪种编程语言，拥有良好的项目组织结构都很重要。这是因为它将直接影响项目内部依赖的复杂性，以及项目向外提供 API 等服务的灵活性。良好的目录结构不仅对项目组织结构有益，还能方便程序之间或者开发者之间共享代码。对于大型项目，建议在项目初期就制定项目结构规约，甚至可以为其开发脚手架之类的工具来生成项目模板，以便开发者尽可能地按照统一的规范参与项目。

　　在开发新项目时，通常会基于现有的基础组件框架来编写业务代码。此基础组件框架可能是我们基于经验积累整理而成，也可能是某个比较流行的现有框架。不管是哪种情况，它必须包含对底层操作的一些封装，包括但不限于数据库操作、连接池管理、日志记录、配置管理和协程处理等。在编写业务代码时，开发者只需引入基础组件框架的相关包即可。如果基础框架中存在错误，统一在基础组件框架中修正。对于业务代码，我们更多关心的是逻辑和展现方式。这样对于引入多个基础组件框架的项目来说，这样就能达到解耦的目的。

　　按照上述逻辑，我们既可以将业务代码与基础组件框架分开，也可以进一步对业务代码进行分层，隔离层与层之间的依赖关系，这样我们只需要关注每个层的逻辑即可。这也使得单元测试更容易，无形中提高了代码的质量和可读性。

　　良好的目录结构可以防止项目变得混乱。例如，如果要新增一个包，我们必须清楚地知道该把这个包放在哪里。在确定了这个包在项目中的位置之后，才可以判断预设做法是否合理。总之，以包为导向的设计可以让开发者准确地找到项目中每个包的位置，并知道设计包时应该遵循的原则。最后提醒大家注意两点：第一，在形成以上所描述的面向包设计的思维方式后，整个项目要以这种方式布局。第二，团队沟通的内容应体现在持续的改进上，以便于更加明确地设计包和项目的结构。

　　以上是笔者对工程项目组织方式的理解。对于工程项目的组织方式，有非常多的示例可供参考，并且大多是开箱即用的，比如：golang-standards/project-layout、go-gin-api、go-clean-arch 等。

4.3 包管理工具 Go Module

　　谈了包的概念和面向包的设计，接下来说说包依赖的问题。每种编程语言都有包依赖关系，比如，我们使用 Maven 管理 Java 的包依赖，使用 pip 管理 Python 的包依赖，使用 NPM 管理 Node.js 的包依赖。类库包的管理是评价编程语言成熟度的重要指标之一，Go 语言也不例外。

4.3.1 包管理的方式

　　Go 语言中包管理的方式经历了多次迭代和选型。在 Go1.5 版本之前，使用 GOROOT 和 GOPATH 这两个环境变量指定包的位置，开发者使用它们解决第三方包的依赖问题。

　　GOPATH 用于存放第三方包的源码，它是 Go 的工作目录。使用该环境变量的最大缺点就是包依赖管理不足。Go 团队后来意识到包依赖管理的重要性，所以在 Go1.6 到 Go1.9 版本中提供了统一包管理的规范，但是此时又出现了一个新的问题——不再是没有规范，而是规范太多了。这个阶段包管理工具百花齐放，仅官方推荐的就有十多种。

后来在 Go1.11 版本中引入了 Go Module，它是官方提供的包管理工具，它基于 vgo 演变而来，按照版本号进行迭代。

经过两个大版本的迭代，在 Go1.13 版本中 Go Module 已经成熟了。从 Go1.13 版本开始，Go 命令的下载和认证模块都默认使用 Go Module 提供的镜像。

4.3.2 Go Module 简介

官方对 Go Module 的定位是作为 GOPATH 的替代方案，它支持版本控制和包分发。使用 Go Module 管理包时，不再仅限于在 GOPATH 路径下运行代码。

Go Module 由以下部分组成。

- 集成到 Go 命令中的工具集，如 go mod xxx。
- go.mod 文件，用于保存所有的依赖列表。
- go.sum 文件，指与版本相关的管理文件，用于保存不同的版本信息以验证依赖的散列值，防止恶意修改。与 go.mod 文件一样，此文件通常不需要手动修改，它会通过执行与 go mod 相关的命令自动修改。

4.3.3 开启 Go Module

在 Go1.11 和 Go1.12 版本中，默认情况下不开启 Go Module，在 Go1.13 版本中 Go Module 默认处于开启状态。可以通过设置环境变量 GO111MODULE 切换开启或关闭的状态。

使用 Go Module 时的注意事项如下。

- 使用 Go Module 后，项目存放位置不一定在$GOPATH/src 目录中。
- 执行 go build 或 go run 命令时，Go 会自动拉取本地没有但导入了的包。
- 启用 Go Module 后，首先会从$GOROOT 中查找包，如果找不到，则根据项目的 go.mod 文件在$GOPATH/pkg/mod 中查找，如果还是没有找到或包的版本号不正确，则会自动拉取，若拉取失败则报错。

4.3.4 Go Module 的优点

Go Module 的产生是 Go 语言不停迭代、演进的一个缩影，使用它的好处是让项目脱离 GOPATH 的束缚，从容地处理依赖问题，并自动选择最兼容的包版本。

1. 让项目脱离 GOPATH 的束缚

在 Go 语言发展早期，如果在项目中导入了一个 GitHub 的包，如 import github.com/kubernetes/gengo，实际上导入的是 GOPATH 中的代码$GOPATH/src/github.com/kubernetes/gengo。也就是说，导入路径与项目在文件系统中的目录结构和名称必须是一一对应的。

Go Module 简化了包管理过程。它通过维护一个名为 go.mod 的文件来管理包的信息（如模块名、包名、版本号），这样就无须使用包含项目路径前缀的冗长导入语句了。在使用 Go Module 时，可以通过 import module_name/path/pkg 语句导入包，其中 module_name 对应 go.mod 文件中定义的模块名，这使得导入包的方式更加简洁。导入第三方包后，第三方包会被自动拉取并存放在$GOPATH/pkg/mod

路径下。

注意： 同一个 go.mod 文件中，可以定义多个模块。

2. 处理依赖问题并自动选择最兼容的包版本

依赖管理问题其实是最棘手的问题，这也是历代 Go 语言包管理工具想解决的首要问题。现在，我们已经习惯使用 Git 等版本管理工具，所以在开发的过程中也希望能够明确指定所使用的包的具体版本，并且可以下载相应的 Go 工具链进行管理。

一个第三方包 A，可能会引用另一个第三方包 B。如果此时我们希望把第三方包 A 的依赖包全部下载下来，就可能会遇到以下问题。

- 如何查找包并下载其所有的依赖？
- 包下载失败会产生什么影响？
- 项目之间怎么进行依赖的传导？
- 如何选择最兼容的包？
- 如何解决包的冲突问题？
- 项目中如何同时引用第三方包的不同版本？

Go Module 针对上述问题提供了一整套解决方案。它将代码中一个特定版本的所有依赖项视为捆绑在一起的不可变内容，因此我们可以把这些依赖项组合为一个模块。这样，Go Module 就能够更好地处理依赖项之间的关系，确保项目的稳定性和可维护性。

为了加快程序构建的速度，并且快速获取项目中依赖项的更新，Go 在路径$GOPATH/pkg 下维护了一个下载到本地的所有模块的缓存，而基于 go.mod 文件下载的包则会被存放在路径$GOPATH/pkg/mod 下。

4.3.5 使用 Go Module

Go Module 使用 go mod 的一系列命令来管理包和包的依赖，并自动维护两个相关文件 go.mod 和 go.sum。go mod 相关的命令比较多，下面将逐一说明。

我们可以使用 go help mod 命令获取关于 Go Module 的帮助信息。如果该命令下面还有子命令，如 edit 命令，则可以使用 go help mod edit 命令获取进一步的帮助信息。go mod 相关的命令如表 4-1 所示。

表 4-1 go mod 相关的命令

命令	说明
init	在当前目录下初始化模块，生成 go.mod 文件
graph	输出模块依赖图
download	下载相关包及其依赖包
tidy	添加需要的依赖，删除无用的依赖
verify	校验依赖的内容和格式，也可以校验依赖的源码是否被修改
why	输出依赖关系
vendor	将所有的依赖复制到当前的 vendor 目录中
edit	编辑依赖，下面有多个子命令

go mod init 命令会生成 go.mod 文件,go.mod 文件的内容完全由 Go 工具链控制。Go 工具链在执行各类命令(如 go get、go build、go mod)时会自动维护 go.mod 文件。

1. 初始化命令 go mod init

在项目目录中使用 go mod init 命令初始化模块名时会生成 go.mod 文件。因为模块不需要包含如 src、bin 等的子目录,所以即使项目目录是空目录,也可以作为模块,只要其中包含了 go.mod 文件。

我们在编写 "hello world" 程序时,已经使用了 Go Module。在安装好 Go 环境后,先使用命令 go mod init golang-1 初始化模块,初始化完成后,在目录中创建了 go.mod 文件,该文件中的内容是 "module golang-1",以及对应的 Go 版本(Go1.18)。

接下来,我们将演示 Go Module 如何下载 echo 包及其依赖包,具体代码如下。

```
$ cat ../intro-golang/use3rdpkg/main.go

package main

import (
        "net/http"
        "github.com/labstack/echo"
)

func main() {
        e := echo.New()
        e.GET("/", func(c echo.Context) error {
                return c.String(http.StatusOK, "hello World!")
        })
        e.Logger.Fatal(e.Start(":8888"))
}
```

这时执行 go run main.go 命令,如果 echo 包及其依赖包未下载,go mod 工具链会自动检测并下载这些包。

```
$ go run main.go
go: downloading github.com/labstack/echo v3.3.10+incompatible
...
...
⇨ http server started on [::]:8888
```

使用 curl 命令测试,成功得到如下输出。

```
$ curl http://localhost:8888/
hello World!
```

查看 go.mod 文件内容的变化。

```
$ cat go.mod
module golang-1

go 1.18

require (
```

```
        github.com/labstack/echo v3.3.10+incompatible // indirect
        github.com/labstack/gommon v0.3.0 // indirect
        golang.org/x/crypto v0.0.0-20201012173705-84dcc777aaee // indirect
)
```

这时发现 go.mod 文件中多了 github.com/labstack/echo、echo 依赖的 github.com/ labstack/gommon v0.3.0 和 golang.org/x/crypto v0.0.0-20201012173705-84dcc777aaee。

Go Module 安装第三方包的原则是首先拉取最新的 release tag，如果没有 tag，则拉取最新的提交（commit）。Go Module 会自动生成 go.sum 文件，用于记录依赖树。

go.mod 文件必须提交到 Git 仓库中，而 go.sum 文件则不必提交到 Git 仓库中。

再次尝试执行 go run main.go 命令，发现跳过了检查和安装依赖的步骤。

```
$ go run main.go
⇨ http server started on [::]:8888
```

2. 使用 go mod graph 命令输出依赖包

go mod graph 命令会按照如下格式打印输出模块中依赖包的信息。

```
$ pwd
.../intro-golang/use3rdpkg
$ go mod graph
golang-1 github.com/labstack/echo@v3.3.10+incompatible
golang-1 github.com/labstack/gommon@v0.3.0
golang-1 golang.org/x/crypto@v0.0.0-20201012173705-84dcc777aaee
...
...
github.com/stretchr/testify@v1.4.0 github.com/stretchr/objx@v0.1.0
github.com/stretchr/testify@v1.4.0 gopkg.in/yaml.v2@v2.2.2
gopkg.in/yaml.v2@v2.2.2 gopkg.in/check.v1@v0.0.0-20161208181325-20d25e280405
```

3. 使用 go mod download 命令下载依赖包

如果你从 GitHub 上拉取了第三方包，且拉取的包中已经有了 go.mod 文件，那么 Go 会首先在目录 $GOPATH/pkg/mod 中查找是否存在第三方包需要的依赖包，没有就下载。也可以使用 go mod download 命令手动下载你所需要的依赖包。默认情况下，此包会被下载到目录$GOPATH/pkg/mod 中。

4. 使用 go mod tidy 命令整理依赖

go mod tidy 是一个很有用的命令，它会根据 go.mod 文件中的内容整理当前 Go 模块的依赖关系。如果 go.mod 文件中引用了某些包，但这些包并没有下载到当前模块的缓存中，go mod tidy 命令则会自动下载这些包。如果 go.mod 文件中记录了一些包，但是项目的源码实际上并没有使用这些包，go mod tidy 命令则会从 go.mod 中移除这些无用的记录信息。go mod tidy 命令还会更新 go.sum 文件，确保它包含所有依赖项的正确版本。

5. 使用 go mod verify 命令验证依赖

go mod verify 命令会验证 go.mod 文件中的依赖是否存在，并校验依赖的源码是否被修改。下面尝试对 go.mod 中某个依赖包的版本进行修改，并查看验证的结果。

（1）将包 echo 的版本号从 v3 修改为 v300，命令如下。

```
$ diff go.mod go.mod.bak
6c6
<       github.com/labstack/echo v300.3.10+incompatible // indirect
---
>       github.com/labstack/echo v3.3.10+incompatible // indirect
```

（2）执行 verify 命令，检查结果如下。

```
$ go mod verify
go: github.com/labstack/echo@v300.3.10+incompatible:
reading github.com/labstack/echo/go.mod at revision v300.3.10:
unknown revision v300.3.10
```

（3）将依赖包的版本从 v300 改回 v3，再重新验证。

```
$ go mod verify
all modules verified
```

可以看到重新验证后再没有报错出现。

6. 使用 go mod why 命令查看依赖包的依赖关系

可以使用 go mod why 命令查看某个依赖包的依赖关系。比如想知道 github.com/ labstack/echo 这个包在哪些地方被引用了，可以采用如下命令。

```
$ cd $GOPATH/src/golang-1
$ go mod why -m github.com/labstack/echo
# github.com/labstack/echo
golang-1/intro-golang/use3rdpkg
github.com/labstack/echo
```

可以看到，最后的输出结果显示是在 golang-1/intro-golang/use3rdpkg 中引用了这个 echo 包。

7. 下载并复制依赖包到工程目录下的 vender 目录中

使用 go mod vendor 命令可将依赖包下载并复制到工程目录下的 vender 目录中。执行该命令后，首先会在工程目录下创建一个 vendor 目录，然后会把 go.mod 文件中的依赖包同步到本地的 vendor 目录中。

```
$ go mod vendor

$ ls vendor
github.com     go.opentelemetry.io golang.org     google.golang.org    gopkg.in    modules.txt
```

使用 go mod vendor 命令后，下面测试一下工程和依赖包是否仍依赖$GOPATH 目录。

（1）将$GOPATH/pkg/mod/github.com 下的依赖包删除。

```
$ pwd
/Users/makesure10/Desktop/goworkspace/pkg/mod/
$ rm -rf github.com
```

（2）再次到工程目录下对 main.go 进行编译并运行，看是否报错。

```
$ cd $GOPATH/src/golang-1/intro-golang/use3rdpkg
$ go run main.go
⇨ http server started on [::]:8888
```

最终结果表明，使用 go mod vendor 命令后，工程和依赖包都不再依赖$GOPATH 目录。这样做的好处是，可以轻松将工程打包，而无须下载包所涉及的网络、版本等内容；弊端是会存在多份依赖包备份，形成冗余。

8.　使用 go mod edit 命令添加、排除、替换依赖包

（1）添加某个依赖包

go mod edit -require 命令会自动将所有需要的依赖包添加到 go.mod 文件中。

（2）将某个依赖包的某个版本排除在外

在某些情况下，下载依赖包时，我们可能想将其中某个版本的包排除在外，此时可以使用 go mod edit -excludee=path@version 命令。例如，使用选项-exclude 将 canal-go@v1.0.8 版本排除在外后，就可以看到 go.mod 文件中多了一条记录 exclude github.com/ withlin/canal-go v1.0.8。这之后使用 go get 命令下载此版本的包，就会提示此版本的包是被排除的包，因此不会被下载下来。

（3）替换依赖包的某个版本

如果想替换依赖包的版本，可以使用 go mod edit -replace=old[@v]=new[@v]命令。比如，要将 canal-go 的版本从 1.0.9 改为 1.0.7，可执行如下命令。

```
$ go mod edit
-replace=github.com/withlin/canal-go@1.0.9=github.com/withlin/canal-go@1.0.7
```

执行替换命令后，可以看到 go.mod 文件中多了一行以 replace 开头的记录。

```
$ cat go.mod
module golang-1
go 1.17

require (
        ...
        github.com/withlin/canal-go v1.0.9
        ...
)

exclude github.com/withlin/canal-go v1.0.8
replace github.com/withlin/canal-go 1.0.9 => github.com/withlin/canal-go 1.0.7
```

提示：除了更改版本，replace 命令还常用于包名的修改。

4.3.6　go.mod 文件中的命令

通常来说，在执行 go mod 相关的命令时会自动维护 go.mod 和 go.sum 这两个文件。go.mod 文件提供了四个命令，分别是 module、require、replace 和 exclude。

- module：指定模块的名字（路径）。
- require：添加依赖包，指定最低版本要求。
- replace：替换依赖包，手动指定依赖包（可以替换全部的版本、指定的版本或本地的版本等）。
- exclude：忽略依赖包。

4.3.7 升级依赖包的方法

我们可以使用工具链来确定可以升级的依赖包，相应的命令及作用如表 4-2 所示。

表 4-2 升级依赖包的命令及作用

步骤	使用的命令	作用
1	go get -u 需要升级的包名	升级后会将新的依赖版本更新到 go.mod 文件中
2	go list -m all	列出所有将在 go build 中使用的模块和它们的具体版本号
3	go list -u -m all	列出使用的各个模块目前可用的小更新或者补丁版本号
4	go get -u or go get -u=patch	将依赖所有直接或间接模块的版本号更新为最新可用的补丁版本号
5	go mod tidy	从 go.mod 文件中删除目前已经不再使用的依赖模块，并加入其他操作系统和架构所需的依赖
6	go mod vendor	将所有依赖放入当前模块的 vendor 目录中
7	go build -mod vendor	使用当前模块 vendor 目录中的依赖代码（不是缓存中依赖模块的代码）进行编译、构建

4.3.8 依赖包版本的选择

每个包管理方案都需要解决"依赖版本"问题。大多数的版本选择算法都是想要识别所有依赖的最新版本，但 Go Module 是选择"项目中最适合的最低版本"。

假设某个包 X 的最新版本是 v1.0.3。A 模块使用了包 X 的 v1.0.1 版本，B 模块使用了包 X 的 v1.0.2 版本，那么来看看在表 4-3 所列的几种场景下，如何选择包 X 的版本。

表 4-3 不同场景下依赖包版本的选择

序号	场景描述	版本选择
场景一	项目中使用了 A 模块	在 dep 中采用语义版本控制，所以在这种情况下会选择包 X 的 v1.0.3 版本。在 Go Module 中采用最低版本控制，所以在这种情况下会选择包 X 的 v1.0.1 版本
场景二	项目中使用了 A 模块和 B 模块	选择的包 X 的版本为 v1.0.2
场景三	删除了 B 模块，只保留 A 模块	此时选择的包 X 的版本为 v1.0.2，不会降级为 A 模块所用的 v1.0.1 版本。因为 Go 认为降级是一个更大的更改，v1.0.2 这个版本已经可以稳定运行了，那么默认 v1.0.2 是最低版本

4.3.9 语义版本的导入路径语法

Go Module 使用了一种语义版本的导入路径语法。每个版本的命名规范是"v 主版本号.次版本号.修订版本号"。下面说明一下使用不同版本号的原因。

- 主版本号：有较大的更新，导致 API 与早期的版本不兼容。
- 次版本号：增加了向下兼容的新特性。
- 修订版本号：进行了向下兼容的补丁修复。

所以，像 Kubernetes 这类项目，我们可以看到它导入包的语句为 import "github.com/ kubernetes/

kubernetes/v 主版本号/次版本号/包名"。

4.3.10   Go Module 的使用总结

最后，我们对 Go Module 的使用进行了总结，如图 4-2 所示。

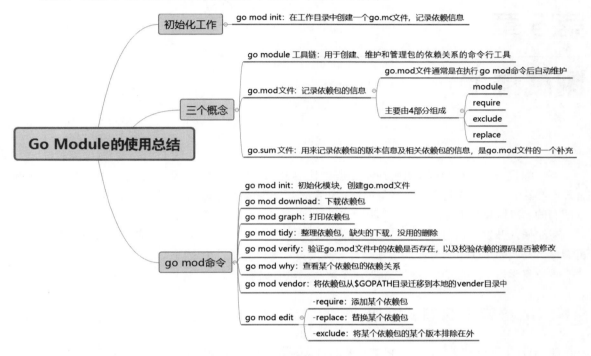

图 4-2   Go Module 的使用总结

第 5 章

测试框架

有些编程语言进行测试（如在 Java 语言中使用 JUnit 进行测试）时需要引入第三方库，但 Go 语言却不必这么做，因为它自带轻量级的测试框架，可实现单元测试、基准测试等。此外，Go 还提供了配套的基准测试性能分析工具，可用于诊断代码中可能存在的性能问题。

有时候，开发人员可能不太注重单元测试，认为代码写完就提交上去，等测试人员反馈问题后再调试、修改即可。笔者对此的看法是：开发人员应多做测试，少做调试！

本章将学习 Go 语言中的测试框架，了解与测试有关的产品。

5.1 Go 语言中的测试框架

Go 语言中有三种类型的测试函数：单元测试函数、基准测试函数和示例函数。下面看看这三种函数在代码中的形式。

- 单元测试函数的函数名以 TestXxx（Xxx 表示以非小写字母开头）的形式出现，如 func TestXxx(t *testing.T) { ... }。
- 基准测试函数的函数名以 BenchmarkXxx 的形式出现，如 func BenchmarkXxx(b *testing.B) { ... }。
- 示例函数的函数名以 ExampleXxx 的形式出现，如 func ExampleXxx() {...}。

5.1.1 测试使用的约定

Go 语言更重视约定而不是配置，在 Go 语言中进行测试需要遵循以下规则。

（1）测试程序必须属于被测试的包，其文件名应以_test.go 结尾。此外，以_test.go 命名的文件最好能够与待测的源码放在同一个目录内。

（2）单元测试函数要遵守单元测试函数的命名规范。在一个包中可以存在多个函数，但单元测试函数必须以 Test 开头，Test 后面的名字的首字母必须大写，比如 TestHelloFunc。如果没有遵循这种命名规范，编译器就会认为这不是一个单元测试函数。此外，单元测试函数的参数必须是一个指向 testing.T 的指针，这样才可以通过该指针访问与单元测试有关的 API。

（3）基准测试函数要遵守基准测试函数的命名规范。基准测试函数的名字必须以 Benchmark 开头，后面的名字通常是要测试的函数名。

（4）在构建和编译正式代码时，系统不会把测试文件（xxx_test.go）包含进去，但是在执行 go test 命令时，还是会运行编译器上的测试程序。

（5）go test 命令会忽略 testdata 目录，该目录用来保存测试需要用到的数据。

5.1.2　标准库 testing 的辅助功能函数

标准库 testing 除了提供测试框架，还提供了一些通用的辅助功能函数，此类函数如表 5-1 所示。

表 5-1　标准库 testing 提供的辅助功能函数

辅助功能函数	函数功能描述
Log 系列函数	Log、Logf 等函数用于记录测试过程中的详细信息，这些信息对于调试和分析测试用例非常有帮助，且不会影响测试的运行
Error 系列函数	Errorf 等函数用于在发生错误时记录信息并将测试标记为失败。不过，它仍允许测试继续执行，以便我们观察剩余代码的行为
Fatal 系列函数	Fatal、Fatalf 等函数用于在发生严重错误时记录信息并将测试标记为失败。使用这类函数会立即终止测试用例的执行
Skip 系列函数	Skip、Skipf、SkipNow 等函数用于跳过测试用例
Parallel 函数	Parallel 函数用于将测试用例标记为可并行运行。这使得在支持并发的情况下，测试用例可以更快地执行
Helper 函数	Helper 函数用于将调用它的函数标记为测试辅助函数。如果测试失败，报告的文件和行号将从辅助函数的调用位置开始，这有助于提高测试输出的可读性

这些辅助功能函数能够帮助我们更高效地编写和管理测试用例。总之，单元测试的目的是验证被测试函数是否能表现出期望的行为和结果，以及确认 API 是否实现了所需的功能。

5.1.3　测试框架示例

测试框架提供了多种测试功能，包括单元测试、基准测试、子测试和并发测试等，下面给出相应的测试示例代码。

待测试函数代码如下。

```
package mytest

//加法
func Add(a, b int) int {
        return a + b
}
```

1. 单元测试

单元测试的使用示例如下。

```
//单元测试
func TestAdd(t *testing.T) {
```

```
        val := Add(1, 2)
        t.Log(val)
}
```

2. 基准测试

基准测试的使用示例如下。

```
//基准测试
func BenchmarkAdd(b *testing.B) {
        for i := 0; i < b.N; i++ {
                Add(i, i+1)
        }
}
```

3. 子测试

子测试（Subtest）的使用示例如下。

```
// 子测试
func TestAddSubTest(t *testing.T) {
        t.Run("1+2", func(t *testing.T) {
                val := Add(1, 2)
                t.Log("1+2=", val)
        })
        t.Run("2+3", func(t *testing.T) {
                val := Add(2, 3)
                t.Log("2+3=", val)
        })
}
```

4. 并发测试

并发测试的使用示例如下。

```
// 并发测试。不把它放在当前正在执行的协程中
// 而是再开一个协程去执行它，常与子测试连用
func TestAddParallel(t *testing.T) {
        t.Parallel()
        Add(1, 2)
        t.Parallel()
        t.Run("2+3", func(t *testing.T) {
                val := Add(2, 3)
                t.Log("2+3=", val)
        })
}
```

5.1.4 使用测试命令

业务代码和测试代码都写好了，接下来就该做正式的测试了。测试时使用与 go test 相关的命令。

1. go test 命令的两种运行模式

go test 命令有两种运行模式，具体如下。

- 本地目录模式。在没有提供包参数的情况下，go test 命令会以本地目录模式运行。在此模式下，go test 命令会编译当前目录中找到的包和测试用例，并运行测试文件。在测试完成后，

go test 命令会输出测试结果的概要信息，包括测试状态（测试通过还是失败）、包名和运行时间。

- 包列表模式。在提供包参数的情况下，go test 命令会以包列表模式运行。在此模式下，go test 命令会编译并测试在命令中列出的每个包。当包测试通过时，go test 命令输出最终通过的测试用例数。当包测试失败时，go test 命令输出详细的测试结果，包括失败的测试用例和相关的错误信息。通过添加标识（如 go test -bench 或 go test -v），go test 命令可以输出更详细的测试结果或日志记录。

2. go test 命令的使用示例

一般来说，Go 不会单独编译测试文件，但是，使用-c 参数将使 go test 命令编译并生成一个可执行的测试文件（不是直接运行测试），示例代码如下。

```
$ ls
mytest.go    mytest_test.go
$ go test -c
$ ls
mytest.go    mytest.test  mytest_test.go
```

3. 测试结果输出的形式

测试结果输出的形式如下，PASS 表示测试用例执行成功，FAIL 表示测试用例执行失败。

```
$ go test -v
=== RUN    TestAdd1
--- PASS: TestAdd1 (0.00s)
=== RUN    TestMul/three
    mytest_test.go:74: 100 * 1 的结果应该为：100, 但是结果却是：  0
--- FAIL: TestMul (0.00s)
```

4. 补充说明

一个测试源文件可以有多个测试用例函数。测试单个方法时，可以使用通配符进行过滤，如"go test -v -test.run TestAdd[通配符]"。

5.2 单元测试

单元测试通常用于测试代码逻辑是否存在问题，以及结果是否符合预期，它是用来保证代码质量的。大多数的单元测试都是对某一个函数进行测试，通过设置正确值、错误值和边界值等尽可能地保证函数没有问题或者问题可以被我们预知。

5.2.1 指定测试用例

测试命令支持使用通配符，要运行符合过滤条件的测试用例，例如 TestAdd，可以使用-run 参数指定，示例代码如下。

```
$ go test -run TestAdd$ -v
```

其中，-run 参数支持通配符*以及部分正则表达式，如^、$。这里如果不加$，则会将 TestAdd 开头的测试用例都运行一遍。

5.2.2 单元测试之子测试

Go 语言从 1.7 版本开始支持子测试。子测试对表格测试很有帮助。我们以表格形式进行测试的原因是可以实现数据驱动测试。但是，如果只想测试几种情况中的一种，该怎么办？

以前的做法是把表示其他情况的数据注释掉，但这就意味着要修改测试代码。有了子测试后，就不需要这样做了。我们可以根据测试场景在代码中使用 t.Run 函数创建不同的子测试用例，然后在命令行中根据名字来指定要执行的子测试。示例代码如下。

```go
// Add 的子测试
func TestAddSubTest(t *testing.T) {
        t.Run("case-1", func(t *testing.T) {
                val := Add(1, 2)
                t.Log("1+2=", val)
        })
        t.Run("case-2", func(t *testing.T) {
                val := Add(2, 3)
                t.Log("2+3=", val)
        })
}
```

以上代码包含了两个子测试用例，我们可以根据标签选择使用哪个子测试，示例代码如下。

```
$ go test -run TestAddSubTest/case-1 -v
=== RUN    TestAddSubTest
=== RUN    TestAddSubTest/case-1
    mytest_test.go:48: 1+2= 3
--- PASS: TestAddSubTest (0.00s)
    --- PASS: TestAddSubTest/case-1 (0.00s)
PASS
ok      golang-1/testing/mytest         0.112s
```

另外，还可以使用 t.Parallel 函数并行运行多个子测试。

5.2.3 帮助函数

对于一些重复的逻辑，可以将其抽取出来用作公共帮助（helper）函数，以提高代码的可读性和可维护性。在 Go1.9 版本中引入了用于标注某函数为帮助函数的 t.Helper 函数，这样一来，报错时就会输出帮助函数调用者的信息，而不是帮助函数的内部信息。示例代码如下。

```go
type calcCase struct{
        A, B, Expected int
        name string
}

//将创建子测试的逻辑抽取出来
func createMulTestCase(c *calcCase, t *testing.T) {
        t.Helper() //标注该函数是帮助函数
        t.Run(c.name, func(t *testing.T) {
                if ans := Mul(c.A, c.B); ans != c.Expected {
```

```
                                   t.Fatalf("%d * %d 的结果应该为%d, 但结果却是%d①",
                                       c.A, c.B, c.Expected, ans)
                        }
                })
        }
}

//测试乘法
func TestMul(t *testing.T) {
        createMulTestCase( &calcCase{3, 7, 21,"one"},t)
        createMulTestCase(&calcCase{9, -9, -81,"two"},t)
        createMulTestCase(&calcCase{100, 0, 100,"three"},t)  //会报错的测试用例
}
```

测试结果如下。

```
$ go test -run TestMul -v
=== RUN    TestMul
=== RUN    TestMul/one
=== RUN    TestMul/two
=== RUN    TestMul/three
    mytest_test.go:73: 100 * 0 的结果应该为100, 但是结果却是 0
--- FAIL: TestMul (0.00s)
    --- PASS: TestMul/one (0.00s)
    --- PASS: TestMul/two (0.00s)
    --- FAIL: TestMul/three (0.00s)
FAIL
exit status 1
FAIL    golang-1/testing/mytest       0.403s
```

在此示例中，故意创建了错误的测试用例。运行 go test 命令后，失败的用例会输出导致发生错误的源文件及行号信息。

使用帮助函数的建议：直接在帮助函数内使用 t.Error 函数或 t.Fatal 函数，而不是返回错误，这样可以使报错信息更加准确，有助于对错误定位，可读性也更强。

5.3　测试代码的覆盖率

在 Go 语言中，可以使用 go test 命令和 cover 工具来测试代码覆盖率。代码覆盖率用于表示测试用例覆盖业务代码的比例，它可以帮助我们了解测试的完整性。例如，如果源文件中有 4 个与业务相关的函数，而对应的测试用例函数只有 3 个，那么代码覆盖率就是 75%（即 3/4）。较高的代码覆盖率通常表示测试覆盖面较广。

Go 语言中，代码覆盖率的计算分为以下两步。

（1）添加-coverprofile 选项，执行 go test -coverprofile=coverage.out 命令，获取覆盖率数据。

（2）执行 go tool cover 命令生成文本或 HTML 等可视化格式的代码覆盖率报告。

为了方便演示，我们在 mytest.go 源码中添加了一个方法 FuncWithoutTest，示例如下。

```
//不带单元测试的函数，用来演示代码覆盖率的计算
func FuncWithoutTest(){
        fmt.Println("不带单元测试的函数")
}
```

---

① 这里的%d 是一种占位符，在代码实际运行中被替换为相应的值。

1. 生成覆盖率报告

在测试命令中，加入选项-coverprofile 生成包含详情的代码覆盖率报告 cover.out。

```
$ go test -v -coverprofile=cover.out mytest.go mytest_test.go
...
省略测试结果的输出
...
$ ls
cover.out  mytest.go  mytest_test.go
```

2. 查看代码覆盖率报告

可使用 go tool cover 命令分析代码覆盖率报告 cover.out。在下面的示例中，66.7%是代码覆盖率，而函数 FuncWithoutTest 后面的代码覆盖率是 0%，说明该函数还没有被单元测试覆盖到。

```
$ go tool cover -func=cover.out
.../mytest/mytest.go:6:    Add              100.0%
.../mytest/mytest.go:11:   Mul              100.0%
.../mytest/mytest.go:17:   FuncWithoutTest  0.0%
total:     (statements)    66.7%
```

可以使用 go tool cover -html 命令生成可读性更强的 HTML 报告，示例如下。

```
$ go tool cover -html=cover.out -o mytest_cover.html

$ ls
cover.out  mytest.go  mytest_cover.html mytest_test.go
```

在浏览器上打开 mytest_cover.html 文件，可以看到代码中有哪些函数已被测试用例覆盖，哪些函数没有。具体来说，在报告中，标记为绿色的代码行表示已经被测试用例覆盖，而标记为红色的代码行则还没有被覆盖。这样的可视化展示有助于我们了解测试用例的覆盖情况，并可以有针对性地改进测试。

5.4　断言

由于 Go 标准库没有断言库，因此在实现与类型判断相关的逻辑时，代码往往会显得较为臃肿，示例代码如下。

```
if v != want {
        t.Fatalf("v 值错误，期望值：%s, 实际值：%s", want, v)
}
if err != nil {
        t.Fatalf("非预期的错误：%s", err)
}
if objectA != objectB {
        if objectA.field1 !=  objectB.field1 {
                // t.Fatalf() field1 值错误...
        }

                if objectA.field2 !=  objectB.field2 {
                // t.Fatalf() field2 值错误...

        }
```

```
        //遍历 object 的所有值...
}
```

想要使代码更简洁直观，可以选择第三方包 stretchr/testify 作为断言库，改写后的代码如下。

```
func TestSomeFun(t *testing.T){
    a := assert.New(t)
...
    a.Equal(v, want)
    a.Nil(err,"如果还想输出自己拼装的错误信息，可以传入第三个参数")
    a.Equal(objectA, objectB)
...
}
```

如上所示，使用了断言库的代码更简洁易读。

5.5 基准测试

基准测试是一种性能评估方法，它采用类似压力测试的方式给出代码运行过程中 CPU 和内存的使用率，再通过内置的分析工具找到可能存在性能瓶颈的地方，从而帮助我们找到最佳解决方案。

5.5.1 基准测试场景

基准测试侧重于 CPU 和内存上的性能测试，在提升软件性能时，主要也从这两个方面入手。我们可以基于基准测试的结果确定代码怎么改会更好一些。

除了对自己编写的业务代码做基准测试，对于引入的第三方工具包，也需要通过基准测试来判断其性能是否良好。

5.5.2 基准测试的方法

基准测试的方法和单元测试大致相同，相关代码文件必须以 _test.go 结尾，相关函数必须以 Benchmark 开头。被测试代码一般放在 for 循环中，其中循环次数 b.N 来自基准测试框架。b.ResetTimer 是重置计时器，可避免在运行 for 循环之前测试代码被初始化代码干扰。

基准测试的示例代码如下。

```
func BenchmarkXxxxx(b *testing.B) {
        //与性能测试无关的代码
        b.ResetTimer()
        for i := 0; i < b.N; i++ {
                //真正的业务代码放在这里
        }
        b.StopTimer()
        //与性能测试无关的代码
}
```

在进行性能测试时，可以使用如下命令。

```
go test -run none -count -bench . -benchtime 2s -benchmem
```

此命令中的各个选项都有特定的作用，这些选项的说明如表 5-2 所示。

表 5-2　go test 命令的选项说明

选项	选项说明
-run none	用于过滤所有以 Test 开头的单元测试函数
-count	指定每个测试执行的次数
-bench	可使用正则表达式来匹配符合条件的测试函数。当函数很多时，可以用它来过滤
-benchtime	指定每个测试执行的时间，默认为 1 秒。若函数比较耗时，可以将其设置得更长一点，因为这个值与 b.N 有关
-benchmem	查看每次操作时分配内存的次数，以及每次操作所分配内存的字节数

需要注意的是，Go 的测试工具有一个优化，即它会缓存测试结果。如果在相同情况下运行 go test 命令，且上次测试是成功的，那么它可能只是简单地报告上次的结果，而不是重新运行测试。使用参数-count=1 可以避免出现这种情况，确保每次都真正运行测试。

5.5.3　基准测试之子测试

基准测试和单元测试一样，支持子测试功能，其使用方式也与单元测试中的子测试类似，示例代码如下。

```
func BenchmarkSubFunc(b *testing.B) {
        t.Run("fun1", func(t *testing.B) { //fun1 是别名，在子测试中调用时以 BenchmarkSubFunc/
fun1 的形式使用
                ...
        })
        t.Run("fun2", func(t *testing.B) { //fun2 是别名，在子测试中调用时以 BenchmarkSubFunc/
fun2 的形式使用
                ...
        })
}
```

子测试存在的意义并不仅仅在于并行运行，它还可以让我们更加细致地组织和管理测试用例。通过使用子测试，我们可以将针对同一功能或组件的多个测试用例组合到一起。子测试的使用方式如下。

```
go test -run none -bench . -benchtime 3s -benchmem
go test -run none -bench BenchmarkSubFunc/fun1 -benchtime 3s -benchmem
go test -run none -bench BenchmarkSubFunc/fun2 -benchtime 3s -benchmem
```

5.5.4　基准测试示例

在 Go 语言中，有几种常见的字符串拼接方法（在后续章节中将详细讨论），分别如下。
- 使用运算符"+"进行字符串拼接。
- 使用 fmt.Sprintf 函数进行字符串格式化和拼接。
- 使用 strings.Builder 结构体类型进行字符串拼接。
- 使用 bytes.Buffer 结构体类型进行字节缓冲拼接，然后将其转换为字符串。

这几种方法在性能上有一定的差异。接下来，我们将通过基准测试对它们进行比较。

测试方法：从给定的字符集合中随机抽取 10 个字符组成 string 或[]byte，然后使用上述 4 种方法分别对它们进行拼接，最后使用基准测试对其性能进行测试。本书配套代码中含有此示例完整的代码，具体见 golang-1/testing/perf/ str_perf_test.go。

1. 测试结果

在下面的输出结果中，上半部分是测试所涉及的硬件和软件信息，具体说明如表 5-3 所示。下半部分是与测试结果有关的内容，具体说明如表 5-4 所示。

```
$ go test -v  -run=none -bench="." -benchmem
goos: darwin //操作系统
goarch: amd64 //CPU 架构
pkg: golang-1/testing/perf //被测试的包
cpu: Intel(R) Core(TM) i5-1038NG7 CPU @ 2.00GHz //CPU 型号

// Benchmark 名字 - CPU              循环次数   平均每次执行的时间   内存分配字节数    内存分配次数
BenchmarkConcatStr10ByAdd-8          156916       102981 ns/op    788699 B/op   3 allocs/op
BenchmarkConcatStr10BySprintf-8       92085       146552 ns/op    927575 B/op   7 allocs/op
BenchmarkConcatStr10ByStingsBuilder-8 4400736       286.9 ns/op       141 B/op   2 allocs/op
BenchmarkConcatStr10ByBytesBuffer-8  4406731       271.6 ns/op       115 B/op   2 allocs/op
PASS
//   执行结果    在哪个目录下执行 go test            累计耗时
ok       golang-1/testing/perf               33.423s
```

表 5-3   基准测试输出信息上半部分的说明

字段名	说明	值
goos	操作系统	darwin
goarch	CPU 架构	amd64
pkg	被测试的包	golang-1/testing/perf
cpu	CPU 型号	Intel(R) Core(TM) i5-1038NG7 CPU @ 2.00GHz

表 5-4   基准测试输出信息下半部分的说明

列名	说明	示例
Benchmark 被测的函数名-CPU	基准测试函数名由 Benchmark 与被测的函数名组成，后面的 CPU 表示 GOMAXPROCS 的值，或者说执行测试的线程数	BenchmarkConcatStr10ByAdd-8
循环次数	测试运行的循环次数	156916
平均每次执行的时间	每次循环的平均耗时，单位为纳秒	102981 ns/op
内存分配字节数	每次执行会分配多少内存	788699 B/op
内存分配次数	每次执行会发生多少次内存分配	3 allocs/op

测试输出信息的最后一行显示了测试的结果、运行测试的目录和累计耗时。

与基准测试结果相关的结构体是 BenchmarkResult，该结构体的定义如下：

```
type BenchmarkResult struct {
    N         int            // 迭代的次数
    T         time.Duration // 基准测试花费的时间
    Bytes     int64          // 一次迭代处理的字节数
    MemAllocs uint64         // 分配内存的总次数
    MemBytes  uint64         // 分配的内存的总字节数
}
```

另外，func BenchmarkXxxx(b*testing B)中的 testing.B 拥有 testing.T 的全部接口，所以 Fail、Skip、Error 这些接口它都可以使用。此外，它还添加了如下方法。

- SetBytes(i uint64)：用于记录单个操作处理的字节数，如果调用它，基准测试将报告每次操作所花费的纳秒数和吞吐量。
- SetParallelism(p int)：用于设置并行数。
- StartTimer / StopTimer / ResertTimer：启动、停止或重置计时器。

注意：如果存在测试前初始化测试对象的任务，那么在测试完成后可以使用*testing.M 的 run 方法对测试对象进行清理。

2．测试结果分析

从前面的测试结果中可以看到，性能好的两个函数为 BenchmarkConcatStr10ByBytesBuffer 和 BenchmarkConcatStr10ByStingsBuilder，它们的性能相差无几，它们使用的拼接方式分别是 bytes.Buffer 和 strings.Builder，每次操作时它们分配内存的次数最少，分配的内存大小也比其他两种方法小得多。最慢的是 BenchmarkConcatStr10BySprintf，它使用的拼接方式是 fmt.Sprintf，每次操作要分配 7 次内存。在内存分配方面，性能好的函数每次操作时大约只需要分配 100 字节的内存，性能差的函数需要分配的内存则是前者的几百倍。由此可见，性能差的函数通常操作内存的次数更多、内存分配量也更高。

3．测试总结

（1）连接的字符串较少时，可直接使用运算符 "+"，这样代码简短，易于阅读。

（2）在拼接字符串数组时，使用 strings.Join 函数的性能比较好。

（3）对于 Go1.10 及以上的版本，官方建议尽量使用 strings.Builder 拼接字符串。

4．对测评结果进行验证

通常情况下，我们会验证评估结果。我们希望看到自己能理解的测试结果，如果测试结果与预期结果相差太远，就必须明确其中可能存在的问题，但这并不意味着一定是业务代码有问题。不管怎样，我们都应该尽可能地想办法拿到准确的测试结果。

5.6　与网络有关的模拟测试

对 HTTP 开发场景进行测试时，可能会出现以下情况。

（1）需要连接到外网访问实际的服务器才能进行测试。然而，我们并不总是可以随时联网进行测试。

（2）需要模拟实际场景中可能不常遇到的问题，以确保我们的处理方式正确。

（3）如果是在构建 Web API，那么会用到 HTTP 和 HTTPS 协议，这时可能就需要我们自己搭建服务器了。

为了应对上述可能出现的情况，Go 语言提供了标准库 net/http/httptest，可使用它实现与网络有关的模拟测试，它支持在命令行或者应用程序的层面上进行测试。

1. 使用 net/http/httptest 替换 net/http 进行模拟测试

关键代码如下。

```
func helloHandler(w http.ResponseWriter, r *http.Request) {
        w.Write([]byte("hello world"))
}

req := httptest.NewRequest("GET", "http://example.com/foo", nil)
w := httptest.NewRecorder()
helloHandler(w, req)
bytes, _ := ioutil.ReadAll(w.Result().Body)
```

本书配套代码中含有此示例完整的代码，具体见 golang-1/testing/http/http_test.go。

2. 测试结果及说明

测试结果如下。

```
$ go test -run TestCon -v
=== RUN   TestConn
--- PASS: TestConn (0.00s)
=== RUN   TestConnByHttptest
   http_test.go:49: 结果应该为 hello Golang，但却是 hello world
--- FAIL: TestConnByHttptest (0.00s)
FAIL
exit status 1
FAIL    golang-1/testing/http          0.148s
```

在 TestConn 函数中可以为单元测试创建真实的网络连接。在 TestConnByHttptest 函数中，使用 httptest 库模拟请求对象和响应对象，可以达到与使用真实网络连接类似的测试目的。

5.7　与测试有关的第三方工具

最后介绍一些与测试相关的第三方工具。

5.7.1　gomock

模拟（mock）测试是指在测试过程中对一些不容易构造或者不容易获取的对象（如数据库连接、文件 I/O 等）使用虚拟对象来进行测试。单元测试中常使用这种方法。测试的对象一般称为 SUT（Software Under Test），mock 的作用是对 SUT 所依赖对象的行为进行模拟。开发者可以灵活地指定模拟对象传入的参数、调用的次数、返回值和要执行的动作，以满足测试的各种情景假设。

gomock 是 Go 的模拟框架，它很好地集成了 Go 语言内置的 testing 包，同时也能在其他上下文中使用，并且它还提供了 mockgen 工具来帮助生成测试代码。

5.7.2　BDD

有的公司采用的是敏捷开发模式，这种模式在开发时会设定故事卡。故事卡上会写明用户故事，然后开发团队据此进行开发。故事写完是需要验收的，验收时通常使用业务领域的语言来描述故事，这样可以避免开发人员和用户方的表述不一致，从而引起误解。

描述故事的格式基本是固定的，由 Given、When、Then 三部分组成，即指定在给定的场景下（Given），用户操作什么的时候（When），出现了什么结果（Then）。以上开发和验收方法就叫 BDD（Behavior Driven Development）。

有一款第三方工具 goconvey，可以无缝接入 testing 包，以管理测试用例。它还提供了丰富的函数断言、友好的 Web 界面，这使得我们可以直观地查看测试结果。本书配套代码中含有此示例完整的代码，具体见 golang-1/testing/bdd。下面看一个使用 goconvey 的示例。

（1）下载 goconvey 包并导入，编写 BDD 代码。

```
package bdd

import (
    "testing"
    . "github.com/smartystreets/goconvey/convey"
)

func TestSpec(t *testing.T) {
        Convey("Given some integer with a starting value", t, func() {
                x := 1
                Convey("When the integer is incremented", func() {
                        x++
                        Convey("The value should be greater by one", func() {
                                So(x, ShouldEqual, 2)
                        })
                })
        })
}
```

（2）使用 go test 命令对代码进行测试。

```
$ go test -v
=== RUN   TestSpec

  Given some integer with a starting value
    When the integer is incremented
      The value should be greater by one ✔

1 total assertion

--- PASS: TestSpec (0.00s)
PASS
ok      golang-1/testing/bdd         1.354s
```

（3）启动 goconvey 后，在浏览器中打开本地 8080 端口查看结果。

```
$GOPATH/bin/goconvey
2020/11/23 14:18:13 goconvey.go:61: Initial configuration: [host: 127.0.0.1]
[port: 8080] [poll: 250ms] [cover: true]
...
2020/11/23 14:18:16 shell.go:102: Coverage output: === RUN   TestSpec
...
```

第 6 章

错误与异常处理

在 Go 语言中，关于"错误处理"的设计争论最多，主要包括以下方面。

- 错误类型的设计：在 Go 语言中，错误是一个实现了 Error() string 方法的接口。有人认为这种方法过于简单，不够灵活，无法携带如错误码、堆栈信息等内容。因此，他们提出了一些替代方案，比如使用结构体来表示错误。
- 错误处理的方式：在 Go 语言中，一般采用函数返回值来表示错误，在调用时需要显式处理这些错误值。这种方式被一些人认为过于烦琐，而且容易忽略错误，导致代码出错。因此，他们提出了一些替代方案，比如使用异常机制来处理错误。
- panic 和 recover 函数的使用：在 Go 语言中，可以使用 panic 函数抛出异常，使用 recover 函数捕获异常。有些人认为应该尽量避免使用 panic 和 recover 函数，因为它们会使代码更加复杂，并且在某些场景下会影响性能。但也有人认为 panic 和 recover 函数是一种很好的错误处理方式，尤其是在一些错误不可恢复的情况下。
- 错误处理的标准化：有人认为 Go 语言应该制定一些错误处理标准，以便开发者能够更好地处理错误。例如，通用的错误类型和错误码、统一的处理错误的方式等。

Go 语言从设计上区分了错误和异常（exception），但并没有引入 exception 机制来处理异常逻辑，它是利用函数多返回值的特性，将实现了错误接口（error interface）的对象作为返回值交由调用者处理，从而实现处理异常的逻辑的。简单来说就是，Go 语言中的 error 是一个值，它可以是自定义的正常或者异常响应值，也可以是 nil。在 Go 语言中，"异常"与 panic、defer 有关。

在本章中，我们主要学习以下内容。

- 了解 error、panic、defer 和 recover 的概念。
- 掌握改进的标准库 errors。
- 了解日志系统。

6.1 error 的引入

因为 Go 语言从设计上就区分了错误和异常，所以错误处理与异常处理的方式并不相同。在进行错误处理时，我们通常希望看到与错误有关的值，以便更好地理解问题的所在，而 Go 语言的 error 类型正好可以达成这个诉求。

因为 Go 语言函数支持返回多个值，所以处理结果和响应代码可以同时返回。在 Go 语言中，函数通常返回 *N*+1 个值。其中"*N*"代表的是函数正常的返回值，可以是一个、多个或者没有；"1"代表的是与错误相关的响应代码值。如果没有错误，响应代码值通常为 nil，否则为对应的错误值。

这样一来，我们就能够根据响应代码值来判断函数是否有错误，然后基于此结果执行相应的业务逻辑了。如果我们看到一段代码长成这样: if err:=doSth(xx);err!=nil{...}，那么这就是对响应代码值的判断。

6.1.1　预定义的错误类型

通常情况下，标准库或者第三方包的函数中都会内置预定义的错误，因此在代码中调用它们后只需判断返回值的响应代码部分即可。例如，我们调用标准库 os 中的函数 func OpenFile(name string, flag int, perm FileMode) (*File, error)来打开文件。此函数的第一个返回值*File 是指向文件描述符的指针，第二个返回值 error 就是响应代码。如果在调用此函数的过程中报错，则这个响应代码会是一个具体的 error 值，而不是 nil。

那么错误（以下称 error）到底长什么样呢？查看 error 的源码，就会发现原来它是接口！它的方法集中只有一个 Error 方法，示例代码如下。

```
// http://golang.org/pkg/builtin/#error
type error interface {
        Error() string
}
```

既然 error 是接口，那自然可以使用接口类型断言来获得实现 error 的具体类型了。

参考函数 OpenFile 的注释"If there is an error, it will be of type *PathError"（意思是如果有错误，它将是*PathError 类型）可知，可以对变量 err 执行接口类型断言，关键代码如下。

```
if err != nil {
        if pathError, ok := err.(*os.PathError); ok {
                fmt.Printf("%s, %s, %s\n",
                        pathError.Op,
                        pathError.Path,
                        pathError.Err)
        } else {
                panic(err)
        }
        return
}
```

接口类型断言成功后就可以调用*os.PathError 类型的多个属性了，否则将发生运行时 panic。

6.1.2　快速创建错误类型

查询 API 可知，我们可以使用 New 函数快速创建一个错误类型，示例代码如下。

```
// http://golang.org/src/pkg/errors/errors.go
func New(text string) error {
        return &errorString{text}
```

```
        }

type errorString struct {
        s string
}

func (e *errorString) Error() string {
        return e.s
```

在上述代码中，New 函数的作用是返回可以设置信息的错误类型。我们可以先定义多个错误值，然后结合关键字 switch 来使用这些被定义的错误值，示例代码如下。

```
var (
        var Step_1_Error error = errors.New("步骤 1 发生错误！")
        var Step_2_Error error = errors.New("步骤 2 发生错误！")
)

//模拟做某个业务
func DoSomeBusiness() error {
        ...
}

func main() {
        ...
        if err := DoSomeBusiness(); err != nil {
                switch err {
                case Step_1_Error:
                        fmt.Println("步骤 1 发生错误", err.Error())
                        return
                case Step_2_Error:
                        fmt.Println("步骤 2 发生错误", err.Error())
                        return
                ...
        }
        ...
}
```

另一个可以生成 error 类型值的方法是调用 fmt.Errorf 函数。

```
myError:=fmt.Errorf("%s", "用 fmt.Errorf 自定义错误")
```

在 fmt.Errorf 函数的内部，创建和初始化错误类型的操作都是通过调用 errors.New 函数来完成的。

6.1.3 自定义错误

大多数情况下，errors.New 和 fmt.Errorf 函数足以满足创建 error 类型值的需求。当然，也可以通过实现接口中的 Error() string 方法来创建自定义的错误类型。

以下代码自定义了两种错误类型，在 DoBusiness 函数中，会模拟返回随机产生的自定义错误类型的值。

```
type HighLevelBusError struct {
        Code  int
        Value string
}
```

```go
func (e *HighLevelBusError) Error() string {
    return fmt.Sprintf("高等级系统错误发生【错误代码：%v，错误原因：%v】", e.Code, e.Value)
}

type LowLevelBusError struct {
    Code   int
    Value string
}

func (e *LowLevelBusError) Error() string {
    return fmt.Sprintf("低等级系统错误发生【错误代码：%v，错误原因：%v】", e.Code, e.Value)
}

func DoBusiness() error {
    rand.Seed(time.Now().UnixNano())
    num := rand.Intn(100)
    if num%3 == 1 {
            return &HighLevelBusError{
                    Code:   100,
                    Value: "金额计算出错",
            }
    } else if num%3 == 2 {
            return &LowLevelBusError{
                    Code:   1,
                    Value: "系统使用率达到 30%",
            }
    } else {
            return errors.New("其他错误")
    }
}
```

使用自定义错误时，必须使用该结构体中的每一个字段。如果有字段没有出现在错误日志信息中，那么就应该考虑该字段是否有存在的必要。结构体中各字段存在的意义就是方便用户在程序发生错误时清楚地知道问题出在哪里，如果在错误日志中发现某些字段无法清楚地描述情况，那就说明这里的设计不好。

6.1.4 接口在错误处理上的妙用

对于业务代码产生的错误，有些可以容忍，可先将其记录在日志中，回头再来排查；而有些是不能容忍的，必须立即采取措施，此时，最简单、粗暴的做法就是退出程序。下面基于此需求对前面的代码进行改造。关键代码如下。

```go
type OnlyMyBusError interface {
    CanTolerate() bool
}

func (e *HighLevelBusError) CanTolerate() bool {
    return false
}

func (e *LowLevelBusError) CanTolerate() bool {
    return true
}

func main() {
```

```
        for {
                err := DoBusiness()
                time.Sleep(time.Second)
                if err != nil {
                        switch e := err.(type) {
                        case OnlyMyBusError:
                                if !e.CanTolerate() {
                                        log.Println(err.Error())
                                        return //不能容忍的错误，退出
                                } else {
                                        log.Println(err.Error())
                                }

                        default:
                                log.Printf("发生了 %s ，系统退出", err.Error())
                                return
                        }
                }
                ...
        }
}
```

在上述代码中，首先定义了接口 OnlyMyBusError，它的作用是判断错误是否可以容忍。一般情况下，我们认为低级别的错误可以容忍，高级别的则不能。因此，可让这两种自定义错误类型分别实现 CanTolerate 方法。

在 main 函数中，会使用代码 err.(type)对返回的错误类型进行类型断言。这里有个很巧妙的地方，类型断言中的代码是 case OnlyMyBusError，此代码利用了接口的特点，即接口用于定义同一种行为。通过类型断言我们发现，在本例中只有自定义错误 HighLevelBusError 和 LowLevelBusError 实现了 OnlyMyBusError 接口。然后继续调用 e.CanTolerate 方法来判断是否可以容忍这类错误，如果不能则记录日志并退出系统，反之则记录日志并让系统继续运行。

如果没有使用上述技巧，在对这个 error 类型的值进行类型断言时，是无法使用自定义错误类型的那个附加方法 CanTolerate 的，更无法判断能否容忍这个错误。这个技巧为 error 类型的无缝扩展带来的好处是显而易见的。

6.1.5　自定义错误的陷阱

有一个很经典的说法：nil 并不等于 nil，意思是当自定义错误类型的返回值为 nil 时，这个返回值 nil 与 nil 比较的结果是不相等的，示例代码如下。

```
type myError struct {
        string
}
func (e *myError) Error() string {
        return e.string
}
func DoBus2() *myError {
        return nil
}
func main() {
        if err := DoBus2();err != nil {
```

```
                    fmt.Printf("DoBus2 err is not nil: %v\n", err) //会进入这一行代码
            }
    }
```

存在这种情况仍然与接口有关。因为 error 本质上是接口，error 的定义如下：

```
type error interface {
    Error() string
}
```

在使用操作符"=="对接口类型进行比较时，Go 语言实际上会比较两个属性：接口值和接口类型。当自定义错误类型的值为 nil 时，仅表示接口值为 nil，接口类型并不为 nil。这造成了经典的"error is not nil, but value is nil"（错误值是 nil，但错误类型不是 nil）问题。接口本身并不是具体的数据或对象，它只是描述了一组方法的抽象行为，实际的数据或对象由接口值所包含或指向。

6.1.6 获取和处理错误

有了错误，我们自然要去处理，在 Java 等语言中会用到 try…catch…finally 这种捕获异常的语法，此语法的缺点是无法直观地知道错误是由代码块中的哪一行引起的。相比之下，Go 语言获取和处理错误的设计更直观。

在 Go 语言的代码中，以下写法很常见。

```
if err:=Dosth();err!=nil{
        ...
}

func Dosth() error{
        ...
}
```

我们知道，Go 语言的函数支持多返回值，因此函数的返回值中可以包含 error 部分。调用函数后，将 error 部分赋值给变量 err，然后对 err 进行判断，如果不为 nil，则认为调用函数时发生了错误，需要进行处理。

在 Go 语言中，可以使用 defer 函数来达到类似 Java 中 finally 代码块的效果。虽然不断对返回的错误响应值进行判断，可能会造成代码冗余，但同样也带来了好处。第一是避免了嵌套；第二是遇到失败就返回，使代码更清晰。

6.1.7 Go 语言作者关于错误处理的观点

Go 语言的错误处理方式受到了许多开发者的批评，Rob Pike 不得不在官网上说明，开发者可以自定义 error 类型，优雅地设计符合自身业务流程的错误处理方式。但同时，他再次强调，无论怎样设计，检查代码中暴露出来的错误都很重要。

官方的 FAQ（Frequently Asked Questions）道出了设计背后的考虑。Go 语言的作者认为虽然将异常合并到控制结构中会导致代码更复杂，但鼓励开发者利用函数支持多返回值的特性显式地检查错误，这样程序流程就不会被打断。虽然这与其他编程语言中的错误处理方式不同，但规范了错误类型，再加上 Go 语言的 error 具有可编程性，这也使得错误处理变得更为方便。

综上所述，错误处理的设计初衷是用冗余的代码来换取简单的逻辑，正如 Go 的谚语所言："Clear is better than clever（清晰胜于聪明）。"

6.2 异常处理

程序处理错误时，如果认为这个错误足够致命，就会发出 panic 信号。这个 panic 就是 Go 语言中的异常。我们要知道，错误和异常是不同的。"错误"有时并非真的"错误"，它可能是业务流程处理完以后返回的提示值，它是一种值！获取并处理错误后，程序是可以继续运行的。而异常则不同，它表示程序遇到了非常严重的问题，通常来说，如果出现异常，程序就会中止。因此，我们在 Go 语言开发的程序中可以看到很多有关错误处理的代码，却很少看到处理 panic 的代码。

6.2.1 panic 的使用

panic 与 Java 中的异常非常相似，一旦产生 panic，程序就会停止执行当前的操作，然后检查是否存在 defer 代码片段，如果存在，则执行此代码；如果不存在，则程序结束。示例代码如下。

```go
func main() {
        DoBusiness(7, "Golang", make([]string, 3, 6))
}

//go:noinline
func DoBusiness(i int, str string, slice []string) {
        panic("发生 panic，请看堆栈信息！")
}
```

执行后，输出：

```
$ go run main.go
panic: 发生 panic，请看堆栈信息！

goroutine 1 [running]:
main.DoBusiness(0xc000060000?, {0x100c00005c058?, 0x1122558?}, {0x0?, 0x1119108?, 0x60?})
        /Users/makesure10/Desktop/goworkspace/src/golang-1/profiling/duizhan/main.go:9 +0x27
main.main()
        /Users/makesure10/Desktop/goworkspace/src/golang-1/profiling/duizhan/main.go:4 +0x65
exit status 2
```

从栈追踪信息中可以看到发生 panic 时函数的调用情况。栈追踪信息显示了调用的函数是 main.DoBusiness，并展示了参数（7, "Golang", make([]string, 3, 6)）在内存中的地址。

6.2.2 defer 函数的设计与使用陷阱

Go 语言中的 defer 函数与 Java 中 finally 代码块的用法有些相似。下面来看一下 defer 函数在不同的 Go 语言版本中是如何被设计和优化的。

1. Go1.12 版本中 defer 函数的设计

defer 函数会在当前函数或方法返回之前倒序执行。图 6-1 展示了编译一段包含 defer 函数的代码后得到的伪指令。

上述伪指令对应着两部分内容。

（1）deferproc 保存将要执行的函数信息，这一步称为 defer 函数注册。

（2）defer 函数注册完以后，程序继续执行。在函数返回之前，通过 deferreturn 调用并运行注册的 defer 函数。

正是由于 defer 函数代码段是先注册后调用的，因此表现出了延迟执行的效果。

defer 函数信息会注册到链表中，当前执行的协程持有此链表的头指针。每个协程在执行时都有对应的结构体 g，g 有个字段指向 defer 链表头，defer 链表连接起来就是一个 defer 结构体。新注册的 defer 函数会被添加到链表头中。由于 defer 函数的执行是从链表头开始的，因此表现为倒序执行。defer 链表与倒序执行示意图如图 6-2 所示。

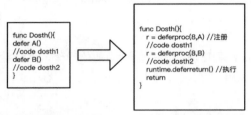

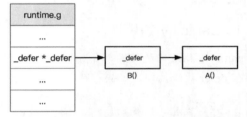

图 6-1　编译包含 defer 函数的代码后得到的伪指令　　图 6-2　defer 链表与倒序执行示意图

以上就是 Go1.12 版本中关于 defer 函数的设计思路。在此版本中，执行慢是一个较大的问题。这是因为结构体_defer 会在堆上分配，即使已有预分配的结构体_defer，也必须从堆上获取与释放，并且参数是在堆、栈之间来回复制的。第二个原因是链表的性能原本就不好，使用链表注册 defer 函数的性能自然也就不会太好，因此 Go 语言在 Go1.13 和 Go1.14 版本中又对其进行了进一步优化。

2. 后续版本对 defer 函数进行的改进

Go1.13 版本在编译阶段添加了局部变量，这样就可以先将 defer 函数的信息保存到当前函数栈帧的局部变量中。然后，通过 deferprostack 函数将栈上的结构体_defer 注册到 defer 链表中。Go1.13 版本对 defer 函数的优化主要是减少其信息的堆分配。

但是，在某些特殊情况下 Go1.13 版本的这种优化无效，来看个示例。

```
for xxx {
        defer A()
}

bbql:
    defer B()
    if flag {
        ...
        goto bbql
    }
```

上述显式循环或隐式循环中的 defer 函数，依然会按照 Go1.12 版本中的方式执行（即在堆上分配）。为此，Go1.13 版本中又给结构体_defer 增加了一个字段，用于标识是否为堆分配。

在 Go1.14 版本中，会在编译阶段插入代码，目的是将 defer 函数的执行逻辑展开，并写到所属函数内，我们称此为"open code defer"。这样一来，就不需要再创建结构体_defer，也不需要再在 defer

链表上注册了。但是与 Go1.13 版本一样，依然存在循环中的 defer 函数不会被优化的问题。因此，在 Go1.13 和 Go1.14 这两个版本中，也保留了 Go1.12 版本的执行方式。

Go1.14 版本中 defer 函数的性能相比 Go1.12 版本几乎提升了一个数量级，但这并非没有代价。前面所描述的均是程序一直正常执行的流程，但若发生了 panic 或者调用了 runtime.Goexit 函数，那么后面的代码就不会被执行，而是去执行 defer 链表了。又因为 "open code defer" 并没有注册到链表中，所以需要通过额外的栈扫描来查找 defer 函数的信息。为了解决这个问题，在 Go1.14 版本中，结构体_defer 在 Go1.13 版本的基础上又添加了几个字段，借助这些字段就可以找到未注册到链表中的信息，这样函数就可以按照正确的顺序执行了。所以有一个说法，在 Go1.14 版本中，defer 函数确实变快了，但 panic 反而变慢了。

3. defer 函数的使用陷阱

在使用 defer 函数时，有一个关于 return、defer 函数处理和返回值赋值的陷阱。请看下面的示例代码。

```go
func trap() (ret int) {
        i:=1
        defer func() {
                i++
        }()

        return i //输出 1
}

func main() {
        fmt.Println(trap())
        panic("my panic")
}
```

出乎意料，上述代码的输出不是 2，而是 1！这是因为 return 先执行，将 i 赋值给了 ret，接着 defer 函数开始执行，执行到 i++时，这里的 i 对 ret 没有任何影响，所以最后的返回值就是 1。以上就是 defer 函数的使用陷阱。如果按照下面的方式改一下代码。

```go
func trap() (ret int) {
        i:=1
        defer func() {
                ret++
        }()

        return i //输出 2
}
```

同样是先执行 return，将 i 赋值给 ret，接着 defer 函数开始执行。执行了 ret++后，得到最终的输出结果 2。

从上面的描述可知正确的执行方式是先执行 return，然后执行 defer 函数，最后在返回时将变量赋值给 "(ret int)" 中的 ret。

6.2.3 recover 函数的使用

程序一旦发生 panic，就会停止运行。但是，有时我们希望能先捕获 panic，记录产生 panic 的上下文内容，然后再退出，而不是直接终止程序。为此，Go 提供了专门用于恢复 panic 的内置函数 recover。recover 函数的运行机制就是恢复程序在 panic 状态下对协程的管理。在使用该函数时需要注意以下几点。

- recover 函数仅用于 defer 代码块。
- 可以获取 panic 的值，也就是说，可以获取 panic 后面括号中的那个 error 值。
- 如果无法处理，可以再次抛出 panic。

示例代码如下。

```
//通过简单的示例展示 panic + recover 的用法
func TestPanicRecover(t *testing.T) {

        defer func() {
                if err := recover(); err != nil {
                        fmt.Println("恢复了,这个错误是： ", err)
                }
        }()

        fmt.Println("开始")
        panic(errors.New("测试 recover,制造一个 panic!"))
        fmt.Println("结束这一句不会输出")
}

//输出
开始
恢复了,这个错误是:测试 recover,制造一个 panic!
```

我们在上面的代码中故意创建了一个 panic，试图让程序异常退出。当程序遇到 panic 时，在退出函数前会执行 defer 代码块中的代码。而 defer 代码块中有 recover 函数，因此又会触发 panic 恢复的机制，所以会输出以"恢复了"开头的内容，panic 后面的代码不会被执行。

6.3 面向错误和恢复的设计

对错误进行处理后，程序不会轻易中断。我们可以通过添加告警代码来让程序更加健壮。由于 error 是返回值的一部分，因此通常我们在编写代码时会先检查此 error 值是否为 nil，如果不是 nil，则处理此 error；如果为 nil，则运行正常的业务逻辑。

recover 函数的运行机理很简单，但是对 recover 函数进行处理时要小心！有时，在 recover 代码段内，仅仅记录了日志而没有做其他处理，这种方式其实很危险！示例代码如下。

```
defer func() {
        if err := recover(); err != nil {
                log.Error("recovered panic",err)
        }
}()
...
panic(...)
```

按照上面的代码逻辑，recover 函数并不会去检查发生了什么错误，它仅仅是记录了日志，甚至会忽略为什么会产生错误！程序产生 panic 的原因可能是系统某个核心资源消耗完了。如果是这样，恢复后，虽然可以避免强制退出，但是系统可能仍然处于非正常的工作状态。而强制恢复又会让一些健康检查程序认为这个程序还活着。通常，检测程序是否正常就是看被检查程序的进程是否还存在。如果强制恢复后，系统的进程还在，但是系统已经不能正常提供服务了，那么就会产生僵尸服务进程。

在不确定错误的情况下，让程序强制退出反而可能是更好的设计，因为程序产生 panic 退出后，守护进程将重新启动该程序。重启之所以好，是因为其本质是释放了一些资源，使应用程序能够正常运行。

在进行错误处理和异常处理时，必须遵循以下原则。

（1）及早失败，避免嵌套！通常来说，只要判断 err 不为 nil，就马上处理。只有在 err 为 nil 时，才去执行正常的业务逻辑。由此带来的好处是避免了嵌套，让代码更清晰。虽然这会导致处理错误的代码非常多，但至少我们的心智负担小。

（2）对于已知的错误，可以自定义错误类型，以便于进行判断。对于未知的错误，则进行统一处理。

（3）可以考虑定义全局的错误处理方法，并在有可能出错的地方调用，从而减少冗余的代码。

（4）能想到的错误都用 error，尽可能少用 panic。

6.4　带堆栈信息的 error

目前，软件开发一般都按照 MVC（Model-View-Controller，模型-视图-控制器）框架分层。当程序出现错误时，我们需要知道是由哪些特定的执行层或代码行引起的。显然，单纯地返回错误信息是满足不了需求的。这时只能采用调试方式查找，但若要一步步去调试，效率低不说，还不一定能找到出错的代码。

为了解决在工程中缺少上下文调试信息的问题，2016 年诞生了 github.com/pkg/errors 库。这个库将内置的 error 的上下文处理进行了优化，它允许开发人员在不破坏错误原始值的情况下，将类型断言和调用堆栈等上下文信息添加到代码的失败路径中。除了输出调用层级上的错误内容，这个库还可以输出发生错误的文件名与其所在的行号，这对于定位问题非常有用。

github.com/pkg/errors 库常用的函数如下。

```
func New(message string) error //新生成一个带堆栈信息的错误
func WithMessage(err error, message string) error //附加自定义信息
func WithStack(err error) error //附加调用堆栈的信息
func Wrap(err error, message string) error//同时附加堆栈信息和自定义信息
```

github.com/pkg/errors 库返回的所有错误值都实现了接口 fmt.Formatter，所以能够按照 fmt 的格式来定制堆栈信息，并且它还支持以下选项。

- “%s”：输出错误信息，不包含堆栈信息。
- “%q”：输出的错误信息带引号，不包含堆栈信息。
- “%+v”：输出错误信息和堆栈信息。

下面的代码演示了堆栈信息的输出。本书配套代码中含有此示例完整的代码，golang-1/error/pkgerrors_test.go 中的单元测试函数 TestUseErrorsAndStack 可用来测试该示例。

```
import (
        E "errors"
        "github.com/pkg/errors"
```

```
)

//实现了 stackTracer 接口的错误信息
func NewStackTracerErrors() error {
        return errors.New("实现了 stackTracer 接口的错误信息")
}

err, ok := errors.Cause(NewStackTracerErrors()).(stackTracer)
err2 := errors.Wrap(NewErrosByStandard(),"包装附加信息")
```

输出:

```
.../error.NewStackTracerErrors
        .../error/pkgerrors_test.go:51
.../error.TestUseErrorsAndStack
        .../error/pkgerrors_test.go:32
----分割符-----
//err :标准库 error 创建的错误
//包装附加信息
.../error.TestUseErrorsAndStack
        .../error/pkgerrors_test.go:42
...
```

从输出的信息中可以看到,里面多了堆栈信息(例如是什么函数引起的错误、它位于代码中的第几行等)。我们只需要修改以前的标准库 errors 为 github.com/pkg/errors 库,就可以完成相应的替换。

6.5 标准库 errors 的改进

除了使用 github.com/pkg/errors 库,官方在 Go1.13 版本中对标准库 errors 也进行了改进。新的标准库 errors 引入了包装错误的概念,并增加了 Is、As 和 Unwrap 这三个函数,用来辅助处理和识别返回的错误。包装错误是指一个 error 嵌套另一个 error。

errors 标准库新增的三个函数 Is、As 和 Unwrap 的说明如下。

● Is 函数:对于多层 error 嵌套的场景,可以使用 Is 函数来判断返回的 error 是嵌套的还是最原始的。

● As 函数:在 Go1.13 版本之前,想将 error 转换为另外一个 error,通常会使用类型断言。但是有了嵌套的方法以后,类型断言可能就用不了了。此时,可以使用 As 函数,它会遍历 error 嵌套链,从中找到类型匹配的 error,然后赋值给一个空接口变量并返回。

● Unwrap 函数:既然有了 wrap,自然就会需要 Unwrap。使用 errors.Unwrap(w)可以还原一个 error。需要注意的是,嵌套是可以有很多层的,每次调用 Unwrap 只能返回最外层的 error。想要获取最里面的 error,就必须多次调用 Unwrap 函数。如果最终 error 的类型不再是 warpping error,那么返回 nil。

在新增的函数中,并没有 Wrap 函数。对错误信息的包装,是通过扩展 fmt.Errorf 函数、新增%w格式化选项来实现的。示例代码如下。

```
e := errors.New("原始 e")
w := fmt.Errorf("Wrap 一个原始 e%w", e)
```

这种设计的理念是在不丢失原始错误信息的情况下,提供一些附加的信息。以前可能是按下面这种方式来设计的。

```
err := errors.New("原始错误")
fmt.Printf("类型为：%T, 值为：%s\n", err, err)

defineErr := fmt.Sprintf("包装一层的信息,%s", err)
fmt.Printf("类型为：%T, 值为：%s\n", defineErr, defineErr)

//输出
类型为：*errors.errorString, 值为：原始错误
类型为：string, 值为：包装一层的信息,原始错误
```

但这是不对的，变量 err 是一个 error 类型的值，我们并不希望这个值的类型变成字符串。因此，改进后的标准库 errors 提供了包装模式，在此模式下，既可以保留 error 类型，也可以添加附加的信息，示例代码如下。

```
wrapErr := fmt.Errorf("包装一层的信息,%w", err)
fmt.Printf("类型为：%T, 值为：%s\n", wrapErr, wrapErr)
//输出
类型为：*fmt.wrapError, 值为：包装一层的信息,原始错误
```

对于这个被包装的错误，使用 Unwrap 函数即可获得原始的错误信息，示例代码如下。

```
wrapErr = errors.Unwrap(wrapErr)
fmt.Printf("类型为：%T, 值为：%s\n", wrapErr, wrapErr)
//输出
类型为：*errors.errorString, 值为：原始错误
```

阅读 fmt.Errorf 函数的源码也可以看到，被包装的错误类型依然是 error（返回类型就是 error）。

```
func Errorf(format string, a ...interface{}) error {
        ...
        ...
        var err error
        if p.wrappedErr == nil {
                err = errors.New(s)
        } else {
                err = &wrapError{s, p.wrappedErr}
        }
        p.free()
        return err
}
```

上述源码中的关键代码是 if p.wrappedErr == nil，它通过判断 p.wrappedErr 这个值的结果来决定是否生成 wrapping error。p.wrappedErr 的值又是怎么来的呢？它是根据设置的%w 解析出来的。如果这个值存在，那么就会生成一个&wrapError{s, p.wrappedErr}并返回。结构体 wrapError 的定义如下。

```
type wrapError struct {
        msg string
        err error
}

func (e *wrapError) Error() string {
        return e.msg
}

func (e *wrapError) Unwrap() error {
```

```
        return e.err
}
```

在上述代码中，结构体 wrapError 实现了 Error 方法，也就是实现了接口 error。Unwrap 函数是其特有的函数，用于获得被包装前的 error。

6.6 errGroup 对象

提示：本节涉及 sync.WaitGroup、协程等概念，如果对相关概念不熟悉，请先阅读协程章节。

Go 语言中使用 sync.WaitGroup 解决了协程分组和同步的问题。然而，它虽然能很好地实现任务同步，但却无法返回错误。当协程组中的某一个协程出错时，我们是无法感知的。为了解决这个问题，官方提供了 errgroup 包（golang.org/x/sync/errgroup），它对 sync.WaitGroup 进行了封装，支持返回协程组中的协程遇到的第一个错误。使用示例如下。

```
import (
        "context"
        "fmt"
        "golang.org/x/sync/errgroup"
        "log"
        "time"
)

func main() {
  eg, ctx := errgroup.WithContext(context.Background())
  for i := 0; i < 100; i++ {
    i := i
    eg.Go(func() error {
      time.Sleep(2 * time.Second)
      select {
      case <-ctx.Done():
        fmt.Println("取消:", i)
        return nil
      default:
        fmt.Println("完成:", i)
        return nil
      }})}
  if err := eg.Wait(); err != nil {
    log.Fatal(err)
  }
}
```

代码说明如下。

（1）使用 withContext 方法创建一个 errGroup 对象和 ctx 对象。

（2）调用 errGroup 对象的 Go 方法启动协程。在这个 Go 方法中，已经封装了对 sync.WaitGroup 的相关操作，如 Add 和 Done。因此，在使用 errGroup 对象时，我们无须手动为 sync.WaitGroup 添加或减少计数。errGroup 对象本质上是在控制和管理 sync.WaitGroup 的行为，同时它还提供了处理并发错误的功能。

（3）最后对 Wait 方法的调用其实调用的是 sync.WaitGroup 方法。

注意： 如果多个协程出现错误，只会获取第一个出错协程的错误信息，其他出错协程的错误信息将不会被感知。errGroup 对象中没有做 panic 处理，所以在调用 eg.Go(func() error)时，要保证程序的健壮性。

此外，也可以直接使用 var 或 new 函数创建 errgroup.Group，但这样创建的 Group，在出现错误之后不能取消其他协程。示例代码如下。

```
package main

import (
    "fmt"
    "golang.org/x/sync/errgroup"
)

func main() {

    var eg errgroup.Group

        eg.Go(func() error{
                fmt.Println("Goroutine 1")
                ......
                return err   //返回错误
        })
    eg.Go(func() error{
                fmt.Println("Goroutine 2")
                ......
                return err   //返回错误
        })

        if err := eg.Wait(); err != nil {
                fmt.Println("Get errors: ", err)
        }else {
                fmt.Println("successful")
        }
}
```

6.7　日志系统的引入

系统级的监控设计通常分为三个层面：metrics、logging 和 trace。

metrics 是指一个或多个指标。在我们的认知中，衡量指标的好坏时会参考它的基线值，若超出了基线值，就应该关注这些指标。

若某个 metrics 引起了我们的关注，这时就应该"钻"下去，也就是说，应该看看在过去几秒、几分钟甚至几小时内发生了什么。在这种情况下，就轮到 logging 发挥作用了，它会提供我们需要的回放。

但是仅有 logging 给出的信息可能还不够。此时，就要用到 trace 了。trace 可以将运行时的信息全部转储下来，但这个过程非常消耗资源。

为了帮助理解以上三个层面的监控，我们以看病的过程来进行类比。当我们身体不舒服去医院看病时，医生给我们量了体温（比如为 38.5℃），这个体温就是 metrics。于是医生开始询问昨天到今天吃了什么、做了什么，我们一一进行了回答，这就是 logging。此时，医生心里可能已经有数了，但是为了更准确地给出诊断，医生就让我们去做血液检查，看是否有病毒性感染，这就是 trace。

前面说的都是错误处理，当错误发生时，为了便于日后追溯问题发生的时间和原因，我们需要把相关的错误信息记录在日志中。

6.7.1 日志概述

为什么要有日志？因为在生产环境中运行的程序不再是标准的控制台输出。如果需要监控程序运行的状态，就需要通过日志系统统一收集相关信息。日志系统可以将需要的内容按照级别输出到指定的位置，以便后面进行展示、分析或者追踪。为了让日志系统更健壮，还需要设计日志文件，使其可按照大小或者时间自动截断，这样就可以优化内容查询和避免单个文件过大。

日志是整个系统的重要组成部分，日志中不仅会记录产生的错误，还会记录其他级别的信息。不同级别的日志有不同的作用，例如，在开发阶段需要查看 DEBUG 级别的日志，在运行阶段需要查看 INFO 和 ERROR 级别的日志。

6.7.2 第三方日志框架

Go 语言自带的 log 包相对简单，而在实际工程中可能会面临多样化的需求，这时就需要用到功能更强大的日志框架了。

日志属于 I/O 密集型组件，它的性能和成本会直接影响到服务成本。可基于多个维度来选择日志框架，包括日志的易用性、可管理性、格式处理方式、上下文堆栈信息，以及它对性能的影响等。

目前，Go 语言的生态圈中已经有许多第三方日志框架，包括 logrus、zap、glog（klog）、seelog、zerolog、log4go、etcdlog 等。每种框架都有其各自的优缺点，我们选择最适合自己的日志框架，或者在此基础上进行二次开发即可。

第 7 章

编码与字符串

无论使用哪种编程语言，开发人员打交道最多的数据类型应该都是字符串（string）。本章将介绍字符串相关的知识与常规操作。

7.1 字符编码

7.1.1 字符的编码方式

在介绍字符串之前，我们先介绍一下字符编码。UTF-8 是 Go 语言默认的编码方式。与其他语言不同，Go 语言没有专门的字符类型，如果要存储单个字符，通常要使用 byte 类型来实现。示例代码如下。

```go
//测试用 byte 类型来保存字符
func TestByte(t *testing.T) {

  var c1 byte = 'a'
        var c2 byte = '0' //字符 "0"

        //如果直接输出 byte 值，则输出的是对应字符的码值
        fmt.Println("c1 =", 'a') //输出：c1 = 97
        fmt.Println("c2 =", '0') //输出：c2 = 48

        //如果希望输出对应的字符，则需要格式化输出
        fmt.Printf("c1=%c c2=%c\n", c1, c2) //输出：c1=a c2=0

        //var c3 byte = '庆' //overflow溢出，报错：constant 24198 overflows byte
        var c3 int = '庆' //使用 int 可以防止 overflow 溢出
        fmt.Printf("c3=%c c3 对应码值=%d\n", c3, c3) //输出：c3=庆 c3 对应码值=24198

        //可以直接给某个变量赋予一个数字，然后使用%c 格式化，此时会输出与该数字对应的 Unicode 字符
        var c4 int = 24198 // 24198 -> '庆'
        var c5 int = 120    // 120->'x'
        fmt.Printf("c4=%c,c5=%c\n", c4, c5) //输出：c4=庆,c5=x

        //字符类型是可以运算的，它相当于一个整数，会按照码值来运算
        var n1 = 10 + 'a' //  10 + 97 = 107
```

```
        fmt.Println("n1=", n1) //输出：n1= 107
}
```

以下是关于字符编码的说明。

（1）如果字符位于 ASCII 表如[0-1, a-z,A-Z]中，则可以直接使用 byte 类型进行存储。

（2）如果字符的码值大于 255，则要考虑使用 int 类型存储。

（3）要输出与数字对应的 Unicode 字符，必须使用%c 格式化，如 fmt.Printf("%c", 24198)。

7.1.2　使用字符类型的注意事项

使用字符类型需要注意以下事项。

- 字符常量是用单引号（'）括起来的单个字符，如 var c2 int = '庆'。
- 使用转义字符 "\"，可以将其后的字符转变为特殊字符型常量，如 "\n" 表示换行符。
- Go 语言默认使用 UTF-8 编码，其中英文字母占 1 字节，汉字占 3 字节。
- 在 Go 语言中，字符的本质是整数，因此直接输出的是该字符对应的 UTF-8 编码的码值。
- 直接将数字赋给变量，然后在格式化输出时使用选项%c，会输出与该数字对应的 Unicode 字符。
- 字符类型有对应的 Unicode 码值，它相当于一个整数，因此可以参与运算。

为什么 Go 语言中没有乱码？这是因为 Go 语言使用了 Unicode 来表示字符，这是一种国际标准的字符编码方案，能够表示多种语言。Go 语言在写入字符类型时，会先将字符对应的 Unicode 码值（整数）找出来，然后以二进制的形式存储。读取的过程则与之相反。字符和码值的对应关系由字符编码表给出。由于 Go 语言采用了这一标准的字符编码方案，因此能够很好地避免乱码问题。

7.2　字符串

Go 语言中的字符串是基本的数据类型，不是引用或指针类型。字符串是只读的字节切片（byte slice），以静态方式存储，可以使用 len 函数获取长度。字符串的 byte 数组中可以存放任意数据。

初始化字符串以后，不能像操作字符数组那样直接修改字符串的内容，因为编译器会将字符串的字符分配到只读内存段。如果需要修改，则只能重新指定新值，这样它的存储地址就会变为新值的地址，而不是去修改原来在内存中存储的值。我们可以把变量强制转换成字节类型的切片，这样 Go 语言就会为切片变量重新分配内存，并将原始字符串的内容复制到切片上，如此操作之后，就能脱离只读内存的限制。

7.2.1　字符串的声明和初始化

字符串的声明和初始化方式与其他类型是一样的，示例代码如下。

```
var str string = "abcd" //声明及初始化
str := "abcd" //自动推导类型
```

字符串可以使用双引号（"）定义，也可以使用反引号（`）定义。使用反引号定义最大的优点是支持跨行。

7.2.2　字符串的数据结构

Go 语言默认的编码是 UTF-8，那么字符串的数据结构长什么样呢？

我们知道，字符串是一系列字符的集合，只有知道内存中的起始地址才能找到字符串的第一个字符，想要正确读取整个字符串还需要知道它的结束位置，那么它又该在哪里结束呢？在 C 语言中，可以通过在内容末尾添加特定的标识符\0 来表示字符串的结束，但这样做的缺点是限定了内容中不能再使用标识符\0，否则会产生意料不到的结果。

Go 语言在 C 语言的基础上做了改进，它将字符串的长度项放置在内容的开头。在 Go 语言中，字符串是一个只读的字节序列，它内部使用了两个属性：起始地址和长度。因为 Go 语言使用 UTF-8 编码，一个字符可能占用 1～4 字节，所以字符串的结束位置可以通过起始地址加上长度得到。这样，在读取字符串时，程序就知道从哪个地址开始读取，以及需要读取多少字节了。注意此长度并非字符数，而是字节数。我们一直在强调，Go 语言中没有专门的字符类型，有些编程语言的字符串是由字符组成的，而 Go 语言的字符串由单个字节连接而成。

字符串在内存中的数据结构示意图如图 7-1 所示。

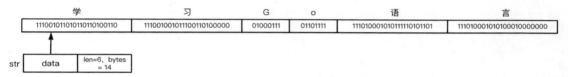

图 7-1　字符串在内存中的数据结构示意图

7.2.3　遍历字符串

遍历字符串有以下三种方法。

（1）根据 len 函数求出字符串的长度，然后使用下标遍历字符串。如果字符串中包含中文，使用此方法会出现乱码。原因是这种方式是基于 1 字节遍历的，而一个汉字在 UTF-8 编码中对应的是 3 字节。示例代码如下。

```
str := "a~学 Go!"
//输出: str[0] = a,str[1] = ~,str[2] = å,str[3] = ,str[4] = ¦,str[5] = G,str[6] = o,str[7] = !
for i := 0; i < len(str); i++ {
        fmt.Printf("str[%d] = %c\n", i, str[i])
}
```

（2）使用 for…range 的方式遍历字符串。该方法基于字符来遍历字符串，因此，即使字符串中包含中文字符，也可以成功遍历且不会出现乱码。但是因为每个汉字占 3 字节，所以字符串的下标不是我们想要的结果。示例代码如下。

```
//输出: str[0] = a,str[1] = ~,str[2] = 学,str[5] = G,str[6] = o,str[7] = !
for index, value := range str {
        fmt.Printf("str[%d] = %c\n", index, value)
}
```

（3）使用切片的方式遍历字符串。因为字符串是特殊的切片，所以可以将字符串先转换为[ ]rune，再作为切片进行遍历，这样在有汉字的情况下就不会出现乱码，即使有下标，也与中文的顺序完全匹配。示例代码如下。

```
str1 := []rune(str)
//输出: str1[0] = a,str1[1] = ~,str1[2] = 学,str1[3] = G,str1[4] = o,str1[5] = !
```

```
for i := 0; i < len(str1); i++ {
        fmt.Printf("str1[%d] = %c\n", i, str1[i])
}
```

7.2.4　字符串的长度问题

另一个值得注意的问题是字符串的长度。使用 len 函数获取的长度是字节数,当字符串中含有汉字时,按照字节长度计算会将一个汉字计算为 3 字节,也就是说,一个汉字的长度是 3,而我们预期的长度是 1。要解决此问题,可以使用表 7-1 所列举的四种方法,它们都能正确地计算字符串长度。

表 7-1　计算字符串长度的四种方法

序号	方法	示例
1	将字符串转换为切片,再使用内置 len 函数计算长度	len([]rune(str))
2	使用 bytes.Count 计算长度	bytes.Count([]byte(str), nil) - 1
3	使用 strings.Count 计算长度	strings.Count(str, "") - 1
4	使用 utf8.RuneCountInString 计算长度	utf8.RuneCountInString(str)

7.2.5　字符串的备份

在 Go 语言中,copy 函数支持切片的备份。因为字符串是特殊的字节切片,所以可以使用 copy 函数对字符串进行备份。具体方法为首先将字符串转换为 byte 类型的切片,然后复制切片,最后将复制的切片转换回字符串,示例代码如下。

```
bytes := []byte("你好 Go 语言")
copy(bytes, "...")
fmt.Println(string(bytes)) //输出: ...你好 Go 语言
```

7.2.6　字符串拼接

字符串拼接是指将两个字符串连接起来,构成一个新的字符串。字符串拼接在日常开发中很常见,可以使用多种方法实现,比如:

- 使用运算符"+";
- 使用 fmt.Sprintf 函数;
- 使用 strings.Join 函数;
- 使用 bytes.Buffer;
- 使用 strings.Builder。

1.　使用运算符"+"

使用运算符"+"拼接字符串是最简单、直观的方法。示例代码如下。

```
s1 := "hello"
s2 := "world"
s3 := s1 + s2   // s3 = "helloworld"
s1 += s2        // s1 = "helloworld"
```

虽然这是最简单、直观的方法，但也是有代价的。由于字符串是只读的，因此每次"原地"修改该字符串时，都会重新创建一个新的字符串。在将原字符串和待拼接字符串复制到新的字符串中后，还要把新的字符串赋值给变量，这就导致产生了很多临时、无用的字符串，给垃圾回收增加了负担，进而导致性能变差。

2. 使用 fmt.Sprintf 函数

fmt.Sprintf("%s%s", str1, str1)会根据指定的格式将传入的参数格式化，并返回一个新的字符串对象。fmt.Sprintf 函数内部是使用[]byte 实现的，所以不会像直接使用"+"那样产生较多的临时字符串。但是 fmt.Sprintf 函数内部的实现逻辑比较复杂，有很多额外的判断，而且还用到了接口，所以性能也不好。

另外，需要注意的是，不应调用 Sprintf 函数来构造 String 方法，这是容易犯错的地方。如果调用 Sprintf 函数尝试直接输出字符串，而该字符串又再次调用该方法，就会形成无限递归。示例代码如下。

```
type MyString string

func (m MyString) String() string {
    return fmt.Sprintf("MyString=%s", m) // 错误：会形成无限递归
}
```

解决这个问题很简单，将传入参数的类型从自定义的 MyString 转换为基本的字符串类型，这样就不会出现无限递归的问题了。示例代码如下。

```
type MyString string

func (m MyString) String() string {
    return fmt.Sprintf("MyString=%s", string(m)) // 可以：注意转换
}
```

3. 使用 strings.Join 函数

strings.Join 函数以一个字符串切片和一个分隔符作为参数，可将字符串切片中的元素基于指定的分隔符拼接成一个新的字符串对象。具体方法为先根据字符串数组的内容计算拼接后的长度，然后申请对应大小的内存，最后填充字符串。在已有一个数组的情况下，使用该函数的效率很高。示例代码如下。

```
str := []string{"学", "习", "Go"}
String := strings.Join(str,"")
fmt.Println("String = ", String) //输出：String = 学习Go
```

4. 使用 bytes.Buffer

bytes.Buffer 是 Go 语言内置的一种字节缓冲区。bytes.Buffer 内部维护了一个字节切片，向字节切片添加字符串时，实际上是将字符串的字节内容追加到该字节切片中。可以通过 String 方法将字节切片转换为字符串。使用 bytes.Buffer 的 WriteString 方法可以将传入的字符串写入缓冲切片中。示例代码如下。

```
var buf bytes.Buffer
n, _ := buf.WriteString("学习")

fmt.Println("n=", n) //输出：n= 6
```

```
fmt.Println("buf=", buf.String()) //输出: buf= 学习
buf.WriteString("Go 语言! ")
fmt.Println("buf=", buf.String()) //输出: buf= 学习 Go 语言!
```

这种方法适用于需要拼接大量字符串的场景，可以将 bytes.Buffer 用作可变字符。此方法对内存的增长也有优化，如果能预估字符串的长度，还可以用 buffer.Grow 函数设置容量，其性能要优于前面几种方法。

5. 使用 strings.Builder

上一种方法是使用 bytes 包来操作 string，如果单从字面上来理解，难免让人产生为什么使用 byte 操作 string 的困惑。所以在 Go1.10 版本中新增了 strings.Builder，它的底层实现原理与 bytes.Buffer 类似。官方建议使用 strings.Builder 对字符串进行拼接，使用 bytes.Buffer 对 byte 进行拼接。关键代码如下。

```
var builder strings.Builder // strings.Builder 的零值可以直接使用

// 在 builder 中写入字符/字符串
builder.Write([]byte("hello"))
builder.WriteByte(' ')
builder.WriteString("World")

// 使用 String()方法获得拼接的字符串
builder.String() // "hello world"
```

从上面的代码中可以看到，strings.Builder 和 bytes.Buffer 的使用方法几乎一样。二者的区别是 strings.Builder 仅实现了写操作，而 bytes.Buffer 将读、写操作都实现了，所以 strings.Builder 仅用于拼接或者构建字符串。

以上就是五种字符串拼接方法的详细介绍。除了是否易用，评价这些拼接方法的另一个参考标准就是性能。前文利用 Go 语言自带的基准测试工具已经对比了它们的性能。

7.3 字符串与基本类型互转

标准库 strconv 常用于字符串与其他基本类型相互转换的场景。

1. 基本类型转换为字符串

有两种方法可以将其他基本类型转换为字符串。
（1）使用 fmt.Sprintf("%参数", 表达式)。
（2）使用标准库 strconv 中的函数，如 strconv.FormatType，该方法是我们的首选。
示例代码如下。

```
//第一种方法, 使用 fmt.Sprintf 函数
str = fmt.Sprintf("%d", 999)
str = fmt.Sprintf("%f", 123.456)
str = fmt.Sprintf("%t", true)
str = fmt.Sprintf("%c", 'A')

//第二种方法, 使用标准库 strconv
str = strconv.FormatInt(int64(999), 10)
str = strconv.FormatFloat(123.456, 'f', 10, 64)
```

```
str = strconv.FormatBool(true)
str = strconv.Itoa(int(13579))
```

2. 字符串转换为基本类型

将字符串转换成其他基本类型时可使用标准库 strconv 提供的函数。关键代码如下。

```
b, _ = strconv.ParseBool("true")
n1, _ = strconv.ParseInt("666", 10, 64)
f, _ = strconv.ParseFloat("123.456", 64)
n2, _ = strconv.ParseInt("hello world", 10, 64)
u, _ := strconv.ParseUint("1024", 0, 64)
k, _ := strconv.Atoi("1024")  //Atoi 是一个基础的十进制整型数转换函数
_, e := strconv.Atoi("hehe")  //在输入错误时，解析函数会返回一个错误
```

将字符串转换为基本类型时，要确保字符串能够被转换为有效的数据。例如，可以将"123"转换成一个整数，但不能将"hello world"转换为整数。Go 语言在遇到无效转换时，会直接将其设为零值。图 7-2 列出了标准库 strconv 提供的常用函数。

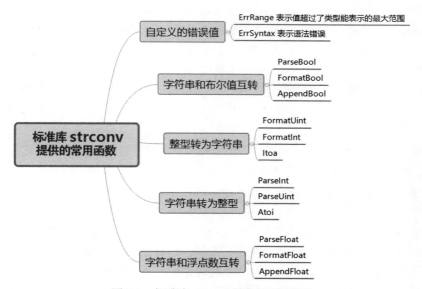

图 7-2　标准库 strconv 提供的常用函数

本书配套代码中含有此示例完整的代码，具体见 golang-1//fast-study-golang/string_test.go 的 TestTypeConvert 函数。

第 8 章

指针与内存逃逸分析

前面提到了变量的本质是大小和方法，而代码的本质则是语义和机制。语义强调的是代码运行能得到什么样的效果，它是代码的行为。机制强调的是代码如何运行，它是代码的运行原理。

Go 语言中的活动帧是一种栈帧，用于保存函数调用的上下文信息，包括函数的参数、局部变量和返回值等。当一个函数被调用时，一个新的活动帧会被创建；当函数返回时，该活动帧会被销毁。

Go 语言中只有值传递，它是一种值传递语言。与值传递相关的值语义指的是复制变量的值而非地址。在 Go 语言中，基本类型和结构体类型都是值类型。当对值类型的变量赋值或将其作为参数传递时，会复制变量的值，而不是其地址。

指针是 Go 语言中处理引用类型的机制，用于在函数之间共享内存空间。

内存逃逸分析是 Go 语言中的一种静态分析技术。当变量被定义时，编译器会根据变量的生命周期和作用域来分配内存。内存逃逸分析的作用是确定变量的生命周期和作用域，以便编译器优化内存分配。如果变量没有逃逸到堆上，编译器可以在栈上分配内存，这比在堆上分配内存要快得多。如果变量逃逸到堆上了，编译器则会在堆上分配内存，这可能会导致性能下降。内存逃逸分析在编译期间进行，可以通过编译器的命令行标志进行控制。如果使用了-gcflags=-m 标志，编译器会输出内存逃逸分析的详细信息，这可以帮助开发人员优化他们的代码，减少内存分配并提高性能。

本章将介绍活动帧、值语义、指针以及内存逃逸分析相关的内容。

8.1 活动帧的作用

Go 程序启动时，会为每个 CPU 核心分配一个逻辑处理器（简称 P）。这个逻辑处理器会获得操作系统中的一个线程（简称 M），操作系统调度器会将 M 安排到特定的核心上。另外，程序运行时还会用到协程（简称 G）。我们编写的代码最终会在某个环节转变为机器码，操作系统负责安排一条路径来执行这些机器码中的每一条指令。M 就是这里所说的路径，操作系统的工作则是调度这些 M。

每个 M 都有一种数据结构，叫作栈。它是针对硬件的工作方式设计的，可以简化编程模型，减少构造编程模型时的负担。在操作系统层面，栈是一块连续的内存区域。

操作系统层面的 M 是一条执行路径，它有自己的栈，它会用这个栈来执行一些硬件层面的任务。而 Go 语言中的执行路径叫作 G，G 与 M 相似，但 M 是操作系统级别的，G 是 runtime 级别的。G 也有自己的栈，其大小为 2KB。因为程序中有大量的 G，所以也就有了很多条执行路径。

Go 语言在强调程序正确性的同时，为最大限度地降低程序运行所用的资源而设计了 G。Go 程序启动后，就会创建 G，我们编写的每一条指令，最终都是由它负责执行的。前面说过，G 拥有 2KB 大小的栈，在执行 main 函数之前，其实已经执行了在 runtime 环境中内置的很长一段代码，执行完这些代码后，Go 发现要开始执行 main 函数了，于是栈就开始发挥作用了。

在执行代码的过程中，G 如果发现一个函数需要调用另一个函数，就会借助栈来实现这样的跳转，参考 runtime/stack.go 中的栈帧布局。示例代码如下。

```
// Stack frame layout
//
// (x86)
// +------------------+
// | args from caller |
// +------------------+ <- frame->argp
// |  return address  |
// +------------------+
// |  caller's BP (*) | (*) if framepointer_enabled && varp < sp
// +------------------+ <- frame->varp //基址指针寄存器，在访问内存时存放内存单元的偏移地址
// |      locals      |
// +------------------+
// |  args to callee  |
// +------------------+ <- frame->sp // 堆栈指针寄存器，其内容为栈顶的偏移地址
```

在上述代码中，函数通过 call 指令执行跳转。每个函数都会在启动时分配栈帧，结束前释放栈帧。之后返回指令会把栈恢复到调用之前的状态，通过这些指令的配合即可实现函数的层层嵌套。

事实上，不只是 main 函数，只要 G 开始执行某个函数，都必须从栈中分配一块内存，这块内存称为内存帧。每行代码都会去读取、写入或者分配内存，因此都需要从栈中划分出内存帧来。运行 main 函数的这一帧内存则叫作活动帧。

G 只能直接访问内存，这也就意味着 G 只能在活动帧内执行读取或写入操作。如果 G 想对数据进行操作，则应保证它所需要的所有数据都放在了活动帧上，因为只有在活动帧上它才可以使用这些数据进行数据交换。示例代码如下。

```
func main() {
        counter := 10
        fmt.Println("counter 的值是 [", counter, "]，地址是 [", &counter, "]")
        increment(counter)
        fmt.Println("counter 的值是 [", counter, "]，地址是 [", &counter, "]")
}

//go:noinline
func increment(inc int) {
        inc++
        fmt.Println("inc 的值是 [", inc, "]，地址是 [", &inc, "]")
```

```
    }

    //输出:
    counter 的值是 [ 10 ]，地址是 [ 0xc000022088 ]
    inc     的值是 [ 11 ]，地址是 [ 0xc000022090 ]
    counter 的值是 [ 10 ]，地址是 [ 0xc000022088 ]
```

上述代码中，声明变量 counter 相当于要在某一帧中分配 8 字节的内存，且这 8 字节必须都在这一帧中，否则 G 进入这一帧后没有办法访问它。在此过程中，内存帧所起的重要作用就是隔离！它创建了一种沙盒，让 G 无法操作不在这一帧的数据。这样一来，即使出现问题，也不会影响其他代码。

8.2   值语义的本质

这里继续基于上一节给出的代码进行分析。该段代码创建了值为 10 的 int 类型变量 counter，它是在 main 函数所在的内存帧中创建的。因为只有这样，G 才能操作变量所在的这块内存。

代码 fmt.Println("counter 的值是 [", counter, "]，地址是[", &counter, "]")用于输出变量 counter 的地址，也就是说要想获取&counter 的值就要查询这个变量在内存中的位置（变量 counter 的值是指变量的内容，地址是指在内存中存放变量的位置，基于取地址符号&运算得到的值是内存地址）。

代码 increment(counter)用于调用另外一个函数 func increment(inc int)。每次调用函数时，都是在跨越程序里的某条边界。对于这段代码来说，调用此函数意味着必须离开当前这个沙盒或从帧里走出去。每次调用新的函数，都需要像表 8-1 那样从栈中划出新的一帧来。这个新的帧会成为当前的活动帧，G 自然就会在这个新的活动帧或沙盒中执行代码了。

表 8-1   调用新的函数时活动帧示例

帧数	函数名	变量	是否为活动帧
1	main	counter	否
2	increment	inc	是

由于函数 increment 在新的帧中，因此该函数中涉及变换或者操作的数据也必须出现在这个新的帧上。既然 G 只能读写当前活动帧中的内容，那么如何让帧外的数据进入这一帧中呢？这就需要用到参数了。

参数可以把数据带到新的帧里，使 G 能够在不触碰那些不应该改变的地方的情况下，在新的沙盒中对新的数据进行变换。代码 increment(counter)实质上就是把变量从边界的一侧传递到了另一侧。

对于"把变量从边界的一侧传递到了另一侧"这个操作，Go 语言实际上会基于"值传递"这种机制来实现，它会先复制边界这一侧的数据，然后把数据的副本传到边界的另一侧，所以我们实际操作的是原值的副本。这里说的数据有两种，即数据值和数据地址（地址也是一种数据）。传到另一侧的是数据值的副本。对于上一节的代码来说，也就是新帧也有 8 字节，且其表示的值与上一帧里的 8 字节相同。通过 increment(counter)这样的传参方式将变量 counter 传到了 increment 函数中，函数 increment 会捕获传入的内容，使 G 能够对该内容进行数据变换，这就是 func increment(inc int)中参数 inc 起到的作用（桥梁）。前面已经强调过 Go 语言是按值传递的且传的是值的副本，所以，

increment 函数针对这个数值所进行的数据变换只会作用在参数 inc 上，也就是传入的副本上。这就是值语义的意义，它的作用就是把修改造成的影响控制在一定范围内。

按值传递，会让程序中出现许多原值的副本。从这一方面来看，按值传递的效率不高，因为有时很难把修改后的值及时更新到程序对应的地方。但从另一方面来看，它可以减少修改代码的副作用。按值传递就像一个沙盒，可以实现隔离，把修改数据所造成的影响控制在一定范围之内，让程序能够可靠地运行。

increment 函数执行完以后，返回到 main 函数中，此时的活动帧又变为 main 函数这一帧。函数返回时的活动帧示例如表 8-2 所示。

表 8-2　函数返回时的活动帧示例

帧数	函数名	变量	是否为活动帧
1	main	counter	是
2	increment	inc	否

程序运行后，在 increment 函数中做的修改"inc++"只会在 increment 函数的帧范围内生效，这些效果不会带到 main 函数中去。因为 increment 函数修改的不是变量 counter 的原值，而是它的副本 inc 参数，修改副本不会影响到原来的数据。

8.3　指针

通过前面的分析可知，修改副本不会影响到原来的值，那么怎样才可以操作变量 counter 的原始值呢？这就需要用到指针了。接下来我们说说指针的由来以及指针的用法。

8.3.1　指针的由来

使用指针可以达到将数据从程序边界的一侧共享给另一侧的效果。如果不需要共享，则无须使用指针，只需要按值传递数据即可。示例代码如下。

```
func main() {
        counter := 10
        fmt.Println("counter 的值是 [", counter, "]，地址是 [", &counter, "]")
        increment(&counter)
        fmt.Println("counter 的值是 [", counter, "]，地址是 [", &counter, "]")
}

//go:noinline
func increment(inc *int) {
        *inc++
        fmt.Println("inc 的值是[", inc, "]，地址是 [", &inc, "]")
}

//输出
counter 的值是 [ 10 ]，地址是 [ 0xc000022088 ]
inc     的值是[ 0xc000022088 ]，地址是 [ 0xc00000e030 ]
counter 的值是 [ 11 ]，地址是 [ 0xc000022088 ]
```

在上述代码中,传递给 increment 函数的是变量 counter 的地址。可能有读者会说,这是引用传递。事实并非如此,Go 语言只有值传递,也就是所见即所得,这一侧传进去的是什么,另一侧收到的就是什么。因此,传到边界另一侧的是原数据的副本,只不过这里的原数据是"存储 counter 值的地址"。

这个地址的副本怎么保存呢?这正是指针变量的用途。指针变量用来存储地址或者地址格式的数据。声明 increment 函数时,我们在 inc 类型的左边加了一个*号,这个*号用于声明指针变量。我们可以在任意现有类型的左边上*号,从而构成指针类型。添加*号后,inc 就从整数类型变成了保存地址的指针类型。指针变量存储地址的目的就是操作所存地址指向的内存,也就是读取或写入数据到该地址所指向的那块内存中,而我们也正是通过这个特性来修改想要操作的内容的。

事实上,我们还可以在指针变量的左边加*号,以访问该指针变量所指向的内存地址中的值,这称为间接读取或写入内存。可见,*inc++ 实际上就是通过指针间接读、写内存的。

在调用 increment 函数后,活动帧切换到 increment 函数上,此刻的 G 就只能在 increment 函数的这个沙盒内活动了。如果 G 想要访问沙盒外的数据,必须先读取那份数据所在的地址。当然,G 只能在当前帧内寻找。所以,想让 G 访问当前帧以外的数据,就必须先把对应数据的地址分享到这一帧来,这种能力正是指针赋予的。

说明: 使用原值虽然可以把修改内存带来的影响限制在沙盒内,但它也有缺点,即效率低。要将此值传递到边界的另一侧,必须先将它复制一份,再把副本传过去。与使用原值相比,使用指针则可以避免出现这种效率问题,因为我们操作的还是原来的那份数据,我们是把它共享了出去,让其他代码也可以看到并修改这份数据。

但是,使用指针也会带来不安全因素。因为绕过了隔离机制,所以会存在修改了不应该修改的数据的可能。比如,之后的 G 并不知道我们之前已经通过指针修改了这个值。

8.3.2 指针和指针类型

内存是一段连续的存储空间,每次声明变量时,都会在内存中为变量分配地址,这里的地址是指存储变量的空间起始地址,这个地址被称为指向变量的指针。例如,int 类型是一个 8 位的数值类型,因此,两个相邻的 int 类型变量 a 和 b 的地址值就相差 8。

Go 语言对指针变量的声明方式为 var name *varType。其中 varType 是指针类型,name 是指针变量名,*号用于声明指针变量。指针默认的零值为 nil。

我们常说的指针其实是指针类型,是内存中存储单元的地址。如果变量是指针类型,则它存储的就是一个地址,这个地址指向一段内存,内存中存储的才是值。它们之间的关系如图 8-1 所示。

图 8-1 中,指针变量 ptr 用于存储变量 a 的地址,其示意图如图 8-2 所示。这里访问存储单元 0xc00000a368(分配给变量 a 的内存地址)的方法有两种。第一种是通过变量 a 直接访问;第二种是通过指向变量 a 的指针变量 ptr 间接访问。

我们可以把连接指针变量 ptr 和变量 a 的线看作指针。变量有值和地址,指针变量也不例外。指针变量 ptr 的值 0xc00000a368 是变量 a 的地址,而指针变量 ptr 的地址则为 0xc000006038。

图 8-1　变量、变量地址与指针的关系

Go 语言的指针相较于 C 语言的指针已被弱化，比如 Go 语言中不支持对指针变量的值进行运算，指针自增操作 ptrA++和指针偏移操作 ptrA+2 在 Go 语言中并未被支持。

Go 语言中的值类型常会使用&符号返回地址。除了使用&符号返回地址，值类型还可以使用 "new(类型)" 初始化变量，这时返回的是对应类型的指针，相当于&{}。

切片、映射、通道等引用类型，通常不涉及取址操作。因为它们的底层实现是一个结构体，其指针类

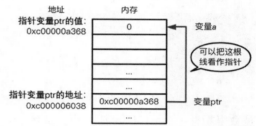

图 8-2　指针变量 ptr 存储变量 a 的地址

型成员指向了实际内容。值类型使用关键字 new 初始化变量，引用类型则使用关键字 make 初始化。

8.3.3　使用指针运算符的注意事项

指针运算符的描述与示例见前面的表 3-14。

使用指针运算符时注意以下事项。

- 获取指针类型所指向的值时，使用指针运算符*。例如，可使用*ptr 获取指针类型变量 ptr（var ptr *int）所指向的值。
- 获取变量的地址时，使用指针运算符&。例如，可使用&num 获取变量 num（var num int）的地址。
- 可以直接使用符号.访问目标成员。
- Go 语言不支持对指针进行加减运算，也不支持使用运算符->通过指针访问结构体或类的成员。

8.3.4　nil 指针

使用指针时，要避免出现 nil 指针，因为如果操作没有指向合法的内存，则会报错，示例代码如下。

```
var p *int
*p = 100 //错误，因为 p 没有合法的指向
```

上述代码执行时的报错信息为 panic: runtime error: invalid memory address or nil pointer dereference。如果将指针变量的地址指向一个零值的地址，并不会报错，示例代码如下。

```
var a int
var p *int
p = &a //p指向a
*p = 100 //这一步相当于 a=100
fmt.Println("a = ", a) //输出: a =  100
```

8.3.5 指针数组与数组指针

指针数组与数组指针是两个容易混淆的概念，来看看它们的区别。

- 指针数组：全为指针的数组。数组中元素的类型为指针，其本质为数组。
- 数组指针：指向数组首个元素地址的指针，其本质为指针。这个指针不可移动。

指针数组和数组指针的示例代码如下。

```
//定义了长度为 5 的整型数组的指针
a := [...]int{100, 200, 300, 400, 500}
var p *[5]int = &a

//定义了长度为 5 的整型指针数组
var p2 [5]*int
```

要区分指针数组和数组指针，必须注意*是与谁组合的。在 p *[5]int 中，*与数组结合，说明是数组指针。在 p [5]*int 中，*与 int 结合，说明这个数组的元素都是 int 类型的指针，所以是指针数组。

8.3.6 关于指针的补充说明

- 指针的作用是让函数共享一个值，让不同栈帧内的函数间接访问内存。
- 任何一种数据类型都可以获得与其互补的指针类型。
- 指针类型的变量也是一种变量，有值也有地址。

图 8-3 针对指针的使用进行了总结。

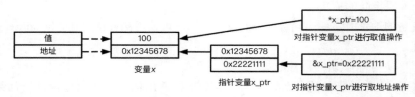

图 8-3   指针的使用总结

我们使用&符号返回变量的地址，这里的地址其实是一种抽象的表示。举个例子，我们的住所、所上的大学可以看作是变量的值，而它们的门牌号就是变量的地址。想象一下，如果我们传递的值是大学这个对象而非大学的门牌号，那这将是多么耗费资源的操作，这也是在传递大对象时，会优先考虑使用指针的原因。

8.4　内存逃逸分析

栈和堆都是操作系统的虚拟内存空间。Go 语言中的栈和堆有以下特点。

- 栈用于存储确定类型和大小的对象，一般不会太大。常见的函数参数、局部变量等都保存在栈上。栈常与 SP（Stack Pointer）寄存器一起工作。栈的另一个特点是当前栈帧下面的内存可以立即回收。
- 堆通常用于保存较大的对象。堆分配涉及的指令较多。只有在进行垃圾回收时，Go 的 runtime 才会对堆中的内存进行回收管理。

因此，从内存分配和回收管理的角度来看，使用栈的成本要远低于使用堆。而我们常说的内存逃逸分析是编译器在编译阶段进行的一种优化分析。

8.4.1　内存逃逸分析的由来

栈总是向下增长的，调用函数时，程序是向栈的底部推进的。程序从函数处返回时，会回到栈的上方。

使用栈指针与活动帧指针可以将当前帧活动的范围标识出来。对于回到栈上方的 G 来说，位于它下方的那块内存总是可以清理的。这就有问题了，因为假设下面一帧返回的是一个地址，而这个地址其实是有用的，但是 G 清理了当前帧下方的内存，那么就有可能会损坏相应的数据。

简单粗暴地将活动帧下方的内存直接置为失效，这种处理方式显然不够完善。所以，Go 编译器又帮我们做了另一件事，那就是进行内存逃逸分析。

8.4.2　内存逃逸分析的作用

内存逃逸分析是指 Go 编译器通过分析栈函数找到其中有用的数据，并将其分配到堆上以防止被破坏，这样在进行栈管理时就可以避免自动清理这个数据了。进行了内存逃逸分析后，只有在堆上进行垃圾回收时，才会去清理这部分被分配到堆上的数据。

内存逃逸分析会观察变量是怎样被分享的。当需要把值分享给调用栈上方的帧时，内存逃逸分析不会再让这个变量的值分配在栈上，而是会直接分配到堆上。

通常来说，我们总是优先考虑值语义，也就是优先使用数值而不是使用指针，这样可以让值留在栈中，减少改动所波及的范围，避免产生过多的副作用。

在栈上分配内存的成本远小于堆，因为一旦分配到堆上，回收内存时就得让垃圾回收操作介入了。

8.4.3　两种情况会引起内存逃逸分析

设计内存逃逸分析是因为 Go 语言的作者不希望开发者过多地关注内存分配，他希望用编译时的代码分析自动代替人工介入。通常有以下两种情况会引起内存逃逸分析。

1. 无法在编译期确定变量的作用域

在编译过程中，Go 编译器会进行内存逃逸分析，以决定变量的分配位置。如果编译时无法确定变量的作用域，无法知道它是否在其他地方（非局部）被引用，那么只要存在这种被引用的可能性，编译器就必须将该变量分配到堆上。具体包括以下场景。

- 与指针有关的场景。例如，向通道中发送指向数据的指针或者包含指针的值，以及在切片或者映射中存储指针或者包含指针的值时，会将变量分配到堆上。
- 函数中使用了指针、切片或映射，并将其作为参数返回。例如，使用了 "return &变量" 这种形式，且 "&变量" 会被共享给调用栈上方的帧，那么内存逃逸分析认为有必要将其分配到堆上。
- 使用了接口。如果编译器在编译时无法确定接口包裹的具体类型，那么也会引起内存逃逸分析，从而导致对象被分配到堆上。
- 闭包。如果在闭包中引用了包外的值，闭包执行的生命周期可能会超过函数的生命周期，那么也会引起内存逃逸分析。

2. 无法确定变量在编译时使用的内存大小

即使没有被外部引用，只要对象过大，无法存放在栈区上，依然有可能引起内存逃逸分析。具体有以下场景。

- 编译期无法确定切片的大小。
- 切片或者数组过大，超出了栈大小的限制。
- 扩容（append）需要重新分配内存。

注意：前面提到的几个需要使用指针的场景都是是否进行内存逃逸分析的重要参考依据。传递指针可以减少底层值的备份，通常可以提高效率。但是，如果要备份的是少量数据，那么使用指针的效率不一定会高于值备份。因为内存逃逸分析会将指针所指向的地址分配到堆上，而回收分配在堆上的内存时需要借助垃圾回收操作。

内存逃逸分析发生在编译阶段，而不是运行阶段。在 Go 语言中，可以通过编译器命令看到详细的内存逃逸分析过程。相关命令为：

```
go build -gcflags '-m -l' xxx.go
```

- -gcflags 用于将标识参数传递给 Go 编译器。
- -m 打印输出内存逃逸分析的优化策略。
- -l 禁用函数内联（禁用函数内联可以减少干扰，从而更好地观察逃逸情况）。

使用 go build 命令时，如果加上 -gcflags 选项，我们得到的不仅仅是可执行文件，还有一个内存逃逸分析报告。编写代码时不需要经常去看这种内存逃逸分析报告，在做 profiling 时才需要去看。做 profiling 时会显示有 CPU 或者内存开销的代码。若不知道这些代码为什么会造成巨大开销，就可以结合内存逃逸分析报告一起来分析。通常来说，巨大的内存开销都与堆分配有关。

8.4.4　内存逃逸分析示例

接下来，我们展示几个存在内存逃逸分析的示例。

```
package myeccape

import (
        "fmt"
)

func noEscape() {
        arr := []int{0}
        arr[1] = 2
}

//引用会带来内存逃逸分析
func escapeByRef() []int {
        arr := []int{0}
        arr[1] = 2
        return arr
}

//接口类型会带来内存逃逸分析
func escapeByInterface() {
        fmt.Println([]int{0})
}

//闭包会带来内存逃逸分析
func fClosure() func() int {
        a := 0
        return func() int {
                return a
        }
}

type example struct{}

//返回的是值，不会进行内存逃逸分析
func noEscapeByValue() example {
        eg := example{}
        return eg
}

//返回的是指针，会进行内存逃逸分析
func escapeByRef() *example {
        eg := example{}
        return &eg
}

//创建大的对象，会进行内存逃逸分析
func escapeByMakeBigSlice() {
        _ = make([]int, 0, 8192)
        _ = make([]int, 0, 8193)
}
```

使用以下命令检查是否存在内存逃逸分析。

```
$ go build -gcflags '-m -l' myeccape.go
# command-line-arguments
./myeccape.go:8:14: []int{...} does not escape
./myeccape.go:14:14: []int{...} escapes to heap
./myeccape.go:21:13: ... argument does not escape
./myeccape.go:21:19: []int{...} escapes to heap
```

```
./myeccape.go:21:19: []int{...} escapes to heap
./myeccape.go:27:9: func literal escapes to heap
./myeccape.go:42:2: moved to heap: eg
./myeccape.go:48:10: make([]int, 0, 8192) does not escape
./myeccape.go:49:10: make([]int, 0, 8193) escapes to heap
```

代码说明如下。

（1）noEscape 函数没有返回值，不存在引用，也没有使用接口，所以不存在内存逃逸分析，这从代码./myeccape.go:8:14: []int{...} does not escape 中也可以看出。

（2）escapeByRef 函数有返回值，存在被调用的可能性，所以存在内存逃逸分析。内存逃逸分析的结果为./myeccape.go:14:14: []int{...} escapes to heap。

（3）escapeByInterface 函数虽然没有返回值，但是调用了函数 fmt.Println，而该函数的签名为 func Println(a ...interface{}) (n int, err error)，在使用接口时，编译器在编译阶段无法确定其参数的具体类型，所以存在内存逃逸分析。内存逃逸分析的结果为./myeccape.go:21:19: []int{...} escapes to heap。

（4）fClosure 函数是一个闭包，所以存在内存逃逸分析。内存逃逸分析的结果为./myeccape.go:27:9: func literal escapes to heap。

（5）noEscapeByValue 函数返回的是值，escapeByRef 函数返回的是指针。因为 escapeByRef 函数访问的数据位于当前帧之外，所以只能通过指针来访问。虽然看起来它与 noEscapeByValue 函数的操作一样，但编译器却很聪明地知道，这个值已经超出了栈的范围，所以存在内存逃逸分析，内存逃逸分析的结果为./myeccape.go:42:2: moved to heap: eg。

（6）escapeByMakeBigSlice 函数用于创建对象。如果切片或者数组过大，超出了栈大小的限制，那么就存在内存逃逸分析，所以内存逃逸分析的结果为./myeccape.go:49:10: make([]int, 0, 8193) escapes to heap。

内存逃逸分析对给程序进行性能分析非常有用。有时，一些代码可能会隐藏着大量的堆操作，调用这种代码时，将会频繁地进行内存分配，这会导致程序 CPU 资源占用率高、垃圾回收耗时长等问题。此时，阅读内存逃逸分析报告，结合分析追踪工具 go pprof 即可快速定位问题。

8.4.5 函数内联

前面有提到，使用选项 "-gcflags= -l" 会禁用函数内联。那函数内联又是什么呢？它是一种编译器优化，指的是编译器会将函数代码直接插入调用处，而非常规的跳转执行。在编译阶段，可以使用 go run/build -gcflags -m xxx.go 命令检查输出的内容中是否存在函数内联。示例代码如下。

```
//go:noinline
func add1(a int, b int) int {
        return a + b
}

func add2(a int, b int) int {
        return a + b
}

func main() {
        add1(10000000, 20000000)
```

```
        add2(10000000, 20000000)
}
```

禁止函数内联有两种方式。

（1）编译时，加上'-l'，示例代码如下。

```
1. -gcflags '-m'  //这里的'-m'选项表示开启内存逃逸分析
$ go run -gcflags '-m' inline.go
# command-line-arguments
./inline.go:8:6: can inline add2
./inline.go:12:6: can inline main
./inline.go:14:6: inlining call to add2

2. -gcflags '-m -l' //这里的'-m -l'选项表示既开启内存逃逸分析，又禁用函数内联
$ go run -gcflags '-m -l' inline.go
```

如果只使用-gcflags '-m'，编译器会进行函数内联优化，因此输出的结果中会有 can inline ...和 inlining call to ...之类的信息。加上了'-l'则表示禁用了函数内联，因此没有函数内联优化的输出信息。

（2）在函数上方添加//go:noinline 注释，用来告诉编译器不对其进行函数内联优化。例如，在前面的示例代码中，函数 add1 添加了此提示，这样一来，即使 Go 编译器可以优化函数调用，也不会执行。

函数内联优化是手动优化或编译器优化，它可以减少函数调用本身的开销，使编译器能更高效地执行其他优化策略。

8.4.6　手动控制内存逃逸分析

有时，内存逃逸分析会判断某个内存对象应该分配到堆上，但开发者却不这样认为。那有什么方法可以干扰内存逃逸分析呢？在 Go Runtime 代码中，有一个名为 noescape 的函数。

```
// $GOROOT/src/runtime/stubs.go
func noescape(p unsafe.Pointer) unsafe.Pointer {
    x := uintptr(p)
    return unsafe.Pointer(x ^ 0) // 任何数值与 0 的异或都是原数
}
```

它常用于 Go 标准库和 runtime 的实现中。noescape 函数的实现逻辑是让编译器不认为 p 会通过 x 逃逸。因为 uintptr 产生的引用是编译器无法理解的，noescape 函数通过 uintptr 进行了转换，即将指针转换为了数值，这"切断"了内存逃逸分析的数据流跟踪，以避免对传入的指针进行内存逃逸分析。

使用 noescape 函数控制内存逃逸分析的代码如下。

```
type Example struct {
    i, j, k int
    s       []string
}

func NoEscapeByInterface() interface{} {
    return (*int)(noescape(unsafe.Pointer(new(Example))))
}
```

再次使用命令检查是否存在内存逃逸分析，会得到如下结果。

```
$ go build -gcflags '-m -l' noescape.go
# command-line-arguments
```

```
./noescape.go:8:15: p does not escape
./noescape.go:19:43: new(Example) does not escape
```

其中./noescape.go:19:43: new(Example) does not escape 表示没有内存逃逸分析了。

8.5   引用类型与深、浅拷贝

Go 语言中的数据类型可以分为值类型和引用类型这两种，具体分类如表 8-3 所示。

表 8-3   值类型与引用类型的分类

分类	类型
值类型	数值类型（整型、浮点型、复数类型）、字符类型（byte）、布尔类型、字符串、数组、结构体
引用类型	指针、切片、映射、管道、接口

- 值类型：表示存储的是变量值。值类型都有对应的指针类型，形式为"*数据类型"，比如 int 对应的指针类型为*int，float64 对应的指针类型为*float64。
- 引用类型：表示存储的是变量地址。此地址对应的内存空间所存储的才是真正的数据（变量值）。

值类型和引用类型在内存上的结构示意图如图 8-4 所示。

图 8-4   值类型和引用类型在内存上的结构示意图

另外，引用类型与拷贝的关系密切，拷贝又分为深拷贝与浅拷贝。

- 深拷贝：拷贝的是数据本身。深拷贝会创建一个新的对象，新建的对象会在内存中开辟一个新的内存地址，此地址相对于源对象的内存地址完全独立。修改源对象对新对象没有任何影响。Go 语言中的值类型默认都是深拷贝。
- 浅拷贝：拷贝的是数据地址。浅拷贝只会拷贝指向对象的指针，修改源对象会对新对象产生影响，源对象的内存释放也会影响新对象。Go 语言中的引用类型都是浅拷贝。

深拷贝与浅拷贝的本质区别是深拷贝获取的是对象实体，浅拷贝获取的是对象引用。如果想对一个含有引用类型的对象进行深拷贝，就需要自己实现了，可以参考 encoding 包实现。深拷贝的示例代码如下。

```
// 深拷贝
func DeepCopy(dst, src interface{}) error {
        var buf bytes.Buffer
        if err := gob.NewEncoder(&buf).Encode(src); err != nil {
                return err
        }
        return gob.NewDecoder(bytes.NewBuffer(buf.Bytes())).Decode(dst)
}
```

第 9 章

数据结构

相较于其他编程语言，Go 语言的数据结构较少，只有数组、切片、映射等，这也彰显了工程语言简单、易上手的特点。

本章主要介绍 Go 语言中面向数据的设计理念，以及数组、切片、映射这三种数据结构的知识。

9.1　面向数据的设计

首先我们要意识到，所有编码需要解决的问题其实都是与数据相关的，从函数、方法到封装，其实都是围绕着数据变换展开的。我们要操作的内容和要修改的内存实际上都是特定的数据，也就是说，我们要实现的每个功能都必须落实到特定的数据上去，如果这些特定的数据发生了变化，那么也就意味着处理这些数据的方式、需要解决的问题也发生了变化。

所谓面向数据的设计，就是了解数据的输入输出情况，研究如何使用最少、最清晰的代码来解决需要面对的数据问题。此外，为了减少特定数据发生变化时对整个项目的影响，必须尽可能地减少算法的耦合。

如果对程序的性能要求很高，除了掌握正确的编码方式，还需要了解硬件和操作系统的工作原理。这其实最终还是回到了面向数据的设计上来，因为数据驱动着一切。

9.1.1　编码和硬件

不同层次的缓存或存储器其响应时间和容量的区别很大，CPU 的 L1 缓存和 L2 缓存的响应时间极短，主要用于快速缓存和处理数据；主存储器的容量大，但响应时间较长，主要用于存储和管理大量数据，如操作系统、应用程序等；硬盘驱动器和固态硬盘的容量更大，但响应时间也更长，适用于长期存储大量数据；网络存储则是用于在网络上存储和共享数据，适用于有多个设备或用户访问的数据存储和管理场景。CPU 访问上述缓存、存储器的速度依次从快到慢。表 9-1 列举了不同存储器的典型响应时间和容量。

表 9-1　不同存储器的典型响应时间和容量

存储器类型	容量	响应时间
L1 缓存	几十 KB	1～2 纳秒
L2 缓存	几百 KB 到几 MB	3～7 纳秒
L3 缓存	几 MB 到几十 MB	10～20 纳秒
主存储器（RAM）	几 GB 到几十 GB	60～100 纳秒
固态硬盘（SSD）	数百 GB 到数 TB	0.1～0.5 毫秒
硬盘驱动器（HDD）	数百 GB 到数 TB	5～15 毫秒
网络存储	数 TB 到数 PB	几十毫秒到几秒

　　下面我们来看一下典型的英特尔酷睿 i7 处理器，它拥有层次化的高速缓存结构。如图 9-1 所示，每个 CPU 芯片都配备了四个核心。每个核心都独立拥有 L1 i-cache 和 L1 d-cache（分别用于存储指令和数据）。除此之外，每个核心还有自己的 L2 高速缓存，能够存储更多的指令和数据。而 L3 高速缓存则是 CPU 芯片上的共享资源，所有的核心都可以访问这部分缓存。

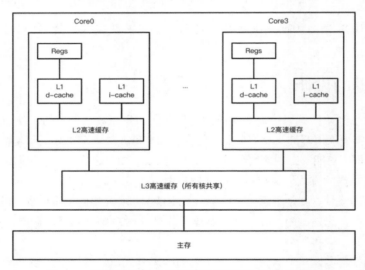

图 9-1　英特尔酷睿 i7 处理器的高速缓存结构示意图

　　现在的处理器基本上都拥有像英特尔酷睿 i7 处理器这样的缓存结构。所以，从开发者的角度来看，编写程序时就应该要考虑与这些硬件相关的问题。

　　从不同的缓存中获取数据所需的时钟周期不尽相同。假设 CPU 的时钟频率为 3GHz，则每纳秒可以有 3 个时钟周期，处理器每个时钟周期可以执行约 4 个指令，也就是说它每纳秒可以执行约 12 个指令。近年来，CPU 的时钟频率不仅没有上升，反而下降了。这是因为时钟频率太高会导致芯片产生更多的散热，从而需要更多的冷却。虽然时钟频率下降了，但相比以前，我们却能执行更多的指令。

　　L1、L2、L3 缓存的访问速度是最快的，相较之下，主内存这种硬件的访问速度则较慢，慢了一个数量级。L1、L2、L3 缓存的作用是提高访问速度和减少延迟，这样我们就不必总是从主内存中获取数据了。L1、L2、L3 缓存可以将数据放置在硬件线程附近，以便随时使用。

对于处理器和高速缓存结构，我们需要重点了解以下两个方面。

（1）访问主内存较慢，有时完全不需要考虑访问主内存，只需要考虑缓存的容量（即 L3 缓存的容量）是否够用。

（2）数据越小，访问速度越快。如果要处理的数据足够小，可以全部放在缓存中，使其尽可能地接近硬件线程，从而提高程序的效率。当然，L1 和 L2 缓存的访问速度是最快的，因此，确保所需的数据总是提前出现在 L1 或 L2 缓存中是我们要做的。

最终的数据去哪里了呢？答案是在硬件线程或者寄存器里，只有这样硬件线程才能使用这些数据完成任务。

9.1.2　可预测的内存访问模式

我们允许系统预测程序访问内存的模式，是为了让其与硬件更好地结合在一起工作。因为要提高程序的性能，处理器必须找到比提高其时钟频率更有效的模式来获取数据。可见，创建一种能够被处理器有效预测的内存访问模式是关键。那么，如何创建这种有规律的内存访问模式呢？

我们认为最简单的方法是分配连续的内存，并以规律的步调使用它。这样做的好处是，CPU 中的预取指令可以将可能用到的数据提前移动到缓存中。想要实现这种连续、规律的内存访问模式，最简单、直接的方法是使用数组。数组通过分配连续的内存空间来存储元素，且数组中的所有元素都是同一类型，这意味着我们可以通过数组索引来规律地访问每个元素。另外，由于数组中每个元素的内存位置是连续且固定的，每个索引对应的元素与下一个元素之间的距离都可以预先确定，因此它很适合用于实现连续、规律的内存访问模式。

就硬件来说，数组算是最重要的数据结构，甚至超过了算法。使用数组"傻瓜式"的算法可能比不用数组的好算法还快。在某些情况下，如果要处理的数据太大，那么从性能上来看可能就不适合针对数组做线性遍历。但是，只要数据规模不算太大，用数组编写的代码就很容易形成有规律的内存访问模式，这样在遍历数组时便可以表现出较高的性能。

但是对于 Go 语言来说，数组的重要性排不到第一位，在 Go 语言中最重要的数据结构是切片。

Java 通过虚拟机 JVM 与系统打交道，Go 语言却是直接与系统接触。因此，Go 语言在数据布局方面考虑得更多。Go 语言之所以只提供三种数据结构（数组、切片和映射），是因为它希望更有效地将数据移动到处理器上，并以可预测的模式访问内存。

Go 语言在设计数据结构时，为了与硬件结合得更紧密，在底层创建数组、切片和映射时就让数据都是连续的，这样可以形成有规律的内存访问模式。

综上所述，Go 语言设计三种数据结构的目的就是构建可预测的内存访问模式。

9.2　数组

数组是指具有固定长度且元素类型相同的集合，它由元素和长度两个部分组成。元素可以是任意的类型，例如整形、字符串或者自定义类型。数组的长度必须是常量，并且此长度是数组的一部分。一旦数组被定义好了，那么长度就不能再更改。

我们通过下标访问数组，下标表示的是偏移量，所以第一个元素是[0]，而不是[1]。最后一个元素的下标是长度减 1，如果访问越界就会产生 panic。数组是值类型，所以赋值和传参会复制整个数组。改变副本的值时，并不会改变数组本身的值。

9.2.1　数组的声明及初始化

声明数组时，需要指定元素的类型和数组的长度。在使用 var 声明变量时，Go 程序总是会使用该类型变量的零值来初始化变量。初始化数组有如下几种方法。

1.　常规的初始化方法

常规的初始化方法的示例代码如下。

```
var arr01 [3]int = [3]int{1, 2, 3}
fmt.Println("arr01=", arr01) //输出: arr01= [1 2 3]
```

2.　使用类型推导初始化

相较第一种，此方法省略了类型，编译器会根据初始化的值来推导变量的类型，示例代码如下。

```
var arr02 = [3]int{5, 6, 7}
fmt.Println("arr02=", arr02) //输出: arr02= [5 6 7]
```

3.　使用"[...]"语法糖初始化

"[...]"是一种语法糖，使用这种方式时可以不明确写出数组的长度，数组的长度会根据初始化的值推导得出，示例代码如下。

```
var arr03 = [...]int{8, 9, 10} //这里的 [...] 是一种语法糖
fmt.Println("arr03=", arr03) //输出:  arr03= [8 9 10]
```

4.　带索引的初始化方法

可以在初始化的每个值前加上索引，这样一来，数组在初始化时就会根据索引的顺序进行存储，且会按照存储的顺序输出，示例代码如下。

```
var arr04 = [...]int{1: 800, 0: 900, 2: 999}
fmt.Println("arr04=", arr04) //输出: arr04= [900 800 999]
```

5.　综合的初始化方法

这是一种综合了类型推导、"[...]"语法糖和索引的初始化方法，示例代码如下。

```
arr05 := [...]string{1: "abc", 0: "Go 语言", 2: "2020"}
fmt.Println("arr05=", arr05) //输出: arr05= [Go 语言 abc 2020]
```

9.2.2　数组在内存中的形式

既然对硬件来说，数组是最重要的数据结构，那让我们看看数组是如何存储在内存中的，是否与前面提到的可预测内存模式相匹配。示例代码如下。

```
//int 占 8 字节
var intArr = [3]int{100, 200, 300}
fmt.Printf("intArr 的地址=%p\n", &intArr)           //输出: intArr 的地址=0xc0000b8000
fmt.Printf("intArr[0] 地址=%p\n", &intArr[0]) //输出: intArr[0] 地址=0xc0000b8000
fmt.Printf("intArr[1] 地址=%p\n", &intArr[1]) //输出: intArr[1] 地址=0xc0000b8008
fmt.Printf("intArr[2] 地址=%p\n", &intArr[2]) //输出: intArr[2] 地址=0xc0000b8010
```

图 9-2 是根据上面的结果画出的数组在内存中的布局示意图。

上述代码的输出信息可以说明三个事实。

第一,数组中的元素会被逐个存储。也就是说,它们会出现在连续的内存空间中。

第二,数组中每个元素地址之间的间隔是由元素的类型决定的,且每个元素和下一个元素之间的距离是可以预测的。在上例中,定义了 int 类型的数组,int 类型的长度为 8 字节,因此数组元素之间的地址间隔为 8。

第三,数组中第一个元素的地址是数组的地址。

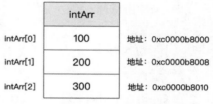

图 9-2 数组在内存中的布局示意图

9.2.3 遍历数组

除了根据现有的长度遍历数组,还可以使用语法糖 for index, value := range array 遍历数组。index 表示数组下标,value 表示下标对应的元素。它们都仅仅在 for 循环中可见,如果不想使用下标 index,可以使用下画线(_)屏蔽。示例代码如下。

```
str := [...]string{"a", "b", "c"}
for i, v := range str {
    fmt.Print(i,":",v,";") //输出: 0:a;1:b;2:c;
}
```

需要注意的是,遍历时获得的元素是原数组值的副本,修改双方中的任何一方都不会影响对方。在以下代码中,修改了原数组 str 下标为 1 的元素,但下标为 1 的值是从原数组值的备份中获取的,因此输出的仍然是 b,而非修改值 Golang。

```
str := [3]string{"a", "b", "c"}
for i, v := range str {
    str[1] = "Golang"
    if i == 1 {
        fmt.Printf("v[%s]\n", v) //输出 b,而非 Golang
    }
}
```

9.2.4 数组的截取

使用如 "a[开始索引(包含), 结束索引(不包含)]" 的形式可以对数组进行截取。截取时,对原数组采取的原则是左闭右开。示例代码如下。

```
a := [...]int{1, 2, 3, 4, 5}

//截取时, 左闭右开
a[1:2] //2
a[1:3] //2,3
```

```
a[1:len(a)] //2,3,4,5
a[1:] //2,3,4,5
a[:3] //1,2,3
```

9.2.5 数组的反转

在对数组进行反转操作时，可参考其他语言的做法，即利用临时变量来实现，示例代码如下。

```
length := len(arr)
for i := 0; i < length/2; i++ {
    temp := arr[length-1-i]
    arr[length-1-i] = arr[i]
    arr[i] = temp
}
```

在 Go 语言中对两数进行交换有一种特殊写法，即 arr[i], arr[j] = arr[j], arr[i]。因此，上面数组反转的代码片段可以简化为：

```
for i, j := 0, len(arr)-1; i < j; i, j = i+1, j-1 {
    arr[i], arr[j] = s[j], s[i]
}
```

9.3 切片

在 Go 语言中数组的长度固定，灵活性差，因此不经常看到，但切片却无处不在，可以说它是 Go 语言中最重要的数据类型。因此，切片是我们首选的数据结构。例如，在命令行参数中，os.Args 的值就是一个字符串类型的切片。

切片基于底层数组做了封装，它是底层数组的一个引用。切片具有以下特性：

- 切片是引用类型。因为切片是基于数组封装的，是数组的一个引用，因此在作为参数传递时，它遵循引用传递机制；
- 切片的内部结构由指向底层数组的指针（地址）、长度和容量三个要素组成；
- 切片的用法与数组类似，包括遍历、访问元素和获取长度的方法等；
- 切片的长度是可变的。

如果将底层数组看作胶片，那么切片就是在显微镜下聚焦的胶片内容的特定部分。因此，修改了底层数组，切片上也会反映出来。

9.3.1 切片的设计

切片的定义方式是[]T，其中 T 表示切片元素的类型。与数组类型不同的是，切片类型没有指定长度，即切片类型的字面量只有元素的类型，没有长度。切片的长度可以随着元素数量的增加而增长，但不会随着元素数量的减少而变短。

1. 切片底层的数据结构

切片底层的数据结构是一个结构体，它在 runtime/slice.go 中的定义如下。

```
type slice struct {
    array unsafe.Pointer
    len    int
    cap    int
}
```

切片由指向数组的指针（ptr）、长度（len）和容量（cap）三大元素组成，其组成示意图如图 9-3 所示。

- ptr 表示底层数组的指针，它指向与第一个切片元素对应的底层数组元素的地址。它所指向的这个元素不一定是数组的第一个元素，也可能是数组其他位置的元素。

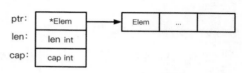

图 9-3　切片的组成示意图

- len 表示切片的长度，即元素的个数，它不能超过切片的容量。len 个元素会被初始化为零值，未被初始化的元素不能被访问。可以使用内置函数 len 获取切片的长度。
- cap 表示切片的容量，即切片所包含的所有元素个数。可以使用内置函数 cap 获取切片的容量。

切片的下标不能超过 len，向后扩展时容量不能超过 cap。各个切片之间可以共享底层数组，但起始位置、长度都可以不同。

2. 切片和数组的关系

让我们使用下面的代码来展示切片和数组之间的关系。

```
var intArr [6]int = [...]int{100, 200, -1, 0, 999, -1}

slice := intArr[1:4]
fmt.Println("intArr=", intArr) // [100 200 -1 0 999 -1]
fmt.Println("slice=", slice)   // [200 -1 0]
fmt.Println("slice 的元素个数 =", len(slice)) // 3
fmt.Println("slice 的容量 =", cap(slice))    // 5

fmt.Printf("intArr[1]的地址=%p\n", &intArr[1]) // 0xc00000c338
fmt.Printf("slice[0]的地址=%p ", &slice[0]) //0xc00000c338
fmt.Printf("slice[1]的地址=%p ", &slice[1]) //0xc00000c340
fmt.Printf("slice[2]的地址=%p ", &slice[2]) //0xc00000c348
```

在上面的代码中，展示了如何基于现有的数组创建切片。本例中底层数组 intArr 是{100, 200, -1, 0, 999, -1}，切片的生成方式是 intArr[1:4]。因此，切片的第一个元素指向数组 intArr 下标为 1 的元素 200，地址是 0xc00000c338。同时，切片底层数组的指针指向元素 200 的地址。intArr[1:4]表示该切片的元素是由底层数组 intArr 中第 1 个到第 4 个（不包含第 4 个）元素组成的，所以切片的值是 [200 -1 0]，切片的长度是 3。切片的容量与底层数组 intArr 有关，底层数组 intArr 的长度是 6，而切片是从第 1 个元素开始的，所以容量是 5（即 6-1）。另外，切片元素的地址和数组一样，也是连续可预测的，且因为是 int 类型，所以值的间隔是 8 字节。

图 9-4 是根据切片的定义画出的上述切片的内存结构示意图。

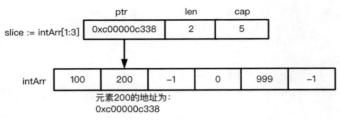

图 9-4　切片的内存结构示意图

9.3.2　切片的创建与初始化

我们可以基于一个已存在的数组或者切片创建切片，也可以使用 make 函数创建切片。

1. 基于一个已存在的数组创建切片

可以使用整个数组或者数组的一部分元素来创建切片，也可以创建一个比底层数组还要大的切片。示例代码如下。

```
// 定义一个数组
var myArray = [...]int{1, 2, 3, 4, 5} //输出: 1 2 3 4 5
// 基于数组创建一个数组切片
mySlice := myArray[:3] //输出: 1 2 3
mySliceFromArray := myArray[:] // 算是一个语法糖，直接将数组转换为切片
```

2. 使用 make 函数创建切片

使用 make 函数创建切片的示例代码如下。

```
s := make([]int, 2)
s := make([]int, 2, 4)
```

如果使用 make 函数时不指定 cap 的值，那么 cap 的默认值为 len。当使用 append 函数扩容时，如果新的 len 超过了原来的 len，那么 cap 会乘以系数 2。当 cap 大于 1000 时，扩容时乘以系数 1.25。如果新的 len 没有超过原来的 len，则 cap 不变。

上面两个方法创建切片时有如下区别：

（1）方法 1 是直接引用已存在且可见的数组。

（2）方法 2 是使用 make 函数创建。make 函数也可创建数组，但该数组由切片在底层维护，且对开发者不可见。

（3）由 make 函数创建的切片可以指定大小和容量。如果没有为切片中的元素赋值，则用该元素类型的零值初始化。

3. 通过切片来生成新的切片

除了前面介绍的两种方法，还可以基于切片生成新的切片，示例代码如下：

```
s := make([]string, 3)
l := s[2:5]
l = s[:5]
l = s[2:]
```

本书配套代码中含有此示例完整的代码，在 golang-1/structure/slice/slice_test.go 中的 TestMakeSlilceBySlice

函数可用来测试上述示例。

4. 补充说明和总结

下面对切片的创建及初始化进行补充说明和总结。

（1）初始化切片时，可使用 var slice = arr[startIndex:endIndex]这种方式，在这种方式下，切片的范围是从数组 arr 的下标 startIndex 开始，到下标 endIndex 的元素结束，不包含元素 arr[endIndex]。

（2）初始化切片时不能越界，切片范围在[0-len(arr)]之间，但可以动态增长。

（3）切片的简写方法如下。

```
var slice = arr[0:end] 可以简写为: var slice = arr[:end]
var slice = arr[start:len(arr)] 可以简写为: var slice = arr[start:]
var slice = arr[0:len(arr)] 可以简写为: var slice = arr[:]
```

（4）若只声明切片，此切片还不能使用，因为其本身是空的。需要让切片引用一个数组，或者使用 make 函数开辟一个空间赋零值后才能使用。

（5）切片可以赋值给新切片，也可以再次被切片。

9.3.3 切片的长度与容量

使用 make 函数构建切片时，如果只提供了长度值，如 s := make([]int, 2)，那么容量的值该是多少？切片的长度与容量又有什么关系呢？

切片的长度是从指针所指的位置开始到所能访问到的元素数量的总和，这里的长度实际上起到了划定边界的作用。

切片的容量是从指针所指的位置算起，底层数组里存在的元素总量。因此，容量有可能比长度大，但长度不可能超过容量。

设定切片的容量主要是考虑到它以后可能会增长。可以使用内置函数 len 和 cap 分别获取长度和容量。示例代码如下。

```
mySlice := make([]int, 5, 10)
len(mySlice) //输出: 5
cap(mySlice) //输出: 10
```

切片容量的计算方法是总长度减去切片开始位置的下标，示例代码如下。

```
s := []int{1, 2, 3, 4, 5, 6} // 构建一个长度和容量都为 6 的切片

// 切片 s1 的长度为 0，容量为 6
// 因为切片开始的位置没有变化(仍然是原切片的开始位置)，所以容量等于原切片的长度
// s1 的容量 = s 的长度 - s1 的开始位置在 s 中的下标，即 6 - 0，所以 s1 的容量为 6
s[:0] —> cap = len - 0 = 6 - 0 = 6

// 切片 s2 的长度为 4，容量为 4
// 因为切片开始的位置向右移动了两位，所以容量等于原切片的长度减去移动的位置
// s2 的容量 = s 的长度 - s2 的开始位置在 s 中的下标，即 6 - 2，所以 s2 的容量为 4
s[2:] —> cap = len - 2 = 6 - 2 = 4
```

9.3.4 nil 切片和空切片

在 Go 语言中，使用 var 方式声明的变量，如果后面没有具体的初始化值，则为零值。对于 int

类型的切片来说，切片的指针、长度和容量的零值分别是 nil、0 和 0。这种切片称作 nil 切片，常用在标准库和内置函数中。图 9-5 描述了 nil 切片的状态。

容易与 nil 切片混淆的是空切片。空切片与 nil 切片不同，空切片的第一部分（指向数组的指针）并非 nil，而是一个空白结构体 struct，常被用来表示空集合。空切片的底层数组为空，但底层数组的指针非空。可以通过 make 函数和字面量这两种方式构建空切片，示例代码如下。

```
num := make([]int, 0) // 使用 make() 函数构建空的整型切片
num := []int{} // 使用切片字面量构建空的整型切片
```

图 9-6 描述了空切片的状态。

图 9-5　nil 切片的状态

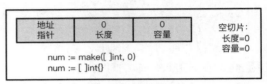

图 9-6　空切片的状态

空切片中的指针指向的是空白结构体。空白结构体是 Go 语言中的一种特殊类型，其特殊之处在于它是零分配类型。我们可以根据这种空白结构体创建成千上万个值，且不会发生任何分配。在 runtime 包中有一个 8 字节的固定值，它就像一个全局变量一样，可以让空白结构体引用。因此，无论有多少个空白结构体，它们都会指向同一个地址。空切片内的指针指向的就是这个空白结构体，这是 Go 语言一个很巧妙的设计。

9.3.5　切片的共享底层数组

切片的三个元素之一是指针，它指向底层支撑数组。与之前提到的活动帧相结合来分析可知，如果将切片作为参数传递，则复制到边界另一侧的只是切片的副本。因此，复制的开销总是固定的（总是 24 字节），唯一需要存放在堆中的是切片共享的底层数组。切片的这个特性使我们能最大限度地减少分配到堆上的内容，只需要把必须这样处理的内容（即每个指针必须共享的内容）放入堆中即可。

也正是因为有多个切片可以共享同一个底层数组这一特性，所以会产生一些副作用。比如，修改任意一个共享的数组元素时，会影响到共享这个数组的所有切片，这可能不是我们想要的，这一点值得我们注意。

接下来，将通过一段代码来说明切片是如何共享底层数组的。

```
strSlice := []string{"0","1", "2", "3", "4", "5", "6", "7"}
str2_5 := strSlice[2:5]
fmt.Println("str2_5:",str2_5, len(str2_5), cap(str2_5))
str4_5 := strSlice[4:5]
fmt.Println("str4_5:",str4_5, len(str4_5), cap(str4_5))
str4_5[0] = "999"
fmt.Println("str2_5:",str2_5)
fmt.Println("strSlice:",strSlice)

//输出
```

```
str2_5: [2 3 4] 3 6
str4_5: [4] 1 4
str2_5: [2 3 999]
strSlice: [0 1 2 3 999 5 6 7]
```

我们将上面的代码用示意图来表示，如图 9-7 所示。

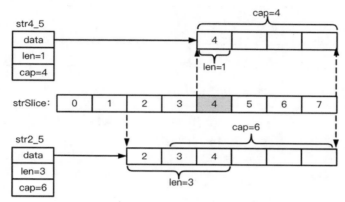

图 9-7　切片共享底层数组的示意图

可以看到，上述代码定义了 3 个切片 strSlice、str2_5 和 str4_5。切片 strSlice 的底层数组是一个从 0 到 7 的字符串数组，切片 str2_5 使用的是 strSlice 的第 3～5 个元素，切片 str4_5 使用的是切片 strSlice 的第 5 个元素。3 个切片共享一个底层数组。所以当修改 str4_5 的第一个元素时，也会影响 strSlice 的第 5 个元素和 str2_5 的第 3 个元素。

9.3.6　append 函数与切片的扩容

1. 向切片中追加元素

Go 提供了内置函数 "append(被操作的切片,追加的值)"，用于向切片中追加元素。执行此函数后，会返回与原切片元素完全相同但在尾部追加了新元素的更大新切片。append 函数总是会增加新切片的长度，但其容量是否改变取决于被操作的切片的可用容量。要特别注意的是，append 函数返回的是 "新切片"！

关于 append 函数的示例代码如下。

```
// 创建一个整型切片，其长度和容量都是 5 个元素
slice := make([]string, 5)
slice[0] = "Oracle"
slice[1] = "MySQL"

// 创建一个新切片，其长度为 2 个元素，容量为 4（即 5-1）个元素
newSlice := slice[1:3]

// 在原有的容量上追加新元素，赋值为"SQL Server"
newSlice = append(newSlice, "SQL Server")
```

对示例中的切片进行追加操作后，两个切片和底层数组的布局如图 9-8 所示。

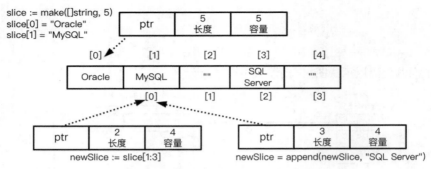

图 9-8   切片和底层数组的布局示意图

切片 newSlice 的长度为 2、容量为 4，使用 append 函数操作后其长度变为 3（即 2+1），没有超过容量 4，因此容量大小不变。需要注意的是，因为切片 newSlice 和切片 slice 共享同一个底层数组，所以切片 slice 中索引为 3 的元素已被更改为切片 newSlice 中索引为 2 的元素，即"SQL Server"，我们可以通过运行程序查看输出结果进行验证。

2. 切片的扩容

在进行扩容操作时，如果切片的底层数组没有足够的容量，则会创建一个新的底层数组，此时会先将被引用的现有的值复制到新数组中，然后再添加新值。示例代码如下。

```
// 其长度和容量都是 4 个元素
slice := []string{"Oracle", "MySQL" , "SQL Server", "Redis"}
newSlice := append(slice, "TiDB")
fmt.Println("len(slice):", len(slice))//输出: 4
fmt.Println("cap(slice):", cap(slice))//输出: 4
fmt.Println("len(newSlice):", len(newSlice))//输出: 5
fmt.Println("cap(newSlice):", cap(newSlice))//输出: 8
```

可以看到，由于切片的底层数组没有足够的可用容量，因此在进行扩容操作时，长度增加了 1，而容量扩大到了原来的 2 倍，从 4 变成了 8。示例中的切片和底层数组的布局如图 9-9 所示。

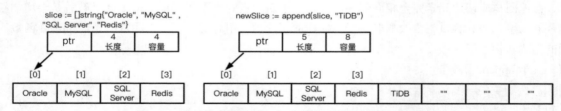

图 9-9   进行扩容操作后，切片和底层数组的布局示意图

如果切片的底层数组没有足够的可用容量时，进行扩容操作时会动态扩容。当切片的元素个数小于 1000 时，它会成倍地扩大容量。当元素个数超过 1000 时，容量的增长因子为 1.25，即每次增加 25%的容量。

函数会根据长度和容量是否相等来确定是否需要扩展底层数组。如果我们能预估最终结果的长度，那么就建议在使用 make 函数时设置好长度和容量，而不让切片动态扩容。

注意： 在进行扩容操作时，重新分配底层数组并不是必然的，只有当满足条件 len(slice1)+len(slice2)> cap(slice1)时才会发生。更多的内容可以参考源码 runtime 包中 slice.go 里的 growslice 函数。

9.3.7 append 函数引发的内存泄漏

前面提到，切片会共享底层数组。但使用 append 函数追加元素时，如果底层数组没有足够的可用容量，就会生成一个新的切片。而此时底层指向的数组是一个扩容后的新数组，在这种情况下，将不再共享底层数组。这时问题就来了，让我们看看下面的代码。

```go
func main() {
    intSlice := make([]int, 2)
    intSlice[0] = 0
    intSlice[1] = 0
    fmt.Println(intSlice, &intSlice[0], len(intSlice), cap(intSlice))

    shareInt1 := &intSlice[1]
    *shareInt1++
    fmt.Println(intSlice, &intSlice[0], len(intSlice), cap(intSlice))//第 1 次输出

    intSlice = append(intSlice, 0)
    fmt.Println(intSlice, &intSlice[0], len(intSlice), cap(intSlice))//第 2 次输出

    *shareInt1++
    fmt.Println(intSlice, &intSlice[0], len(intSlice), cap(intSlice))//第 3 次输出
}

//输出
[0 0] 0xc00018c010 2 2
[0 1] 0xc00018c010 2 2 //第 1 次输出结果
[0 1 0] 0xc00019e000 3 4 //第 2 次输出结果
[0 1 0] 0xc00019e000 3 4 //第 3 次输出结果
```

代码分析：

（1）在上面的代码中，初始化了一个长度为 2 的切片，并为其赋值。

（2）首先，使用一个变量 shareInt1 共享切片下标为 1 的元素，并且做加 1 操作，第 1 次得出的结果是[0 1] 0xc00018c010 2 2，intSlice[1]的值变为 1，符合预期。

（3）接着，使用 append 函数为这个切片追加一个元素，并输出结果。第 2 次得到的结果是[0 1 0] 0xc00019e000 3 4，可以看到，底层数组的地址发生了变化，切片的长度和容量分别是 3 和 4。这是因为原切片的长度和容量是 2，根据切片扩容的算法，此时会创建一个新的长度为 4 的底层数组，并将老的切片的值复制过去。

（4）最后又对变量 shareInt1 做加 1 操作，并输出结果。第 3 次得到的结果是[0 1 0] 0xc00019e000 3 4。这个结果出乎意料，这是因为 intSlice[1]的值并非 2，之前修改的数据和现在的新切片没有关系了，于是造成了数据的丢失。

（5）由于切片扩容，造成了地址为 0xc00018c010 的底层数组不能再被操作，但又因为变量 shareInt1 之前在引用这个底层数组，所以底层数组也不能被释放，从而导致内存泄漏。

上面这个例子提醒我们，在对切片追加元素时，如果有指向同一个底层数组的变量，则在对切

片扩容时必须考虑数据共享和内存重新分配的问题。

综上所述，如果切片的长度等于容量，append 函数会在向切片中添加新元素时复制原始数据，然后使用复制后的副本数据进行操作，底层数组不再指向老的数组。在这种情况下，之前修改的数据就和现在新的切片没有关系了，这就会造成数据丢失。此外，程序里可能还会有一些指针指向旧的数据结构，若没有把这个引用关系给断掉，很有可能会导致总有变量在引用旧的底层数组。换句话说，即使旧的底层数组没有可能再进行任何操作了，但是分配在堆中的某个数组一直在引用它，那么垃圾回收也不会清理掉它，这样一来就会造成内存泄漏。

9.3.8 三下标切片

前面介绍了切片共享底层数组时可能会遇到的问题。那么怎样解决这个问题呢？可以利用扩容可能生成新副本的特性，即让操作底层数组的这个切片在每次操作时都生成新的切片，这样就不会影响到其他共享这个数组的切片了。

具体的做法是创建一个长度和容量相等的切片，这就相当于新切片的长度最多只能延伸到底层数组当前可访问的最后一个元素的位置。当使用 append 函数时，会先去检查当前有没有空间存放新的元素，答案自然是没有，所以必定会发生写时复制。示例代码如下。

```
slice2 := slice1[2:4:4] //注意这个地方使用的是三下标。这个是 slice 的一个特性。
```

利用三下标参数特意制作出来的三索引或三下标切片，有助于减少对其他切片的影响（当多个切片共享同一个底层数组时，修改其中一个切片可能会影响到其他切片），让我们既可以在新切片的尾部追加元素，又不会影响到使用原来那个底层数组的其他切片。

9.3.9 切片的复制

我们可以使用内置函数 copy(dst, src []Type)复制切片。它的作用是把原切片中的元素复制到目标切片上。复制时，如果两个数组的切片大小不一样，则按其中较小的切片的元素个数进行复制。示例代码如下。

```
slice1 := []string{"Oracle", "MySQL", "SQLite"}
slice2 := []string{"Redis","Mangodb","xxx","yyyy"}
copy(slice2, slice1) //因为slice2长度为4，slice1长度为3，所以会将slice1的所有元素复制到slice2中

fmt.Println(slice2) //复制后的 slice2 为 [Oracle MySQL SQLite yyyy]
```

在上面的示例代码中，切片 slice2 的长度为 4，切片 slice1 的长度为 3，使用 copy 函数将切片 slice1 复制到切片 slice2 上时，会将 slice1 的所有元素复制到 slice2 中。

copy 函数还有一个妙用，是可以对切片进行缩容。因为切片要引用底层数组，当切片的容量小到一定程度时，会导致大量无用的内容无法被垃圾回收，从而造成空间浪费。此时，可以用 copy 函数生成一个新切片，新切片的容量依照原切片成比例缩小。每一次缩容都会生成新的切片。

9.3.10 切片的比较

切片只能与 nil 进行比较，否则编译时会报错。示例代码如下。

```
a := []int{1, 2, 3, 4}
b := []int{1, 2, 3, 4}
```

```
if a == b {  //切片只能与 nil 比较
        fmt.Println("equal")
}

//编译时报错
invalid operation: a == b (slice can only be compared to nil)
```

如果需要比较切片，可以使用反射包中的函数 reflect.DeepEqual 或自己实现相应的方法。

9.3.11　删除切片中的元素

Go 语言没有为数组或者切片提供专门的删除操作，所以要从切片中删除指定的元素需要自己实现，下面介绍几种基本思路。

1. 截取，修改原切片

这种方法以被删除元素为边界，且会将其前后两个部分的内存重新连接起来。关键代码如下。

```
func DeleteSliceEle1(sourceSlice []int, elem int) []int {
    for i := 0; i < len(sourceSlice); i++ {
        if sourceSlice[i] == elem {
            sourceSlice = append(sourceSlice[:i], sourceSlice[i+1:]...)
            i--
        }
    }
    return sourceSlice
}
```

2. 复制，不修改原切片

这种方法会重新创建一个新的切片，并将要删除的元素过滤掉。这种方法的优点是容易理解，不会修改原切片；缺点是需要开辟新的切片空间。关键代码如下。

```
func DeleteSliceEle2(sourceSlice []int, elem int) []int {
    newSlice := make([]int, len(sourceSlice), len(sourceSlice))
    for i := 0; i < len(sourceSlice); i++ {
        if sourceSlice[i] != elem {
            newSlice = append(newSlice, sourceSlice[i])
        }
    }
    return newSlice
}
```

3. 位移，修改原切片

这种方法首先要初始化一个变量 index，用于记录下一个有效元素的位置，然后遍历切片的所有元素，当遇到有效元素（如果 v 不等于 elem，则说明它是有效元素，应该保留）时，将其移动到 sourceSlice[index]处且 index 加 1。最终 index 的位置就是所有有效元素的下一个位置，最后再做一个截取操作返回一个新的切片，该切片包含所有的有效元素。这种方法是对第一种方法的改进，它虽然会修改原来的切片，但每次只需要移动一个元素，因此性能更好。关键代码如下。

```
func DeleteSliceEle3(sourceSlice []int, elem int) []int {
    index := 0
    for _, v := range sourceSlice {
        if v != elem {
            sourceSlice[index] = v
            index++
```

```
            }
        }
        return sourceSlice[:index]
    }
```

4. 性能比较

下面通过基准测试对以上三种方法进行性能测试。

```
//创建长度为 n 的切片，并将 per 作为百分比填充元素 1
func InitSlice(n int, per int) []int {
        ...
}

//将 X 替换为 1、2、3 即可测试 3 种不同的删除方法
//另外，删除的性能与直方图有关
func BenchmarkDeleteSliceX(b *testing.B) {
        for i := 0; i < b.N; i++ {
                _ = DeleteSliceEleX(InitSlice(sliceSize,per), 1)
                //如: _ = DeleteSliceEle1(getSlice(1000), 50)
        }
}
```

测试的结果如表 9-2 所示。

表 9-2　删除切片中元素三种方法的性能测试结果

方法名	切片长度 （元素个数）	被删除元素占比	循环次数	每个操作所花费的时间 （单位：纳秒）
BenchmarkDeleteSlice1-8	1000	1/10	119310	9823
	1000	1/5	76293	14171
	1000	1/2	43437	27484
	100000	1/2	433	2728454
BenchmarkDeleteSlice2-8	1000	1/10	113635	9910
	1000	1/5	114982	9737
	1000	1/2	137523	7737
	100000	1/2	14252	86121
BenchmarkDeleteSlice3-8	1000	1/10	221662	5402
	1000	1/5	229137	5214
	1000	1/2	208809	5203
	100000	1/2	21379	49645

从表 9-2 可以看出，元素的占比对算法是有影响的。在正常情况下，第三种方法的性能最好。切片长度越大，方法一的性能越差。

在某些极端情况下，如果元素的占比非常小甚至没有对应的值，那么方法一的性能反而最好。基准测试的结果如下。

```
//没有对应值的元素
$ go test -bench=.
goos: darwin
goarch: amd64
```

```
pkg: golang-1/structure/slice/deletemethod
cpu: Intel(R) Core(TM) i5-1038NG7 CPU @ 2.00GHz
BenchmarkDeleteSlice1-8        217840              5244 ns/op
BenchmarkDeleteSlice2-8        114322              9998 ns/op
BenchmarkDeleteSlice3-8        222088              5478 ns/op
PASS
ok       golang-1/structure/slice/deletemethod    3.836s
```

9.3.12 特殊的切片：字符串

字符串是一种常用的数据类型，同时它也是一种特殊的切片。字符串底层是一个 byte 数组，因此它可以和[]byte 类型相互转换。

因为字符串是只读不可变的，所以不能通过类似 str[0] = 'X'的方式直接对其进行修改。修改字符串需要先将其转换为[]byte 或者[]rune 类型才行，修改完以后再重新转回字符串类型。

转换成[]byte 和[]rune 的区别如下。

- 转换成[]byte，可以处理英文和数字，但是不能处理中文。这是因为[]byte 是按字节处理的，而一个汉字占 3 字节，所以可能会出现乱码；
- 转换成[]rune 时会按字符处理，兼容中文，无乱码问题。

示例代码如下。

```
s1:="example"
bystS1:=[]byte(s1)
byteS1[0]:= 'E'
fmt.Println(string(byteS1)) //Example

s2:="中文"
runeS2:=[]rune(s2)
runeS2[0]:= '英'
fmt.Println(string(runeS2)) //英文
```

9.3.13 数组与切片的对比

数组和切片都属于集合类型，都可以用来存储某一种类型的值（或者说元素）。切片是对数组的简单封装。在每个切片的底层数据结构中，一定会包含一个数组（即底层数组），切片可以看作是对数组中某个连续片段的引用。因此，Go 语言的切片类型属于引用类型。数组和切片的对比如下。

- 数组在声明时必须指定长度，形式如 var arr01 [2]int，声明后其长度是不可变的。数组的长度是其类型的一部分，比如[1]string 和[2]string 是两个不同的数组。
- 切片在声明时不需要指定长度，形式如 var sli01 []int，声明后其长度是可变的；
- 数组不可以伸缩，但可以比较；切片不能进行比较，但可以伸缩。

9.4 映射

数组和切片都属于单个数据类型的集合，若要寻找某个特定的值，必须从它们的开头开始遍历。如果有一种集合，它的每个值都有一个标签，那么通过标签就可以快速定位特定的值。这种数据结构就是 Go 语言中的映射。映射可以存储非单一数据类型的元素，它是一种"无序"的键值对（key/value）集合。在底层数据结构中，映射是一个散列表的特定实现。

键和值的最大不同在于，前者的类型是受限的，后者可以是任意类型。"键"和"值"分别是某种数据类型的值，把它们捆绑在一起就是一个键值对。

Go 语言中的映射是引用类型，因此必须初始化才能使用。

9.4.1   选择合适的键值类型

1. 键的类型

根据 Go 语言的规范，映射的键类型必须支持使用==和!=操作符进行比较操作。换句话说，能放在 if 语句中作比较的类型都可以作为键。通常情况下，我们更多地选择基本类型作为键的类型，比如数值（整数、浮点数）类型、字符串等。当选择字符串作为键时，最好对键值的长度进行额外的约束。

在 Go 语言中，函数、切片和映射不支持比较操作，所以映射的键不能是这些类型。如果键的类型是接口类型，那么接口的实际类型也不能是上述三种类型。否则，在程序运行过程中会出现 panic。

映射的"键"是无序的。映射的键如果重复了，则以最后一个"键值对"为准。

2. 值的类型

值的类型通常为数值（整数、浮点数）、字符串、映射和结构体。对复杂的数据进行管理时，相较于使用映射嵌套的方式，将映射的值类型设置为结构体是更合适的选择。

3. 如何选择键的类型

应该优先考虑哪些类型作为键的类型呢？答案是能被快速查找的类型。查找键时有两个耗时的操作，第一个是将键转换为散列值，第二个是将查找的键与散列桶中的键进行比较。也就是说，计算散列值以及比较操作的速度越快，该类型就越适合作为键的类型。

注意：通常来说，计算散列值时，数据类型的宽度越小速度越快，因为需要处理的数据量小。宽度计算方式比较特殊，字符串的宽度是其值的具体长度，结构体的宽度是其成员类型的宽度总和，接口本身是一个抽象的类型，它的宽度取决于其具体的类型。

基于以上分析可知，应尽量不使用结构体、接口和数组作为键的类型。这是因为：
- 结构体可能包含多个字段,这就意味着为结构体计算散列值以及比较两个结构体的值时会相对复杂和耗时。此外，如果结构体中包含了不可比较的字段（例如切片），那么这个结构体更不能作为键；
- 接口类型的键可能在运行时引入动态类型检查的开销，并且可能会导致散列和比较操作不一致。如果接口的动态类型变化了，那么同样的接口值可能会产生不同的散列值；
- 对于较大的数组，散列和比较操作可能会非常耗时。另外，如果数组的元素类型是不可比较的（例如数组元素是切片），那么这个数组更不能作为键。

除了上面的原因，还因为这些类型的值存在变数。例如，若使用结构体类型 T 作为键，对于已经初始化的结构体 T，如果它的某个字段值发生了变化，结构体变成了 T'，那么就无法再查询到键为 T 的映射了。若使用数组作为键类型，我们知道，数组中的元素值是可以任意改变的，那么变化前后它所表示的就是两个不同的键值了。以下示例代码展示了使用结构体作为键时，若结构体的值发生变化，键就会失效。

```go
type mapKey struct {
    key int
}

func main() {
    var m = make(map[mapKey]string)
    var key = mapKey{10}

    m[key] = "hello"
    fmt.Printf("m[key]=%s\n", m[key])

    // 修改键的字段后再次查询映射，无法获取刚才添加进去的值
    key.key = 100
    fmt.Printf("再次查询m[key]=%s\n", m[key])
}
```

9.4.2 映射的声明和初始化

映射可以使用 var 关键字声明，也可以使用字面量声明并初始化。

1. 声明和初始化的方式

（1）使用 var 关键字声明映射。这种声明方式是不会分配内存的，它的零值是 nil，必须调用 make 函数分配内存后才能赋值和使用。示例代码如下。

```go
// 声明一个映射变量
var map 变量名 map[键类型]值类型

// 在使用映射之前，首先要调用make函数分配内存
// 这才是真正创建一个映射
var language map[int]string

language = make(map[int]string,10)
language[1] = "C"
language[2] = "Java"
language[3] = "Go"

//输出: map[1:C 2:Java 3:Go]
```

映射是引用类型，所以也遵循引用类型传递机制。如果对未初始化的映射进行了赋值（添加了键值对），则会导致 panic，如 panic: assignment to entry in nil map。由于 Go 语言有零值机制，因此在没有分配空间的情况下，除了赋值操作，其他操作都不会引发 panic。

（2）与数组、切片一样，也可以使用字面量初始化映射。示例代码如下。

```go
language := map[int]string{
        1: "C++",
        2: "Go",
        3: "Rust",
}
```

2. 有关长度

使用 make 函数时,映射的长度可以明确,也可以按需分配。示例代码如下。

```
language = make(map[int]string,10) //明确定义长度

language = make(map[int]string) //按需分配
language[1] = "C"
```

- 对于未明确定义长度的映射,刚开始的初始化是一种"伪初始化",因为不会创建桶。直到映射第一次执行 language[1] = "C"时,才实际初始化 map,并创建桶;
- 对于明确定义了长度的映射,初始化时就会在内存中分配空间。此方式是对映射的一种优化,因为动态增长是有代价的。

9.4.3 映射的使用

接下来说说映射的使用。

1. 映射的访问

使用 map[key]访问映射时,如果 key 是一个不存在的值,那么会返回"值类型"对应的零值。因此,通过 key 查找元素是否存在时,不能将返回值是 nil 或者空字符串作为判断的依据。

为了解决"如何区分是零值还是没有这个 key"这个问题,Go 语言提供了 comma 的语法。如: v, exists :=
m[0],其中第二个值标识 key 是否在 map 中存在,如果存在则为 true,否则为 false。示例代码如下。

```
m := make(map[int]int)
v := m[1] // 调用的是: func mapaccess1(t *maptype, h *hmap, key unsafe.Pointer) unsafe.Pointer
v, ok := m[1] // 调用的是: func mapaccess2(t *maptype, h *hmap, key unsafe.Pointer)(unsafe.
Pointer, bool)
```

2. 映射的新增、更新和删除

映射的新增、更新和删除相关示例代码如下。

```
// 初始化时需要使用 make 函数分配内存,之后变量 m 才能赋值和使用
m := make(map[string]string)

// 使用典型的 make[key] = val 语法设置键值对
m["k1"] = "Oracle"
m["k2"] = "MySQL"

// 使用 name[key]获取一个键的值
v1,exists := m["k1"]

// 内建函数 delete 可以从一个映射中移除键值对
delete(m, "k2")
```

3. 遍历映射

range 关键字可用于迭代各种数据结构,映射也不例外。映射是无序的,因此遍历时也会按随机顺序处理。关键代码如下。

```
// range 在 map 中迭代键值对
kvs := map[string]string{"O": "Oracle", "M": "MySQL"}
for key, value := range kvs {
        ...
}
```

4. 映射切片

如果切片的元素类型是映射，那么这类切片被称为映射切片（slice of map）。这类切片的初始化需要进行两次 make 操作，第一次 make 函数用于初始化映射，第二次 make 函数用于初始化切片。关键代码如下。

```
mapSlice := make([]map[int]int, 3)
for i := range mapSlice {
        mapSlice[i] = make(map[int]int, 1)
        mapSlice[i][1] = 100
}
fmt.Println(mapSlice) //输出: [map[1:100] map[1:100] map[1:100]]
```

9.4.4　映射的排序

因为映射是无序的，不会按照添加时的顺序保存元素，故而每次遍历映射时都会得到不同的结果。Go 语言的标准库 sort 提供了对各种数据类型和自定义集合排序的函数。因此，要想实现有序的映射，可以通过标准库 sort 先将键排序，然后再去遍历。示例代码如下。

```
func main() {
    type language struct {
            intro string
    }
    users := map[string]language{
            "Java":       {"background language"},
            "Go":         {"cloud native language"},
            "C":          {"system language"},
            "JavaScript": {"front-end language"},
            "Python":     {"AI language"},
    }

    var keys []string
    for key := range users {
            keys = append(keys, key)
    }
    // 排序前的输出是无序的
    for _, key := range keys {
            fmt.Print(key, users[key], " ")
    }
    fmt.Println()

    // 基于"键"排序
    sort.Strings(keys)

    // 排序后的输出是有序的
    for _, key := range keys {
            fmt.Print(key, users[key], " ")
    }
}
```

除了使用标准库 sort 中的相应函数，也可以通过实现标准库 sort 中的 Interface 接口来编写想要的排序逻辑，示例代码如下。

```
type Interface interface {
    Len() int
    Less(i, j int) bool
    Swap(i, j int)
}
```

除了以上方法，还可以使用辅助的数据结构实现一个有序的映射，比如使用第三方库 elliotchance/orderedmap 记录插入顺序。

9.4.5　映射的扩容

有两种情况会触发映射扩容。

（1）负载因子大于 6.5 时进行增量扩容。

（2）溢出（overflow）数量大于 2^{15} 时进行等量扩容。

映射扩容的原因及特点如表 9-3 所示。

表 9-3　映射扩容的原因及特点

映射扩容的方式	扩容原因	扩容方法及特点
增量扩容	存储的键值对过多，已经超过了当前映射的负载	当负载因子大于 6.5（平均每个桶内存储的键值对达到 6.5 个）时，就新建一个桶，新桶的长度是原来的 2 倍，然后将旧桶中的数据迁移到新桶中
等量扩容	在极端情况下，如果映射在不断地增、删，会造成键值对集中在一小部分的桶上，而被删除的键值对会以空"键值对"的方式占据桶内的槽位，从而导致溢出桶过多。如果负载因子未超过 6.5，此时查找效率就会降低，所以要进行等量扩容	创建和旧桶数目一样多的新桶，然后把旧桶中的值迁移到新桶中。等量扩容就像是对映射做了碎片整理，减少使用溢出桶，使数据在内存中的存放更紧凑，从而确保访问效率

可以通过查看源码 runtime/map.go 中的 hashGrow 函数来了解映射扩容具体的实现步骤，在此不再赘述。

使用 make 函数创建映射有两种不同的策略，即明确定义长度和按需增长。其中，按需增长表示映射可以不初始化长度。为什么呢？可以通过阅读 make 函数的源码找到原因。代码 m := make(map[string]int, 10 /*Initial Capacity*/)默认会为映射分配足够的空间，以容纳指定数量的元素，因此初始化时可以省略长度。尽管如此，由于存在扩容和迁移桶，因此这种行为还是有代价的，比如会消耗更多的内存。

9.4.6　映射的并发安全性

映射在标准库中并不是并发安全的，Go 语言官方文档对此有专门的说明：映射不能安全地并发使用，同时读、写映射，结果是未知的。如果需要并发读、写映射，必须通过某种同步机制来协调。

但是，Go 又对映射实现了一些特殊检查，有了这些检查，即使不使用 go run -race 命令对代码进行冲突检测，在并发时不安全地修改映射，也可以在运行时自动报告。在下面的示例中，可以看到同时读取和写入映射会出现运行错误：fatal error: concurrent map read and map write。

```
//映射的并发不安全
func main{
        m := map[int]string{
                1: "haha",
        }
        go func() {
                for {
                        _ = m[1]
                        time.Sleep(1)
                }
        }()
        go func() {
                for {
                        m[2] = "write"
                        time.Sleep(1)
                }
        }()
        time.Sleep(time.Second)
}
```

　　上面的示例代码从表面上看操作的是不同的键，也就是说，看起来是读、写这两个协程在各自操作不同的元素，且映射也没有扩容的问题，但是在运行时却检测到映射有并发访问，因此会发生panic。那么为什么会出现这个问题呢？那是因为在映射的底层源码中，有三段是与读、写相关的函数，它们都有一段检查是否存在并发的代码，如果有并发，则抛出panic。这就是标准库中的映射不支持并发的根本原因。示例代码如下。

```
// 在 map 进行写入操作时调用的函数
func mapassign(...) {
        ...
        // 检查是否有并发写的问题
        if h.flags&hashWriting == 0 {
                throw("concurrent map writes")
        }
        ...
}

// value:=m[key]时调用的函数
func mapaccess1(...) {
        ...
        //如果不等于 0 则代表发生并发读、写
        if h.flags&hashWriting != 0 {
                throw("concurrent map read and map write")
        }
        ...
}

// value,ok:=m[key]时调用的函数
func mapaccess2(...) {
        ...
        //如果不等于 0 则代表发生并发读、写
        if h.flags&hashWriting != 0 {
                throw("concurrent map read and map write")
        }
```

```
        ...
}
```

对于上述问题，解决方法有如下几种。

（1）使用 sync.Mutex 或者 sync.RWMutex 实现并发互斥逻辑。造成冲突的根本原因在于映射并发是不安全的，避免映射并发读、写产生 panic 的方法之一就是加锁，在读多写少的场景下，可以使用读写锁 sync.RWMutex 实现并发互斥逻辑，这样可以获得更好的性能。

（2）使用 Go1.9 版本引入的 sync.Map，它是官方实现的线程安全的映射，可通过空间换时间，达到实现并发安全的目的。

（3）通过分片加锁实现更高效的并发映射。虽然使用读写锁可以提供线程安全的映射，但是在有大量并发读、写的情况下，锁的竞争会非常激烈。在这种情况下，需要尽量缩小锁的粒度和减少锁的持有时间。缩小锁的粒度常用的方法就是分片（Sharding），即将一把锁分成几把锁，每个锁控制一个分片。

9.4.7 映射的删除机制

映射是不断增长的数据结构，如果不及时清理，可能会造成内存泄漏。对此，常用做法是使用 make 函数重建一个新的映射。这样做的目的是让原来为映射所分配的内存不再被引用，这部分内存最后会被垃圾回收机制认为是可回收的并自动回收。

也可以使用 delete 函数删除元素，如果要删除的是单个元素，最后调用的函数则是 runtime.mapdelete_fast64。我们在下面的示例代码中实现了反汇编，可以看到关键字 runtime.mapdelete_fast64 (SB)。

```
package main

func main() {
        m := make(map[int]string, 9)
        m[1] = "hello"
        m[2] = "world"
        m[3] = "go"
        delete(m, 1)
}

$ $ go tool compile -S mapgc.go |grep CALL
0x0040 00064 (mapgc.go:4)        CALL    runtime.makemap(SB)
0x0059 00089 (mapgc.go:5)        CALL    runtime.mapassign_fast64(SB)
0x0085 00133 (mapgc.go:5)        CALL    runtime.gcWriteBarrierDX(SB)
...
0x0124 00292 (mapgc.go:8)        CALL    runtime.mapdelete_fast64(SB)  //删除单个元素
0x0133 00307 (mapgc.go:3)        CALL    runtime.morestack_noctxt(SB)
```

在 Go1.11 版本之后，如果要删除所有的元素，编译器会做优化，它是通过调用内部函数 mapclear 来实现的。我们在下面的示例代码中实现了反汇编，可以看到关键字 runtime.mapclear(SB)。

```
package main

func main() {
        m := make(map[int]string, 9)
        m[1] = "hello"
        m[2] = "world"
```

```
         m[3] = "go"
         for k := range m {
                 delete(m, k)
         }
}

$ go tool compile -S mapgc.go |grep CALL
0x0040 00064 (mapgc.go:4)        CALL      runtime.makemap(SB)
0x0059 00089 (mapgc.go:5)        CALL      runtime.mapassign_fast64(SB)
0x0085 00133 (mapgc.go:5)        CALL      runtime.gcWriteBarrierDX(SB)
...
0x0120 00288 (mapgc.go:8)        CALL      runtime.mapclear(SB)  //删除全部元素
0x012f 00303 (mapgc.go:3)        CALL      runtime.morestack_noctxt(SB)
```

如果关闭优化选项"-l -N"，Go 编译器将通过循环遍历的方式删除所有的元素。在下面的示例代码中实现了反汇编，可以看到关键字 runtime. mapiterinit (SB)与 runtime.mapdelete_fast64(SB)。

```
$ go tool compile -l -N -S mapgc.go |grep CALL
0x0049 00073 (mapgc.go:4)        CALL      runtime.makemap(SB)
0x0062 00098 (mapgc.go:5)        CALL      runtime.mapassign_fast64(SB)
0x0098 00152 (mapgc.go:5)        CALL      runtime.gcWriteBarrierDX(SB)
...
0x0184 00388 (mapgc.go:8)        CALL      runtime.mapiterinit(SB)  //开始循环
0x01b0 00432 (mapgc.go:9)        CALL      runtime.mapdelete_fast64(SB)//删除单个元素
0x01c0 00448 (mapgc.go:8)        CALL      runtime.mapiternext(SB)  //进入下一次循环
0x01d7 00471 (mapgc.go:3)        CALL      runtime.morestack_noctxt(SB)
```

9.4.8　映射的设计

映射是基于散列表实现的，主要包括两个方法：数据存储方法和数据定位方法。

1. 数据存储方法

（1）数据结构

映射的核心数据结构位于/runtime/map.go 中，主要包括 hmap、mapextra 和 bmap 这 3 个结构体，如图 9-10 所示。其中，hmap 表示一个映射，mapextra 表示溢出桶，而 bmap 表示每一个具体的桶。

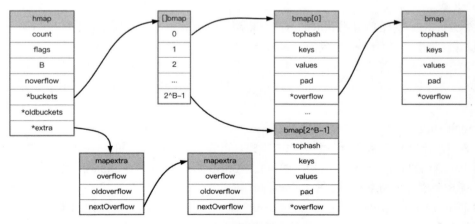

图 9-10　映射的数据结构示意图

桶的数量取决于字段 hmap.B，当前映射持有的桶的数量（字段为*buckets）为 2^B，每个桶内最多可以装载的键值对为 8 个，示例代码如下。

```
// 每个桶中最多能装载的键值对为 8 个
bucketCntBits = 3
bucketCnt     = 1 << bucketCntBits
```

每个桶最多只能存储 8 个键值对，如果有额外的键值对落入了当前桶中，则必须创建另一个溢出桶来装它，此溢出桶通过指针与原来的桶连接，可见，每个 bmap 最后都是通过 overflow 指针指向下一个 bmap 的。

（2）桶数据的填充方式

在将数据存储到 bmap 时，会先存储 8 个键，再存储 8 个值。图 9-11 展示了键值不分组存放和分组存放所占内存空间的对比。

字段	所占内存空间
key1	2 字节
value1	1 位
padding	7 位
key2	2 字节
value2	1 位
padding	7 位

按照 key1、value1、key2、value2存放

字段	所占内存空间
key1	2 字节
key2	2 字节
value1	1 位
value2	1 位
padding	7 位

按照 key1、key2、value1、value2存放

图 9-11　键值不分组存放（左）与分组存放（右）所占内存空间的对比图

下面来具体分析图 9-11 展示的方法。

- 图 9-11 左边采用的是键值不分组存放的方式。因为键是字符串类型，所以占用 2 字节；值是布尔类型，所以占用 1 位的内存。可以看到，其中每个 value 占 1 位，因为内存要对齐，所以 padding 会填充余下的 7 位（8−1=7），使其成为 1 字节。若有 8 个值就要填充 8 次。
- 图 9-11 右边是键值分组存放的方式。采用这种方式时，只需要在最后的值后面进行填充即可，这避免了因为填充导致的内存浪费。

实际上，由于键和值的长度可能不同，如果采用键值不分组存放的方式可能会需要填充大量的padding 位，这会导致内存浪费。因此，Go 语言在设计映射的数据存放时，采用了键值分组存放的方式。

（3）tophash 的值

我们来看一下将一个数据存放到桶中的步骤。首先根据 hash(key)的后 B 位值定位到具体的桶，然后根据 hash(key)的高 8 位值找到桶内的位置。bmap 数据结构中的 tophash 是一个长度为 8 的数组，表示有 8 个槽位可用来存储数据。tophash[i]表示每一个槽位的值，当 tophash[i] >= 5 时，表示这个值用来存放 hash(key)的高 8 位值。当 tophash[i] < 5 时，表示这个值是桶的状态值（如标记迁移状态、桶是否为空等）。tophash 各种值的含义如表 9-4 所示。

表 9-4　tophash 各种值的含义

tophash	含义
emptyRest = 0	表示该 tophash 对应的槽位及该位置后面的槽位都是可用的
emptyOne = 1	表示该 tophash 对应的槽位是可用的，其后面的是否可用不知道
evacuatedX = 2	与扩容有关，表示扩容迁移到新桶的前半段
evacuatedY = 3	与扩容有关，表示扩容迁移到新桶的后半段
evacuatedEmpty = 4	表示桶已完成迁移
minTopHash = 5	是 key 的桶状态值与 tophash 值的分割线，小于此值表示其为桶状态值，大于此值表示其为 key 对应的 tophash 值

请注意第一个状态值 emptyRest = 0，在映射初始化时，tophash 会被置为 emptyRest；在删除映射元素时，会判断是否需要把删除的 key 对应的 tophash 置为 emptyRest。当 tophash[0]==emptyRest 时，表示整个桶都是空的，这也是源码中判断桶是否为空的方法。

（4）负载因子

前面说过，映射的桶数量为 2^B。但是，我们还要基于实际情况考虑负载因子（loadFactor），因此，真正可以使用的桶的个数是 loadFactor*2B。当负载因子大于 6.5，即平均每个桶内存储的键值对达到 6.5 个时，会进行增量扩容。示例代码如下。

```
// Maximum average load of a bucket that triggers growth is 6.5.
// Represent as loadFactorNum/loadFactorDen, to allow integer math.
loadFactorNum = 13
loadFactorDen = 2
```

Go 语言选择经典值 6.5 作为映射的负载因子的原因，可以参考源码中的注释，具体如下。

```
// Picking loadFactor: too large and we have lots of overflow
// buckets, too small and we waste a lot of space. I wrote
// a simple program to check some stats for different loads:
// (64-bit, 8 byte keys and elems)
//    loadFactor    %overflow   bytes/entry   hitprobe    missprobe
//       4.00         2.13        20.77         3.00         4.00
//       4.50         4.05        17.30         3.25         4.50
//       5.00         6.85        14.77         3.50         5.00
//       5.50        10.55        12.94         3.75         5.50
//       6.00        15.27        11.67         4.00         6.00
//       6.50        20.90        10.79         4.25         6.50
//       7.00        27.14        10.15         4.50         7.00
//       7.50        34.03         9.73         4.75         7.50
//       8.00        41.10         9.40         5.00         8.00
//
// %overflow   = percentage of buckets which have an overflow bucket
// bytes/entry = overhead bytes used per key/elem pair
// hitprobe    = # of entries to check when looking up a present key
// missprobe   = # of entries to check when looking up an absent key
```

尽管每个桶都允许容纳 8 个元素，但是 key 的散列计算并不能保证每个桶都可以平均分配到 8 个元素。因此，可能会出现溢出桶。后来经过计算得到一个经验值 6.5，即当每个桶元素的个数不超过 6.5[①]时，能达到最佳性能。

---

① 小数值实际并不能直接表示元素的个数，但它代表了平均值或目标值，用于指导选择负载因子。

2. 数据定位方法

如果要将键值对存储在映射中或要查找键值，则必须首先找到相应的位置。定位键的一般流程如图 9-12 所示。

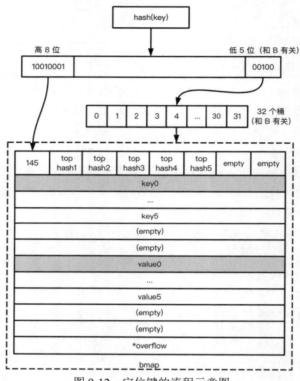

图 9-12 定位键的流程示意图

下面来看一下定位键的具体步骤。

（1）判断 hmap 是否为 nil，或者 h.count 的值是否为 0，如果 hmap 为 nil 则表示未初始化，则可能发生 panic，如果 h.count=0，则表示该映射为空，这时会直接返回一个零值。示例代码如下。

```
if h == nil || h.count == 0 {
    if t.hashMightPanic() {
        t.hasher(key, 0) // see issue 23734
    }
    return unsafe.Pointer(&zeroVal[0]), false
}
```

（2）判断是否处于并发读、写状态，如果是则产生 panic。示例代码如下。

```
if h.flags&hashWriting != 0 {
    throw("concurrent map read and map write")
}
```

（3）对 key 做散列运算，得到一个值，我们把它记作 HASH_VALUE。不同类型的 key，所用的散列算法不一样，具体可以参考 algarray。示例代码如下。

```
hash := t.hasher(key, uintptr(h.hash0))
```

（4）根据 B 值（图 9-12 中的 B 是 5）计算出桶的长度是 32。取 HASH_VALUE 低 5 位的掩码值 m := bucketMask(h.B)，这个值就是桶编号。例如，00100 对应的十进制是 4，计算当前桶的地址的代码为 b := (*bmap)(add(h.buckets, (hash&m)*uintptr(t.bucketsize)))，这时会定位到 4 号桶。

（5）根据 h.oldbuckets 是否为 nil 判断其是否正在扩容。如果不是 nil，则表示当前映射正处于扩容状态。这时，将 m 减少一半，使用位移操作 m >>= 1 重新计算当前 key 在 oldbuckets 中的位置。如果 oldbuckets 中的数据没有全部迁移到新桶中，则在 oldbuckets 中查找。关键代码如下。

```
if c := h.oldbuckets; c != nil {
        if !h.sameSizeGrow() {
                // 说明之前只用了一半的桶，需要除以 2
                m >>= 1
        }
         //重新计算当前 key 在 oldbuckets 中的位置
        oldb := (*bmap)(add(c, (hash&m)*uintptr(t.bucketsize)))
        if !evacuated(oldb) {
                b = oldb
        }
}
```

（6）接着使用 HASH_VALUE 的高 8 位，在本例中是 10010001，它对应的十进制数是 145。

（7）在 4 号桶中寻找 tophash 值为 145 的 key，如果找到了 0 号槽位，那么整个查找过程就结束。

寻找 tophash 这一步的设计很巧妙，通过对键进行散列运算得到最后的低 B 位即可锁定具体是哪个桶。但是每个桶中都有 8 个元素，并且还有可能存在溢出桶，且散列运算比较耗费性能，为了提高性能，这里采用了空间换时间的设计。在映射赋值时，先计算好键的散列值，提前将散列值的高 8 位存入 tophash 中，这样在每个桶中查找键时，就可以直接与 tophash 里的值进行比较，不会做"传入的键==hash(桶中的键)"这种耗时的操作。

这一步的关键代码如下。

```
//外层 for 循环用于遍历桶及溢出桶 overflow，内层 for 循环用于遍历桶内的 8 个值
bucketloop:
for ; b != nil; b = b.overflow(t) {

        for i := uintptr(0); i < bucketCnt; i++ {
                // 循环对比桶中的 tophash 数组
                // 如果找到了相等的 tophash，那就说明是这个桶
                if b.tophash[i] != top {
                        if b.tophash[i] == emptyRest {
                                break bucketloop
                        }
                        continue
                }
                k := ...
                if t.indirectkey() {
                        k = *((*unsafe.Pointer)(k))
                }
                if t.key.equal(key, k) {
                        e := ...
                        if t.indirectelem() {
```

```
                              e = *((*unsafe.Pointer)(e))
                          }
                          return e, true
                      }
                  }
              }
```

外层 for 循环用于遍历桶及溢出桶 overflow，内层 for 循环用于遍历桶内的 8 个值（此处称为 8 个槽位）。如果 b.tophash[i] != top，则表示当前桶第 i 个位置的 tophash 与当前 key 的 tophash 不同。此时，又分以下两种情况。

- 当前标识是 emptyRest，表示剩下的所有槽位全是空，再往下查找也没意义了，于是直接结束当前桶的查找，根据映射的数据类型返回一个零值；
- 剩下的所有槽位不为空，继续查找下一个槽位。

如果条件 b.tophash[i] == top 满足，则计算出 key 的位置，并判断桶中的 key 与请求的 key 是否相等，如果相等则取出值并返回，如果不相等，则继续下一轮的内层循环。示例代码如下。

```
k := add(unsafe.Pointer(b),dataOffset+i*uintptr(t.keysize))
e := add(unsafe.Pointer(b),dataOffset+bucketCnt*uintptr(t.keysize)+i*uintptr(t.elemsize))
```

（8）如果在桶中没找到，同时溢出桶的指针不为空，那还要继续在溢出桶中查找。

（9）如果桶和溢出桶中所有键的槽位都找遍了，仍然没找到，则返回对应类型的零值。

（10）对于存储操作，当两个不同的键落在同一个桶中时就会发生散列冲突。解决冲突的手段是使用链表在对应的那个桶中从前往后找，找到第一个空位后插入。这样，在查找某个键时，就会先找到对应的桶，再去遍历桶中的键。

9.5 数据结构中的常见问题

使用数据结构时，可能会遇到各种问题，下面分析和说明一些常见的问题。

9.5.1 make 与 new 的差异

首先是老生常谈的"make 与 new 的差异"。在 Go 语言中，make 和 new 都是用于创建新值的内置函数，二者的区别如下。

（1）使用的类型不同。new 可用于任意类型，而 make 只能用于切片、映射和通道类型。

（2）零值和初始化不同。使用 new(T)会根据传入的类型 T 分配已设置零值的内存空间，并返回指向这片内存的指针。此时编译器是知道需要使用多少内存的。声明一个指针类型时，一定要做 new 操作，目的是给这个指针分配内存，如果不分配，使用时会报内存地址为空的错误。

使用 make(T, args)返回的是按照给定参数 args 初始化后类型 T 的值。切片、映射和通道在 Go 语言中是引用类型，因为它们的底层实现上都引用了其他类型，由于这些类型的大小在编译阶段无法确定，因此需要在运行时进行初始化。

通道、映射和切片类型除了使用 make 函数初始化，还可以使用字面量初始化。示例代码如下：

```
// 使用 make 初始化 map
m := make(map[string]bool, 0)
```

```
// 使用字面量初始化 map
m := map[string]bool{}
```

9.5.2 使用引用类型前先分配空间

对于引用类型，只声明不初始化是不会分配内存空间的，示例代码如下：

```
func main() {
        var str *string
        *str = "test a pointer"
        fmt.Println(*str)
}
```

上面的代码在运行时会发生 painc，报错信息为"panic: runtime error: invalid memory address or nil pointer dereference[signal 0xc0000005 code=0x0 addr=0x0 pc=0x49a76a]"。从报错信息中可以看出，对于引用类型的变量，不仅要声明它，还要为它分配内存空间才可以使用，否则不知道它的值存放到哪里去了。对于值类型的变量，则不需要再去分配内存空间，因为 Go 语言的零值机制会为其赋值。

9.5.3 可能发生内存泄漏的情况

Go 语言虽然有自动垃圾回收机制，但在以下几种情况下仍然可能发生内存泄漏。

第一就是在协程执行的过程中，一些变量引用了堆中的某个值，但是却一直不释放这个引用。当怀疑有内存泄漏时，可通过垃圾回收 trace 来判断。判断的依据是观察在执行垃圾回收后内存分配数是变大还是变小了。如果变大了，则可能存在内存泄漏。

第二是使用映射可能会导致内存泄漏。可以使用映射实现缓存，但必须在适当的时候从映射中清理无效的键值对。资源是有限的，如果映射一直膨胀下去，可能会发生内存泄漏。

第三是执行 append 操作时。如果切片扩容造成原地址所指向的底层数组不能再被操作，但又有其他变量在执行 append 操作之前就存在对这个底层数组的引用，那么就会导致这个底层数组无法被释放，进而引起内存泄漏。

第四是一种非常典型的内存泄漏，那就是有些 API 在用完之后需要执行 close 操作，但却忘记了调用 close 函数。

第 10 章

结构体与内存对齐

本章将介绍结构体和内存对齐机制。Go 语言中的结构体是一种自定义数据类型，它由一组有序的字段组成。结构体的字段类型包括基本数据类型、自定义类型和接口类型等。结构体可以用来表示复杂的数据结构，比如图形、网络协议、数据库记录等。

内存对齐是指 CPU 在读取内存时，让数据按照一定的规则进行对齐操作。如果数据没有按照规则对齐，那么 CPU 就需要进行额外的操作来对齐数据，这会导致读取速度变慢。为了提高读取速度，结构体中的字段通常都会按照一定的规则对齐。

10.1　结构体

数组只能存储同一类型的数据，如果想要为不同的成员定义不同的数据类型，那么就轮到结构体出场了。结构体就是用户自定义的数据类型。初始化结构体，指的是创建一个结构体的值，而不是创建一个结构体对象。

结构体是由一系列数据集合组成的，这些数据集合由相同类型或不同类型的成员构成，我们可使用"."操作符访问结构体中的成员。

Go 语言中没有类的概念，它只有结构体。方法不是结构体的成员，方法与结构体只是绑定关系。

10.1.1　结构体的定义

结构体中成员的类型可以是基本数据类型、自定义类型和接口类型。类型前可以加上成员的名字，也可以采用匿名方式。结构体指针是指向结构体的指针，类似其他指针的变量。结构体的定义方法如下。

```
type Sturct_name struct{
        成员名字  类型
        成员名字  自定义类型
        结构体  //匿名方式
        成员名字  结构体
        成员名字  接口类型
        ...
}
```

结构体支持嵌套，示例代码如下。

```
type Database struct {
        name         string
        dbType       string
        isOpenSource bool
}

type Rdbms struct {
        Database
        name    string
        version string
}

type NewSQL struct {
        Rdbms
        cap  string
        name string
}

type NoSQL struct {
        db  Database
        cap  string
        name string
}
```

上面代码中的结构体 Database 只包含了基本数据类型的成员，而其他 3 个结构体则嵌套了别的
结构体。可以看到，Rdbms 和 NoSQL 结构体嵌套
了 Database 结构体，NewSQL 结构体嵌套了 Rdbms
结构体，它们的嵌套关系如图 10-1 所示。

结构体 Rdbms 和 NoSQL 虽然都嵌套了 Database
结构体，但它们并不相同，不同之处在于 Rdbms 结

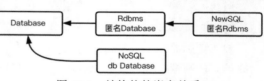

图 10-1　结构体的嵌套关系

构体中嵌套的 Database 结构体没有名字，属于匿名嵌套。也正因如此，我们可以直接访问此 Database
结构体的属性 isOpenSource，但访问 NoSQL 结构体嵌套的 Database 结构体时就需要加上 db 前缀了。
同样，NewSQL 结构体匿名嵌套了 Rdbms 结构体，所以它可以直接访问 Rdbms 结构体和 Database
结构体的所有属性。表 10-1 列出了访问 Database 结构体的成员 isOpenSource 的方法。

表 10-1　访问 Database 结构体的成员 isOpenSource 的方法

结构体	访问 Database 结构体的成员 isOpenSource 的方法
Rdbms	.isOpenSource
NoSQL	.db.isOpenSource
NewSQL	.isOpenSource

请注意，如果结构体的成员与嵌套结构体的成员同名，那么访问此成员时应遵循最近优先原则。

结构体的嵌套常应用在并发控制上。例如，后面提到的 sync.Mutex 内嵌到结构体中以后，就可
以直接调用成员 sync.Mutex 的 Lock/Unlock 方法了，示例代码如下。

```
//自定义内嵌 sync.Mutex 的计数器
type Counter struct {
    sync.Mutex
    Count uint64
```

```
}

var counter Counter
counter.Lock()
counter.Count++
counter.Unlock()
```

10.1.2　结构体的初始化

初始化结构体有两种方法，具体如下。

- 显式声明所有的字段。如果结构体中有匿名字段，可以不初始化匿名字段。如果没有指定初始值，则默认使用各自类型的零值。
- 不显式声明所有的字段。成员的初始化顺序要和结构体中定义的顺序保持一致，同时需要初始化匿名字段，否则编译器会报错 "too few values in struct initializer"。

前面的代码中定义了四个结构体：Database、Rdbms、NewSQL 和 NoSQL，接下来演示如何初始化它们。

（1）使用 "var 变量名 结构体" 的方式声明，然后使用操作符 "." 对成员进行赋值。

```
//变量 mysql 的初始化及使用
var mysql Rdbms
mysql.Database.name = "MySQL" //等价于 mysql.name ="MySQL"
mysql.dbType = "rdbms"
mysql.isOpenSource = true
mysql.version = "5.27"
fmt.Println(mysql) //输出：{{MySQL rdbms true}  5.27}
```

（2）使用显式的方法对所有的成员进行赋值初始化。如果当前的结构体与嵌套的结构体有相同的成员名，则遵循最近优先原则，这时输出的 oracle.name 的值是 Oracle，而不是 oracle-db。

```
//变量 oracle 的初始化及使用
oracle := Rdbms{
        Database: Database{
                name:             "oracle-db",
                dbType:           "rdbms",
                isOpenSource: true,
        },
        name:       "Oracle",
        version: "18C", //后面的 "," 是必不可少的!!!
}
fmt.Println(oracle) //输出：{{oracle-db rdbms true} Oracle 18C}
fmt.Println(oracle.name) //输出：Oracle
```

（3）声明与初始化变量 tidb。将已经初始化的 mysql 赋给 tidb.Rdbms。

```
//变量 tidb 的初始化及使用
var tidb NewSQL
tidb = NewSQL{
        Rdbms: mysql,
        cap:    "CA",
        name:  "tidb",
}
tidb.dbType = "newsql"
fmt.Println(tidb) //输出：{{{MySQL newsql true}  5.27} CA tidb}
```

除了使用字面量初始化结构体，还可以使用关键字 new 初始化。需要注意的是，new 返回的是一个指针变量&{}。由于 NoSQL 结构体嵌套了 Database 结构体且不是匿名嵌套，因此在访问结构体 Database 的成员时，要带上前面的变量名，如访问 Database 的 isOpenSource 成员时，要使用 nosql.db.isOpenSource。

```
// new 返回的是一个指针变量 &{}
var nosql *NoSQL = new(NoSQL)
//因为定义 nosql 结构体时，Database 前面有一个变量名 db，
//所以此时不再是匿名嵌套 Database 结构体，
//也就是在访问其成员时需要加上变量名
nosql.db.isOpenSource = true
fmt.Println(nosql) //输出: &{{ true} }
```

注意：结构体中的每个成员后面都有一个逗号，就算是最后一个成员，后面也必须跟一个逗号。

10.1.3　结构体的类型转换

Go 语言不会隐式转换有具体名称的类型，如果是有具体名称的类型，进行类型转换时必须写出类型名称，但如果遇到的是没有具体名称的字面类型，则可以把字面类型的值赋给有具体名称的类型变量。示例代码如下。

```
type GoInt struct{
        i int
}

type JavaInt struct{
        i int
}


var a GoInt
var b JavaInt

b=a //变量 a 和 b 的类型都有具体的名称，所以进行类型转换时必须写出类型名称
b=JavaInt(a) //类型转换


c :=struct{
        i int
}{
        i: 10,
}
b=c //变量 b 的类型有具体的名称(JavaInt)，变量 c 没有具体的类型名称，所以可以将 c 直接赋给 b
```

10.1.4　结构体比较

1. 只有结构体的类型相同才可以进行比较

只有结构体的类型相同才可以进行比较，判断结构体是否相同的依据是成员变量的类型、个数和顺序是否一致。示例代码如下。

```
   s1 := struct {
      age  int
      name string
}{age: 18, name: "student"}
```

```
s2 := struct {
        name string
        age  int
}{age: 30, name: "employee"}

if s1 == s2 {
        fmt.Println("s1 == s2")
}
```

以上代码在编辑阶段会报错，因为两个结构体成员变量的定义顺序不一样。报错信息如下。

```
invalid operation: s1 == s2 (mismatched types struct{age int; name string} and struct
{name string; age int})
```

2. 如果结构体成员变量是不可以比较的类型，则不能使用 "==" 进行比较

如果结构体中两个成员变量的类型和定义顺序都相同，但它们的类型（如切片、映射和函数等）不可以比较，那么不能使用 "==" 进行比较。示例代码如下。

```
s1 := struct {
            age int
            m   map[string]string
        }{age: 18, m: map[string]string{"occupation": "student"}}

s2 := struct {
        age int
        m   map[string]string
}{age: 30, m: map[string]string{"occupation": "employee"}}

if s1 == s2 {
        fmt.Println("s1 == s2")
}
```

以上代码在编辑阶段会报错，因为此结构体中的两个实例不能使用 "==" 进行比较。报错信息如下。

```
invalid operation: s1 == s2 (struct containing map[string]string cannot be compared)
```

如果结构体包含的是不可比较类型的成员，那么只能比较其结构体指针。例如，将上面的代码 s1==s2 换成 &s1 == &s2 则可以通过编译。此外，想要比较结构体的两个字面量，还可以使用与反射有关的函数 reflect.DeepEqual，如果所有字面量的值都相等，那么返回 true。

表 10-2 总结了同一结构体中两个不同实例的比较方式。

表 10-2　同一结构体中两个不同实例的比较方式

比较方式	如果结构体包含不可比较的成员变量	如果结构体不包含不可比较的成员变量
使用 "=="	只能比较结构体指针	指针和实例均可比较
使用 reflect.DeepEqual 函数	指针和实例均可比较	指针和实例均可比较

10.1.5　结构体的值

我们可以通过字面量来给结构体赋值，对于使用 var 定义后不通过字面量来赋值的结构体，Go 语言会为其赋零值。除了使用 var，还可以通过 struct{} 构建零值的结构体。如果仅仅想赋零值，建议采用 var。采用 struct{} 构建的结构体，通常用于返回给调用者，而不是赋给变量。示例代码如下。

```
msg := model.Message{} //采用 struct{}构建零值的结构体
err = json.Unmarshal(message, msg)
```

结构体的值 msg 被传递给了 json.Unmarshal 函数。另外，因为 Go 语言中只有值传递，所以结构体的体量越大，值传递造成的性能损失也就越大。

10.2　序列化与反序列化

序列化是指将数据统一成一种数据格式，以便在不同的语言间传递。JSON 是跨语言的数据格式。标准库 encoding/json 允许对结构体执行 JSON 格式的序列化和反序列化。

10.2.1　序列化

可以使用标准库 encoding/json 对结构体进行序列化，示例代码如下。

```
type MySQL struct {
        Version string
        IP      string
        port    int
}

//测试 JSON 的序列化
func TestSerialize(t *testing.T) {
        mysql := new(MySQL)
        mysql.Version = "8.0.21"
        mysql.IP = "192.168.0.100"
        mysql.port = 13306

        //将变量 mysql 序列化成 JSON 格式的字节切片
        b,err := json.Marshal(mysql)
        if err !=nil {
                fmt.Println("marshal err: ",err.Error())
                return
        }
        //将 JSON 字节数组转换成字符串输出
        fmt.Println("marshal json:",string(b))
}

//输出
marshal json: {"Version":"8.0.21","IP":"192.168.0.100"}
```

以上代码在输出 JSON 格式的字符串时，没有输出 port 的信息。这是因为在结构体的定义中，port 的首字母是小写的，表示在被外部包调用时不可导出。

标准库 encoding/json 使用了反射，这会导致它的性能不太好，并且在编写返回 JSON 响应的 API 或微服务时会损失性能。如果是性能要求很高的场景，建议使用第三方包实现。

10.2.2　反序列化

使用标准库 encoding/json 还可以对结构体进行反序列化，示例代码如下。

```
// 反序列化结构体
func TestDeSerializeStruct(t *testing.T) {
        type Mariadb struct {
                Version string
```

```
                    IP        string
                    Port      int
        }

        mysql:=new(Mariadb)

        jsonStr:=`{"Version":"8.0.21","IP":"192.168.0.100"}`
        err:=json.Unmarshal([]byte(jsonStr),mysql)
        if err!=nil{
                fmt.Println("DeSerializeStruct err:",err.Error())
                return
        }

        fmt.Printf("%T , %v",mysql,mysql)
}

//输出
*jsont_test.Mariadb , &{8.0.21 192.168.0.100 0}
```

反序列化时需要注意以下两种情况。

（1）如果变量 mysql 初始化后返回的是非指针类型的结构体，如 mysql:=Mariadb{}，那么后面的反序列会报错：DeSerializeStruct err: json: Unmarshal(non-pointer jsont_test.Mariadb)。

（2）如果结构体的成员后面有 JSON 的 tag，那么会以 JSON 的 tag 作为键。

提示：映射和 JSON 的数据格式类似，都是键值对，因此映射的序列化与反序列化都可以参考 JSON。

10.2.3　使用 tag

Go 语言中还有一个名为标签（tag）的概念，序列化时可将 tag 作为 JSON 的键使用。示例代码如下。

```
type MySQLHA struct {
        Version string `json:"db_version"`
        HA      string `json:"ha_arch"`
        Port    int    `json:"proxy_port"`
}

//序列化结构体，使用 tag
func TestSerializeStructWithTag(t *testing.T) {
        mysql := new(MySQLHA)
        mysql.Version = "8.0.21"
        mysql.HA = "MGR"
        mysql.Port = 6033

        //将变量 mysql 序列化成 JSON 格式的字节切片
        b,err := json.Marshal(mysql)
        if err !=nil {
                fmt.Println("marshal err: ",err.Error())
                return
        }
        //将 json 字节数组转化成字符串输出
        fmt.Println("marshal json:",string(b))
}

//输出
marshal json: {"db_version":"8.0.21","ha_arch":"MGR","proxy_port":13306}
```

从上述输出结果中可以看出，JSON 字符串的键不再是结构体中定义的成员，而是成员后面的

json:"xxx"属性。tag 常用于结构体的成员和业务表的字段名不一致的场景。在这种场景下，tag 的功能就是实现字段名到键名的映射。

10.3 unsafe 包

Go 语言内置的 unsafe 包能打破类型和内存安全机制，直接对内存进行读、写操作。本节将学习与其相关的知识。

10.3.1 unsafe.Pointer 类型

如果在深入学习数据结构时阅读源码，会发现许多类型的定义中都使用了一种叫作 unsafe.Pointer 的类型。例如，在源码 runtime/slice.go 中，切片的定义如下。

```
type slice struct {
        array unsafe.Pointer
        len   int
        cap   int
}
```

其中，元素 array 的类型就是 unsafe.Pointer。我们知道，Go 语言中类型之间的转换是显式而非隐式的，并且互相转换的类型要彼此兼容，因为不同的类型之间不能进行赋值操作。示例代码如下。

```
//转换测试
func TestNormalConvert(t *testing.T) {
        u := uint(1)
        i := int(1)
        fmt.Println(&u, &i) //输出地址
        p := &i //p 的类型是 *int
        p = &u //&u 的类型是 *uint，与 p 的类型不同，它们之间不能相互赋值
        p = (*int)(&u) //这种类型转换的语法也是无效的
        fmt.Println(p)
}
```

因为类型不同，所以对于赋值操作，在编译时会报错。

```
.\unsafepointer_test.go:14:4: cannot use &u (type *uint) as type *int in assignment
.\unsafepointer_test.go:15:12: cannot convert &u (type *uint) to type *int
```

而 unsafe.Pointer 是打破这个限制的特殊类型！示例代码如下。

```
//使用 unsafe.pointer 进行强制转换
func TestUnsafePointerConvert(t *testing.T) {
        u := uint(1)
        i := int(1)
        fmt.Println(&u, &i) //输出: 0xc00000a3c0 0xc00000a3c8
        p := &i
        p = (*int)(unsafe.Pointer(&u))
        fmt.Println(p) //输出: 0xc00000a3c0
}
```

10.3.2 unsafe 包简介

Go 官方文档中说明了内置的 unsafe 包是 Go 程序中与类型及内存安全相关的包，所以它很可能

是不可移植的，也可能不兼容 Go1.x 版本。

　　顾名思义，unsafe 是不安全的意思。Go 语言定义这个包名，就是告诉我们尽量不要使用它，如果要使用它，也要万般小心。

　　虽然这个包不安全，但它也有优点，即能打破 Go 语言的类型和内存安全机制，直接对内存进行读、写操作。有时，因为某些需要，我们会冒险使用该包对内存进行操作。例如，当处理系统调用时，要求 Go 的结构体和 C 的结构体拥有相同的内存结构，那么此时使用 unsafe 包就是唯一的选项。

　　在 Go 语言中，指针类型不支持向指针地址添加偏移量的操作。那谁能这么做呢？答案是 uintptr 类型！uintptr 是 Go 语言的内置类型，是存储指针的整型。uintptr 类型的底层是 int 类型（其字节长度与 int 类型一致），它与 unsafe.Pointer 类型可以相互转换。我们可以先将指针类型转换为 uintptr 类型，待做完地址加减运算后，再将其转换成指针类型，最后通过使用 "*" 达到取值和修改值的目的。

　　unsafe.Pointer 类型类似于 C 语言中的 void *，它是 Go 语言中各种类型的指针相互转换的桥梁，它既可以让任意类型的指针相互转换，也可以将任意类型的指针转换为 uintptr 类型并进行指针运算。

　　uintptr 和 unsafe.Pointer 类型的区别如表 10-3 所示。

表 10-3　uintptr 和 unsafe.Pointer 的区别

关键区别	uintptr	unsafe.Pointer
类型和用途	它是一个无符号整数类型，用于存储指针地址的数值。这种类型主要用于进行低级的指针运算，或者在需要直接处理内存地址时与操作系统或硬件交互。在与硬件交互时，uintptr 提供了一种方式将指针转换为对应的内存地址数值	它是 Go 语言中的一个通用指针类型，允许不同类型的指针转换而不改变其值。这种类型主要用于需要绕过类型安全的低级编程场景，例如直接与 C 代码交互，或执行那些需要精细化操作指针类型的系统编程任务
指针运算	可以用于指针运算，如加法或减法。但是，使用 uintptr 进行指针运算要谨慎，因为它可能会导致指针指向无效的内存位置	可以用来执行不安全的指针类型转换，但不能直接用于指针运算
垃圾回收	Go 语言的垃圾回收器不会将 uintptr 视为有效的对象引用。即便 uintptr 变量存储了某个对象的内存地址，垃圾回收器也不会把该对象标记为 "在使用中"。因此，除非还有其他的指针类型直接引用该对象，否则对象仍可能被垃圾回收器回收	如果一个对象仅被 unsafe.Pointer 指针引用，它仍然可以被垃圾回收。这是因为 unsafe.Pointer 本身是为了绕过类型安全机制而设计的，在垃圾回收过程中，它无法保证对象不被回收
类型转换	uintptr 可以将指针值转换为整数。我们可以先将 unsafe.Pointer 转换为 uintptr，在进行一些计算或操作后再将其转换回 unsafe.Pointer	任何类型的指针都可以转换为 unsafe.Pointer，也可以将 unsafe.Pointer 转换为任何其他类型的指针

注意： uintptr 和 intptr 分别是无符号和有符号的指针类型，基于安全考虑，Go 语言不允许这两个指针类型彼此之间进行转换。

10.3.3　unsafe 包中的函数

　　unsafe 包具有精巧且强大的功能，它提供了三个函数，相关代码如下。

```
type ArbitraryType int
type Pointer *ArbitraryType // Pointer 本质上是一个 int 类型的指针
func Sizeof(x ArbitraryType) uintptr
func Offsetof(x ArbitraryType) uintptr
func Alignof(x ArbitraryType) uintptr
```

1. Sizeof 函数

Sizeof 函数接受 ArbitraryType 类型的参数，返回一个 uintptr 类型的值。这里的 ArbitraryType 可以表示任何类型，但不用担心，它仅仅是一个占位符，一般不用。Sizeof 函数用于返回类型所占用的内存大小，这个值仅与类型有关，与类型对应的变量存储的内容大小无关。比如布尔型占用 1 字节，int8 也占用 1 字节。对于不带长度的 int 类型，Sizeof 函数执行的结果与平台有关。示例代码如下。

```
//使用 sizeof 函数
func TestFuncSizeof(t *testing.T) {
        fmt.Println(unsafe.Sizeof(true)) //输出: 1
        fmt.Println(unsafe.Sizeof(int8(0))) //输出: 1
        fmt.Println(unsafe.Sizeof(int16(10))) //输出: 2
        fmt.Println(unsafe.Sizeof(int32(10000000))) //输出: 4
        fmt.Println(unsafe.Sizeof(int64(10000000000000))) //输出: 8
        fmt.Println(unsafe.Sizeof(int(10000000000000000))) //输出: 8
}
```

2. Offsetof 函数

Offsetof 函数的返回值是结构体中的成员相对于结构体中内存位置的偏移量，结构体中第一个成员的偏移量是 0。示例代码如下。

```
type MyStruct struct {
        i byte
        j int64
        k string
}

//使用 offsetof 函数计算偏移量
func TestFuncOffsetof(t *testing.T) {
        var my MyStruct
        fmt.Println(unsafe.Offsetof(my.i)) //输出: 0
        fmt.Println(unsafe.Offsetof(my.j)) //输出: 8
        fmt.Println(unsafe.Offsetof(my.k)) //输出: 16
}
```

成员的偏移量就是该成员在结构体内存中的起始位置（内存位置的索引从 0 开始）。根据偏移量可以定位结构体的成员，进而读、写该成员。

3. Alignof 函数

Alignof 函数返回传入数据类型的对齐值，这个值也可以称为对齐系数。对齐值是与内存对齐有关的值。合理的内存对齐可以提高内存读、写的性能。示例代码如下。

```
//测试 Alignof 对齐
func TestFuncAlignof(t *testing.T) {

        var m map[string]string
        var p *int32
```

```
        fmt.Println(unsafe.Alignof(true)) //输出: 1
        fmt.Println(unsafe.Alignof(int8(0))) //输出: 1
        fmt.Println(unsafe.Alignof(int16(10))) //输出: 2
        fmt.Println(unsafe.Alignof(int64(10000000000000))) //输出: 8
        fmt.Println(unsafe.Alignof(float32(0))) //输出: 4
        fmt.Println(unsafe.Alignof(string('A'))) //输出: 8
        fmt.Println(unsafe.Alignof(m)) //输出: 8
        fmt.Println(unsafe.Alignof(p)) //输出: 8
}
```

从上面例子的输出结果中可以看到，对齐值一般是 2^n，最大不会超过 8。

提示：反射包中的函数 reflect.TypeOf(x).Align 也可以获取对齐值，它与 unsafe.Alignof(x)等价。

10.3.4 unsafe 包的使用方式

以下是使用 unsafe 包的两个示例。

1. 使用 unsafe 包修改字符串的内容

我们之前说过字符串定义好以后就不能被直接修改，而 unsafe 包可以绕过这个限制。它是如何做到的呢？我们先来看看字符串在源码中的数据结构。

在 Go 语言中，字符串底层的结构体 stringStruct 由一个指向字节数组的 unsafe.Pointer 类型和表示长度的 int 类型组成，而结构体 StringHeader 则是字符串在运行时的表现形式。需要注意的是，StringHeader 的 Data 字段不足以保证数据引用不会被当作垃圾回收，因此程序必须保留一个单独且指向基础数据的指针。两个结构体的定义如下。

```
type stringStruct struct {
    str unsafe.Pointer
    len int
}


type StringHeader struct {
    Data uintptr
    Len  int
}
```

我们可以使用 unsafe 包中的 unsafe.Pointer 类型把字符串类型的指针转换为 reflect.StringHeader 类型的变量，然后通过操作该变量来修改字符串的内容，示例代码如下。

```
//使用 unsafe 包修改字符串的内容的测试
func TestModifyString(t *testing.T) {
        str1 := "hello world"
        str1Header := (*reflect.StringHeader)(unsafe.Pointer(&str1))
        //输出: str1:hello world, data addr:17927321, len:11
        fmt.Printf("str1:%s, data addr:%d, len:%d\n", str1, str1Header.Data, str1Header.Len)

        str2 := "hello,Go 语言"
        str2Header := (*reflect.StringHeader)(unsafe.Pointer(&str2))

        str1Header.Data = str2Header.Data
        str1Header.Len = str2Header.Len
        //输出: str1:hello,Go 语言, data addr:17930063, len:14
        fmt.Printf("str1:%s, data addr:%d, len:%d\n", str1, str1Header.Data, str1Header.Len)
}
```

代码说明如下。

（1）(*reflect.StringHeader)(unsafe.Pointer(&str1))把字符串 str1 的指针转换为 unsafe.Pointer 类型后，再把 unsafe.Pointer 类型转换为 StringHeader 的指针，然后通过读、写 str1Header 的成员来读、写字符串 str1 内部的成员。

（2）通过修改 str1Header 中 Data 的值来修改 str1 字节数组的指向。

（3）待字符串的内容修改完以后，为了保证字符串的结果是完整的，还需要通过修改 str1Header 的 Len 值来修改字符串 str1 的长度。最后，str1 的值被修改成 str2 的值，即"hello,Go 语言"。

2. 利用偏移量修改结构体中的数据

以下示例演示用偏移量修改结构体中数据的方法。

```
type MyDB struct {
        DbName        string
        IsOpensource  bool
}

//修改结构体内部的值
func TestUseUnsafeToModify(t *testing.T) {

        db := new(MyDB)
        fmt.Println(*db)

        dbName := (*string)(unsafe.Pointer(db))
        *dbName = "Oracle"

        //计算偏移量到第二个字段
        isOPenFlag := (*bool)(unsafe.Pointer(uintptr(unsafe.Pointer(db)) +
         unsafe.Offsetof(db.IsOpensource)))
        *isOPenFlag = true

        fmt.Println(*db)
}
```

代码说明如下。

（1）首先获取指向变量 db 的指针，然后使用 unsafe.Pointer 类型将其转换为*string 并进行赋值操作。由于成员变量 DbName 是结构体类型变量 db 的第一个字段，因此修改 DbName 时不用偏移。

（2）修改结构体类型变量 db 的成员 IsOpensource 的值时，由于 IsOpensource 不是第一个字段，因此需要计算内存地址的偏移量。计算内存地址的偏移量要使用 uintptr 类型，可以先将变量 db 的指针地址转为 uintptr 类型，然后通过 unsafe.Offsetof(db.IsOpensource)方法获取偏移量，最后再计算地址和偏移量。

（3）偏移后，内存地址已经是 db.IsOpensource 字段的地址，如果要为它赋新值，需要把 uintptr 类型转换为*bool 类型。这里可以使用 unsafe.Pointer 进行中转，先将 uintptr 类型转换为 unsafe.Pointer 类型，再转换为*bool 类型。

需要注意的是，代码(*bool)(unsafe.Pointer(uintptr(unsafe.Pointer(db)) + unsafe.Offsetof(db.IsOpensource)))很长，可能有读者会按照下面的方式改写。

```
offSetCol := uintptr(unsafe.Pointer(db)) + unsafe.Offsetof(db.IsOpensource)
isOPenFlag := (*bool)(unsafe.Pointer(offSetCol))
*isOPenFlag = true
```

这种写法在逻辑上是没有错的，但是，进行垃圾回收时会出现未知的错误。如果这里的临时变量 offSetCol 被当作垃圾回收了，那么会导致内存操作出错，从而引发莫名其妙的错误。有时垃圾回收器会移动一些变量来处理内存碎片，这称为移动垃圾回收。若一个变量被移动，那么所有存储该变量旧地址的指针必须被同时更新为变量移动后的新地址。

从垃圾回收器的角度看，unsafe.Pointer 类型是一个指向变量的指针，因此当变量被移动时，对应的指针也会被更新。但是 uintptr 类型的临时变量的值只是一个布尔值，所以不应该被改变。上面的代码引入了一个非指针的临时变量 offSetCol，所以导致垃圾回收器无法正确地识别它，无法确认它是否是一个指向变量 db 的指针。当执行第二个语句时，变量 db 可能已经被移动。在这种情况下，临时变量 offSetCol 的值也就不再指向 db.IsOpensource 的地址值了。当执行第三个语句时，对无效地址空间赋值就会引发程序 panic！所以，如果涉及以上操作，建议不要拆开分段写。

10.4　内存对齐

Go 语言在结构体类型的设计上有一个特别之处，这个特别之处是为更快地读、写内存而设置的。内存的边界与硬件每次读写多少数据有关，因此 Go 语言中有了"对齐"的说法，它是为了配合硬件而设置的一种特殊机制。

10.4.1　内存对齐的概念

假设我们把一个两字节的数据放在某内存结构的 1～4 号字节中，此数据被分配在了 2 号和 3 号字节上。那么处理器可能需要进行两次 I/O 操作才能读取这个两字节的数据：第一次读取可能包括 1 号和 2 号字节，第二次读取可能包括 3 号和 4 号字节，我们把这个情况称为跨越了内存边界。这会导致程序执行效率不高，还有可能造成后面的程序运行出现问题。作为工程语言，Go 为了避免这种跨边界的情况发生，它使用了某种手段让数据只能出现在边界线的一侧，于是就有了内存对齐这个概念。内存对齐是指任何值都应在边界线的一侧，而不是两侧。正因如此，填充（padding）这个概念也被引入。我们可以通过填充来实现内存对齐。

下面的示例代码展示的是为结构体 example 分配内存，我们可基于此代码计算一下需要的字节数。

```
type example struct{
        flag bool // bool 类型占用 1 字节
        value_1 int16 // int16 类型占用 2 字节
        value_4 float32 // float32 类型占用 4 字节
}
```

从字面上看，所需要的字节数是 7（即 1+2+4），但是实际需要的字节数是 8。因为字节是内存的基本单位，所以长度为 1 字节的值一定不会跨边界，双字节的值（如 value_1）则存在跨边界的可能。为了避免跨边界，可以让双字节的值的下标从 2 的倍数开始。同理，value_4 是 4 字节的值，所以其下标应该是从 4 的倍数开始。这样一来，结构体 example 的内存分配就应该如图 10-2 所示。

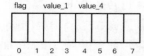

图 10-2　结构体 example 的内存分配

在图 10-2 中，flag 从下标 0 开始，占 1 字节；value_1 从下标 2 开始，占 2 字节；value_4 从下标 4 开始，占 4 字节。可以看到下标 1 的这个字节被浪费了，可以使用 padding 进行填充。

内存填充是为了让程序能够正确地与硬件配合。这种方式存在的唯一问题是，如果部分结构体中的 padding 过多，程序的内存消耗就变得很大。例如，将上面的 value_1 对应的类型变为 int32，那么避免出现跨边界的情况发生，之前的下标 1 填充就要变成 1~3 都填充，填充的字节个数从 1 增加到 3。value_1 的内存地址要从下标 4 开始，如果 value_1 是 4 字节的数据类型，那么地址就要从 8 开始，换句话说就是填充的字节数从 1 变成了 7（即 3+4），浪费了不少内存。

以上都是微观层面上的分析。如果要通过这种微观的方式优化、缩减填充量，那么需要做的就是按照从大到小的顺序重新排列字段。示例代码如下。

```
type example struct{
        value_4 float32
        value_1 int16
        flag bool
}
```

如果不能完全消除填充，那就需要想办法将填充的字节数降到最低。这样做的好处是能够让结构体中的字段排列得更紧凑。Go 语言不会自动排列字段，它只会按照我们给出的方式来安排。

提示：在 Go 语言中，结构体的内存布局采用字段对齐规则，以确保结构体的总尺寸是其最大字段大小的整数倍。如果一个结构体中最大的字段占用 8 字节，那么整个结构体的大小也需要是 8 的倍数。为了满足字段对齐规则，并且最小化填充字节的数量，通常建议按照从大到小的顺序列举结构体的字段，这样一来，编译器仅需在结构体的尾部填充一些字节即可。

10.4.2 数据类型的尺寸

Go 语言白皮书对数据类型的尺寸做了明确规定，如表 10-4 所示。

表 10-4 数据类型的尺寸

数据类型	尺寸（字节数）
byte、uint8、int8	1
uint16、int16	2
uint32、int32、 float32	4
uint64、int64	8
float64、complex64	8
complex128	16
uint、int	通常在 32 位的架构上为 4 字节，在 64 位的架构上为 8 字节
uintptr	其尺寸取决于编译器，但必须能够存得下任意一个内存地址

10.4.3 内存自动对齐

虽然 Go 不支持自动排列字段，但是支持自动对齐。在下面的示例代码中，第二个结构体相比第一个结构体多声明了一个指针变量，内存空间也自动扩展为 16。

```
fmt.Printf("%d\n", unsafe.Sizeof(struct {
        i8 int8
}{})) //输出: 1

fmt.Printf("%d", unsafe.Sizeof(struct {
        i8 int8
        p  *int8
}{}))//输出: 16
```

内存对齐遵守以下两个规则。

（1）对于具体类型，其对齐值等于"min(编译器默认的对齐值, 类型大小 Sizeof 长度)"。也就是说，在默认设置的对齐值和类型占用的内存之间取最小值为该类型的对齐值。

（2）每个字段在结构体内部对齐后，结构体本身也要对齐，对齐值等于"min(默认对齐值, 字段最大类型长度)"。也就是说，在最大类型的长度和默认对齐值之间取最小值为对齐值。

10.4.4　内存对齐的示例

前面介绍了内存对齐的方式，这里给出一个示例，帮助大家理解结构体中成员相同、排序不同对内存对齐产生的影响。

```
//关于结构体的排序不同，内存对齐就有可能不同的测试
func TestMemAlignmentForStruct(t *testing.T) {
        fmt.Printf("%d\n", unsafe.Sizeof(struct {
                i byte
                j int16
                k int32
        }{})) //输出: 8

        fmt.Printf("%d", unsafe.Sizeof(struct {
                i byte
                j int32
                k int16
        }{})) //输出: 12
}
```

代码说明如下。

（1）byte、int16、int32 类型的对齐值分别为 1、2、4，占用的字节数也是 1、2、4。

（2）第一个结构体的字段顺序是 byte、int16、int32。按照内存对齐的第一条规则，其占用的内存字节数分别是 1、2、4。byte 放入内存时，占 1 字节，对齐值为 1；int16 占 2 字节，对齐值为 2，int32 占 4 字节，对齐值是 4。因为内存对齐需要基于 4 字节的倍数实现，所以在存放 byte 后要先偏移 1 字节，int16 的数据存放要从第三字节开始，最后该结构体对齐的排列方式应该是 x-xx|xxxx。

（3）第二个结构体的字段顺序是 byte、int32、int16，它占用的内存字节数为 1、4、2，所以最终对齐后的排列方式应该是 x---|xxxx|xx--。

分析上面的例子可以发现，由于存在内存对齐这个因素，因此结构体的字段顺序会影响结构体在内存中分配空间的大小。可见，合理的字段顺序可以减少内存开销。

小技巧：可以使用前面提到的函数 unsafe.Alignof 获取对齐值。

第 11 章

函数

在 Go 语言中，函数是封装特定任务或行为的可重用代码块，它是 Go 语言的核心组成部分，可用于执行各种操作，例如计算数学表达式、打印信息、访问数据库等。此外，函数还是一种数据类型，函数的参数和返回值的数据类型可以是函数类型。

本章先介绍函数的常规用法，然后重点介绍 defer 函数、回调函数、函数闭包以及函数作为数据类型使用的知识。

11.1 认识函数

函数是编程语言不可或缺的一部分，它可以将复杂的任务划分为较小的任务。

11.1.1 函数的定义

函数的定义方式如下。

```
func 函数名(传入的参数列表) (返回值列表){
    函数体
    return 返回值列表
}
```

上述关键字的说明见表 11-1。

表 11-1 定义函数时各关键字的说明

关键字	说明
func	函数声明的关键字
函数名	函数名首字母的大小写影响此函数的可见性
传入的参数列表	传入的参数名和参数类型。函数可以没有参数，也不支持默认参数
返回值列表	函数返回值的变量名和类型
函数体	函数定义的代码集合。这是一个函数的主体部分，函数所有的功能都在这里实现

函数的参数和返回值都可以有多个。函数的命名遵循标识符命名规范，调用则遵循可见性原则。函数中声明的变量是局部的，在函数外不可见。

函数调用的过程涉及如下内容。

（1）调用函数时，会为函数分配新空间，编译器通过特定的处理将这个新空间与其他堆栈空间区分开。

（2）每个函数对应的栈空间都是独立的，不会与其他空间混淆。

（3）函数调用完以后，会销毁与函数对应的栈空间。

（4）Go 语言只有值传递，想要在函数内修改传过来的变量，需要先传入变量的地址（使用&），然后在函数内通过指针操作变量。

11.1.2　函数的种类

函数的种类繁多，有简单和复杂之分。复杂函数又包括多返回值函数、多输入值函数和递归函数等。

1. 简单函数

以下是我们最熟悉的简单函数的使用方法。

```
func plus(a int, b int) int {
        return a + b
}

func TestFuncNormal(t *testing.T) {
        res := plus(1, 2)
        fmt.Println("1+2 =", res) //输出: 1+2 = 3
}
```

2. 复杂函数

（1）多返回值函数

Go 语言支持函数返回多个值，这是非常重要的特性。通常情况下，返回 $n+1$ 个值，n 表示对象值，可以是 0 或多个，1 表示错误响应值 error。获取返回值后，首先会判断 error 是否为 nil，如果不为 nil，则执行后面的逻辑。示例代码如下。

```
func vals() (int, int, error) {
        return 100, 200, nil
}

func TestFuncReturnMulParams(t *testing.T) {
        a, b, err := vals()
        if err == nil {
                fmt.Println(a)
                fmt.Println(b)
        }

        //可以使用空白定义符忽略返回的对应位置的值
        _, c, err := vals()
}
```

（2）多输入值函数

多输入值函数是指接受可变数量参数的函数。如果参数列表中有若干个相邻的参数的类型相同，则可以省略参数列表中变量的类型声明，在参数类型前面加上...即可。对于不确定数量的参数传递，可以使用切片作为参数，调用时在切片后面加上...即可。对于任意类型的不定参数，则可以指定参数类型为接口类型。示例代码如下。

```
// 使用任意数目的 int 类型作为参数
func sum(nums ...int) {
        fmt.Print(nums, " ")
        total := 0
        for _, num := range nums {
                total += num
        }
        fmt.Println(total)
}

func TestFuncMulInput(t *testing.T) {
        // 变参函数使用常规的调用方式，除非参数比较特殊
        sum(1, 2) //输出: [1 2] 3
        sum(1, 2, 3) //输出: [1 2 3] 6

        // 如果 slice 已有多个值，想把它们作为变参使用
        // 要这样调用 func(slice...)
        nums := []int{1, 2, 3, 4}
        sum(nums...) //输出: [1 2 3 4] 10
}
```

标准库 **fmt** 中的 **Print** 系列函数就是利用接口类型传递不确定数量且数据类型任意的典型示例。例如：

```
func Printf(format string, a ...interface{}) (n int, err error)
```

（3）递归函数

递归调用是指一个函数调用自己的过程。它是一种常见的编程技术，特别适合解决需要重复执行相同任务的问题，尤其是那些需要遍历或搜索树形数据结构的任务。递归函数是指直接或间接调用函数本身的一种函数，它在执行时会不断地调用自己，直到满足某种终止条件为止。

在进行递归调用时，每次调用都会生成一个新的函数栈帧，以便将函数调用的当前状态和变量值存储在其中。每个函数栈帧都会等待被调用函数执行完并返回结果后，再继续执行当前函数。

使用递归调用时，需要注意设置终止条件，如果没有正确的终止条件，递归函数将会无限地调用自身，最终导致堆栈溢出或程序崩溃。另外，递归调用可能会导致程序效率降低，因为每次调用都会生成新的函数栈帧，且每个函数栈帧都会占用一定的内存空间。因此，在使用递归调用时，需要谨慎权衡利弊。

最常见的有关递归函数的示例是斐波那契数列，示例代码如下。

```
func fibonacci(n int) int {
        if n < 2 {
                return n
        }
        return fibonacci(n-1) + fibonacci(n-2)
}
```

递归函数 fibonacci 会在执行过程中不断地自调用，直到满足递归退出的条件为止。满足递归退出的条件后，递归算法会按照"最后调用的最先返回"的顺序返回语句，直到最外层的调用语句返回，递归执行才结束。其树形结构如图 11-1 所示。

可以用递归的方式计算斐波那契数列的复杂度。

- 时间复杂度为 $O(2^n)$，它随着 n 的增大呈指数级增长。
- 空间复杂度为树的高度 $O(h)$。

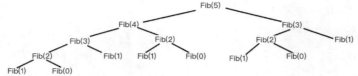

图 11-1　递归调用的树形结构

除了使用递归的方式实现斐波那契数列，还可以使用非递归算法来实现。

提示： 常用的时间复杂度所耗费的时间从少到多依次是 $O(1) < O(\log_2^n) < O(n) < O(n\log_2^n) < O(n^2) < O(n^3) < O(2^n) < O(n!) < O(n^n)$。

11.2　defer 函数

我们知道，有一些资源（如数据库连接、文件句柄、锁等）是在函数中创建的，想要在函数执行完以后及时地释放这些资源，则需要手动关闭它们，但有时我们可能会忘记做这件事，所以 Go 语言提供了延时函数 defer。defer 函数后面可以跟一句代码，也可以跟一个代码块（多条语句）。defer 函数内部的实现机制是先注册后调用，故而可以达到延迟执行的效果。

执行 defer 语句时，defer 的函数调用不是立即执行的，它的信息（比如要调用的函数和参数）会被存放到一个链表中。这个链表用于追踪同一协程中的所有 defer 调用。每个协程在运行时都有对应的结构体 g，结构体 g 有个字段指向 defer 链表头。多个 defer 链表连接起来就是一串 defer 结构体。每当有新的 defer 语句在协程中执行时，它的信息就会被添加到这个链表的头部。这意味着最后一个被添加的 defer 语句会是链表中的第一个 defer 语句。当其他普通函数（而不是整个协程）执行完毕开始处理其 defer 栈时，会从链表的头部开始执行，也就是最后存放的 defer 语句最先执行，这导致 defer 语句的执行顺序是倒序的，如图 11-2 所示。

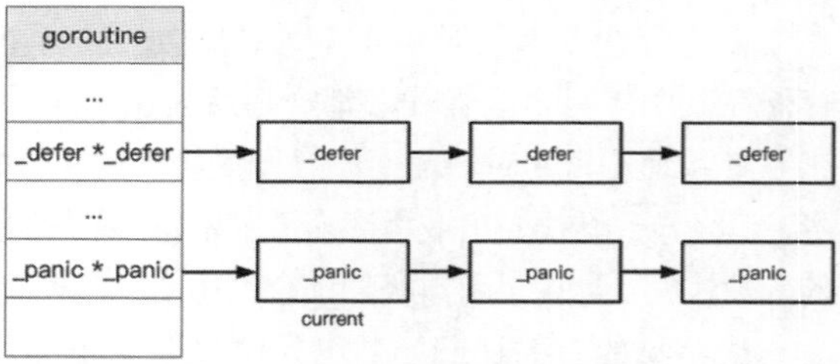

11.2.1　defer 函数的使用场景

下面来看一段关于使用 defer 函数的示例代码。

图 11-2　defer 链表倒序执行

```go
//测试 defer 函数的特性
func TestSimpleDefer(t *testing.T) {
        defer fmt.Println(1)
        defer fmt.Println(2)
        panic("产生 panic")
        fmt.Println(3)

}

//输出：
2
1

panic: 产生 panic
...
```

上述代码总共有三个输出语句，以下是相关说明。

（1）在第一个和第二个输出语句前添加了 defer 关键字后，derfer 关键字后面的语句不会马上执行。

（2）在第三个输出语句前添加了 panic，执行到此步骤时函数会停止往下执行，因此程序不会输出 3。

（3）在函数执行完或者遇到 panic 时，函数不会立即退出，而是会在退出前去执行 defer 函数相关的代码。所以此时是按照前面提到的链表顺序倒序执行的，即先输出 2，然后输出 1。

正是因为 defer 函数具有延迟执行的特点，所以我们经常会在关闭数据库连接、关闭 I/O 连接或者释放锁的场景中使用 defer 函数。示例代码如下。

```
defer file.Close()

writer := bufio.NewWriter(file)
//bufio 是往内存里面写数据的，所以在最后需要调用一次 writer.Flush 函数，以便将数据强制序列化到磁盘上
defer writer.Flush()
```

上述代码包含两个 defer 语句（因为具有延迟执行的特性，当前函数执行完以后在退出前才会执行 defer 语句）。第一个 defer 语句用于在操作完 file 后，函数退出之前关闭 file；第二个 defer 语句即 defer writer.Flush 函数相关语句，用于将数据序列化到磁盘上。因为这里使用了 bufio 写数据，而 bufio 又是先将数据写入内存中而不是直接写到磁盘上，所以直到调用 writer.Flush 函数才会强制将数据真正序列化到磁盘上。

11.2.2　当 panic 遇到 defer 函数

使用 defer 函数可以让代码更为健壮，它会减少由于忘记关闭资源而导致产生错误的情况，如果程序遇到 panic，会在退出前执行 defer 函数，示例代码如下。

```
func TestDeferWithPanic(t *testing.T) {

        //定义一个 defer 匿名函数，编写最后出栈时所做工作的相关代码
        defer func() {
                t.Log("Clear resources")
                ...
        }()

        t.Log("Started")  //正常的逻辑

         //遇到了 panic，仍然会执行 defer 函数
         //这样可以安全地将之前打开的类似输出、输入流的资源关闭
        panic("Fatal error")
}
```

编写代码时，通常会在创建资源的语句后紧跟 defer 函数相关的代码块，用以释放之前创建的资源。但是，协程并不会马上执行该代码块，只有在当前函数执行完或者遇到 panic 后，协程才会依次执行 defer 链表中的代码块。

```
func someFunction() {
    resource := acquireResource()

    defer func() {
        // 首先，检查并处理在函数执行过程中可能发生的 panic
        if r := recover(); r != nil {
            fmt.Println("Recovered from initial panic:", r)
```

```
    }

    // 然后，释放资源
    defer func() {
        if r := recover(); r != nil {
            fmt.Println("Recovered from panic during resource release:", r)
        }
    }()
    releaseResource(resource)
}()

    // ... 其他代码 ...

    // 这里可能会触发一个 panic
    panic("something bad happened")
}

func acquireResource() *SomeResourceType {
    // 获取资源的逻辑
    return &SomeResourceType{}
}

func releaseResource(resource *SomeResourceType) {
    // 在释放资源时可能触发 panic
    // panic("panic during resource release")
}
```

在上面的示例代码中，当 someFunction 函数中发生 panic 时，首先执行外层的 defer 函数相关代码块，用以释放之前创建的资源。该代码块可确保资源释放过程中的 panic 能被捕获和处理。

11.2.3　defer 函数与 for 循环语句

建议避免在循环语句中使用 defer 函数，因为这与 defer 函数的设计理念不符。尽管 Go 语言的开发者在不断优化 defer 函数的性能，如在 Go1.13 版本中减少了在堆上的复制，在 Go1.14 版本中通过展开代码来提升 defer 函数相关代码块的执行速度（此版本中，defer 函数变得更快，但 panic 却更慢了）。但是，这些优化对于 for 循环中的 defer 函数却并不起作用。

使用 defer 函数时，defer 相关代码块会在包含该 defer 语句的函数执行完以后才执行，而不是在它被声明的代码块（如循环、条件语句等）执行完时执行。即使是在 for 循环内部，每个 defer 函数也会等外部函数执行完以后执行，而不是在每次循环结束时执行。这可能会在清理资源（例如关闭文件）时导致意想不到的结果。因此，建议在 for 循环外部使用 defer 函数。

让我们通过一个简单的例子来说明这一点。

```
func exampleFunction() {
    for i := 0; i < 3; i++ {
        defer fmt.Println("Deferred in loop:", i)
    }
    fmt.Println("Function executing")
}

func main() {
    exampleFunction()
    fmt.Println("Function finished")
}
```

在这个例子中，exampleFunction 包含一个循环，循环中有一个 defer 函数。尽管 defer 函数相关代码块在每次循环迭代时都会被执行，但它们是在 exampleFunction 函数执行完以后才会按照 defer 链表中 defer 语句存放的顺序倒序执行，即首先打印"Function executing"，然后打印"Deferred in loop: 2"，接着打印"Deferred in loop: 1"，之后打印"Deferred in loop: 0"，最后控制权回到 main 函数，打印"Function finished"。

11.3 作为数据类型的函数

Go 语言的函数除了具有传统的功能，还有一个特别的身份，那就是它还可以作为一种数据类型。我们可以使用%T 格式化输出的方式查看函数的类型，示例代码如下。

```
//函数是一种数据类型
func TestFuncIsAType(t *testing.T) {
        var fn = FunAsType
        fmt.Println(&fn) //函数的地址: 0xc000006038
        fmt.Printf("%T\n", fn) //变量 fn 的类型: func()
        fmt.Print(fn())//调用函数 FunAsType，结果为100 200 nil
}

func FunAsType() (int, int, error) {
        return 100, 200, nil
}
```

函数作为一种数据类型被声明后，在编译阶段就会被分配相应大小的内存。在上面的示例代码中，它的地址就是&fn 的值 0xc000006038。通过调用 fmt.Printf("%T\n", fn)可以看到在输出内容中变量 fb 的类型为函数类型 func。调用函数时使用 fn，就会根据地址 0xc000006038 找到函数的具体内容，即函数 FunAsType 的内容，然后会按照从上到下的顺序执行，并将结果返回到 fn 中，最后的输出结果是 100 200 nil。

说明：函数作为一种数据类型，可以赋值给变量，此时该变量的数据类型就是函数类型。在 Go 语言中，函数可以作为参数传递，并且可被调用。

11.4 函数类型的使用场景

如果将函数作为数据类型，那么它可以作为参数传递和调用。将函数作为数据类型主要用于匿名函数、回调函数和闭包等场景中。

11.4.1 匿名函数

匿名函数是指不需要定义函数名称的函数，在代码块中它可以被调用一次或多次。下面来了解一下匿名函数的使用方法。

（1）GlobalFun 是一个全局匿名函数，示例代码如下。

```
var GlobalFun = func(n1 int, n2 int) int {
        return n1 + n2
}
```

全局匿名函数的使用代码为 res := GlobalFun(4, 9)。

（2）使用匿名函数计算两数之和时，如果要让 func(...){}在最后被调用，就需要为其加上括号，示例代码如下。

```
res1 := func(n1 int, n2 int) int {
        return n1 + n2
}(10, 20)
```

（3）将匿名函数 func (n1 int, n2 int) int 赋给变量 innerFun，则变量 innerFun 的数据类型就是函数类型。此变量可以在代码块中多次调用，只是在调用时必须添加括号，示例代码如下。

```
innerFun := func(n1 int, n2 int) int {
        return n1 - n2
}

res2 := innerFun(10, 30)
```

（4）匿名函数可以访问在自己外部的变量。操作方式是先以引用的方式修改外部变量（即将匿名函数赋给一个变量），然后再通过该变量来调用自己。示例代码如下。

```
a := 1
b := 2
func() {
  a = 3 //不需要再次定义，直接使用外部变量
  b = 4
  fmt.Printf("内部: a = %d,b = %d\n", a, b)//输出为内部: a = 3,b = 4
}() //()代表直接调用
fmt.Printf("外部: a = %d,b = %d\n", a, b)//输出为外部: a = 3,b = 4
```

匿名函数的作用如下。

- 可作为另一个函数的参数，这时此匿名函数称为回调函数。
- 可作为另一个函数的返回值，这时此匿名函数称为闭包。

11.4.2　回调函数

因为函数是一种数据类型，所以可以将函数 A 作为函数 B 的参数。在这种情况下，函数 B 称为高阶函数，比如下面代码中的函数 oper 即为高阶函数。回调函数（函数 A）则是函数 B 的参数，在下面代码中，函数 add 和 mul 均为参数。高阶函数是接收参数或返回值为函数类型变量的函数，换句话说，高阶函数就是操作其他函数的函数。下面来看看相关示例代码。

```
//关于回调函数的测试
func TestCallFunc(t *testing.T) {
        fmt.Printf("add type --》%T ", add)   //func(float, float) float
        fmt.Println(add) //0x49c7e0
        fmt.Printf("mul type --》%T ", mul)   //func(float, float) float
        fmt.Println(mul)//0x49c800
        fmt.Printf("oper type --》%T ", oper) //func(float, float, func(float, float) float) float
        fmt.Println(oper)//10 20 0x49c800
        fmt.Println(oper(10, 20, add))//30
        fmt.Println(oper(10, 20, mul))//200
        fmt.Println(oper(99, 11, mul)) //1089
}

//加法运算
func add(a, b float32) float32 {
        return a + b
}

//乘法运算
```

```
func mul(a, b float32) float32 {
        return a * b
}

//作为参数的函数
func oper(a, b float32, fun func(float32, float32) float32) float32 {
        res := fun(a, b)
        return res
}
```

上面的代码及结果展示了回调函数的执行顺序，具体如图 11-3 所示。

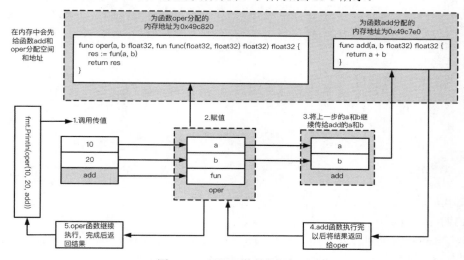

图 11-3　回调函数的执行顺序

Go 语言在编译时，会为函数 add 和 oper 分配空间和地址。当调用 fmt.Println(oper(10, 20, add))函数时，程序会去调用 oper(10, 20, add)，此时会根据函数 oper 对应的地址 0x49c820 找到函数 oper 并执行。在 oper 函数内部，首先为其参数 a 赋值 10、为 b 赋值 20、为 fun 赋值 add 函数。调用 fun(a, b)时，程序识别这实际上是对 add 函数的调用，因此会去查找 add 函数对应的地址。找到 add 函数的地址 0x49c7e0后，程序通过该地址访问并执行 add 函数的具体逻辑，其中 add 函数中的参数 a 和 b 分别被赋值 10 和20。add 函数执行完以后，会将结果返回给 oper 函数。oper 函数继续执行其余逻辑，并返回最终结果。整个过程中，函数的调用和返回值的传递都是通过在内存中为这些函数及参数分配的地址和空间来实现的。

fmt.Println(oper(10, 20, mul))和 fmt.Println(oper(99, 11, mul))的执行顺序与上面介绍的类似。

11.4.3　闭包

闭包是函数和与其相关的引用环境组合而成的一个整体。在 Go 语言中，支持通过闭包来使用匿名函数。在定义一个不需要命名的内联函数时，匿名函数是很好用的。闭包可在其他函数中声明，形成嵌套，内层的变量可以遮盖同名的外层变量，外层变量可以直接在内层中使用。只要闭包还在使用这些变量或常量，它们就会一直存在，不会被当作垃圾回收。示例代码如下。

```
// intSeq 函数会返回一个在它函数体内定义的匿名函数
// 这个返回的函数使用闭包的方式隐藏变量 i
```

```
func intSeq() func() int {
    i := 0
    return func() int {
        i += 1
        return i
    }
}
```

注意，这里的变量 i 称为外层变量，func 称为内层函数，内层函数引用了外层变量。

下面继续来看示例代码。

```
func main() {
    // 调用 intSeq 函数，将返回值（也是一个函数）赋给函数变量 nextInt
    //这个函数的值包含了自己的变量 i，每次调用函数变量 nextInt 时都会更新 i 的值
    nextInt := intSeq()

    // 通过多次调用函数 nextInt 来测试闭包的效果
    fmt.Println(nextInt())
    fmt.Println(nextInt())
    fmt.Println(nextInt())

    // 为了确认这个状态对于这个特定的函数来说是唯一的，重新创建闭包的环境并测试
    newInts := intSeq()
    fmt.Println(newInts())
}
```

上面的代码展示了闭包的调用过程。

闭包的调用过程如下。

（1）函数 intSeq 在编译阶段分配内存给函数自身、变量 i 和匿名函数 func。为了后面描述方便，我们假设内存地址分别为 0x11111、0x22222、0x33333。intSeq 函数声明了变量 i 并为它赋值，最后的结果是返回一个匿名函数 func，而这个匿名函数 func 的值是针对外层的变量 i 执行加 1 操作后返回的值。

（2）nextInt := intSeq() 语句会按照 intSeq 函数执行的顺序执行，最后返回的结果相当于 nextInt=func。也就是说，变量 nextInt 指向了 func 的地址 0x11111，并且还包括一个闭包环境中的变量 i。

（3）第 1 次执行 fmt.Println(nextInt()) 时，其实就是在执行匿名函数 func，根据匿名函数 func 中的逻辑，此时的变量 i=0，故返回的结果是 1（i=0;i+=1）。

（4）第 2 次执行 fmt.Println(nextInt()) 时，仍然是执行匿名函数 func。这一步很关键，前面说过，只要闭包还在使用这些变量或常量，它们就会一直存在，不会被当作垃圾回收。也就是说，此时匿名函数中变量 i 的生命周期并没有结束，它与变量 nextInt 的生命周期一致。因此，会保持第 1 次执行后的 i=1，而不是 0，最终返回的结果是 2（i=1;i+=1）。

（5）第 3 次执行 fmt.Prinstln(nextInt()) 时，逻辑同第 2 次，此时的 i 为 2，故返回的结果是 3（i=2;i+=1）。

（6）当执行到 newInts := intSeq() 时，新的变量指向函数 intSeq，所以会为函数 intSeq 中的变量 i 重新分配一次内存空间。此时变量 i 的初始值为零值，匿名函数 func 赋值给函数变量 newInts。

（7）执行 fmt.Println(newInts()) 时，其逻辑与前面的步骤 3 相同，此时的 i=0，根据执行逻辑可知，返回的结果是 1。

请注意，在闭包情况下，变量 i 的生命周期不会因函数 intSeq 执行完而结束，变量 i 的生命周

期与 main 函数中变量 nextInt 的生命周期一致。通常情况下，局部变量会因函数的调用而被创建，且会随着函数的执行结束而被销毁，但是闭包中外层函数的局部变量却是例外，因为内层函数还要继续使用它，所以它并不会因外层函数的执行结束而被销毁。

注意：闭包可能存在 Bug，可以使用工具 golint 对其进行检测。

如果一个函数 A 中的内层有匿名函数 func，该匿名函数 func 会去操作函数 A 外层中的局部变量 i，并且该外层的返回值就是这个内层匿名函数 func。在这种情况下，内层匿名函数 func 和外层函数的局部变量 i 就构成了闭包结构。可以将闭包理解为内部类，它由变量和方法构成，且只在变量被使用时初始化一次。

在前面章节中，我们使用递归的方式实现了斐波那契数列，事实上，还可以用闭包的方式来实现，这种实现方式的时间复杂度为 $O(n)$，示例代码如下。

```go
//以闭包的方式实现斐波那契数列的测试
func TestFibSimple(t *testing.T) {
        f := FibonacciSimple()
        for i := 0; i <= 100; i++ {
                fmt.Println(strconv.Itoa(i), ":", f())
        }
}

//以闭包的方式实现斐波那契数列
func FibonacciSimple() func() int  {
        a, b := 0, 1
        return func() int {
                a, b = b, a+b
                return a
        }
}
```

11.5 函数的别名

既然函数是数据类型，那么可以为其取别名，别名也是一种简化数据类型定义的方式。下面将通过别名的方式改进上面的代码。

```go
type intGen func() int

//函数的返回值由 func() int 变为 intGen
func Fibonacci() intGen {
        a, b := 0, 1
        return func() int {
                a, b = b, a+b
                return a
        }
}
```

另外，上述示例中的 Fibonacci 函数仍有缺陷，比如，当遇到大数计算时会产生溢出等问题。因此，对于大数计算，可以使用 big 包或字符串模拟执行加法和减法。限于篇幅，不再演示实现代码。

第 12 章

面向"对象"编程

Go 语言官方网站上有一个非常著名的 FAQ（Frequently Asked Questions，常见问题）：Go 语言是一门面向对象编程的语言吗？Go 官方给出的答案是"是，也不是"！

面向对象编程有三大要素：封装（Encapsulation）、继承（Inheritance）和多态（Polymorphism）。Go 语言仅支持封装，不支持继承和多态。对于继承，在 Go 语言中可使用多种组合方式（接口与接口的组合、结构体与结构体的组合以及接口与结构体的组合）来替代。对于多态，则可以通过面向接口的方式实现。

在本章中，我们将从封装中学习接收者使用值语义与指针语义的本质区别，学会用组合替代继承，并通过学习 Go 语义类型的基石——接口来领会什么是多态。

12.1 封装

数据和行为的封装在 Go 语言中的主要表现形式为结构体+绑定结构体的方法。结构体在前面的章节中已经介绍过了，在此不再赘述，本节主要介绍绑定结构体的方法。

12.1.1 方法

我们可以将方法理解为特定接收者的函数，它的特殊之处在于要在函数名前绑定接收者，从而限定此函数仅服务于该接收者。与函数绑定的接收者可以是任何类型，常用的是结构体，也可以是 int、bool、string 这些基本类型的别名，甚至还可以是函数类型。

例如，要输出 Rdbms 的信息，那么可以创建一个函数 PrintDBInfo，让该函数的接收者为 Rdbms。对此有如下两种实现方式。

- 使用函数，实现形式为 fmt.Println(Rdbms)。
- 使用方法，实现形式为 Rdbms.PrintDBInfo()。

关键示例代码如下。

```go
//定义接收者为*Rdbms 的方法，用于输出 Rdbms 的信息
func (db *Rdbms)PrintDBInfo() {
    fmt.Println(db)
```

```
}

//创建一个 Rdbms 实例
orcl := &Rdbms{...}

//使用函数的方式
fmt.Println(orcl)

//使用方法的方式
orcl.PrintDBInfo()
```

12.1.2　方法的声明方式

方法的声明方式为 "func (接收者) method_name(参数列表) (返回列表) {...}"，相关说明如下。

（1）方法的接收者调用绑定的方法，调用格式为 "接收者.method_name（参数列表）"。

（2）同一个接收者类型可以绑定多个方法，但方法名不能重复。

（3）方法是特殊的函数，仅限于接收者使用，由于 Go 语言不支持函数的重载，因此方法也不支持。

（4）可以为不同的接收者定义同名方法。

（5）方法接收者的类型可以为 T 或*T（T 的指针），但 T 不能是指针类型或接口类型。

提示：Go 语言用接收者参数来代替其他语言中的 self 或者 this。另外，方法和类型必须定义在同一个包中。

12.1.3　接收者类型与接收者基础类型

关于接收者有两个概念我们需要理解，一个是 "接收者类型"，另一个是 "接收者基础类型"。表 12-1 说明了两者不同的含义。

表 12-1　接收者类型与接收者基础类型

概念	类型	说明
接收者类型	T 或*T	与方法绑定的接收者其类型可以是 T 或者 T 的指针*T
接收者基础类型	T	在接收者类型中，T 为接收者基础类型。此基础类型一定不能是指针类型或接口类型，且其与方法必须在同一个包中定义

在下面的示例代码中，MyInt 是指针类型，所以不能作为方法的接收者。如果对示例代码进行编译会报错：Invalid receiver type MyInt (MyIntis a pointer type)。

```
type MyInt *int

func (mi MyInt) Increment() {
    *mi++
}
```

同样，在下面的示例代码中，如果接收者基础类型为接口类型，在编译时会报错：Invalid receiver type 'MyInterface' ('MyInterface' is an interface type)。

```
type MyInterface interface {
    DoSomething()
}
```

```
func (m MyInterface) DoAnotherThing() {
    // ...
}
```

在 Go 语言中,接口和指针是引用类型。指针是对其他类型值的引用,它并不拥有自己的字段和方法。而接口是一种特殊的类型,它定义了一组方法,但这些方法并不会直接关联到接口类型的值上。

当定义一个方法时,这个方法实际上是关联到接收者类型的值上,而不是关联到指向该类型的指针上。这就是不能将指针类型或接口类型作为方法的接收者基础类型的原因。如果这样做将导致编译错误,因为编译器不能确定如何将方法关联到接口或指针类型的值上。

12.1.4 接收者使用的语义

在大多数情况下,Go 语言追求的是状态和行为分开。如果做到了这一点,我们就可以少写代码,还可以简化编码工作。要实现这个需求,首选仍然是使用函数。只有在少数特殊情况下,才考虑从使用函数切换到使用方法上。比如涉及多态的时候,若多个事物拥有同一种行为,为了让行为体现出差异性,就需要使用方法,让行为与事物绑定。

设计方法时,需要确定方法的接收者使用的是值语义还是指针语义,而做决策的依据就是数据所属的类型。Go 语言有三种类型,第一种是基本数据类型,如数字、字符串和布尔类型;第二种是引用类型,如切片、映射、通道、接口和函数;第三种是用户自定义类型,通常是结构体类型。这三种类型应该使用哪种语义呢?具体如下。

基本数据类型通常应该使用值语义。换句话说,不建议创建指向数值、字符串或布尔值等内置类型的值的指针。如果想要使用基本数据类型的数据,那可以创建它们的副本。实际上,字符串的设计已考虑到了这一点,想要修改字符串,那就需要先创建一个新的字符串。

引用类型也应该使用值语义。因为切片、映射和接口本身就相当于指针,所以没必要再去取它们的地址,不需要写指向切片或者接口的指针!这里反复强调使用值语义,是因为它可以让堆变得干净,这有助于提升程序的运行效率。

结构体类型应该采用哪种语义来操控呢?如果不能马上确定它将来的使用方式,那么建议使用指针语义。事实上,可以通过结构体的值来判断应该采用哪种语义,比如结构体的值发生改变后,确定该值是结构体状态的更新还是一个新的值。如果是前者就用指针语义,后者就用值语义。

其他使用指针语义的情况如下。

- 接收者包含了 sync.Mutex 或者类似的同步字段。这里使用指针语义是为了保持同步机制的一致性和有效性。
- 接收者是一个大型结构体或者数组,这里使用指针语义是为了减少数据复制的开销,提高性能。
- 如果方法需要修改接收者的状态,那么接收者应该使用指针语义。这是因为值语义的接收者在方法调用时会被复制,所以外部的任何修改都不能反映到原始对象上。这里使用指针语义是为了允许方法直接修改原始对象的状态,而不是其副本。
- 如果接收者为结构体、数组或者切片类型,并且它们的元素中包含了可能被修改的指针类型字段,那么建议方法的接收者使用指针语义,以确保对这些元素的修改直接作用于原始数据。

如果基于以上分析还不能确定是选择值语义还是指针语义，那么就优先考虑采用指针语义，因为分享数据要比制作副本更为稳妥，且并非所有的数据都可以复制。

小技巧：不管是使用函数还是方法，都要根据数据去做选择，而不是让数据反过来适应代码。可以借鉴 Go 标准库中工厂函数的写法，如果工厂函数返回的是值，那么说明需要的是值语义。

需要强调的是，从一开始我们拥有的就只有数据和函数，方法其实只是一种语法糖，用来表明数据的行为，这也是方法存在的意义。方法可以让我们更方便地表达"数据可以有行为"这样一个概念。在底层实现上，方法的本质仍然是函数，而这种函数的第一个参数就是方法的接收者。

12.1.5 两种语义本质上的区别

下面来看看接收者使用值语义 T 与指针语义 *T 的本质区别，示例代码如下。

```go
//changeVersion1 的接收者 Rdbms
func (r Rdbms) changeVersion1(v string) {
        r.version = v
}

//changeVersion2 的接收者是*Rdbms
func (r *Rdbms) changeVersion2(v string) {
        r.version = v
}

func TestStructReceiverType2(t *testing.T) {

        //变量 mysql 的初始化及使用
        mysql := Rdbms{
                version: "5.27",
        }
        //第一次修改，方法对应的接收者是 rdbms 的值对象
        // 所以打印输出的还是 5.27，没有修改已经存在的 mysql 对象
        f1 := mysql.changeVersion1
        f1("8.0.21")
        fmt.Println(mysql) //输出: 5.27

        //第二次修改，方法对应的接收者是 rdbms 的指针
        //这次是对底层引用类型的修改，所以打印输出的内容变为 8.0.21
        f2 := mysql.changeVersion2
        f2("8.0.21")
        fmt.Println(mysql) //输出: 8.0.21
}
```

在上述代码中，变量 f1 被赋值为 mysql.changeVersion1，这表示 f1 是引用类型，它包括两部分，第一部分指向函数 changeVersion1，第二部分指向接收者 r。我们首先观察这里的 r 是指针还是副本。方法的定义是 func (r Rdbms) changeVersion1(v string)，这说明 r 是值语义。所以，f1 指向 r 的副本。为 r 创建副本，意味着必须执行内存分配操作，因为在编译期无法确定内存是分配在堆上还是栈上。Go 语言对变量 f1 采用了一种解耦机制，它会把要执行的代码与执行这段代码时所操作的数据加以区分。在传入参数值 8.0.21 后，再执行 f1("8.0.21")不会有啥变化。因为这里与方法 changeVersion1 绑定的接收者是(r Rdbms)，也就是值语义。可见，f1 最终操作的是 r 的副本，对其进行修改并不会影响 r 本身。

再来看变量 f2，它也是引用类型。它会指向系统内部的一个数据结构，而那个结构又会指向 changeVersion2 的代码。这算是二度中转，这样能够实现解耦。由于 changeVersion2 的接收者是 (r *Rdbms)，因此，r 使用的是指针语义。换句话说，方法的接收者 r 与 f2 要共享同一份数据，而不是在数据的副本上面操作，这也意味着 f2 这个指针指向的不再是副本，而是原来那份数据。所以，当执行 f2("8.0.21")时，其实是在针对原来那份数据进行修改，这时的修改会影响 r 本身。

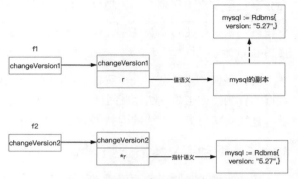

图 12-1 是两次调用函数修改接收者的值的示意图。

图 12-1 两次调用函数修改接收者的值的示意图

注意：使用方法修改接收者，修改的是副本而不是原始值。

12.1.6 解耦带来的问题

前面变量 f2 的代码中有一个值得注意的地方，即必须通过两次中转才能找到函数要操作的数据。这就满足了引起内存逃逸分析的条件，因为编译时无法确定变量是否被其他地方引用。也就是说，内存逃逸分析会将变量 r 分配在堆上。

这实际上是一种解耦行为，但实现这种解耦是有代价的。每当在代码中为某个具体的数据解耦时，就必须面对这种因指针中转和堆分配而带来的开销。

所以，在选择解耦之前，要先确认解耦带来的收益是否大过开销。也就是说，不能盲目地对代码解耦，只有在确定有必要这样做时，才进行解耦。

内存分配不当是程序性能较差的一大主要原因，因此不能轻视这个问题。但是，如果解耦确实能够让代码变得更好，可以最大限度地降低因修改代码而给项目带来的连锁反应，那我们付出因堆分配而导致的开销是值得的。

12.1.7 更为复杂的调用方式

通过前面的剖析，我们理解了使用方法修改接收者时，修改的是副本而不是原始值。接下来再看看更为复杂的调用方式。

1. 使用嵌套结构体的方法

下面是使用嵌套结构体的方法示例。

```
//变量 tidb 的初始化及使用
var tidb NewSQL
tidb = NewSQL{
        Rdbms: mysql,
        name:  "tidb",
}
tidb.dbType = "newsql"
```

```
tidb.changeVersion2("V1.0")
fmt.Println(tidb) //输出 v1.0
```

方法 changeVersion2 对应的接收者是 rdbms 结构体的指针。newsql 结构体嵌套了 rdbms，因此 newsql 也可以调用 rdbms 中的方法。因为接收者是指针类型，又因为这次是对底层引用类型的修改，所以输出为 v1.0。

2. 接收者为值类型，使用指针类型变量调用这类方法

如果方法的接收者是值类型，如(T)func，调用者是指针类型*t，那么调用时，修改的是副本还是原始数据呢？来看个示例。

```
//变量 mysql 的初始化及使用
mysql := Rdbms{
        version: "5.27",
}
// pgsql 为一个指针类型，调用的 changeVersion1 是一个 T 方法
// changeVersion1 改的是
var pgsql = &mysql
pgsql.changeVersion1("v10.1")
fmt.Println(*pgsql) //输出 5.27
```

结果出乎意料！指针类型的调用者并不会被改变，修改的是副本。

可见，无论调用者是指针类型还是值类型，只有在方法的接收者是指针类型时，调用者才会被改变。

12.1.8　隐式转换

我们在前面说过，可以将方法理解为特定接收者的函数。在接收者调用方法的过程中，Go 语言其实还做了隐式转换，接下来分析一下。

1. 什么是隐式转换

为了演示方便，我们首先定义两个结构体 Person 和 Machine，它们有同名的方法 Work。示例代码如下。

```
type Person struct {}
type Machine struct {}

// Work 方法的全名为(*Person).Work
// 即只有指针类型*Person 有 Work 方法
func (p *Person) Work() {}

// Work 方法的全名为(Machine).Work
// 即只有值类型 Machine 有 Work 方法
func (m Machine) Work() {}
```

这两个结构体的区别在于方法的接收者类型不同，Person 的是指针类型，Machine 的是值类型。虽然它们的方法名都是 Work，但方法的实际类型是不同的。接收者为指针类型的方法其全称是 (*Person).Work，而接收者为值类型的方法其全称是(Machine).Work。严格来讲，只有*Person 类型才能调用 func (p *Person) Work 方法；同样，只有 Machine 类型才能调用 func (m Machine) Work 方法。

但在实际开发中，为什么 p.Work 和 m.Work 都可以通过编译呢？下面通过示例来说明。

```
// 类型的隐式转换测试
func TestImplicitTypeConvert(t *testing.T) {
        p := Person{}
        p.Work()
        //实际会做一次隐式类型转换
        (&p).Work()

        m := &Machine{}
        m.Work()
        //实际会做一次隐式类型转换
        (*m).Work()
        fmt.Printf("地址为: %p\n", p)  //地址为: %!p(ecapsulation.Person={})
        fmt.Printf("地址为: %p\n", &p)  //地址为: 0x121e0b0
}
```

这是因为 Go 语言编译器帮着做了隐式转换，即编译器将 p.Work 转换为了(&p).Work，将 m.Work 转换为了(*m).Work！

2. 发生隐式转换的情况

表 12-2 中打√的场景下会发生隐式转换。

表 12-2　发生隐式转换的场景

调用者类型	接收者类型	
	方法的接收者为非指针类型(T)M	方法的接收者为指针类型(*T)M
指针类型变量 p:=*T	p.M √	p.M √
值类型变量 t:=T	t.M √	t.M ×

简而言之，上述四种情况中，不能发生隐式转换的只有值类型变量调用指针类型接收者的方法时。这是因为如果方法的接收者为指针类型，则调用者必须可寻址。使用语句 fmt.Printf("地址为: %p\n", p)查看变量 p 的地址，输出的结果是 "地址为: %!p(ecapsulation. Person={})"，这说明结构体的字面量值不是一个地址，即不可寻址，所以 t.(*T)M 会报错。

注意：Go 语言中有&T{}的语法糖，但&T{}可寻址不代表 T{}也可寻址。

3. 深入分析上一示例中的隐式转换

掌握了隐式转换的知识，再回过头来分析当方法的接收者为值类型，调用者为指针类型时，调用方法后调用者的值不会被改变的原因。示例代码如下。

```
func (r Rdbms) changeVersion1(v string) {
        r.version = v
}

var pgsql = &mysql
pgsql.changeVersion1("v10.1")
fmt.Println(*pgsql) //输出 5.27
```

从上面的代码中可以看到，方法的接收者是值类型 Rdbms，而变量 pgsql 是指针类型*Rdbms，在调用 changeVersion1 方法时有一个隐式转换的过程，编译器将 pgsql.changeVersion1 ("v10.1")转换为了*pgsql.changeVersion1("v10.1")。*pgsql 是 pgsql 指向 Rdbms 的指针（pgsql = &mysql）再取值的操

作。因为 Go 语言中只有值传递，所以在执行方法时，如果方法的接收者是值类型，那么实际上传入的还是副本而非原数据。

只有当方法的接收者是指针类型时，调用方法才会影响调用者的属性。反之，若方法的接收者非指针类型，无论调用者是指针类型还是非指针类型，调用者都不会受影响。

12.1.9　关于封装的总结

对数据进行封装采用的是结构体，对行为进行封装采用的是与结构体绑定的方法。这就是面向对象的第一个特性"封装"在 Go 语言中的表现形式，即类 ≈ 结构体 + 与结构体绑定的方法。

封装是一个很好的实践，对于一些不想被直接访问的字段，可以让它们不可对外导出，即只能通过可见的方法访问这些字段，这样就可以确保代码没有权限去破坏不可导出的字段。

Go 语言中的方法是一种特殊的函数，它将函数与类型进行了绑定，限制了这个方法只能被谁调用。方法的这种表现形式与接口的设计有关，这是实现多态的一种思路。

12.2　继承

面向对象的第二个特性是继承。所谓继承，是指类型 A 通过继承类型 B 来获得类型 B 的属性和方法。

12.2.1　Go 语言不支持继承

继承有这样一种能力，它不仅可以使用现有类的所有功能，还可以扩展这些功能，且无须重写原始类。但事实上，Go 语言并不支持继承。可能有读者会说，嵌入匿名结构体难道不是继承吗？对此，我们可以通过如下代码进行验证。

```go
//厨师
type Cook struct{}

//会做饭的程序员
type Programmer struct {
        Cook
}

func (c *Cook) WhichWork() {
        c.Work()
}

func (p *Cook) Work() {
        fmt.Println("做饭")
}

func (t *Programmer) Work() {
        fmt.Println("写代码")
}

//测试嵌套并非继承
func TestInnerIsNotExtends(t *testing.T) {
        programmer := Programmer{}
```

```
        programmer.WhichWork() //输出：做饭
}
```

如上述代码所示，Programmer 结构体内嵌了 Cook 结构体，两者都有方法 Work。Programmer 在调用 WhichWork 方法时，使用的是 c.Work()。如果将内嵌按照继承的意思理解，即 Programmer 是子类，Cook 是父类，那么 Programmer 的 Work 方法应该会覆盖掉父类 Cook 的 Work 方法，调用测试函数预期的输出结果应该是"写代码"，然而事实上，输出的却仍然是"做饭"。

所以，"嵌入匿名结构体就是继承"这种说法其实是错误的。如果把内部匿名结构体看作父类，把外部结构体看作子类，会发现如下问题。

- 外部结构体不支持子类替换。
- 子类并没有真正继承父类的方法。
- 在父类定义的方法无法访问子类的数据和方法。

虽然结构体的内嵌看着像继承，但实际上内嵌无法形成父类和子类之间的那种关系，也许那种关系可能会出现在某些面向对象的编程语言里，但在 Go 语言中不会发生。

12.2.2　用"内嵌+组合"替代继承

既然 Go 不支持继承，那怎么解决继承的问题呢？答案是用"内嵌+组合"来替代。下面的示例演示了如何使用此方式来替代继承。

```go
//厨师
type Cook struct {
        name string
}

//程序员
type Programmer struct {
        name string
}

//会做饭的程序员
type NewProgrammer struct {
        age int
        Cook
        Programmer
}

func (p *Cook) Work() {
        fmt.Println("做饭")
}

func (t *Programmer) Work() {
        fmt.Println("写代码")
}

func (t *NewProgrammer) Work() {
        fmt.Println("写代码加做饭")
}

func (t *NewProgrammer) DoAnotherWork() {
        fmt.Println("玩游戏")
}
```

```
//用"嵌入+组合"的方式来替代继承
func TestInsteadOfExtends(t *testing.T) {
        person := NewProgrammer{
                age:        0,
                Cook:       Cook{name: "小吃"},
                Programmer: Programmer{name: "扫地僧"},
        }
        fmt.Println(person.Programmer.name) //输出：扫地僧
        person.Cook.Work() //输出：做饭
        person.Programmer.Work() //输出：写代码
        person.Work() //输出：写代码加做饭
        person.DoAnotherWork() //输出：玩游戏
}
```

从上面的代码中可以看到，结构体 NewProgrammer 内嵌了结构体 Cook 和 Programmer。这时，结构体 NewProgrammer 为外部类型，结构体 Cook 和 Programmer 为内部类型。NewProgrammer 可以直接访问内部这两个结构体的公有方法和属性，同时，它还可以拥有自己的方法和属性。

这里又引出了内部类型提升的概念。该概念是指与内部类型相关的内容全都被带到了外部类型中。换句话说，这种提升机制允许通过外部类型访问内部类型中的内容，以便开发者将内部类型当作一个成员进行构造。而且在开发时，还可以让开发者觉得是在构造一个普通的字段，虽然事实上它已经不是字段了，而是直接内嵌的一个类型值。

需要注意的是，在外部类型和内部类型实现的内容相同的情况下（即外部类型覆盖了内部类型的实现方案），提升机制不会生效。另外，无论有多少个内部类型实现同一个方法，编译都可以通过，只要不调用就不会有问题。但是访问时有可能会触发提升机制，此时，编译器会真正地去验证代码有没有歧义。

Go 语言使用"内嵌+组合"的方式替代继承时，组合类（子类）可以直接调用被组合类（父类）的公有方法，并访问父类的公有属性，子类也可以定义自己的属性和方法。

12.2.3 扩展已有的包

前面已说过，结构体与结构体绑定的方法必须放在同一个包内。那么，想扩充包内的类型又该如何做呢？有两个办法，即使用组合和定义别名。

使用组合来扩展已有包的方法可以参考前面的示例，我们为 Programmer 扩展做饭的功能时，将多个不同功能的结构体内嵌到了一个新的结构体 NewProgrammer 中，这样的组合使其变成了功能更强大的结构体。

下面的示例通过定义别名扩展了已有的包，即为字符串 string 类型定义了特别的方法。在此过程中，会先为字符串 string 指定别名 MyString，再为 MyString 类型增加方法 SayHi。

```
type MyString string

func (s MyString)SayHi() string {
        return string(s) + " will be ok !"
}

var ms MyString = "Everything"
fmt.Println(ms.SayHi()) //输出: Everything will be ok !
```

12.3 多态

多态是面向对象编程的第三个重要特征,它指的是同一个行为具有多种不同的表现形式。多态的本质是数据决定行为。Go 语言使用接口来实现多态,我们首先来看看什么是接口。

12.3.1 接口的定义

什么是接口或者接口类型?简而言之,接口是一组方法的集合,使用关键字 type interface 定义。接口的语法结构如下。

```
type 接口名 interface{
    方法 1()
    方法 2()
    ...
    方法 n()
}
```

接口有以下特性。

(1)接口是抽象的,是对功能的约定,它会告诉使用者这个接口是用来做什么的。

(2)接口是一系列方法的集合,其中包含若干个方法的声明。

(3)接口中的方法都是抽象方法,不包含代码,也不允许包含变量。

(4)接口是一种数据类型,默认是一个指针类型(引用类型),因此其零值就是 nil。

接口虽然是一种类型,但它并没有描述具体的值是什么,也不会告诉你它的基础类型是什么,以及数据是如何存储的。接口仅描述这个值能做什么,有什么方法。比如对于一个叫作"可以写字的工具"的接口来说,凡是满足"写字"这个方法的事物都可实现这个接口,无论是钢笔、铅笔、记号笔还是笔记本电脑。

注意:接口的定义非常简单,但要注意,接口由使用者定义!这是 Go 语言与其他面向对象的语言不同的地方。

12.3.2 鸭子类型

在提到接口时,可能有读者听说过 Go 语言中关于鸭子类型(duck typing)的设计。那么什么是鸭子类型,它与接口有什么关系呢?鸭子类型在维基百科中的定义是"当看到一只鸟走起来像鸭子、游泳像鸭子、叫起来也像鸭子时,那么这只鸟就可以被称为鸭子"。鸭子类型是动态类型的一种风格,是一种对象推断策略,它关注的是"对象的行为",而非对象类型本身。

Go 语言用接口来支持鸭子类型。Go 语言的鸭子类型既具有 Python 和 C++中鸭子类型的灵活性,又有 Java 中类型检查的安全性。在 Go 语言中,接口的实现是隐式的,判断类型 T 是否为实现接口 I 的依据,就是检查 T 是否实现了接口 I 声明的所有方法。我们来看一个示例。

首先定义两种结构体 Foodie 和 Child。不同人眼中的鸭子是不一样的,对于美食家来说,烤鸭就是他眼中的鸭子;而对于小朋友来说,数字 2 就是鸭子。没人在乎鸭子是什么颜色,长着圆脑袋还是方脑袋。

```
// 定义 美食家 struct
type Foodie struct{}

//定义 小朋友 struct
type Child struct {}
```

接着，请美食家和小朋友分别使用 WhatIsADuck 这个方法来表达自己眼中的鸭子长什么样。请注意，WhatIsADuck 方法是需求者（在此为这两种结构体）自己的行为。示例代码如下。

```
func (c *Foodie) WhatIsADuck() string {
      return "美食家眼中的鸭子是香喷喷的烤鸭"
}

func (c *Child) WhatIsADuck()string {
      return "小朋友眼中的鸭子是门前大桥下的 24678"
}
```

接下来，我们想让美食家和小朋友在同一个舞台说出自己的想法。此时就轮到接口上场了，它提供了一种连接二者的方式。示例代码如下。

```
//定义了一个介绍鸭子的接口，连接介绍什么是鸭子的事物
//它的行为有：什么是鸭子
type IntroduceAboutDuck interface {
      WhatIsADuck() string
}
```

接口 IntroduceAboutDuck 对结构体 Foodie 和 Child 做了耦合，让两者有了共同的话题，即表达"自己眼中的鸭子是什么样的"。值得一提的是，此耦合是一个松耦合，有没有这个接口都不会对两个组件造成任何的影响。

在二者之间有了关联或者协议（interface）后，他们就可以登上共同的舞台，说说自己眼中的鸭子是什么样的了。示例代码如下。

```
var who IntroduceAboutDuck //共同的舞台（接口）

who = new(Foodie) //组件 1
fmt.Println(who.WhatIsADuck()) //输出：美食家眼中的鸭子是香喷喷的烤鸭

who = new(Child)//组件 2
fmt.Println(who.WhatIsADuck()) //输出：小朋友眼中的鸭子是门前大桥下的 24678
```

就这样，在接口（笔者认为也可以把接口理解为协议）的连接下，两个不同的结构体 Foodie 和 Child 使用同一个方法 WhatIsADuck 说出了自己眼中鸭子的模样。

从代码的角度来看，只要是实现了接口 type IntroduceAboutDuck interface 中 WhatIsADuck 方法的类型（可以是结构体，也可以是基本类型的别名），都可以认为遵循了协议（接口）IntroduceAboutDuck，它们就可以在这一件事上有相同的行为，只是表现的方式和结果不一样罢了。

注意： 接口本身不能创建实例，但是可以指向一个实现了该接口的自定义类型的变量。在前面的示例中，声明了接口 IntroduceAboutDuck 的变量 who，变量 who 又调用了接口中定义的方法 WhatIsADuck。在实际调用时，会根据变量 who 包裹的类型去调用对应的 WhatIsADuck 方法。

所谓鸭子类型模式，关注的仅仅是行为，只要实现了接口定义的方法（行为），那么就可以认为它是一只"鸭子"。在 Go 语言中，任何类型（可以是结构体，也可以是基本类型的别名）只要拥有一个接口需要的所有方法，那么它就实现了这个接口，不需要额外的显式声明。另外，不仅仅是结构体类型可以实现接口，拥有别名的类型同样也可以实现接口。

12.3.3　接口与协议

在 Go 语言中，把接口看作协议应该更容易理解。这里通过一个类比来说明，我们每个人都有多种行为，如果将其中特定的行为组合在一起，并从这些具体行为中抽象出共同特性，那么这类共同特性就可以称为协议。如图 12-2 所示，只要"他"拥有某个协议中定义的所有行为，就可以认为"他"属于这个群体。可以看到，人与人之间通过协议有了关联，协议仅仅是将具有特定行为的人做了一个耦合。

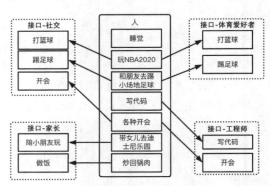

图 12-2　接口与协议

接口（协议）有约束的功能。例如，"PaaS 平台"这个协议发布了两个条件（Kubernetes 和容器云运行时），只有同时满足这两个条件的事物，才可以被认为是一个 PaaS 平台。在图 12-3 中，华为容器云、腾讯容器云、阿里容器云、亚马逊容器云均满足约束条件。

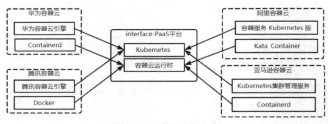

图 12-3　接口的约束

提示：为了让结构体的方法更规范，可以使用接口对方法进行约束。在面向接口编程时，这种方式可以起到规范的效果。

12.3.4　接口如何实现多态

Go 语言中的多态是通过接口实现的。我们来看看用接口实现多态的过程。这里用驾驶各种车来举例。在下面的示例中，car 和 bike 两个结构体代表两种不同类型的车，基于它们各自的 drive 方法可知，它们都可以做出 drive 的动作（行为）。

```
type car struct {}

type bike struct {
}
```

```
func (c car) drive() {
    fmt.Println("汽车用四个轮子")
}

func (b bike) drive() {
    fmt.Println("自行车用两个轮子")
}

func main() {
    carInstance := car{}
    carInstance.drive()
    bikeInstance := bike{}
    bikeInstance.drive()
}
```

从上述代码中可以看到，先在 main 函数中对这两个对象进行了实例化（初始化），然后执行了两次"对象.方法"操作。如果增加更多的类型，那么每种类型都需要执行上述步骤。

为了改善这种情况，我们引入了接口。接口是一组方法的集合，它只定义不具体实现，实现的细节由与对象绑定的方法决定。我们加入如下代码。

```
type driver interface {
    drive()
}
```

因为这些类型都有相同的行为 drive，且其具体的实现又与绑定的对象有关，所以这里将之抽象出来，形成接口 driver。

我们加入 How2Drive 函数，并修改 main 函数的调用方式。

```
func How2Drive(what driver) {
    what.drive()
}

func main() {
    carInstance := car{}
    bikeInstance := bike{}
    How2Drive(carInstance)
    How2Drive(bikeInstance)
}
```

在 Go 语言中，想要实现一个接口，只需要实现这个接口所定义的所有方法即可。在上述代码中，结构体 car 和 bike 都拥有签名相同的方法 drive，可见这两个结构体都实现了接口 driver。在调用 How2Drive 函数时，传入不同的实例（carInstance 或者 bikeInstance），执行同一个动作（drive），完成的是不同的具体操作，这也就表明实现了多态。

第 13 章

面向接口编程

接口是 Go 语言最核心的设计之一，本章将深入探讨它。通过本章的学习，读者将掌握以下内容。

- 接口值由<动态类型，动态值>二元组组成，比较两个接口值是否相等需要判断动态值和动态类型是否都相等。
- 接口可以看作是协议，不同的方法集组合在一起，可以形成不同的接口。接口与接口组合可以形成新的接口。
- 接口必须由其他非接口类型实现，而不能自我实现。所有类型都实现了空接口，即包含 0 个方法的接口。
- 编译阶段可以检查接口是否被正确赋值。在运行阶段，可以判断接口断言是否正确。
- 可以使用"接口变量.(类型)"和"switch 接口变量.(类型)"这两种方法做接口类型断言。
- 常用的接口设计原则。

13.1 接口编程哲学

在编程哲学层面，Go 语言对并发模型（如协程和通道）和类型系统进行了较大变革。类型系统的变革体现在 Go 语言的接口设计上，Go 语言的接口不仅简化了多态性的实现，而且成为了整个类型系统的基石。

C++、Java 等语言使用的是侵入式接口，主要表现为实现类需要显式地声明实现了什么接口。这种强制性的接口继承方式在面向对象的编程语言中遭受了许多质疑。他们使用关键字 implements 显式地将类与接口绑定在一起，强耦合也就这样产生了。在这种情况下，如果要对一个接口进行修改，相应的实现类也必须改动。

Go 语言实现的接口是隐式的，也叫非侵入式接口。Go 语言没有 implements 关键字，它实现的是一种静态的鸭子类型模式，即只要类型 T 实现了接口 I 所定义的方法集，则认为它实现了接口 I。值得一提的是，即使程序代码增加，Go 语言的结构体和方法也不会像 Java 那样膨胀。在 Java 中，接口每增加一个方法，每一个实现了这个接口的类都必须实现这个新增的方法。Go 语言开发者则不用关心实现了什么接口，只需要关心结构体有什么方法，方法是干什么的即可。他们也不需要像 Java 一样引入各种接口。而且，对于复杂的接口，还可以使用组合的方式来定义，这对于描述某一类行为的其他接口毫无影响。

鸭子类型模式更符合我们对现实世界的认知过程。在现实世界中，我们通常会先总结和归纳不同个体的行为，然后抽象出概念和定义，这基本上就是软件工程师前期要做的工作，即抽象建模。相比之下，Java 是先定义关系（接口），然后实现，这更像是从上帝的视角先规划概念产生定义，然后造物。

我们编写代码的目的是处理各种数据。对于 Java 等强类型语言来说，开发者非常希望数据都是单一类型的，这样它们的行为就可以完全一致。但现实世界是复杂多变的，很多时候数据会包含不同的类型，它们有一个或多个共同点，这些共同点就是抽象的基础。

单一继承可以把子类当作父类来处理。但是，与父类不同但又与其具有某些共同行为的数据并不能依靠单一继承来处理。单一继承构造的是树状结构，而现实世界中更常见的是网状结构，于是就有了接口。接口是对一个或一组行为的抽象，也可以把它看作是一组相同行为的标签，接口名就是标签名。与继承不同，接口是松散的，它不会与定义绑定。从这一点上来看，相较于传统的继承，鸭子类型是一种耦合更松的方式，它可以同时从多个维度对事物进行抽象，然后找出共同点，并使用同一套逻辑进行处理。

继承的价值主要体现在解决代码的复用性和可维护性上。接口的价值则主要是设计好各种规范（也就是定义好方法集），并基于各种类型来实现这些方法集。接口比继承更加灵活，接口在一定程度上实现了代码的解耦。

需要强调的是，接口是定义行为的，因此接口的命名应该体现行为。例如，若将程序员抽象为接口，那么接口的命名不建议使用 Person，而应该使用 Coding 之类的行文。

13.2　接口与组合

了解了 Go 语言面向对象的相关知识后，可能有读者会问，为什么 Go 语言要用这种"非主流"的方式呢？

在某次会议上，有人对 Java 之父詹姆斯·戈斯林（James Gosling）提问："如果让你重新设计 Java，有什么是你想改变的？"他的回答是："我会抛弃类。真正的问题不在于类本身，而在于基于类实现的继承。基于接口是更好的选择，你应该尽可能地不使用继承。"

笔者对此的理解是，实体之间应该少用继承式的强关联（紧耦合），多用类似 Go 接口的弱关联（松耦合）。在 Go 语言中没有继承，只有接口和组合，这看起来似乎更符合詹姆斯·戈斯林的设想。

接口的使用带来了惊人的变化，我们可以先编写类（结构体+方法），根据实际需求把类的功能设计好，在需要抽象的时候，再去定义接口。接口是由开发者根据真实需求来定义的，所以我们不用关心其他开发者是否定义过。

13.2.1　接口的设计准则

在介绍接口的设计准则之前，我们先来看看要怎样对一个部门里的同事进行分组。如果以人的属性如亲缘关系来划分部门里的人，那几乎没办法有效分组。因为这样划分后，最终的结果很可能是每个人都单独成为一组，除非哪两位存在血缘关系。

如果使用 Go 语言进行分组，那么从某种意义上来说，它不关心我们是谁，关心的是我们能做什么，即 Go 语言在分组时关心的是行为。因此，对于上面的示例，我们可以根据每个人擅长做什么来分组。例如，会前端开发的、会后端开发的，或是会管理的，这样就非常容易分组了。

Go 语言不提倡按照限制条件过多的配置来进行分组。设计接口的一个准则是不要关注"是什么"，而要关注"能做什么"！"是什么"强调的是配置，"能做什么"强调的是约定。在 Go 语言中，约定比配置更重要。

13.2.2   接口与组合示例

我们知道设计接口的一个准则是关注"能做什么"，而接口与接口组合在一起就变成了"能做一些什么"。举个例子，比如要开发一个安装 Kubernetes 的程序，我们知道，安装 Kubernetes 的步骤很多，大致包括在操作系统上配置、安装 Docker、装载基础镜像、使用 kubeadm 进行初始化、配置网络和加入工作节点等。不过，在真实的生产环境中，有些情况下这些步骤都要涉及，而有些情况下只涉及其中部分步骤。

下面先将上述所有步骤单独写出来，关键代码如下。

```
type Installer struct {}

func (i *Installer) InitOS()     {}
func (i *Installer) InitDocker()   {}
func (i *Installer) InitImage()   {}
func (i *Installer) InitK8s()   {}
func (i *Installer) InitNetwork()   {}
```

接着，在确定生产环境需要什么后，基于"能做什么"也就是行为来定义接口。接口名称和定义的方法集如表 13-1 所示。

表 13-1   接口名称和定义的方法集

功能描述	接口名称	接口定义的方法集
只做操作系统的初始化	type OnlyInitOS interface	InitOS() InitNetwork()
只安装 Docker 和导入镜像	type OnlyInitDocker interface	InitDocker() InitImage()
只安装 Kubernetes	type OnlyInstallK8s interface	InitK8s()
所有步骤都要执行	type AllInstaller interface	直接内嵌以下接口： OnlyInitOS OnlyInitDocker OnlyInstallK8s

以上设计会优先使用组合而不是继承。程序的构建基于接口，程序中的各个组件、模块和功能块是根据它们能做什么来定义和交互的，而不是依赖实际执行接口定义行为的类或方法。设计接口时，建议采用最小化原则，即只做满足最少功能的事。复杂的接口则是一系列简单接口的组合。

Go 语言中，接口的出现更改了设计的顺序。以前的设计顺序是先设计好接口，再具体实现，是一种从上至下的设计。而 Go 语言的接口却恰恰相反，接口的行为由实现者（如结构体）决定，是一种从下至上的设计。

13.2.3　组合的多样化

除了结构体内嵌结构体，还有结构体内嵌接口、接口内嵌接口、接口内嵌结构体等形式，这些都是组合的方式。组合接口则是将几个接口组合起来使用。I/O 标准库是使用组合模式最多的库，在 I/O 标准库中仅有 3 个单接口，即 Reader、Writer 和 Closer，其他接口都是由这 3 个单接口组合而成的。

当为结构体内嵌一个匿名接口时，无论结构体是否已经实现这个接口所定义的全部方法，都会认为它是此内嵌接口的一个实现，不过，结构体只能调用它已经实现的方法。

当为结构体内嵌非匿名接口时，需要实现接口所有的方法，否则会报错 "Type does not implement '接口名' as some methods are missing: 方法名"。

注意：一个接口类型无论是直接还是间接，都不能内嵌自己。

13.3　接口的剖析

笔者也曾对接口的使用有过困惑，当时笔者思考了以下两个问题。

（1）接口如何包裹非接口类型的变量？

（2）接口如何实现多态？

首先来看一个例子，代码如下。

```
type Programmer interface {
    coding()
}

type GoProgrammer struct {}

func (gopher GoProgrammer)coding()  {
    fmt.Println("gopher coding")
}

func main() {
    var gopher Programmer = &GoProgrammer{}
    gopher.coding()
}
```

在上述代码中，gopher 是一个接口变量，它可以存储任何实现了 Programmer 接口的类型的实例。当 gopher 存储 GoProgrammer 结构体的指针时，它的动态类型是*GoProgrammer（表示 GoProgrammer 类型的指针），动态值 MJ 是这个指针本身（即指向 GoProgrammer 实例的指针）。接口变量 gopher 由类型与数据两部分组成，如图 13-1 所示。

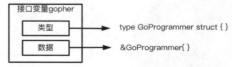

我们常说的接口其实指的是接口类型。在极端情况下，未指定任何方法原型的接口类型称为空接口类型。

图 13-1　接口变量 gopher 由类型与数据两部分组成

13.3.1　与接口相关的说明

首先做一个约定，让 i I = new(T)，其中接口类型为 I，接口值为 i，非接口类型为 T。我们称接口类型为 I 的值 i 包裹了类型 T 的值（new(T)）。有了这个约定，下面来看一下相关的说明。

- 接口类型 I 的值称为接口值 i。一个接口值可以用来包裹一个非接口类型 T 的值 t。使用值包裹可以实现 Go 语言中的多态和反射。
- 接口可以包裹接口类型 I 和非接口类型 T。如果是 T 被接口包裹的，那么 T 的值称为此接口值的动态值，T 的类型称为此接口值的动态类型。
- 非接口类型 T 能被接口值 i 包裹的前提是它实现了接口 I 的所有方法集。
- 接口值 i 如果什么都没有包裹，那么它就不存在动态值和动态类型，这种接口值称为零值接口值。

接口类型默认是一个指针类型，因此，接口类型的变量几乎不需要使用接口的指针。如果没有对接口初始化就使用它，那么接口的零值就是 nil。接口值主要包含两部分：实现者的类型和实现者的指针，如图 13-2 所示。

图 13-2　接口值包含两部分

13.3.2　空接口与包裹

有一种特殊的接口类型称为空接口。空接口表示空的方法集合（即不包含任何方法），在代码中用 interface{} 表示。通常情况下，接口用于定义一组方法集，它可以包裹实现了这些方法集的类型；而空接口则可以包裹所有的类型。因为每种类型的值都有 0 个或多个方法，所以任何值都可以被空接口包裹。例如，标准库中 fmt.Println 函数的定义为 func Println(a ...interface{}) (n int, err error)，表示可以接收任意个空接口类型的参数，换句话说，就是任何类型都能作为其参数传入。

虽然任何值都可以被空接口包裹，但是这并不代表它们可以直接传入，因为接口也是一种类型，类型间要采用显式而非隐式的转换。如果函数的接收参数为接口类型，那么传入参数也必须是接口类型而非任意类型。示例代码如下。

```
//打印输出传入的 interface{}
//当一个函数接口 interface{} 为空接口时
//它可以接收任意类型的参数，它会自动帮你做隐式转换
func PrintAll(vals []interface{}) {
    for _, val := range vals {
        fmt.Println(val)
    }
}

//空接口的错误使用方法
//编译报错: Cannot use 'names' (type []string) as the type []interface{}
func TestEmptyInterfaceError(t *testing.T) {
    names := []string{"香蕉", "苹果", "哈密瓜"}
    PrintAll(names) //编译会报错
}

//空接口的正确使用方法
func TestEmptyInterfaceRight(t *testing.T) {
    names := []string{"香蕉", "苹果", "哈密瓜"}
    values := make([]interface{}, len(names))
    for i, v := range names {
        values[i] = v
    }
    PrintAll(values)
}
```

13.3.3 实现接口类型

如果类型 T 的方法集为接口类型 I 的方法集的超集，我们称此类型 T 实现了此接口类型。类型 T 可以是接口类型，也可以是非接口类型。接口类型总是会实现它自己，两个声明了相同方法集的接口类型会互相实现对方。因为任何方法集都是一个空方法集的超集，所以所有类型都能实现空接口。空接口是 Go 语言中接口与反射的一个桥梁。

"是否实现一个接口"在 Go 语言中是隐式的（或者说是松耦合的）。两个类型之间的实现关系不需要在代码中显式地表示出来。因为 Go 语言中没有 implements 关键字，所以 Go 编译器会自动在需要时检查两个类型之间的实现关系（有的在编译阶段检测，有的在运行阶段检测）。

这种隐式的实现关系使得在另一个代码包（包括标准库）中声明的类型会被动地实现在用户代码包中声明的接口类型。例如，我们自定义了一个接口 IA，它的方法集包含了 io 包中 Read、Write 方法的签名，则许多标准库中的数据类型都会实现这个接口 IA，因为它们都有此接口类型声明的这两个方法。这也说明了接口是松耦合的，数据类型要实现的方法是从下至上的，即接口的实现是由具体类型（下）的方法决定的，而不是接口（上）在定义时指定的。

13.3.4 接口包裹非接口值

在 Go 语言中，如果类型 T 实现了一个接口类型 I，那么类型 T 的值可以被接口类型 I 包裹（可以认为是一种隐式的转换）。如果类型 T 为非接口类型，那么 T 称为 I 的动态值，而 T 的类型则称为此接口值的动态类型。

接口类型的零值是 nil，表示什么也没包裹。若将接口值修改为 nil，那么就会清空包裹在此接口中的值，其表示方法为 I(nil,nil)。如果一个非接口类型的值是 nil，那么它也可以被包裹在接口值中，其表示方法为 I(type,nil)。这两者的不一样很容易看出来，即它们的类型不一样。

所有类型都实现了 0 个或多个方法，所以它们都实现了空接口。如此一来，任何非接口类型 T 的值都可以被空接口包裹，如 var I interface{} = T。

当一个非接口类型 T 被接口类型 I 包裹时，其内部的实现主要涉及以下两个重要部分。

（1）动态类型和动态值，它们也是实现反射的关键。

（2）一个切片类型方法表，该表用于存储所有实现了接口 I 的类型 T（动态类型）所声明的方法。方法表是实现多态的关键。

注意：一个类型[]T 的值不能被直接转换为类型[]I，即使类型 T 实现了接口类型 I。

13.3.5 接口与多态

在面向对象的语言中，多态指的是同一个行为具有多种不同的表现形式。Go 语言中的多态就是接口值可以通过包裹不同动态类型的动态值来对同一个行为（方法）表现出不同的结果。调用接口值的方法实际上是调用此接口值的动态值的对应方法，这里的动态值指的是接口包裹的那个数据类型，也就是说调用的是具体数据类型的方法。示例代码如下。

```
type I interface{
    m()
```

```
    }

    type T struct{}

    func (t *T)m(){}

    var i I = new(T)
    i.m() //其实调用的是 t.m()
```

在上面的代码中，调用方法 i.m 时，实际调用的是方法 t.m。对于动态类型为 T 的接口值 i，调用方法 i.m(...)等价于调用方法 i.(T).m(...)。当调用方法 i.m 时，在接口 i 存储的实现关系信息方法表中，方法 t.m 会被找到并被调用。此方法表的底层实现是切片（itab.func　[1]uintptr）。

Go 语言更重视约定而不是配置。例如，如果具体类型 file 有一个方法 read，那么编译器会在编译时判断它有没有遵循接口的规范，或者说是否满足接口的条件。如果通过判断发现它实现的方法 read 就是接口 reader 的方法签名，那么编译器会判定 file 实现了 reader 接口。示例代码如下。

```
    type file struct {
        ...
    }

    func (file) read(b []byte) (int, error) {
        ...
    }
```

假设再定义一种类型 Rdbms，它也有一个方法与 reader 接口里面的 read 方法有着相同的签名。因为 reader 接口的方法集中只有 read 这一个方法，所以只要实现了这个方法就可以说实现了接口 reader 的所有方法。可见，类型 Rdbms 实现了 reader 接口，这与 file 类型类似。示例代码如下。

```
    type Rdbms struct {
        ...
    }

    func (Rdbms) read(b []byte) (int, error) {
        ...
    }
```

上述两种类型都用各自的办法实现了 reader 接口。在这个基础上，我们再回头来看看什么是多态。多态，就是指同一种行为（在这个示例里指 read 方法）被不同的对象（在这个示例里指 file 和 Rdbms 这两个结构体）实现时会表现出不同的特征（在这个示例里指的是各自的实现逻辑不同）。

13.3.6　接口类型断言

前面提到过，接口 I 可以包裹一个非接口类型的变量。在包裹了变量后，如果想知道被包裹的变量是什么类型，可以使用断言获得。断言的语法有以下两种。

（1）接口变量.(类型)，使用该语法进行类型断言时，可以检查接口包裹的值是不是这个括号内的类型。

（2）switch 接口变量.(type) case 类型…，使用该语法进行类型断言时，返回的是对应 case 列举的类型。

1. 类型断言

在类型断言表达式 var s = x.(T)中，x 是接口值，也被称为断言值，T 可以不是接口类型，也可以是接口类型。如果 T 不是接口类型，则要求 x 的类型是 T；如果 T 是接口类型，则要求 x 实现了 T 接口。如果 x 不是 nil，并且 x 可以被转换成 T 类型，则断言成功，返回 T 类型的变量 s。

类型断言有以下关键点。

（1）当类型 T 不是接口类型时，如果断言值 x 的动态类型存在并且此动态类型和 T 为同一类型，则断言成功；否则，断言失败。当断言成功时，类型断言表达式的值为断言值 x 的动态值 T 的备份。

（2）当类型 T 是接口类型时，如果断言值 x 的动态类型存在并且此动态类型实现了接口类型 T，则断言成功；否则，断言失败。当断言成功时，类型断言表达式的值为包裹了断言值 x 的动态值 T 的备份。

（3）如果断言值 x 是 nil 接口值 I(nil,nil)，则此断言必定失败。

（4）类型断言支持"comma,ok"语法，如：s,ok := x.(T)。其中，ok 是一个标识符变量，可以理解为 flag。当断言失败时，将变量 ok 赋值为 false，这时 s 的值为断言类型 T 的零值。

2. switch-type

除了类型断言，"switch 变量.(type)"是另外一种断言形式，示例代码如下。

```
switch i.(type) {
      case int:
            ...
      case string:
            ...
      case *Child:
            ...
      case *Foodie:
            ...
      default:
            ...
}
```

switch-type 的用法与 switch-case 类似，但不能出现 fallthrough 语句。

13.3.7　强制转换接口类型

前面提到过的 unsafe 包也可以用来进行接口类型转换，对此，我们通过函数 math.Float64bits 的源码来进一步了解。

```
func Float64bits(f float64) uint64 {
   return *(*uint64)(unsafe.Pointer(&f))
}
```

可以很容易地看到，该函数利用 unsafe 包将 float64 类型强制转换成了 uint64 类型。转换过程如下。

（1）&f 拿到存放 float64 类型的值的指针。

（2）unsafe.Pointer(&f)将*float64 类型转换成了 unsafe.Pointer 类型。

（3）(uint64)(unsafe.Pointer(&f))将 unsafe.Pointer 类型转换成了 uint64 类型。

（4）*(uint64)(unsafe.Pointer(&f))引用*uint64 类型的指针，将其转换为 uint64 类型的值。

13.3.8　接口类型与隐式声明

接口类型的每个方法都会对应一个隐式声明的函数。如果接口类型 I 指定了名为 Method 的方法的原型，则编译器将隐式声明与之对应的名为 I.Method 的函数。对于类型为 I 的值 i，方法调用 i.Method(...)与函数调用 I.Method(i, ...)是等价的。示例代码如下。

```
type I interface {
        Method(int)
}

type T string

func (t T) Method(n int)  {
        fmt.Println(n)
}

//测试 interface 是否会隐式实现一个方法
func TestInterfaceConvert(t *testing.T) {
        var i I = T("gopher")
        i.Method(1)  //输出 1
        I.Method(i,2)  //输出 2
        interface{ Method(int) }.Method(i, 5) //输出 5

        //执行下面这几行代码时都将会产生一个 panic
        I(nil).Method(5)
        I.Method(nil, 5)
        interface{Method(int)}.Method(nil, 5)
}
```

13.3.9　类型转换的时间复杂度

Go 语言中各类型做转换的时间复杂度各有不同，具体如下。

（1）如果类型 T 不是接口类型，那么 T 值的一个备份将被包裹在结果（或者目标）I 值中。此操作的时间复杂度为 $O(n)$，其中 n 为类型 T 的尺寸（尺寸的概念可以参考与内存对齐有关的内容）。

（2）如果类型 T 是接口类型，那么接口值 I 包裹的是此 T 值的备份。对于接口值的动态值为指针类型的情况，编译器在 Runtime 包中对其做了优化，该优化使得接口值包裹指针动态值的效率比包裹非指针动态值的更高。此操作的时间复杂度为 $O(1)$。

对于小尺寸的值，上述针对指针类型的优化作用不明显；对于大尺寸的值，建议尽量避免包裹其指针，因为无论值的大小如何，指针都会保持固定尺寸。

13.4　接口的设计原则

接口定义了一种行为，也就是动作，比如说读、写。而像人、车这类事物，它们不应该是接口，因为它们是具体的对象。我们在设计接口时，应该尽量远离这些纯粹的名词，让接口靠近表示行为的动词。比如 reader 接口有一个主动的行为 "read"，它关心的是写这个行为，而不是执行这些行为的实体（对象）。所以设计接口时，首先应该确定要处理的数据是什么，然后定义对这些数据执行操作的接口（行为）。我们可以只进行必要的解耦，也就是对行为解耦。通过接口定义行为，将行为（操作）从具体的数据对象（如人、车）中解耦出来。

13.4.1　错误的接口设计

我们在设计 API 时，要为后面的使用者负责，如果做了错误的接口设计，就会为使用者带来风险和不好的体验。在下面的例子中，定义了一个方法，用于把需要读取的字节数传进去，然后返回读取出来的字节切片。

```
type Reader interface {
        Read(n int) (b []byte, err error)
}
```

可能有读者会认可上述设计，但是如果你使用了此 API，就会发现问题。具体是怎样的问题呢？

运行上述代码时，首先会根据传入的参数 n 在堆中分配一个由字节构成的切片。因为无法确定 n 的具体值，所以编译器不知道支撑数组得多大，在这种情况下，系统会立刻决定把它分配到堆上。也就是说，使用上面的 API，每次调用 Read 函数时，都会把数据分配到堆上，因此会引起内存逃逸分析，使得性能不佳。可见，在设计 API 时，不仅要防止有人误用或者滥用接口，还要考虑 API 的性能。在 Go 语言中，我们不仅可以自行控制许多内存分配事务，还可以利用内存逃逸分析避免使用引发堆分配的设计。

13.4.2　基于数据驱动的接口设计

Go 语言的一切都是由具体数据驱动的。通常，数据是静态且无行为的，那什么时候会出现例外，数据可以表现出行为呢？答案是我们要实现多态的时候。

多态在一定程度上有助于解耦，若需要把不同类型的具体数据交给同一段代码来处理，那么此时的数据就应该表现出行为。

接口类型本身并未持有或代表具体的数据，它只定义了一组行为。只有实现了该接口的具体类型才能持有并操控具体的数据。在下面的代码中，从编程模型的角度来看，r 是不存在的，它不代表任何具体的数据，这值得注意。

```
type Reader interface {
        Read(p []byte) (n int, err error)
}

var r Reader
```

13.4.3　类型断言在 API 设计中的应用

类型断言针对的不是具体类型，而是一种行为，或者更确切地说针对的是定义了该行为的接口类型。如果某个具体的数据类型为某种行为实现了不同的方案，类型断言可绕过（覆盖）默认的逻辑，应用该具体类型的实现方案。在设计 API 时，我们既要提供默认的实现，又要允许用户通过接口覆盖默认的实现。

例如，我们可以用自己实现的 String 方法覆盖默认的输出方式，示例代码如下。

```
type User struct {
        name string
}
```

```go
func (u *User) String() string {
        return fmt.Sprintf("Plus %s", u.name)
}

func main() {
        user := User{name: "Oracle"}
        fmt.Println(user)  // 输出: {Oracle}
        fmt.Println(&user) // 输出: Plus Oracle
}
```

为什么会有这种效果呢？那是因为在 fmt.Println 的实现中也做了类型断言，它会判断传入的数据有没有实现 String 方法。如果没有，就输出默认的实现。但如果这份数据实现了 String 方法，那么就把默认的实现绕开。

通过类型断言设计 API，既能够提供标准的实现方案，又不会把用户锁死在这个方案里，用户可以自己创建更为合适的实现，以使其在某个操作系统或某种架构上的运行效果更佳。用户如果觉得自己的方案比默认的方案好，也可以把默认的方案覆盖掉。

13.4.4　接口设计的建议

接口是用来描述行为的，而非抽象事物。以下给出接口设计建议，供大家参考。

- 如果设计者在定义 API 或库时，无法提供某个功能，需要让使用者来实现，那么可以在 API 中使用接口。
- 如果必须在代码中创建解耦层以对具体数据进行解耦，那么说明 API 或代码中有某部分必须调整，这样才能应对将来的变化。
- 如果为了编写可测试的 API 而设计接口，那应该质疑。
- 如果使用工厂函数初始化了类型，那么函数返回的值应该是具体类型的值而非接口。这样做的目的是避免过早地引入抽象层级，从而保持代码的直观性和简洁性。若在后续开发过程中出现了需要提高灵活性的需求或解耦的需求，调用方可以自行决定是否将这些具体类型转换为接口。
- 建议使用较少的方法集定义接口。与 io 标准库的简单接口一样，接口和方法的对应关系也可以是一对一。功能复杂的接口可以由多个功能单一的接口组合而成，如 io 标准库中的组合接口。

13.5　检查接口的实现

Go 语言中没有 implements 关键字，判断一个类型是否实现了一个接口，唯一的标准就是这个类型是否实现了这个接口类型定义的所有方法。在 Go 语言中不用显式地实现接口，它会在底层动态地检查是否实现了接口，那在哪些情况下 Go 语言会做检查呢？

运行 Go 代码分为两个阶段：编译阶段和运行阶段，两个阶段所做的事情是不同的。

在编译阶段，编译器会构建一个全局表，用于存储代码中要用到的各种类型信息，这些信息将在程序启动时加载到内存中。类型的信息包括种类（Kind）、所有字段及其尺寸、所有方法等。

在运行阶段，当一个非接口值被包裹到一个接口值中时，程序会分析、构建这两个值的类型的实现关系，并将此信息存入该接口值内。运行阶段的检查发生在类型断言或类型转换环节。例如，当对接口变量进行类型断言以将其转换为另一种接口类型时,如果运行时的实际类型不满足目标接口的要求,程序将会产生运行时错误(如果使用了"comma,ok"语法,会返回一个转换失败的布尔值)。

在上述两个阶段中,检查接口的实现包含四种场景,如表 13-2 所示。

表 13-2 检查接口的实现

检查阶段	场景描述	接口实现的条件	检查的结果
编译阶段	非接口类型 T 转换为接口类型 I	类型 T 必须实现接口类型 I 定义的所有方法	如果 T 没有实现 I 的所有方法,编译器将报错
	接口类型 I 转换为另一个接口类型 I'	接口类型 I 的方法集是接口类型 I'的方法集的超集	如果 I 的方法集不是 I'的方法集,编译器将报错
运行阶段	接口类型 I 断言为非接口类型 T	如果要将接口类型 I 断言为非接口类型 T,那么接口类型 I 在运行时持有的动态类型必须是 T 类型	在编译时不会报错,但如果断言的类型不匹配,那么在运行时将导致发生 panic,除非使用两值形式的类型断言来进行安全检查
	接口类型 I 转换为接口类型 I',主要是在接口类型 I 未实现接口类型 I'的情况下	接口 I 中的动态类型 T(即实际存储在接口变量 I 中的类型)必须实现接口 I'的所有方法	在编译时不会报错,但是如果动态类型 T 没有实现 I'的所有方法,那么在运行阶段尝试进行类型转换时将导致发生 panic

下面分别给出这四种场景的示例代码,本书配套代码中含有此示例完整的代码,具体见golang-1/interface/interfaceconvert。下面的代码中定义了 2 个接口 Human 和 Animal,它们都有一个Eat 方法,不过,接口 Human 多一个 Think 方法。我们为结构体 Employee 实现接口 Human,为结构体 Monkey 实现接口 Animal。

```
type Human interface {
        Eat()
        Think()
}

type Animal interface {
        Eat()
}

type Employee struct {}
func (e Employee) Eat() {}
func (e Employee) Think() {}

type Monkey struct {}
func (m Monkey) Eat() {}
```

接下来,我们仔细分析这四种场景。

1. 非接口类型 T 转换为接口类型 I

关于将非接口类型 T 转换为接口类型 I,我们结合上面的代码进行讲解。假设要将 Monkey 类型转换为接口 Human,那么 Monkey 类型必须实现接口 Human 的所有方法,否则在编译期间就会报错。示例代码如下。

```
func TestT2I() {
        var pipi Human = Monkey{}
```

```
        fmt.Println(pipi)
}
```

这种转换是隐式的，不需要显式转换语句。从上述代码中可以看到，结构体 Monkey 没有实现接口 Human，对于这种情况，在编译阶段就会做类型转换检查，所以编译时会有如下报错信息。

```
$ go build main.go
.\main.go:27:6: cannot use Monkey literal (type Monkey) as type Human in assignment:
    Monkey does not implement Human (missing Think method)
```

2. 接口类型 I 转换为另一个接口类型 I'

关于将接口类型 I 转换为另一个接口类型 I'，继续结合上面的代码进行讲解，假设要将接口类型 Animal 转换为接口类型 Human，那么接口 Animal 必须实现接口 Human 的所有方法，否则在编译期间就会报错。示例代码如下。

```
func TestI2I() {
        var pipi Animal = Monkey{}
        var luxixi Human = pipi
        fmt.Println(luxixi)
}
```

这种接口转换机制展现了 Go 语言的多态性和灵活性。在上述代码中，接口 Animal 包裹了类型 Monkey，这没问题，但是接口 Animal 没有方法 Think，对于这种情况，在编译阶段就会做类型转换检查，所以编译时会有如下报错信息。

```
$ go build main.go
./main.go:35:6: cannot use pipi (type Animal) as type Human in assignment:
        Animal does not implement Human (missing Think method)
```

3. 接口类型 I 断言为非接口类型 T

在 Go 语言中，不能直接将接口类型 I 转换为非接口类型 T。转换通常指的是基本数据类型之间的转换（如 int 到 float64），接口转换为具体类型必须通过类型断言进行。当使用类型断言将接口类型 I 断言为非接口类型 T 时，必须确保运行时接口类型 I 实际持有的动态值是 T 类型。如果不是，程序会在运行时抛出 panic。

在编译阶段，Go 编译器允许进行类型断言，因为它无法确定接口变量在运行时具体持有哪种类型的值。

在运行阶段，如果断言的类型与接口变量实际持有的动态值类型不匹配，程序将抛出 panic，除非使用了 comma,ok 语法来检查断言是否成功。示例代码如下。

```
func TestI2T() {
        var monkey Animal = new(Monkey)
        emp := monkey.(*Employee)
        //使用 comma,ok 语法，运行时不会报错，emp 的值为断言类型*Employee 的零值 nil
        //emp,_ := monkey.(*Employee)
        fmt.Println(emp)
}
```

在上述代码中，monkey 是接口类型 Animal 的接口值，该接口值的动态类型是*Monkey。在编译阶段，Go 编译器允许使用类型断言，所以此时使用 monkey.(*Employee)做断言转换，编译器不会

报错。运行阶段会做类型转换检查,因为接口值 monkey 的动态类型是*Monkey,而不是类型
*.Employee,所以运行阶段会有报错信息。

```
$ go build main.go

$ ./main
panic: interface conversion: main.Animal is *main.Monkey, not *main.Employee
```

4. 接口类型 I 转换为另一个接口类型 I',主要是在接口类型 I 未实现接口类型 I'的情况下

当尝试将接口类型 I 转换为另一个接口类型 I'时,转换操作本身在编译时并不会导致错误,这
是因为编译器无法确定接口 I 在运行时持有的动态类型。

在运行阶段,接口类型 I 的动态类型 T 必须实现接口类型 I'的所有方法,这样接口类型 I 才能
成功转换为接口类型 I'。如果动态类型 T 没有实现接口类型 I'的所有方法,虽在编译阶段不会报错,
但在运行阶段尝试进行类型转换就会出现错误。

```
func TestI2IWithType() {
        var obj interface{} = "123"
        var person Human = obj.(Human)
        fmt.Println(person)
}
```

上述代码先定义了一个空接口变量 obj,然后给它赋值 123,该空接口变量 obj 的动态类型是 string。
因为 obj 是空接口,所以它可以包裹万物,也可以是所有接口的子集。上述代码在编译阶段不会报错,
但在运行阶段,因为 obj 的动态类型 string 没有实现接口 Human 的方法集,所以会报错,具体信息如下。

```
$ go build main.go

$ ./main
panic: interface conversion: string is not main.Human: missing method Eat
```

如果我们将"123"改成 new(Employee),则 obj 的动态类型是类型 Employee,此 Employee 类
型是实现了 Human 接口的,所以运行时就不会报错了。

以上就是对四种接口实现检查场景的分析。

13.6 空接口与类型断言

细心的读者会发现,在上述四种场景中,在编译阶段检查的都是赋值操作,在运行阶段检查的
都是断言操作。

接口的赋值正确与否,编译器只需要通过静态类型检查就可以判断。但是,接口类型断言是否
成功,在运行时才能够确定。为了避免在运行时因进行类型转换报错而发生 panic,接口类型断言支
持使用 comma,ok 语法,它可以通过返回的标志位来判断断言成功与否。此外,利用反射也可以获取
接口包裹的类型。

在 Go 语言中,如果接口不包含任何方法,则为空接口。前面多次提到,所有类型都实现了空接
口。换句话说,任何类型都可以被空接口包裹。有了这个特性,空接口常常被用于接口类型断言。
示例代码如下。

```
v, err := interface{}(变量).(自定义类型)
v, err := interface{}(变量).(结构体)
v, err := interface{}(变量).(基本类型)
```

在上面的代码中，空接口对变量做了类型转换，它先将变量包裹为空接口类型变量，然后通过接口类型断言将空接口包裹的类型转换为指定类型。

也可以使用 switch-type 进行接口类型断言，示例代码如下。

```
func PrintOne(v interface{})  {
        switch v.(type) {
        case int:
                fmt.Println("参数的类型是 int")
        case string:
                fmt.Println("参数的类型是 string")
        ...
        }
}
```

需要注意的是，空接口是接口类型，虽然它能包裹任何类型，但它并不等于任何类型。

13.7　接口值的比较

接口值的比较分两种，第一种是接口值与非接口值的比较，第二种是接口值与接口值的比较。

当非接口值 T 实现了接口值 I 时，此非接口值 T 可以被包裹到接口值 I 中。这就意味着非接口值和接口值的比较也可以转换为接口值与接口值的比较。

如前面所述，接口值是由动态类型和动态值组成的二元组。因此，对接口值进行比较时，需要同时对这两部分进行比较。图 13-3 给出了比较两个接口值的步骤。

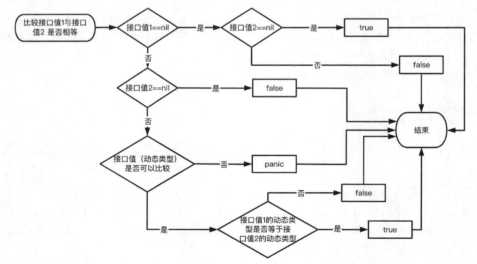

图 13-3　比较两个接口值的步骤

当接口值符合下面任意一种情况时，两个接口值的比较结果相等。

● 两个接口值都为 nil 接口值。

● 两个接口值的动态类型相同，即都为可比较类型且动态值相等。

注意：包裹了不同非接口类型的 nil 值的接口值是不相等的。

接口值与 nil 的比较是一个老生常谈的话题。接口值与 nil 进行比较时，要同时比较类型和值两部分。只有当接口值的类型（动态类型）和值同时为 nil 时，此接口值才等于 nil。如果动态类型不为 nil，那么此接口值就不等于 nil。

13.8　检查运行阶段的接口类型

有时，我们可能想将接口类型断言的检查提前到编译阶段，这可以通过下面的代码来实现。

```
var _ 接口类型 I = (*需要检查的类型 T)(nil)
```

上述代码将断言转换为了赋值，所以可以在编译阶段进行检查。

使用这种改写方式的场景是类型 T 实现了接口 I。这时，若接口类型 I 被更改，则源码无法通过编译，那么就可以及时发现问题，不仅可避免在运行时发生 panic，还可避免出现接口类型 I 改变了方法，但其他开发者并不知道的情况。

再来改写一下接口实现检查的第四种场景，示例代码如下。

```
func TestI2IWithType() {
        var obj interface{} = "123"
        var person Human = obj.(Human)
        fmt.Println(person)
}
```

按照上面的方式改写后，代码在编译阶段就会做检查，示例代码如下。

```
var obj interface{} = "123"
var _ Human = (*obj)(nil)
```

编译时的报错信息如下。

```
Cannot use '(*obj)(nil)' (type interface{}) as type Human Type
does not implement 'Human' as some methods are missing: Eat() Think()
```

此外，我们也常使用这种方法来检查类型是否实现了特定的接口，示例代码如下。

```
type myWriter struct {}

func (w myWriter) Write(p []byte) (n int, err error) {
  return
}

func main() {
        // 检查 *myWriter 类型是否实现了 io.Writer 接口
        var _ io.Writer = (*myWriter)(nil)

        // 检查 myWriter 类型是否实现了 io.Writer 接口
        var _ io.Writer = myWriter{}
}
```

如果将函数 func (w myWriter) Write 注释掉，上面的代码在编译阶段就会报错。

第 14 章

反射

维基百科上对反射的定义是：反射是计算机程序在运行时访问、检测和修改自身状态或行为的能力。

本章将介绍接口与反射的关系、常用反射包的使用以及反射的三个定律等，希望通过讲解可以帮助读者理解反射在 Go 语言中的使用方法。

14.1 反射的概念

在 Go 语言中，反射是一种强大的机制，它允许程序在运行时检查甚至修改变量和值的类型，以及动态地调用方法。不过，这发生在编译阶段，且是在并不知道这些变量、检查值和调用方法的具体类型的情况下。以下是一些常见的使用反射的场景。

（1）解析复杂的数据结构时可以使用反射。假设有一个 JSON 字符串，我们不知道它的具体格式，但是需要将其解析为 Go 语言中的数据结构，这时可以使用 encoding/json 包中的 Unmarshal 函数，它会使用反射来动态地解析 JSON 字符串。例如：

```
var data interface{}
json .Unmarshal(jsonData, &data)
```

反射可以将数据结构转换为字节流，并将其存储在文件或网络中，以便在需要时重新创建对象。这对于需要跨平台或跨语言传输数据的应用程序来说非常有用。

（2）编写通用的库或框架时可以使用反射。因为通用的库或框架可以接收任意类型的对象作为参数，所以它们可以兼容所有类型。在介绍接口时，我们也提到类型转换的合法性要在运行时通过类型断言来验证，这里的类型转换与反射有关。例如：

```
import (
    "fmt"
    "reflect"
)

func genericFunc(arg interface{}) {
    argType := reflect .TypeOf(arg)
    fmt .Println("arg is a ", argType)
}
```

```
func main() {
    genericFunc("hello world")
    genericFunc(123)
    genericFunc(true)
}
```

在上述代码中，函数 genericFunc 可以接收任意类型的参数，并且可以在运行时使用反射来检查参数的类型。在实际的编程应用中，我们可以使用类似的反射技术来编写更加灵活和通用的代码。

（3）在程序中动态地调用某个结构体的方法、变量，以及修改它的值时可以使用反射，相关伪代码如 Call(methodName interface{})和 SetValue(i interface{})。如果在编写代码时无法得知调用的具体类型或者调用的方法名，那么在编译时就无法直接赋值。这时，只能使用类型断言，但类型断言并不是万能的，因为需要枚举的类型太多了，无法全部枚举。此外，CallMethod 这类调用方法也较难实现。所以是时候用到反射了，它可以通过技术动态地获取传入的变量的类型和值，从而达到类型断言的目的，并且可以在接下来的编码中继续使用。

（4）动态处理多个通道时可以使用反射。在 Go 语言中，select 语句用于在有多个发送/接收通道的操作中进行选择。一般情况下，它会随机选择一个通道。示例代码如下。

```
ch1 := make(chan string)
ch2 := make(chan string)
select {
    case msg1 := <-ch1:
        …
    case msg2 := <-ch2:
        …
6}
```

当 select 语句中包含的 case 语句较少时，可以一一枚举 case 语句后的分支条件。但是，若有多个动态生成的通道，就不能简单地使用静态的 select 语句了，因为使用 select 语句时需要在编译阶段知道所有可能的通道。在这种情况下，可以使用 Go 反射库中的相关函数来进行处理。下面的例子演示了如何使用 Go 反射库中的相关函数动态处理多个通道。

```
var cases []reflect .SelectCase

// 构建 SelectCase 切片
for _, ch := range channels {
    cases = append(cases, reflect .SelectCase{
        Dir:   reflect .SelectRecv,
        Chan: reflect .ValueOf(ch),
    })
}

// 随机选择一个可用的 case
// chosen 是选择的 case 的索引，value 是接收的值，ok 表示从通道中成功接收值
chosen, value, ok := reflect .Select(cases)
```

在上面的示例中，我们创建了一个 reflect.SelectCase 类型的切片，用于描述每个可能的通信操作。然后使用 reflect.Select 函数随机选择了一个可用的 case 进行通信。reflect.Select 函数会接受一个 reflect.SelectCase 类型的切片，并从这些通道中选择一个可以进行通信的通道，然后进行相应的发送或接收操作。

14.2 接口与反射

接口与反射的关系紧密。接口能实现多态,它之所以能包裹不同的类型,是因为其底层是由变量值和变量类型这个二元组组成的!要获取被接口包裹的实际类型和值,就需要用到反射。对接口类型的变量进行反射操作,即可获取变量的具体信息,包括动态类型和值(<concrete type,value>)。其中动态类型是指接口所包裹的实际类型。

接口类型的变量可以转换为反射对象(通过 reflect 包中的 ValueOf 和 TypeOf 函数实现),这是**反射三定律之一**。

接下来介绍静态类型、动态类型和空接口,它们都与接口和反射密切相关。

14.2.1 静态类型与动态类型

所见不一定即所得!在 Go 语言中,编码时定义的类型与运行时的类型可能不是同一个!这是因为类型又分为静态类型和动态类型,静态类型是编码时定义的类型,动态类型是 runtime 编译器"看见"的类型。

Go 是静态类型语言,因此每个变量有且只有一种静态类型,这是在编译阶段已经确定好了的。接口变量也始终只有一个静态类型。如果在运行时,接口变量存储的值发生了变化,那么这个新值对应的类型也必须实现接口所定义的方法集。

下面来看一个与类型相关的简单示例。

```
var reader io .Reader
reader = os .Stdin
reader = bufio .NewReader(reader)
reader = new(bytes .Buffer)
```

对于以上代码,无论变量 reader 指向的具体值如何变化,它的静态类型始终是接口类型 io.Reader。在后面的赋值语句中,三个所赋新值对应的类型(os.Stdin、bufio.NewReader(reader)、new(bytes.Buffer))都实现了接口类型 io.Reader。

在 Java 语言中,万物皆对象;而在 Go 语言中,万物皆空接口!我们可以利用空接口能包裹任何类型的特性,将函数的参数类型定义为空接口类型,这样就可以传入任意类型的参数。在处理接收到的参数时,先对传入的参数进行类型断言,然后根据断言的结果进行后续操作。

请注意,类型断言能否成功取决于动态类型,而不是静态类型!因此,如果上面示例中变量 reader 的动态类型实现了接口类型 io.Writer 的方法集,那么变量 reader 也可以被断言为接口类型 io.Writer。

在获取变量类型时,关键字 type 和 kind 可用来区分静态类型和动态类型。

- type 表示编写代码时的类型,即静态类型。
- kind 表示底层运行时的类型,即动态类型。

举一个简单的例子。

```
type MyInt int
var i MyInt = 1
fmt .Println("i:", "type-->", reflect .TypeOf(i), ",kind-->",
reflect .TypeOf(i) .Kind(), ",value-->", reflect .ValueOf(i))
```

```
//输出
i: type--> main .MyInt ,kind--> int ,value--> 3
```

在上述代码中，执行函数 reflect.TypeOf(i).Kind() 得到的动态类型是 int，而执行函数 reflect.TypeOf(i) 得到的静态类型是 MyInt。从官方文档对 Kind 的说明可知，Kind 是 Type 的类型。我们只需要记住 Kind 比 Type 更底层即可。

注意：接口源码中涉及 itab、interfacetype 结构体，其中，iface.*itab._type 表示动态类型，是断言使用的类型；iface.*itab.*interfacetype._type 表示静态类型，是编译期间就确定不再改变的类型。

14.2.2 空接口

下面来看一下空接口的数据结构，具体如图 14-1 所示。

前面已经提到过，空接口是反射与接口的桥梁，这里再总结一下。

- 空接口是方法集为空的特殊接口。

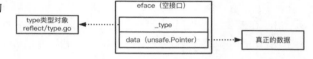

图 14-1 空接口的数据结构

- 根据接口的定义可知，所有的类型都实现了空接口，也就是说任何类型的变量都可以被空接口包裹，包裹后则变成了一个接口类型的变量。

- 反射提供了操作接口类型的函数，它可以获取接口包裹的变量值的实际类型和值，也就是动态类型及其所对应的值。

有了这座桥梁，被接口包裹的任何类型都可以通过反射获取类型和值；反之，任何类型也都可以通过反射重新组装成接口类型。

通过反射可以将 reflect.Value 结构体类型转换为接口类型的变量，这就是**反射三定律之二**。

14.2.3 类型的底层分析

下面通过一个示例来对静态类型和动态类型做详细说明，具体代码如下。

```
type MyInt int

func TestReflectVarType(t *testing .T) {
        tty, err := os .OpenFile("/tmp/1 .txt", os .O_RDWR |os .O_CREATE, fs .ModePerm)

        if err != nil {
                panic(err)
        }
        fmt .Println("tty:", "静态类型-->", reflect .TypeOf(tty), ",动态类型-->", reflect .
        TypeOf(tty) .Kind(), ",值-->", reflect .ValueOf(tty))

        var r io .Reader
        fmt .Println("r1---->", reflect .TypeOf(r), ":", reflect .ValueOf(r))
        r = tty
        fmt.Println("r:", "静态类型-->", reflect.TypeOf(r), ",动态类型-->", reflect.TypeOf(r).
        Kind(), ",值-->", reflect .ValueOf(r))
        var w io .Writer
        fmt .Println("w1---->", reflect .TypeOf(w), ":", reflect .ValueOf(w))
        w = r . (io .Writer)
```

```
        fmt.Println("w:", "静态类型-->", reflect.TypeOf(w), ",动态类型-->", reflect.TypeOf(w).
        Kind(), ",值-->", reflect .ValueOf(w))

        var empty interface{} = w
        fmt.Println("empty:", "静态类型-->", reflect.TypeOf(empty), ",动态类型-->", reflect.
        TypeOf(empty) .Kind(), ",值-->", reflect .ValueOf(empty))
}

//输出
tty: 静态类型--> *os .File ,动态类型--> ptr ,值--> &{0xc0000a2240}
r1----> <nil> : <invalid reflect .Value>
r: 静态类型--> *os .File ,动态类型--> ptr ,值--> &{0xc0000a2240}
w1----> <nil> : <invalid reflect .Value>
w: 静态类型--> *os .File ,动态类型--> ptr ,值--> &{0xc0000a2240}
empty: 静态类型--> *os .File ,动态类型--> ptr ,值--> &{0xc0000a2240}
```

对上述代码的分析如下。

（1）声明变量 r 时，接口类型为 io.Reader，这是它的静态类型。此时它的动态类型和动态值都是 nil。在变量 r 的整个生命周期中，其静态类型都是 io.Reader，这是在编译阶段就已经确定好了的！赋值语句 r＝tty 的作用是将变量 r 的动态类型变成*os.File。在这个过程中，变量 r 的动态值不再是 nil，而是打开的文件对象的值。可以将变量 r 表示为<*os.File,tty>形式。变量 r 的示意图如图 14-2 所示。

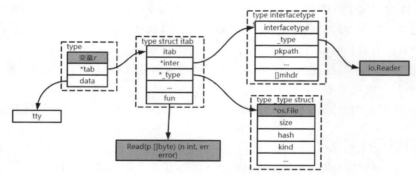

图 14-2　变量 r 的示意图

（2）在接口类型底层的结构体 itab 中，成员 fun 所指向的函数看起来只有一个 Read 函数。其实 *os.File 类型还实现了 Write 函数，也就是说，*os.File 类型同时也实现了接口类型 io.Writer。这也是前面提到过的，隐式的实现可以使得在另一个代码包(包括标准库)中声明的类型被动地实现在用户代码包中声明的接口类型。因此，断言语句 w＝r.(io.Writer)不会发生 panic。

（3）为变量 w 赋值的代码是 w＝r.(io.Writer)，这里使用的是接口类型的断言而不是直接赋值。这是因为变量 r 的静态类型是 io.Reader，它并没有实现接口类型 io.Writer。断言是否成功不是看静态类型，而是看变量 r 的动态类型是否满足要求。变量 w 的示意图如图 14-3 所示。

可以将变量 w 表示为<*os.File,tty>形式。尽管从接口的形式上看，变量 w 和变量 r 是一样的，但是变量 w 可调用的函数取决于它的静态类型 io.Writer，也就是说，变量 w 只能调用 w.Write。与变量 r 对比可知，变量 w 的成员 fun 对应的函数从 Read 变成了 Write。

（4）将变量 w 赋给空接口类型变量 empty。因为所有的类型都实现了空接口，所以这里的变量

w 不再需要进行类型转换即可直接赋给类型变量 empty，如图 14-4 所示。

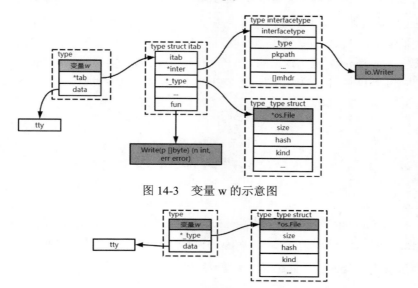

图 14-3　变量 w 的示意图

图 14-4　变量 w 被赋给类型变量 empty 的示意图

14.3　反射包介绍

标准库的反射包 reflect 主要有两个函数 reflect.TypeOf 和 reflect.ValueOf。与反射相关的任务基本上都是先通过这两个函数来获得反射对象的两大要素 reflect.Type 接口和 reflect.Value 结构体类型，然后再使用反射包中的其他方法继续下一步操作。以 reflect.Type 接口为例，它提供的 MethodByName 方法用来获取当前类型对应方法的引用，Implements 方法用来判断当前类型是否实现了接口。在 Go 语言中，reflect.Value 可以保存任意类型变量的存储结构，因此，可以直接将函数 reflect.ValueOf 的返回值作为变量值使用。

笔者针对反射包 reflect 中常用的对象和方法进行了归纳总结，如图 14-5 所示。

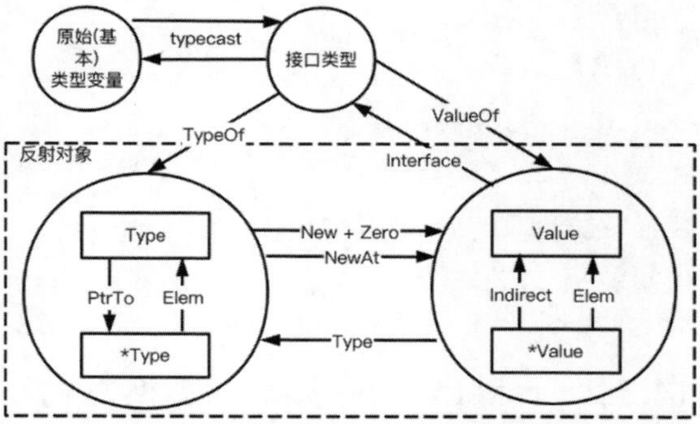

从图 14-5 可以看出，从接口值到反射对象需要经历两次转换。第一次是将基本类型转换为接口类型，第二次是将接口类型转换为反射对象。从反射对象到接口值是上述过程的反向过程。

图 14-5　反射包 reflect 中常用的对象和方法

14.3.1　理解反射对象的转换机制

前面已提到，反射对象的两大要素为 reflect.Type 接口和 reflect.Value 结构体类型，接下来看看与之相关的转换机制。

1. 将任意值转换为 reflect.Type 接口类型的值

函数 reflect.TypeOf 用于动态获取任意值的类型信息,而不仅限于接口类型的值。这个函数接收 interface{} 类型的参数,可以接收任意类型的值,因为在 Go 语言中,任何值都可以被视为 interface{} 类型。调用函数 reflect.TypeOf 最后返回的是一个 reflect.Type 接口类型的值,它表示传入值的类型。如果传入的值为 nil 则返回 nil,这是因为 nil 接口值没有具体的动态类型。关键代码如下。

```
func TypeOf(i interface{}) Type {
        eface := *(*emptyInterface)(unsafe .Pointer(&i))
        return toType(eface .typ)
}

type emptyInterface struct {
   typ  *rtype
   word unsafe .Pointer
}
```

上述代码中的 emptyInterface 就是 Go 源码 runtime 2.go 中空接口的定义 eface,eface.typ 则是动态类型,返回值的类型是 reflect.Type 接口类型,其具体用法可以参考官方文档。

2. 将任意值转换为 reflect.Value 结构体类型的值

函数 reflect.ValueOf 用于获取任何值的类型信息,与函数 reflect.TypeOf 一样,如果传入的值为 nil 则返回 nil。调用函数 reflect.ValueOf 返回的值包含了原始值及其类型信息的反射对象。这个函数广泛用于获取和操作运行时的值信息,是 Go 语言反射机制的核心部分。在源码中,接口类型实例转换为 reflect.Value 结构体类型的过程是先将 i 转换成*emptynterace 类型,再将它的字段 typ、word 和一个标志位组装成一个 Value 结构体,然后以此作为函数 reflect.ValueOf 的返回值。关键代码如下。

```
func ValueOf(i interface{}) Va与ue {
    if i == nil {
        return Value{}
    }
    ...
        return unpackEface(i)
}

func unpackEface(i interface{}) Value {
    e := (*empt Interface)(unsafe.Pointer(&i))
    t := e.typ
    f := flag(t.Kind())
    ...
    return Value{t, e.word, f}
}
```

14.3.2　reflect.Type 接口的转换方式

从图 14-5 中可以看到 reflect.Type 接口的转换方式有两种,第一种是将 reflect.Type 接口转换为 reflect.Value 结构体类型,第二种是值类型 reflect.Type 接口与指针类型 reflect.Type 接口互转。

1. 将 reflect.Type 接口转换为 reflect.Value 结构体类型

我们无法直接将 reflect.Type 接口转换为 reflect.Value 结构体类型,这是因为 reflect.Type 接口中仅有类型信息，没有具体的值信息。办法是通过 reflect.Type 接口构建新的接口类型实例，然后为其赋予零值并返回。

reflect.New 函数可以根据给定的类型创建一个新的指针，它适用于需要创建一个指向某个类型零值的指针的场景。reflect.New 函数返回指向这个新的零值的 reflect.Value 结构体类型。示例代码如下。

```
func TestTypeNew(s *testing.T) {
    t := reflect.TypeOf(1024)    // 获取 int 的 reflect.Type 接口
    v := reflect.New(t)          // 创建 *int 的 reflect.Value 结构体类型（指向 int 的零值）
    fmt.Println(v.Elem().Int())  // 输出 0，因为它是 int 的零值
}
```

reflect.Zero 函数可以根据给定的类型创建该类型的零值，并返回这个零值的 reflect.Value 结构体类型。这适用于不需要指针，直接需要类型零值的场景。示例代码如下。

```
func TestTypeZero(s *testing.T) {
    t := reflect.TypeOf(1024) // 获取 int 的 reflect.Type 接口
    v := reflect.Zero(t)      // 创建 int 类型的零值的 reflect.Value 结构体类型
    fmt.Println(v.Int())      // 输出 0，因为它是 int 的零值
}
```

如果知道类型值的存储地址，则可以用 NewAt 函数恢复 reflect.Value 结构体类型，示例代码如下。

```
var x float64 = 3.14
t := reflect.TypeOf(x) // 获取 x 的类型信息
ptr := unsafe.Pointer(&x) // 获取 x 的内存地址
v := reflect.NewAt(t, ptr) // 使用 NewAt 根据类型和内存地址恢复 reflect.Value 结构体类型
fmt.Println("Value:", v.Elem().Float()) // 使用 Elem 获取 Value 指向的实际值，输出 3.14
```

在上面的示例中，定义了一个 float64 类型的变量 x。使用函数 reflect.TypeOf(x)获取变量 x 的类型信息。使用函数 unsafe.Pointer(&x)获取变量 x 的内存地址。调用函数 reflect.NewAt(t, ptr)创建一个 reflect.Value 结构体类型，这个 reflect.Value 结构体类型代表了存储在变量 x 中的内存地址的值。最后，通过 v.Elem().Float()获取并输出这个 reflect.Value 结构体类型所代表的值。

2. 值类型 reflect.Type 接口与指针类型 reflect.Type 接口互转

将值类型 reflect.Type 接口转换为指针类型 reflect.Type 接口时使用 PtrTo 方法，将指针类型 reflect.Type 接口转换为值类型 reflect.Type 接口时使用 Elem 方法。在 Go 语言的反射库中，Elem 方法用于获取一个指针、数组、切片、映射和通道的基础（底层）类型，除此之外的其他类型使用 Elem 方法时会发生 panic。PtrTo 和 Elem 方法是反射机制中处理类型信息时使用的互补方法，二者提供了一种在运行时动态探索和变换 Go 类型的能力，这在要动态处理不同类型的数据时特别有用。示例代码如下。

```
// reflect.Type 接口 的 elem 方法说明
func TestTypeElem(t *testing .T) {
        s := 1
        var intPtr = &s
        mySlice := []string{"Oracle", "MySQL", "PgSQL"}
        myMap := map[string]int{"Java": 1, "Go": 2}
        myArray := [ . . .]string{}
        var myChan chan int = make(chan int)

        intPtrKind := reflect .TypeOf(intPtr) .Elem()
        mySliceKind := reflect .TypeOf(mySlice) .Elem()
```

```
    myMapKind := reflect .TypeOf(myMap) .Elem()
    myArrayKind := reflect .TypeOf(myArray) .Elem()
    myChanKind := reflect .TypeOf(myChan) .Elem()

    fmt .Printf("intPtr .Elem():%s\n", intPtrKind)//输出: intPtr .Elem():int
    fmt .Printf("mySlice .Elem():%s\n", mySliceKind)//输出: mySlice .Elem():string
    fmt .Printf("myMap .Elem():%s\n", myMapKind)//输出: myMap .Elem():int
    fmt .Printf("myArray .Elem():%s\n", myArrayKind)//输出: myArray .Elem():string
    fmt .Printf("myChan .Elem():%s\n", myChanKind)//输出: myChan .Elem():int
}
```

从上述代码的输出结果中可以看到如下信息。

（1）对于指针类型，使用 Elem 方法会得到指针指向的数据的类型。

（2）对于数组和切片类型，使用 Elem 方法会得到它存储的元素的类型。

（3）对于映射类型，使用 Elem 方法会得到它们存储的值的类型，而不是键的类型。

（4）对于通道类型，使用 Elem 方法会得到通道可以存储的数据的类型。

14.3.3　reflect.Value 结构体类型的使用方法

下面来看看 reflect.Value 结构体类型是如何转换为原始的接口类型和获取 reflect.Type 接口的。

1. 转换为原始的接口类型

reflect.Value 结构体类型本身就包含类型和值信息，因此能很轻松地转换为接口类型。示例代码如下。

```
func main() {
    //结构体的反射
    v := MyStruct{}
    value := reflect .ValueOf(v)
    fmt .Printf("Kind : %s , Type : %s\n", value .Kind(), value .Type())
}

type MyStruct struct {}

//输出: Kind : struct , Type : main .MyStruct
```

2. 将已知的原有类型转换为具体类型

reflect.Value 结构体提供了一系列方法可直接将 reflect.Value 结构体类型转换为 Go 语言中的具体类型，例如 Int、Uint、Float、Bool 等。这些方法对应着各种基本数据类型，它们允许我们从 reflect.Value 结构体类型中提取其表示的原始值，前提是这个值确实是对应的类型。例如：

```
v := reflect .ValueOf(42) // v 是一个 reflect.Value 结构体类型
i := v .Int() // 使用 Int 方法将 v 转换为 int64 类型，i 的值为 42
```

但是这些转换方法只在 reflect.Value 结构体类型表示的值与方法类型匹配时才可以使用，如果两者不匹配，运行时会产生 panic。例如，如果 v 表示一个字符串，那么尝试调用 v.Int 方法就会产生运行时 panic。因此，在调用这些转换方法前，通常需要检查 reflect.Value 的结构体类型，可以使用 Kind 方法进行检查。另外要注意的是，转换时要区分反射的目标（reflect.ValueOf）是指针还是值！对于指针类型的 reflect.Value，需要先调用 Elem 方法获取指针指向的实际值，然后再进行类型转换。示例代码如下。

```
var x float64 = 3.14
v := reflect.ValueOf(x)

// 正确的使用方式
if v.Kind() == reflect.Float64 {
    fmt.Println("Float value:", v.Float())
}

// 错误的使用方式会导致产生 panic
// fmt.Println("Int value:", v.Int())

// 处理指针类型
pv := reflect.ValueOf(&x)
if pv.Kind() == reflect.Ptr && pv.Elem().Kind() == reflect.Float64 {
    fmt.Println("Float value:", pv.Elem().Float())
}
```

3. 原有类型未知，进行探索式转换

很多情况下，我们是不知道原有类型的。此时，需要使用 Interface 方法进行探索式转换。以下代码演示了将较为复杂的结构体类型从 reflect.Value 结构体类型转换为接口类型的过程。

```
//接受一个interface{}类型的参数obj，它可以是Go语言中任意类型的值。它使用反射来获取并打印有关参数obj的信息
func GetObjInfo(obj interface{})  {
        getType := reflect.TypeOf(obj)
        fmt.Println("获取的类型为 :", getType.Name())

        getValue := reflect.ValueOf(obj)
        fmt.Println("获取的值为:", getValue)

        //是 struct 类型时才继续获取参数 obj 的字段和方法
        if getType.Kind()!=reflect.Struct{
                return
        }

        // 获取方法字段
        // 先获取 interface 的 reflect.Type 接口，然后通过 NumField 进行遍历
        // 再获取 reflect.Type 接口的 Field
        // 最后通过 Field 的 Interface 方法得到对应的 value
        for i := 0; i < getType.NumField(); i++ {
                field := getType.Field(i)
                value := getValue.Field(i).Interface()
                fmt.Printf("%s: %v = %v\n", field.Name, field.Type, value)
        }

        // 获取方法
        // 先获取 interface 的 reflect.Type 接口，然后通过 NumMethod 进行遍历
        for i := 0; i < getType.NumMethod(); i++ {
                m := getType.Method(i)
                fmt.Printf("%s: %v\n", m.Name, m.Type)
        }
}

type MyFloat float64

//定义一个结构体 Database
```

```
type DataBase struct {
        DbName   string
        DbType   string
        DbIndex int
}

// 测试使用 Value 获取原始的类型对象
func TestValue2Object(t *testing .T) {
        var MyDatabase = DataBase{
                DbName:  "Oracle",
                DbType:  "rdbms",
                DbIndex: 0,
        }
        GetObjInfo(MyDatabase)
        fmt .Println("----")
        var i MyFloat = 6.4
        GetObjInfo(i)
        fmt .Println("----")
        GetObjInfo(1)
}

//输出
获取的类型为 : DataBase
获取的值为 : {Oracle rdbms 0}
DbName: string = Oracle
DbType: string = rdbms
DbIndex: int = 0
ToString: func(__reflect .DataBase, . . .string)
----
获取的类型为 : MyFloat
获取的值为 : 6.4
----
获取的类型为 : int
获取的值为 : 1
```

下面基于上面的示例总结一下获取结构体类型的成员类型和成员值，以及结构体类型相关方法的步骤。

获取结构体类型的成员类型和成员值的步骤如下。

（1）获取接口变量类型 reflect.Type.kind，判断其是否为结构体类型。

（2）如果是结构体类型，则通过 NumField 方法开始遍历。

（3）在遍历过程中使用 reflect.Type.Field 方法获取其成员信息，使用 Field.Interface 方法获取对应的 value。

获取结构体类型相关方法的步骤如下。

（1）获取接口变量类型 reflect.Type.kind，判断其是否为结构体类型。

（2）如果是结构体类型，通过 NumMethod 方法开始遍历。

（3）在遍历过程中使用 reflect.Type.Method 方法获取对应的真实方法(函数)。

（4）当通过 reflect.Type 接口获取一个结构体的方法信息时，每个方法都表示为一个 reflect.Method 类型。这个 reflect.Method 类型包含了关于方法的多个字段，包括但不限于方法的名称（Name）和类型（Type）等。

4. 将 reflect.Value 结构体类型转换为 reflect.Type 接口

因为每个 reflect.Value 结构体类型内部都包含一个指向对应类型信息的指针，所以可以直接调用方法 func (v Value) Type() Type 将 reflect.Value 结构体类型转换为对应的 reflect.Type 接口。这个 func (v Value) Type() Type 方法返回一个 reflect.Type 接口实例，它表示 reflect.Value 结构体类型所持有值的类型。示例代码如下。

```
var x float64 = 3.14
v := reflect.ValueOf(x)
t := v.Type()
fmt.Println("Type of x:", t) // 输出 x 的类型
```

这种将 reflect.Value 结构体类型转换为 reflect.Type 接口的能力在需要动态处理数据类型的情况下非常有用，比如在序列化和反序列化、泛型编程或者编写依赖于类型检查的复杂算法时。

5. 如果 reflect.Value 结构体类型是指针类型，将其转换为值类型

在 Go 语言的反射库中，如果 reflect.Value 结构体类型是指针类型，有两种方法可以将其转换为值类型。

（1）Elem 方法用于获取一个指针或接口类型所指向或包含的值的 reflect.Value 结构体类型。其定义如下。

```
func (v Value) Elem() Value
```

如果 v 是 nil，函数返回零值。如果 v 是接口类型，则返回接口绑定的动态值的 reflect.Value 结构体类型。如果 v 是指针类型，则返回这个指针指向的值的 reflect.Value 结构体类型。如果 v 不是接口类型或指针类型，调用函数则会产生 panic。示例代码如下。

```
var x int = 10
v := reflect.ValueOf(&x)
value := v.Elem() // value 是指向 x 的指针所指向的 int 值的 reflect.Value 结构体类型
```

（2）Indirect 方法是 reflect 包提供的一个函数，如果 reflect.Value 结构体类型是指针类型，可用该函数获取其所指向的值类型，其定义如下。

```
func Indirect(v Value) Value
```

如果 v 是指针类型，函数返回指针值的 Value，否则返回 v 本身。示例代码如下。

```
var x int = 10
v := reflect.ValueOf(&x)
value := reflect.Indirect(v) // value 是指向 x 的指针所指向的 int 值的 reflect.Value 结构体类型
```

使用 Elem 方法需要先确保 reflect.Value 结构体类型是指针类型，否则可能会引发 panic。而使用 Indirect 方法时不需要进行这样的前置检查，因为它在处理非指针类型时只是简单地返回原始的 reflect.Value 结构体类型。

14.4　反射包的使用示例

反射提供了一种强大的机制以在运行时探索类型的结构和行为。接下来将演示反射包 reflect 中

常用函数的使用示例。首先，定义几个结构体并初始化一个全局的结构体变量，示例代码如下。

```
//定义一个结构体 Database
type DataBase struct {
        DbName   string
        DbType   string
        DbIndex  int
}

//定义 Database 这个结构体的 ToString 方法
func (db DataBase) ToString(args . . .string) {
        fmt .Printf("par=%s, DbName=%s, DbType=%s , DbIndex=%d\n",
        args, db .DbName, db .DbType, db .DbIndex)
}

//定义一个结构体 Storage
type Storage struct {
        StorageType string `json:"name" bson:"Naming"`
        StorageSize float32 `json:"size" bson:"BigSize"`
}

//设置一个全局变量
var MyDatabase = DataBase{
        DbName:  "Oracle",
        DbType:  "rdbms",
        DbIndex: 0,
}
```

14.4.1 获取变量的类型和值

接下来使用 reflect.TypeOf 和 reflect.ValueOf 函数获取变量的类型和值，以及传入接口的值的底层类型，示例代码如下。

```
    // 反射的简单使用
func TestReflectBasicUse(test *testing .T) {

        //reflect .Value 转换成了原来的对象
        obj_db := reflect .ValueOf(MyDataBase)
        obj := obj_db .Interface() . (DataBase)

        fmt .Printf("db 的类型是%T,值是%v\n", MyDataBase, MyDataBase)
        fmt .Printf("obj_db 的类型是%T:,值是%v\n", obj_db, obj_db)
        fmt .Printf("obj 的类型是%T,值是%v\n", obj, obj)

        //%v+reflect .TypeOf(db) 等价于 %t+db
        fmt.Printf("db 的类型是%v:,值是%v\n", reflect.TypeOf(MyDataBase), reflect.ValueOf
        (MyDataBase))

        //获取传入接口的底层原始数据结构
        //底层数据结构的种类可以参考 type .go 的 const
        fmt .Println("底层的数据类型是", obj_db .Type() .Kind())
}

//输出
db 的类型是__reflect .DataBase:,值是{Oracle rdbms 0}
obj_db 的类型是 reflect .Value:,值是{Oracle rdbms 0}
```

```
obj 的类型是__reflect .DataBase:,值是{Oracle rdbms 0}
db 的类型是__reflect .DataBase:,值是{Oracle rdbms 0}
底层的数据类型是struct
```

代码说明如下。

（1）使用 obj_db := reflect.ValueOf(MyDataBase)获取 MyDataBase 的 Value。

（2）如果 Value 中的 Interface 方法返回的是空接口类型 interface{}，那么还可以使用 obj := obj_db. Interface().(DataBase)进行类型断言。这样一来，又可重新获取 MyDataBase 对象。

（3）使用 reflect.ValueOf(MyDataBase).Type().Kind()获取传入接口的值的底层类型。此时，返回的 type 是 Go 语言中内置的基础类型（包括数值型、字符串、通道和切片等）。

14.4.2 获取结构体的属性和方法

接下来看看获取结构体的属性和方法的示例，代码如下。

```
//  获取结构体的属性和方法
func TestGetStructPropsAndMethod(test *testing .T) {
        t := reflect .TypeOf(MyDatabase)
        for i := 0; i < t .NumField(); i++ {
                f := t .Field(i)
                fmt .Printf("fieldIndex: %d, fieldName: %s\n", f .Index, f .Name)
        }

        for i := 0; i < t .NumMethod(); i++ {
                m := t .Method(i)
                fmt .Printf("methodIndex: %d, methodName: %s\n", m .Index, m .Name)
        }
}

//输出
fieldIndex: [0], fieldName: DbName
fieldIndex: [1], fieldName: DbType
fieldIndex: [2], fieldName: DbIndex
methodIndex: 0, methodName: ToString
```

上述代码主要通过 reflect.TypeOf(MyDatabase)的方法 NumField 和方法 NumMethod 分别获取属性和方法。

14.4.3 动态调用方法和传值

接下来演示如何动态调用方法和传值，示例代码如下。

```
func TestDynamicCallMethod(test *testing .T) {
        v := reflect .ValueOf(MyDataBase)

        methods := v .MethodByName("ToString")
        if methods .IsValid() {
                args := []reflect .Value{reflect .ValueOf("参数 1"),
                reflect .ValueOf("参数 2"), reflect .ValueOf("参数 3")}
                fmt.Println(methods.Call(args))//输出: par=[参数 1 参数 2 参数 3], DbName=Oracle,
                DbType=rdbms , DbIndex=0
        }
}
```

对于上述代码，有以下几点需要注意。

（1）使用 reflect.ValueOf.MethodByName 时需要指定明确的方法名。

（2）在调用指定的方法名之前，可以使用 methods.IsValid 检查此方法名是否存在。

（3）因为 Call 方法的定义为 func (v Value) Call(in []Value) []Value，所以传入参数的类型是[]Value，这里可以使用 reflect.ValueOf 函数将参数转换为 Value 类型。

（4）Call 方法最终会调用真实的方法，传入的参数务必与真实方法的参数保持一致。如果 reflect.Value.Kind 不是一个方法，那么将直接产生 panic。

以上就是动态调用方法和传值的过程。因为函数还是一种数据类型，所以当以函数作为变量时，也可以使用反射进行操作。关键代码如下。

```
func fun1(){}
func fun2(i int, s string){}

value1 := reflect .ValueOf(fun1)
value2 := reflect .ValueOf(fun2)

value1 .Call(nil)
value2 .Call([]reflect .Value{reflect .ValueOf(100),reflect .ValueOf("hello")})
```

14.4.4　修改接口值

我们可以通过反射机制来修改接口值。首先，使用 reflect.ValueOf 函数获取反射对象的 reflect.Value 结构体类型。其次，在修改接口值前，确保反射对象是可写的（settable）。这通常意味着原始变量应当是通过指针传递的。如果要修改的是结构体中的字段，可以使用 v.Elem().FieldByName("xxx") 来获取该字段的反射对象。最后，使用 Set、SetInt、SetString、SetBool 等方法来修改字段的值。示例代码如下。

```
//通过反射机制修改接口值
//修改的原理是先获取 reflect.Value 结构体类型
//再通过 v.Elem().FieldByName("xxx") 来获取该字段的反射对象
//最后使用 Set、SetInt、SetString、 SetBool 等方法来修改字段的值
func TestModifyValueByReflect(test *testing .T) {
        //注意,这里传入的是指针
        myMySQL := &MyDataBase
        fmt .Println(myMySQL)//输出: &{Oracle rdbms 0}
        v := reflect .ValueOf(myMySQL) .Elem()

        v .FieldByName("DbName") .Set(reflect .ValueOf("MySQL"))
        fmt .Println(myMySQL)//输出: &{MySQL rdbms 0}
        fmt .Println(MyDataBase)//输出: {MySQL rdbms 0}
}
```

对于上述代码，需要注意的内容如下。

（1）结构体首字母必须大写，否则会出现 "panic: reflect: reflect.Value.Set using value obtained using unexported field"。这一点遵循了 Go 语言中的导出规则，即首字母小写则包外无法访问。

（2）反射需要使用类型的指针&i，否则会出现 "panic: reflect: reflect.Value.Set using unaddressable value"。这一点也与前面提到的指针语义相吻合。

（3）上述代码演示的是对结构体的修改，事实上，修改映射、切片、通道和基本类型时的方法

与之类似。本书配套代码中含有此示例完整的代码，具体见 golang- 1/reflect/reflect_test.go 中的测试用例 TestSetSliceValue 、TestSetMapValue 、TestSetChanValue、TestSetBasictypeValue。

这里总结一下修改接口值时的注意事项。

- 想要修改接口值，传入 reflect.ValueOf 函数的参数 v 必须是指针类型变量。可以使用 v.Elem 方法获取指针指向的元素。
- 即使传入的参数 v 是一个指针，也需要通过 v. Elem().CanSet 方法判断其指向的值是否可设置。只有当 CanSet 返回 true 时，接口值才可被修改。
- reflect.Value.Elem 方法用于获取原始值对应的反射类型对象。只有原始对象才能被修改，当前反射类型的对象是不能修改的，直接修改它会发生 panic。
- 结构体及其嵌套字段的处理方式与普通变量相同。如果要修改结构体的字段，这些字段必须是可导出的（即首字母大写）。
- 可取址函数 CanAddr 和可赋值函数 CanSet 不完全等价。两者的主要区别在于如何处理不可被导出的结构体成员。前者表示是否可以获取当前反射值的地址，后者表示反射值是否可以被修改。利用反射机制可以读取结构体中不可导出的成员，但不能修改其值。

如果要修改反射类型对象，其值必须是可写的（settable），这是**反射的第三定律**。

14.4.5 判断结构体实现了哪个接口

除了类型断言和编译器自检，判断类型是否实现了接口还可以使用反射包提供的 reflect.TypeOf. Implements 函数。示例代码如下。

```
// implements reports whether the type V implements the interface type T .
func implements(T, V *rtype) bool
```

分析函数 implements 的算法，会发现它的算法时间复杂度是 $O(m+n)$ 而不是 $O(m×n)$，这与通过接口中的 getitab 方法判断类型是否实现了接口的算法类似。

获取结构体的反射类型可以直接使用 reflect.Type 接口，但是要获取接口的类型就需要使用 reflect.TypeOf ((*<interface>)(nil)).Elem 方法了。下面这段代码演示了利用反射来判断结构体是否实现了接口的方法。

```
type coder interface {
        coding()
}

type Person struct {}

func (p *Person) coding() {}

func StructIsImplInterface(o interface{}, t reflect .Type) bool {
        obj := reflect .TypeOf(o)
        if obj .Implements(t) {
                return true
        }
        return false
}
```

```
//测试结构体是否实现了接口
func TestStructIsImplInterface(t *testing .T) {
        typeOfCoder := reflect .TypeOf((*coder)(nil)) .Elem()
        var person Person = Person{}
        fmt .Println(StructIsImplInterface(person, typeOfCoder))//输出:  false
        fmt .Println(StructIsImplInterface(&person, typeOfCoder))//输出:  true
}
```

14.5 反射的三个定律

在 Go 语言的官方博客中提到了反射的三个定律，前文也陆续给出了这三个定律。

（1）第一定律：接口类型的变量可以转换为反射对象（通过 reflect 包中的 ValueOf 和 TypeOf 函数实现）。

（2）第二定律：通过反射可以将 reflect.Value 结构体类型转换为接口类型的变量。

（3）第三定律：如果要修改反射类型对象，其值必须是可写的（settable）。

第一定律和第二定律说的是接口类型的变量和反射类型的互转，第三定律说的是在运行阶段如何修改接口类型变量的值。

14.6 反射的应用场景

反射常见的应用场景如表 14-1 所示。

表 14-1 反射常见的应用场景

应用场景	应用描述
结构体标签（Struct Tag）的解析	反射的一大应用就是反序列化。它可以解析结构体字段上的标签，这在解析和序列化 JSON/XML、进行对象关系映射时非常有用
对象关系映射	对象关系映射是一种把数据库记录映射为对象类型的技术，它把对数据的操作变成了对对象的操作，且在操作时不用在意其内部的 SQL 语句
类型的比较	在映射章节曾提到过，键类型的值之间必须可以使用操作符==和!=。换句话说，键类型的值必须支持"判等"操作。而像函数、映射和切片等不支持"判等"操作的类型，则可以使用函数 reflect.DeepEqual 进行比较
类型检查和断言	在不知道变量类型的情况下，检查变量属于哪个类型，例如在处理接口类型和它们存储的动态类型时
动态调用对象的方法	可在运行时动态调用对象的方法，例如根据用户输入或其他运行时数据决定调用哪个方法
实现泛型行为	在 Go 语言较旧的版本中没有泛型，这时可以使用反射来实现可以处理不同类型的泛型函数
动态创建和操作对象	运行时根据类型动态创建对象，例如，通过类型名称创建结构体实例，并动态设置它们的字段值
单元测试和 Mocking	在单元测试中，反射用于写更通用的测试代码和动态创建模拟对象
Web 框架和中间件	在构建 Web 应用程序时，许多框架使用反射来实现路由绑定、请求处理和依赖注入

14.7 反射的性能

函数、映射和切片等类型不支持比较操作，使用 reflect.DeepEqual 可以绕过这一限制。除了使用 reflect.DeepEqual，我们还可以自己实现方法来进行比较，本书配套代码中含有自己实现方法的完整示例，具体见 golang-1/reflect/deepequal。针对这两种实现方法的性能进行测试，结果如下。

```
$ go test -bench= .
goos: darwin
goarch: amd64
pkg: golang-1/reflect/deepequal
cpu: Intel(R) Core(TM) i5-1038NG7 CPU @ 2 .00GHz
BenchmarkStrSliceEqualBCE-8      169125948            7.080 ns/op
BenchmarkDeepEqual-8             5688751             212.0 ns/op
PASS
ok       golang-1/reflect/deepequal  3 .806s
```

上述性能测试的结果表明，在 Go 语言中，与反射相关的包的性能都较差，这与反射的 API 设计有关。在 Java 中，使用反射获取的对象类型是 java.lang.reflect.Field，它是可以复用的，可根据传入的对象取得此对象上对应的成员。示例代码如下。

```
Field field = clazz .getField("xxx");
field .get(obj1);
field .get(obj2);
```

而在 Go 语言中，通过反射获取类型时使用的是 reflect.TypeOf 函数，它无法获取对应对象上的值。如果要获取该值，需要使用 reflect.ValueOf 函数，示例代码如下。

```
obj_type := reflect .TypeOf(obj)
field, _ := obj_type .FieldByName("Xxx")

obj_value := reflect .ValueOf(obj)
fieldValue := obj_value .FieldByName("Xxx")
```

变量 fieldValue 的类型是 reflect.Value 结构体类型，它是一个具体的值，不是一个可复用的反射对象，因此，每次反射操作都会引起内存分配与垃圾回收。此外，在反射包内实现类型时使用了大量的枚举，也就是说，存在 for 循环操作。这些都是造成 Go 语言的反射性能较差的原因。

Go 语言作为静态语言，其编译器虽可以在编译阶段发现类型转换的错误，但对反射的代码却无能为力。反射提高了程序的灵活性，但是降低了程序的可读性，故而与反射挂钩的代码都较难调试和维护。综上所述，我们应该尽可能地避免使用它。

建议参考官方文档中有关反射包 reflect 的测试源码（all_test.go）来学习反射包的使用，源码中提供了很多方法，值得一试。

第 15 章

并发编程

Go 语言之所以被称为 Go 语言，源于 goroutine 这个关键词。goroutine 在 Go 语言中指的是协程，开启一个协程的语法是 go func()。编译器将"go"这个关键字编译为"创建协程结构体 g"，每个协程对应一个结构体 g，g 用于存储协程的执行堆栈、状态和任务函数。

协程与并发编程有关，所谓的并发编程指的是同时有多个函数通过特定的手段对协程进行控制。并发编程是 Go 语言的一大特色，在 Go 语言中开启一个协程，仅需一个关键字 go！

Go 语言的并发特性是基于底层的协程实现的。并发编程的关键点在于控制并发和解决共享资源的冲突。除了传统的锁可以解决并发问题，Go 语言的特色数据结构——通道也可以解决。

本章将介绍并发的概念和数据竞争的问题，我们可使用 sync.WaitGroup 控制并发，使用锁解决共享资源冲突。

15.1　感受并发的魅力

在笔者看来，Go 的并发编程就是先创建协程，然后通过各种手段对其进行控制。虽然在 Go 语言中有许多复杂的并发写法，但其中大部分并不常用，即使在源码中，也很少使用复杂的模式，所以只需掌握常用的手段即可。

15.1.1　并发和并行

并发（concurrency）和并行（parallelism）是一组容易混淆的概念。这里用在银行排队办理业务举例，如果银行打开多个办理窗口，多个人同时办业务，就是并行；如果只打开了一个办理窗口，多个人同时办业务，就是并发。

从计算机的使用角度来讲，并发是指多个任务在同一个 CPU 上按细分的时间片轮流交替执行。这些任务在逻辑上是同时执行的，但对于这个 CPU 来说，这些任务仍然是按细粒度串行执行的。

区别于并发，并行是将多个任务分配到不同的 CPU 上执行，是真正地同时执行。

因为线程已经是 CPU 调度的最小单元了，且一个 CPU 一次只能处理一个线程，因此从微观角度来看，并发任意时刻都只有一个程序在运行。但是从宏观角度来看，这些程序又是同时在那里执行的。

多线程程序在单核 CPU 上运行，这是并发；多线程程序在多核 CPU 上运行（真正的同时运行），这是并行。

15.1.2 并发带来的好处

我们常说具有"并发"能力，其实指的是有处理多个任务的能力。图 15-1 左边是顺序执行的逻辑，右边是并发执行的逻辑。

```
                                          var wg = sync.WaitGroup{}

func Job1() {                             func Job1() {
    fmt.Println("Job1 is running")            defer wg.Done()
    time.Sleep(time.Second)                   fmt.Println("Job1 is running")
}                                             time.Sleep(time.Second)
                                          }

func Job2() {                             func Job2() {
    fmt.Println("Job2 is running")            defer wg.Done()
    time.Sleep(time.Second*2)                 fmt.Println("Job2 is running")
}                                             time.Sleep(time.Second*2)
                                          }

func main() {                             func main() {
    start:=time.Now()                         start:=time.Now()
    Job1()                                    wg.Add(2)
    Job2()                                    go Job1()
    fmt.Println(time.Since(start).Milliseconds()/1000)  go Job2()
}                                             wg.Wait()
                                              fmt.Println(time.Since(start).Milliseconds()/1000)
                                          }
```

图 15-1　顺序执行与并发执行的示例代码

图 15-1 所示程序的最终输出说明如下。

（1）左边的执行顺序是在函数 Job1 执行完以后才会去执行函数 Job2，所以最终花费的时间是 3（即 1+2）秒。

（2）右边在 Job 前添加了关键字 go，表示开启了一个协程。此时，函数 Job1 和 Job2 并发地被执行。另外，这里引入了计数器 sync.WaitGroup，它是一种控制协程的手段。这段代码最终执行的时间减少到 2 秒，实现了并发的效果。请注意，在并发执行的代码中，Job1 与 Job2 的执行顺序是随机的，这与协程的抢占机制有关，谁先抢着谁就执行。

15.1.3 "hello goroutine"

用 Go 语言编写并发代码的方式很简单，在需要执行并发的语句前添加关键字 go 即可。当然，要想用好协程，还需要掌握很多细节。首先，让我们来看一下协程版的"hello world"，示例代码如下。

```
func helloGoroutine(i int)  {
        fmt.Println("hello goroutine", i)
}

func main() {
        for i := 0; i < 5; i++ {
                go helloGoroutine(i)
        }
        time.Sleep(time.Millisecond)
}

//输出
```

```
hello goroutine 2
hello goroutine 0
hello goroutine 1
hello goroutine 3
hello goroutine 4
```

在上述示例代码中，for 循环内调用了 5 次 helloGoroutine 函数。与单线程执行相比，这里最大的变化是在 helloGoroutine 函数前添加了关键字 go，这意味开启了协程，用并发的方式执行了 helloGoroutine 函数 5 次。

请注意，这里的执行顺序不是我们想象的那样按照 0～4 的顺序执行。实际上每次的输出都是无序的。这是因为这 5 个协程是并发执行的，每当协程开启时，主程序并不会等待某个协程的代码执行完以后再去执行下一个语句。协程之间会抢占资源，谁先抢到就执行谁，协程调度器则用于调度协程的执行。

15.1.4 协程的执行顺序

在前面的示例代码中，如果在代码末尾不加 time.Sleep 语句，则程序运行后没有任何输出，原因是什么呢？

这是因为 Go 的主栈不是 main.main，而是 Go runtime。main.main 实际上也是一个协程（main 协程）。Go runtime 开启多个线程后，会将所有的子栈分发到这些线程上。当程序执行时，内核态线程创建第一个协程（称作 G0）。G0 只负责调度，待内核态线程与 main.main 这个协程绑定后程序开始运行。调用函数 helloGoroutine 时，在函数前面添加了关键字 go，这是 Go 语言中并发的写法。上述示例代码中开启了 5 个协程分别执行 helloGoroutine 函数，这 5 个协程与 main 协程是并行的关系，它们也会与真正的内核态线程绑定运行，内核态线程可能是新创建的，也可能是从空闲队列中获取的。根据协程的特性，main.main 中的 for 语句执行完以后，主协程并不会等待创建的 G1～G5 执行完，只有在执行 time.Sleep(time.Millisecond)语句时它才会等待。可见，如果没有最后的 time.Sleep 语句，程序将在执行完 for 语句后直接退出，且不会有任何输出。

前面的示例代码遵循以下执行顺序。

（1）协程（入口函数 main 也是协程，称为主协程）按照从上到下的顺序执行当前栈中的函数。

（2）当遇到关键字 go 时，Go runtime 会在主协程内创建多个子协程。此时，协程之间会抢占资源，谁抢着就是谁的，所以无法保证谁先被执行。

（3）协程启动调用后会立即返回，不会等待执行结果，也不会接收返回值。

（4）主协程执行完后会立即退出，不会等待其他尚未执行完的协程。

图 15-2 是这段示例代码的执行示意图。

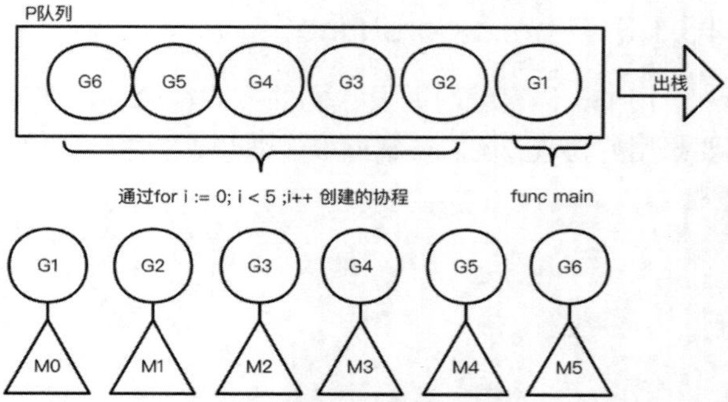

图 15-2　协程的执行示意图

15.1.5 控制协程的几种方式

有多种方法可以确保在协程执行完之前 main 函数不退出，具体如下。

- 使用函数 time.Sleep 让 main 函数等待。
- 使用编排协程的 sync.WaitGroup 控制协程的等待和退出。
- 使用管道或者 select 阻塞协程。
- 使用函数 time.NewTimer 或者 time.NewTicker 控制协程。

15.2　sync.WaitGroup

实现并发主要考虑两个问题，即分组和同步数据。前面的示例代码中引入了 sync.WaitGroup，它的作用是控制协程，让多个协程之间同步。如果读者感兴趣，可以将前面示例代码中与 sync.WaitGroup 有关的代码删除后再执行，这时你会发现最后的输出结果是 0。这是因为主协程和子协程也要进行资源竞争，主协程执行完以后会立即退出，不会等待尚未执行完的子协程。

在讨论并发编程时，我们必须要考虑的一个问题是数据竞争。简单来说，数据竞争是指程序中有多条执行路径在同一时刻访问同一块内存，这可能会导致数据遭到破坏。为了防止这种情况发生，我们通常需要引入同步机制。

15.2.1　sync.WaitGroup 的三个方法

sync.WaitGroup 是一种编排协程的手段，它能让多个子协程在统一的点集合，主要用来控制协程的同步。sync.WaitGroup 本质上是一个计数器，它用于等待一组并发操作完成，它有如下三个方法。

- WaitGroup.Add：用于添加等待的协程的个数。
- WaitGroup.Done：每执行一次，计数器减少 1，等同于 WaitGroup.Add(-1)。
- WaitGroup.Wait：阻塞主线程，直到所有的协程都执行完。

执行 WaitGroup.Add (delta int)方法时，任务计数器会增加 delta 的值。每执行一次 WaitGroup.Done 方法，任务计数器就会减少 1。WaitGroup.Wait 方法则会阻塞当前的线程，直到任务计算器变为 0。当所有的任务都完成（即任务计数器为 0）时，所有因调用 WaitGroup.Wait 方法而被阻塞的协程都会被唤醒，并继续执行。如果在执行 WaitGroup.Wait 方法时，计数器数的值不为 0，则会出现死锁。这也提醒开发者，在实际开发中创建协程时需要针对它的数量做一些控制。

15.2.2　使用 sync.WaitGroup 的模板

使用 sync.WaitGroup 时也有相应的模板，比如首先创建 sync.WaitGroup 的变量，然后添加协程的总个数，接着就是开启协程执行函数 func（实际的业务逻辑就在函数 func 中），在函数 func 退出前执行 WaitGroup.Done 方法，表示该协程执行完毕，最后执行 WaitGroup.Wait 方法，用于阻塞主线程，等待所有的协程都执行完。示例代码如下。

```
wg := sync.WaitGroup{}
wg.Add(协程个数)
go func(参数,&wg){
        defer wg.done()
        业务代码
```

```
}
...
go func(参数,&wg){...}
wg.Wait()
```

15.2.3   使用 sync.WaitGroup 时的注意事项

使用 sync.WaitGroup 时需要传入 sync.WaitGroup 的指针，否则会出现死锁。示例代码如下。

```
func main() {
        wg := sync.WaitGroup{}
        wg.Add(100)
        for i := 0; i < 100; i++ {
                go printf(i, wg)
        }
        wg.Wait()
}

//要传入 sync.WaitGroup 的指针，否则会死锁
func printf(i int, wg sync.WaitGroup) {
        defer wg.Done()
        fmt.Println(i)
}
```

上述代码执行时会报错，报错信息如下。

```
fatal error: allgoroutines are asleep - deadlock!
```

这里将printf(i int, wg sync.WaitGroup)改为printf(i int, wg *sync.WaitGroup)即可解决死锁的问题。

15.2.4   为 sync.WaitGroup 增加额外的功能

sync.WaitGroup 可以对协程进行分组，也可以使其同步。那么如何统计多个协程的耗时呢？解决办法很简单，那就是利用 Go 的编程模式——内嵌，即将原有功能的数据结构 sync.WaitGroup 作为成员内嵌在新的数据结构中，然后为新的数据结构添加统计耗时的方法。

例如，下面的代码将 sync.WaitGroup 内嵌到了新的结构体 WaitGroupPlus 中，并为它实现了新的 Done 方法，这样就可以统计多个协程的耗时了。

```
type WaitGroupPlus struct {
        sync.WaitGroup
        t int64 //
}

//统计耗时直接调用 wgp.Done 即可
func (wgp *WaitGroupPlus) Done(startTime time.Time)  {
        defer wgp.WaitGroup.Done()
        defer func(){
        wgp.t+=time.Since(startTime).Milliseconds()/1000
        }()
}

//使用 wg 时，替换为新的 WaitGroupPlus
wgp:=WaitGroupPlus{}
wgp.Done(time.Now())
```

15.3 数据竞争问题

并发问题在使用计算机时很常见，例如多人同时对一条数据进行修改，当多个协程并发操作同一个资源时，如果没有相应的控制机制，就很可能会发生冲突。

15.3.1 临界区

在编码时，一些代码被用来并发地访问和修改数据，为了防止因并发导致冲突，这部分代码会被"保护"起来，它们被称作临界区（critical section）。临界区是共享资源，在 Go 语言的并发编程中，如果对多个协程要访问或修改的临界区处理不当，则很有可能会造成数据不一致。

举一个计数器的例子，示例代码如下。

```
// 测试共享内存并发不安全时，是否会造成数据不一致
func TestGoroutineUnSafe()  {
        counter:=0
        for i := 0; i < 100000; i++ {
                go func() {
                        counter++
                }()
        }
        time.Sleep(time.Millisecond)
        fmt.Println(counter)
}
```

上述代码的输出结果是 90000 多，而不是预期值 100000。这是为什么呢？这是因为多个协程会同时对变量 counter 做自增操作，counter++就是这段代码的临界区，但上面的代码并没有对此临界区做出限制，导致多个协程可以同时访问和修改它，因此是线程不安全的，所以最终的结果并非预期的100000。想要得到正确的结果，必须限制临界区，使其同一时刻只能被一个线程访问或修改。

15.3.2 数据竞争的检测方法

在并发编程中，复杂的临界区并不是一眼就能识别的，正确管理临界区是一项挑战。不当管理可能会导致难以捕捉的编程错误，如竞态条件和死锁等，它们是并发编程中最隐蔽、最难以捕获的错误之一。数据竞争会带来不稳定性，它们所导致的问题不可预测，有的问题可能在上线很久以后才会发生。虽然 Go 语言的并发机制使编写并发代码变得容易，但是它们并不能防止出现数据竞争。

为了解决此问题，Go 集成了检测数据竞争的工具链。在编译代码时，只需将 "-race" 选项添加到编译命令中，就可以启用数据竞争检测器。此检测器有助于识别数据竞争问题，并且在 run、build 和 test 命令中都能使用，示例代码如下。

```
$ go run -race concurrency_check.go
==================
WARNING: DATA RACE
Read at 0x00c0000a6008 by goroutine 7:
  main.TestConCurrencyUnSafe.func1()
      ../concurrency_check.go:14 +0x30

Previous write at 0x00c0000a6008 by goroutine 6:
```

```
    main.TestConCurrencyUnSafe.func1()
        ../concurrency_check.go:14 +0x44

Goroutine 7 (running) created at:
  main.TestConCurrencyUnSafe()
        ../concurrency_check.go:13 +0x4f
  main.main()
        ../concurrency_check.go:21 +0x24

Goroutine 6 (finished) created at:
  main.TestConCurrencyUnSafe()
        ../concurrency_check.go:13 +0x4f
  main.main()
        ../concurrency_check.go:21 +0x24
==================
Found 1 data race(s)
exit status 66
```

如果存在数据竞争，检测结果则会输出"WARING"和"panic"的相关信息，并提示可能引起数据竞争的代码位置，这极大地帮助了开发者快速有效地查找问题。根据上面的竞争检测结果可知，编号为 6 和 7 的两个协程存在数据竞争，引起竞争的临界区位于代码 concurrency_check.go 的第 14 行。

数据竞争检测器 go -race 是基于 Google 公司的 C/C++ sanitizers 技术实现的，它可以与 go build、go test、go run 等命令一起使用。编译器通过添加相应的代码来记录所有访问内存的行为（包括访问内存的时间和方式）。在代码运行时，竞争检测工具会监视对共享变量的非同步访问。如果检测到这种行为，就会记录警告信息。

检测工具只能在代码运行时使用，并且只有在实际触发竞争条件时才会检测到竞争。这意味着，如果想在工作的同时运行竞争检测工具，可能会消耗十倍甚至更多的资源（CPU 和内存）。因此，一直启用竞争检测工具是不切实际的。所以，竞争检测工具的应用场景更多是在负载测试和集成测试时。

另外，即使竞争检测工具没有发现数据竞争，也不代表代码没有这样的问题，有可能只是工具没找到而已。笔者在自己的 macOS 环境中就遇到过这种情况，因为调度器没有多次切换任务，所以数据竞争检测工具发现不了问题。事实上，随着代码进入持续集成阶段，Linux 平台上经常会出现数据竞争问题。不管怎样，在运行负载测试和集成测试时，建议开启数据竞争检测工具；在编写多线程代码时，更应该这样做。

15.3.3　解决临界区的数据安全问题

和其他语言一样，Go 语言底层并不能保证代码中的操作一定是原子操作。例如，自增操作 i++实际上是三个操作的组合：读取、修改和写入，它们在汇编中对应着三行代码，这三行代码的伪代码如下。

```
//先将 i 的值加载到寄存器 CX 中，然后将 1 加到 CX 中，最后将 CX 中的值存回到 i 中
MOVQ i,  CX //读取
ADDQ $1, CX //修改
MOVQ CX, i  //写入
```

在操作系统层面，上述三行代码未必能一次执行完，它们之间可能会出现任务切换问题。此外，在转换成机器码时，这三个操作可能还会细分为更低级的指令。由此可见，任何指令在执行过程中都有可能遇到任务切换，这会导致执行过程中断。

在多线程环境中，实现原子性操作非常重要，因为程序可能会在多个处理器核心上并行执行。在这种环境下，开发者必须明确地使用同步机制来避免竞态条件和并发问题。为了实现对临界资源的安全访问，Go 语言提供了诸如互斥锁、条件变量等同步工具。当一个协程需要访问临界区时，它会先获取相应的锁，然后阻止其他协程同时访问该临界区。另外，也可以通过原子指令来实现类似的同步效果。

原子指令的执行速度更快，因为这些指令位于硬件层面，所以同步工作会交由硬件完成。但其缺点是只能操作 4 或 8 字节的内存，也就是说，只适合简单变量。如果想保证多行代码原子性执行，就需要考虑使用互斥锁。

15.4 传统的锁

使用协程是为了更高效地实现并发，但并发却又会带来临界区的数据竞争问题。虽然我们可以使用数据竞争检测器 run -race 来检查是否存在数据竞争问题，但这治标不治本。为了让临界区安全，我们需要拥有解决临界区数据竞争问题的手段。对此，Go 语言也给出了一些解决方案，其中，加锁就是一种常用的解决方案。

"通过通信共享内存"和"通过共享内存进行通信"是两种不同的并发处理模式，前者采用通信的方式将"消息"的"所有权"交给协程，通道则是协程间交互的载体。后者则是传统的并发编程处理方式，共享的数据被加锁保护，协程只有获取锁后才能访问数据。

只要是想解决共享资源的问题，都可以考虑加锁。Go 标准库的 sync 包中有很多种锁的实现。接下来我们将探讨与锁有关的内容。

小技巧：一般来说，对协程进行控制时，在通道和锁中选择一个即可。对于协程间的数据交互，则更多使用通道。

15.4.1 锁的概念

我们经常会遇到数据竞争的场景。例如，在会话 A 更新一条数据的同时，会话 B、C、D 也在操作这条数据，那么就会存在对同一个资源的竞争。在这种情况下，锁就派上用场了。比如，当会话 A 读、写数据时，添加一个锁，只有在会话 A 处理完事务并释放锁以后，会话 B、C、D 才有机会去操作这条数据。这样，事务就变成串行的了，即同一时刻只有一个协程在操作这条数据，这就保证了数据的安全。锁是控制并发的基本手段，是为避免竞争而建立的并发控制机制。

在 Go 语言中，锁是一个接口，它只有两个方法：加锁和释放锁。示例代码如下。

```
// A Locker represents an object that can be locked and unlocked.
type Locker interface {
    Lock()
    Unlock()
}
```

注意：加锁指的是锁定互斥锁，而不是锁定一段代码。当程序执行到有锁的地方时，如果获取不到互斥锁，就会被阻塞在那里，从而达到同步数据的目的。

15.4.2 互斥锁 Mutex

1. 什么是互斥锁

互斥锁也叫排他锁。Go 语言中的 sync.Mutex（简称 Mutex）就是互斥锁的一种具体实现。Mutex 实现了 Locker 接口中定义的 Lock 方法，示例代码如下。

```
func (m *Mutex) Lock()
func (m *Mutex) Unlock()
```

某个协程通过调用 Lock 方法获得锁后，其他请求锁的协程在调用 Lock 方法时就会被阻塞，直到锁被释放，其他协程才能再次竞争这把锁。使用互斥锁的伪代码如下。

```
var s sync.Mutex
s.Lock()
// 这里的代码是串行的
代码...
s.Unlock()
```

锁定和释放锁必须成对出现！在加锁后一定要记得释放锁，否则会造成死锁。

我们通常会在相应的结构体中嵌入互斥锁，这样就可以直接调用 Lock 和 Unlock 方法。此外，还可以将获取锁、释放锁的逻辑封装在方法内，这样就只是对外提供方法而不会暴露锁的逻辑。示例代码如下。

```
type Sequence struct {
        value int
        sync.Mutex
}

func (s *Sequence) increment() {
        s.Lock()
        defer s.Unlock()
        s.value++
}

func (a *Sequence) get() int {
        a.Lock()
        defer a.Unlock()
        return a.value
}
```

2. Mutex 的数据结构

互斥锁 Mutex 的实现源码位于 sync/mutex.go 中，它的属性和方法如图 15-3 所示。

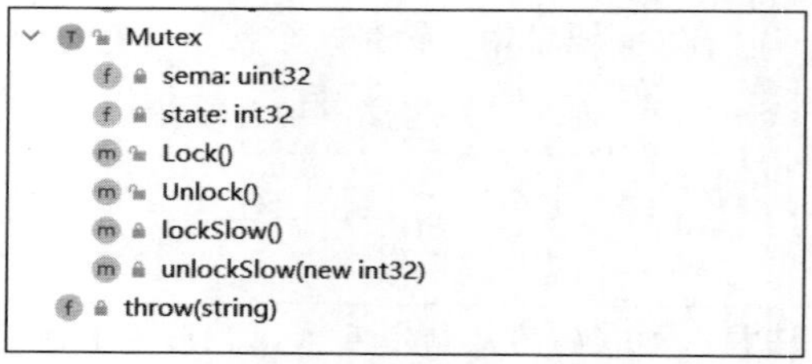

Mutex 结构体仅包含 2 个字段，分别是 state 和 sema。

state 是一个 int32 类型的字段，表示互斥锁的状态，它主要包含两部分信息，即锁是否被持有以及等待锁的协程数量。state 的取值为 0~3，对应的常量为 mutexWoken、mutexStarving 和 mutexWaiterShift。示例代码如下。

图 15-3　Mutex 的属性和方法

```
const (
                                        //0 表示没有锁
        mutexLocked      = 1 << iota    //持有锁的标识
        mutexWoken                      //唤醒标识位
        mutexStarving                   //饥饿标识
)
```

sema 是一个 uint32 类型的字段,它被用作一个信号量,用于控制等待协程的阻塞、休眠和唤醒,常用于加锁和释放锁的过程中。

当一个协程尝试获取一个已被其他协程持有的互斥锁时,该协程会被阻塞并进入等待状态。当持有锁的协程调用 Unlock 方法释放锁时,Mutex 会唤醒一个等待的协程并将锁的所有权转移给它。

3. 使用互斥锁修改 TestGoroutineUnsafe 函数

下面将 15.3.1 节涉及的代码使用互斥锁重构,以使其并发安全,具体如下。

```
// 测试协程并发时的锁
func TestGoroutineSafeByLock(t *testing.T) {
        counter:=0
        var mutex sync.Mutex
        for i := 0; i < 100000; i++ {
                go func() {
                        mutex.Lock()
                        counter++
                        mutex.Unlock()
                }()
        }
        ...
}
```

在上述代码中,为临界区代码 counter++加上了互斥锁 Mutex,在代码执行完以后,会使用 mutex.Unlock 方法释放互斥锁。这样一来,counter++这块临界区就是并发安全的了。

对临界区的代码段加锁,可确保同一时刻最多只有一个协程能够拿到这把锁。获取锁使用 Lock 方法,执行完代码段后,释放锁使用 UnLock 方法。互斥锁实际上提供了这样一种能力:划分出一个关键的代码段,确保其中的代码以原子的方式执行,不管有多少条指令。

当然,使用互斥锁是有代价的。我们必须注意因为使用它而导致的延迟。等待的协程越多,因此而产生的延迟就越大,因为有的协程可能需要等待很久才能获取那把锁。既然它会导致性能下降,那么使用锁的操作越少越好。

虽然互斥锁 Mutex 是个结构体,但尽量不要把它作为函数的参数使用。这是因为在 Go 语言中,函数的参数都是以值的方式传递的,这意味着函数会获取参数的一个副本。当我们将一个互斥锁作为参数传递给一个函数时,函数会获取这个互斥锁的副本,而不是原始的互斥锁。互斥锁是有状态的对象,它的状态字段(state)记录了锁的状态。这就会导致问题,因为互斥锁的副本会有自己独立的状态,这可能会破坏互斥锁的同步特性。例如,如果一个协程锁定了一个互斥锁,然后另一个协程获取了这个互斥锁的副本并尝试锁定它,那么这个尝试会成功,因为副本是一个全新的、未被锁定的互斥锁。这就违反了互斥锁的基本保证,即在任何时刻,最多只有一个协程可以持有锁。另外,Go 语言的互斥锁是不支持复制的,如果尝试复制一个互斥锁,则会引起 panic。如果需要在函数之间共享一个互斥锁,应该使用指针而不是值来传递它。

15.4.3 Mutex 的工作模式

每个协程都必须在获取锁以后再对临界区的资源进行操作，完成操作后它会释放锁，这样就能保证共享资源的并发安全。但是，这种方式也带来了一个问题，由于有的协程一直获取不到锁，因此导致业务逻辑的执行不完整，这个问题称为"饥饿问题"。为了解决该问题，互斥锁提供了两种工作模式，即正常模式和饥饿模式。

1. 正常模式

所谓正常模式指的是代码段的当前锁在同一时刻只能被一个协程获取。如果当前代码段的锁已经被一个协程获取，那么其他协程执行到这个代码段时，就会进入一个等待队列。释放锁后，等待的协程在等待队列中被唤醒，但被唤醒的协程并不会直接持有锁，而是会与新进入的协程竞争。

正常模式会带来这样一个问题：新进入的协程有先天的优势，因为它们正运行在 CPU 中，所以在高并发的场景下，被唤醒的协程可能竞争不过新进入的协程。在极端情况下，被唤醒的协程永远无法获取到锁。

为了解决这个问题，Go 语言中增加了另一种机制，即被唤醒的协程将被插到队列的最前面。如果被唤醒的协程获取不到锁的时间超过了阈值 1 毫秒，那么此时这个互斥锁就进入饥饿模式。

2. 饥饿模式

在饥饿模式下，释放锁后，锁的拥有者会直接将锁交给队列最前面的协程。新进入的协程不会尝试获取锁，即使锁看起来没有被持有，它会直接跑到等待队列的末尾。当拥有锁的协程遇到以下两种情况中的任意一种时，它会将这个互斥锁转换为正常模式。

- 此协程已经是等待队列中的最后一个协程。
- 该协程的等待时间小于 1 毫秒。

饥饿模式虽然可以避免出现因为性能原因而让协程长时间等待锁的情况，解决了锁的公平性问题，但是也会导致性能降低。在饥饿模式下，那些一直在等待的协程会被优先调度。

15.4.4 读写锁 RWMutex

互斥锁是控制多个协程访问同一个资源的常用手段，虽然它保证了数据安全，但同时也降低了性能。互斥锁用于确保同一时刻只有一个协程访问共享资源，在写少读多的情况下，即使一段时间内没有写操作，大量的并发读操作也会在互斥锁的保护下以串行的方式进行。

而实际上，并不是所有的场景下都需要使用互斥锁来公平地对待读、写。来看个类比，我们去商场买衣服，衣服都是可以随便看的，这可以看作是"读锁"，只有看上自己喜欢的衣服我们才会去试穿，这可以看作是"写锁"。在这种场景下，"读"与"写"是区别对待的。如果只是看衣服，不管有多少人，都可以让他们看，不用排队。只有在选择试衣服时，才会把衣服取下来给他试穿，这时其他人才看不了，直到试穿完毕，归还衣服为止。

1. 读写锁的设计策略

在设计锁的读、写策略时，借鉴了现实生活中的处理方式。当一个协程访问共享资源时，会先对其进行判断，如果它是写操作，那么就让它独占这把锁；如果不是，就让所有读操作的协程共享这把锁。这样一来，串行变成了并行，从而提高了性能。许多编程语言都实现了类似的并发锁，即读写锁。读写锁通常都是基于互斥锁、条件变量和信号量等并发技术实现的。

如表 15-1 所示，读写锁的设计策略可以分成三类。

表 15-1 读写锁的设计策略

设计方案	设计说明
读优先级更高	这种设计可以提供高并发，但在竞争激烈的情况下可能会导致写饥饿（write-starvation）。这是因为如果有大量的读，将导致只有在所有读取都释放了锁之后写才能获取锁
写优先级更高	这种设计主要避免了写饥饿问题。如果同一时间有一个 reader 和 writer 在等待获取锁，那么会优先给 writer，且会阻止 reader 获取锁。当然，如果 reader 已经获得了锁，那么 writer 也会等待现有 reader 释放锁，然后再获取它
未定义优先级	这种设计相对简单，不区分 reader 和 writer 的优先级。在某些情况下，这种不指定优先级的设计更有效，因为读和写都有同样的优先权，这也解决了饥饿问题

2. "写优先级更高" 的 RWMutex

Go 标准库中的读写锁 sync.RWMutex（简称为 RWMutex）是基于写优先级更高的方案设计的。读写锁基于互斥锁实现，可以区别对待读和写操作。

（1）同一时刻只能有一个协程获得写锁，但可以有任意数量的协程获得读锁。

（2）读和写互斥，两种操作不能同时进行。

（3）多个读操作可以同时进行。

（4）当协程持有写锁时，会阻塞所有读或写的协程。

（5）当协程持有读锁时，不会阻塞读的协程，只会阻塞写的协程。

（6）读写锁通常用于有大量读少量写的场景。

读写锁提供的方法如下。

```
func (rw *RWMutex) Lock()
func (rw *RWMutex) Unlock()

func (rw *RWMutex) RLock()
func (rw *RWMutex) RUnlock()
```

3. RWMutex 的使用示例

这里基于读写锁 RWMutex 实现了一个线程安全的计数器，示例代码如下。

```
type Counter struct {
        sync.RWMutex
        count uint64
}

// 使用读锁保护
func (c *Counter) Query() uint64 {
        c.RLock()
        defer c.RUnlock()
```

```
                return c.count
}

// 使用写锁保护
func (c *Counter) Increase() {
        c.Lock()
        c.count++
        c.Unlock()
}

func main() {
        var counter Counter
        for i := 0; i < 100; i++ {
                go func() {
                        for {
                                counter.Query()
                                time.Sleep(time.Millisecond)
                        }
                }()
        }

        for { // 1个writer
                counter.Increase() // 计数器写操作
                time.Sleep(time.Second)
        }
}
```

通过上述代码可以看到，方法 Increase 是写操作，它使用方法 Lock/Unlock 进行加锁和释放锁操作。方法 Query 是读操作，它使用方法 RLock/RUnlock 进行加锁和释放锁操作。这里模拟的是典型的读多写少的场景：主协程每秒调用一次写操作，100 个子协程每毫秒执行一次读操作。可以看到，通过使用读写锁 RWMutex，大大提高了计数器的性能。在上述代码中，reader 可以并发进行读操作。如果在这个场景下使用互斥锁，性能就会低很多，因为每个 reader 进行读操作时都会加锁，其他没有获取到锁的 reader 只能排队等待。

小技巧：与互斥锁一样，在结构体中也支持采用匿名的方式嵌入读写锁。

15.4.5   重入与 TryLock

Go 语言在 1.18 版本有一个新特性，即实现了尝试获取锁（TryLock）的相关方法，其中涉及一个叫作重入的概念。简单来说，重入就是锁上加锁。当一个拥有锁的线程再次请求这把锁时，它不会被阻塞，这种类型的锁被称为可重入锁，又叫递归锁。可重入锁的作用是防止出现死锁。只要拥有这把锁，就可以无限期地使用它。比如有些算法可以通过递归实现，在递归调用过程中，同一个函数可能被连续多次调用，如果这个函数需要访问某个被锁保护的共享资源，那么在递归过程中，它会尝试多次获取同一把锁，调用者不会被阻塞或者出现死锁等情况。Java 中的 synchronized 和 ReentrantLock 都是可重入锁。

在 Go1.18 版本之前，不支持可重入锁。一旦对互斥锁再加锁，就会产生 panic。关于不支持可重入锁的原因，Go 语言的主要开发者之一鲁斯·科克斯（Russ Cox）于 2010 年在 *Experimenting with GO* 中给出了答复，他认为递归（又叫重入）互斥这个设计并不好。我们来看一段模拟重入互斥的伪代码，并分析一下为什么作者对重入设计并不认同，示例代码如下。

```
func Fun() {
  mu.Lock()
  ... 做一些工作 ...
  GFun()
  ... 做一些其他工作 ...
  mu.Unlock()
}

func GFun() {
  mu.Lock()
  ... 做一些工作 ...
  mu.Unlock()
}
```

在上面的代码中，我们在 Fun 函数中调用 GFun 函数时加上了锁，如果这里支持可重入锁，那么会进入 GFun 函数中。此时就会出现一个致命的问题，那就是我们不知道 Fun 和 GFun 函数加锁后做了什么事情。Go 语言的设计理念是大道至简，其作者认为如果可能的干扰比较多，不如直接按简单的来。基于这些原因，所以他选择了不支持可重入锁。

但在 Go 语言的发展过程中，越来越多的人认为有必要增加这个特性。于是在 Go1.18 版本中，Mutex 新增了 TryLock 相关的方法，这是一种尝试获取锁的新方法，具体如表 15-2 所示。

表 15-2　Go1.18 版本中新增的 TryLock 相关方法

新增方法	作用
Mutex.TryLock	尝试锁定互斥锁，返回是否成功
RWMutex.TryLock	尝试锁定读写锁，返回是否成功
RWMutex.TryRLock	尝试锁定读锁，返回是否成功

官方特意提醒，使用 TryLock 方法的场景虽然确实存在，但是很少，使用 TryLock 方法往往可能意味着有更深层次的问题。

15.5　原子操作介绍

比较并交换（Compare And Swap，CAS）是一种重要的同步原语，它在许多并发编程模型中起着核心作用。它用来比较给定值和内存地址中的值，如果它们是相同的值，就使用新值替换内存地址中的值，即使新值与旧值相同，这个操作也会执行。虽然这看起来似乎没有意义，因为新值和旧值相同，替换后的值仍然和原来的值相同。但是，CAS 的关键在于它提供了一个原子性的检查和设值的操作，它是实现互斥锁和同步的基础。

什么是原子性？原子是化学反应中不可再分的最小粒子。引申到计算机领域，原子操作就是一个独立的操作单元，操作要么全部成功，要么全部失败。原子操作可保证当前指令总是基于最新的值来计算。如果其他线程同时修改了这个值，那么 CAS 会返回失败的信息。在硬件层面，CPU 提供了原子操作、中断、内存总线和内存屏障等机制。原子操作确保了在并发环境中一组操作的完整性和一致性，中断可以暂停当前任务并切换到其他任务上，内存总线和内存屏障则确保了内存操作的顺序和一致性，这些机制是并发控制的基础。

操作系统基于这些机制实现了锁和同步机制，进而可以在用户空间提供并发支持。原子操作通常是用于实现锁的基本操作，如加锁和释放锁，而中断、内存总线和内存屏障则确保了并发操作的正确性。

原子操作在并发编程中非常重要，由于它是直接由 CPU 执行的，所以它的执行效率非常高，远高于锁和其他同步机制。

Go 语言中的 atomic 包为我们提供了一系列的原子操作函数，包括 Add（加）、CompareAndSwap（比较并交换）、Store（存储）、Load（加载）和 Swap（交换）等。这些操作都是基于内存地址进行的，因此我们需要将可寻址变量的地址作为参数传递给这些函数。

15.5.1　Go 语言中的原子操作

前面提到的互斥锁和读写锁，它们的底层都是通过组合封装原子操作来实现的。在其源码中，随处可见调用原子操作的包 atomic 的代码，示例代码如下。

```
atomic.CompareAndSwapInt32(&m.state, 0, mutexLocked)
atomic.AddInt32(&m.state, delta)
```

既然互斥锁和读写锁是由一系列原子操作组合而成，那么它们肯定不能更改。来看一个类比，如果将乐高积木里的每一个积木都看作一个原子操作，那么可以把互斥锁和读写锁理解为乐高官方组装好的系列套装，虽然我们可以用这个套装中的积木拼装出自己想要的其他样式，但是套装中的颗粒数和大小都是固定的、受限制的，其自由度比不了散装颗粒。不过，在有特殊需求时，我们可以像高级玩家一样，使用散装的颗粒（原子操作）来拼装出我们想要的样式（编写出我们想要实现的锁）。

不仅互斥锁需要用到原子操作，Go 语言中重要的 GPM 调度也少不了原子操作的身影。在与调度有关的源码 runtime/proc.go 中，可以看到调度器一个很重要的操作就是从本地运行队列中获取协程，与之相关的 runqget 函数如下。

```
func runqget(_p_ *p) (gp *g, inheritTime bool)
```

在函数 runqget 中，调用了原子读取函数 atomic.LoadAcq 以及原子比较交换函数 atomic.CasRel，它们都是典型的原子操作。

15.5.2　atomic 包的使用

下面将数据竞争章节涉及的代码使用 atomic 包重构，以使其并发安全，示例代码如下。

```
func TestGoroutineSafeByAtomic(t *testing.T) {
    var counter int64 = 0
    for i := 0; i < 100000; i++ {
        go func() {
            atomic.AddInt64(&counter, 1)
        }()
    }
    time.Sleep(time.Second)
```

```
        fmt.Println(counter)
}
```

使用 atomic 包时，会强制要求加上数据类型的精度。因此，必须明确要使用的是带长度的 int 类型（如 int32、int64），而不是不带长度的 int 类型，这也是使用这套 API 的一个限制。使用 atomic 包时，需要将地址作为第一个参数传入。这些同步操作针对的是某个地址对应的值。这种同步方式依赖于地址，硬件会保证多个协程有序地访问同一个内存地址。要说明的是，atomic 包仅仅会为一行代码保证原子性。如果需要让一段代码都保持原子性，还是得使用互斥锁，这就是使用这套 API 的第二个限制。

另外，atomic 包中的结构体 atomic.Value 是一个存、取均为原子操作的容器，它不支持 CAS 操作，常用于变更配置的场景。关键代码如下。

```
var atomicVal atomic.Value
str := "hello"

atomicVal.Store(str)  //此处是原子操作
newStr := atomicVal.Load()  //此处是原子操作
```

第 16 章

并发与通道

除了使用计数器 sync.WaitGroup 控制协程，还可以使用通道控制协程。通道是 Go 语言内置的核心数据类型，使用通道可以很方便地在协程间进行数据通信。这源于 CSP（Communicating Sequential Processes，通信顺序进程）模型，Go 实现了其中部分理论。CSP 模型由并发执行的实体（如进程或线程）组成，实体之间通过发送消息进行通信，其中通道承担了在实体之间传递消息的责任。

在 Go 语言中，协程就是实体，而通道则是用来完成通信的载体。"Don't communicate by sharing memory; share memory by communicating."（不要通过共享内存来通信，而应该通过通信来共享内存。）这是 Go 语言的作者之一 Rob Pike（罗布·派克）说过的很有名的一句话，这充分说明了他对通道的推崇。通道类似 UNIX 上的管道（可以在进程间传递数据），其本质就是协程之间的内存共享。

所谓的"传递数据"是指一个协程将数据交给另一个协程，相当于把数据的拥有权（引用）交出去。在本书前面的"hello world"程序中就使用了通道来传递数据。在协程之间使用通道传递数据，是通道的常见应用场景。

16.1 通道的行为

同步是指在多个协程（即并发执行的线程）访问共享数据时，使用同步机制来协调它们的行为，以确保数据的正确性和一致性。在并发编程中，多个协程可以同时读取或修改共享数据，如果没有进行同步，则可能会导致数据不一致或产生错误。例如，当多个协程同时尝试修改同一个变量时，可能会出现竞争条件（race condition），进而导致最终的结果不可预测或不正确。编组是指让这些协程彼此之间有效地协调。sync.WaitGroup 并不算是同步机制，它更多是用来对协程进行编组。sync.WaitGroup 可让多个协程完成各自的任务后进行汇报，它的本质是一个"专用"的计数器。

在 Go 语言中，通道是一种重要的并发原语，用于协程之间的通信，它提供了一种通过发送和接收数据来同步协程的机制。通道类似于管道或者队列，它连接了一个发送者协程和一个接收者协程。发送者可以使用通道发送值（如数据或信号），接收者可以使用通道接收这些值。通道会阻塞发送者或接收者，直到有数据可以发送或接收为止。因此，它也是一种对协程进行编组的方式。通道的主要作用是协调不同的协程之间进行数据传输，而不是同步它们的执行。

有些读者认为通道是一种数据结构，是一种同步队列，这其实并不完全正确。通道实际上是一种特殊的类型，它在语言级别提供了一种在不同的协程之间传输数据的机制。虽然通道内部使用了一些同步机制来确保发送者和接收者之间的正确协调，但它并不是一个同步的队列，因为它并不能保证元素按照任何特定的顺序进入或离开通道。

不要从数据结构的角度来看通道，而应该把重点放在行为上。这里的行为是指发送和接收信号（数据）的行为。我们应该从收、发信号这种行为入手，即考虑如何使用通道实现这种行为。当我们谈论通道的时候，其实只关心一件事，那就是如何实现对信号的收和发，至于信号具体是什么，我们并不关心。

16.2 创建通道

通道是一种引用类型，通过 make 函数可以创建一个新的通道，该函数会返回一个通道值。使用 make 函数时需要指定通道的类型和缓冲区的大小（可选）。示例代码如下。

```
var ch_name chan TYPE = make(chan TYPE, BUFFER) //定义及初始化

i := make(chan int)              // 创建一个 int 类型的无缓冲通道
j := make(chan string, 0)        // 创建一个 string 类型的无缓冲通道
k := make(chan *os.File, 100)    // 创建一个文件指针类型、缓冲区大小为 100 的通道
```

其中，TYPE 表示通道的类型，BUFFER 表示通道的缓冲区大小，如果不写 BUFFER 值则默认为 0。

需要注意的是，通道必须在使用之前初始化。在声明通道时，通道的初始值为 nil，这时不能进行任何操作，否则会导致运行阶段的错误。通道只能通过 make 函数初始化，所以通道不存在使用字面量构造这一说法。

在初始化过程中，make 函数会为通道分配内存并初始化通道的相关数据结构，以便通道可以正确工作。通道的类型由元素类型决定，缓冲区的大小则决定了通道的工作模式。无缓冲通道的工作方式是阻塞，即发送者和接收者必须同时准备好，才能进行数据传输；而带缓冲的通道则允许一定数量的数据在发送者和接收者之间缓存，也就是允许发送者和接收者在某些时候异步工作。

16.3 通道的特性

通道通常是成对出现的，有发送通道，也有接收通道，通道的发送和接收操作都是阻塞式的。可以使用 close 函数关闭通道，也可以使用 range 关键字遍历通道，遍历时如果通道被关闭，则遍历会自动结束。

16.3.1 通道的成对性

我们讨论收发信号通道的语义时，首先要谈的是如何保证信号送达，也就是说，我们需要一种有保证的信号传输机制，以确保其中一个协程发出的信号必定能够被另一个协程所接收。

那么这种机制如何工作呢？答案就是发送和接收必须作为整体来执行！即发送和接收必须是同

步的，不能出现随机因素。可见，这种有保证的信号传输机制对于确保应用程序的数据一致性来说至关重要，它可以保证程序的行为是能够预测的。

做软件工程一定要意识到任何内容都会引发开销。上述这种有保证的信号传输机制也不例外，使用它时通常需要忍受时长不定的延迟。如果不想忍受这种延迟，可以使用缓冲通道。另外要说明的是，即使使用了有保证的信号传输机制，也仍然有可能陷入阻塞状态。

总之，若想减少延迟，就使用带缓冲的通道。如果要保证接收方立即接收到，就使用无缓冲通道。

还有一点必须说明，发送信号时可能包含数据，也可能不包含数据。如果是包含数据的信号，那么只能在两个协程之间进行一对一的交换。如果是不包含数据的信号就比较灵活，可以一对一也可以一对多地发送。一对多就是让很多个协程都接收这种不包含数据的信号。

16.3.2 通道的阻塞性

初始化通道后，使用"ch<-"向通道发送数据（也就是让通道接收数据），使用"<-ch"从通道中接收数据（也就是让通道发送数据）。这里的符号"<-"很形象地表示了数据的流向。我们在前面说过，多个协程之间使用通道收发消息，可见，通道是与协程绑定在一起的。除了前面提到的成对性，通道还具有阻塞特性，通道的读和写操作都是阻塞式的。

在默认情况下，通道是不带缓冲的，它不会存储数据，只负责数据的传递。对于无缓冲通道，数据的收发都是阻塞式的。当一个协程向一个通道发送数据时，它将被阻塞，直到有另外一个协程从这个通道获取数据为止，反之亦然。通道本身是并发安全的，这意味着同一时间只允许一个协程操作通道。使用通道时至少要有两个协程分别操作（存和取）数据，如果只有一个协程使用通道，则会出现死锁。这种阻塞特性可用于两个协程的状态同步。

16.3.3 通道与死锁

若有两个或两个以上的进程（或线程、协程）在运行过程中因争抢共享资源而处于一种互相等待的状态，那么如果没有外部干涉，它们都将无法继续执行下去。对于这种情况，称系统处于死锁状态或产生了死锁。

通道是在协程之间传递数据的载体。通道的收和发都是成对出现的，若向通道发送了数据但通道无法进行缓存，且没有其他协程接收这个通道中的数据，那么就会出现死锁。死锁大都与资源竞争、没有成对的通道及所有的协程都在等待有关。来看一些示例。

（1）对无缓冲通道进行操作时，若只有一个协程对通道进行了读或写（单发或者单收）操作，那一定会发生死锁。下面的示例代码中，在 main 函数这个主协程中创建了通道 ch1，并让它接收数据。但因为没有其他子协程向通道发送数据，所以在执行到 elem := <-ch1 这一步时被阻塞，出现了死锁。

```
//如果创建的通道直接在 main 函数中接收或者发送数据
//则 main 函数会被阻塞，出现死锁
//这是因为对同一个通道进行读和写操作时，要用到不同的协程
//在下面的代码中，elem := <-ch1 和 ch1 <- 1 在同一个协程中对通道 ch1 进行读和写操作
func TestChanBlockMain(t *testing.T) {
        //此时的 ch1 值为 nil
        var ch1 chan int
```

```
        //需要用 make 函数创建出来
        ch1 := make(chan int)

        //用 elem 接收从这个通道发送过来的元素
        elem := <-ch1
        fmt.Printf("从通道中接收到的元素是：%v\n", elem)
        //发送一个 1 到通道中
        ch1 <- 1
}

//输出
fatal error: allgoroutines are asleep - deadlock!
```

从上面的示例中我们可以得到一个启示：需要使用不同的协程对同一个通道进行读和写操作。

（2）互相等待可能出现死锁。在下面的示例代码中，主协程等待通道 ch1 中的数据流出，通道 ch1 等待通道 ch2 中的数据流出，但同时通道 ch2 又在等待数据流入，也就是说，两个协程都在等待，因此会发生死锁。

```
var ch1 chan int = make(chan int)
var ch2 chan int = make(chan int)

func say(s string) {
        fmt.Println(s)
        ch1 <- <- ch2 //通道 ch1 等待从通道 ch2 中流出数据
}

//互相等待，也有可能出现死锁
func TestDeadLockSense2(t *testing.T) {
        go say("hello")
        <- ch1   //堵塞主线程
}
```

（3）无缓冲通道如果是有流入无流出，或者有流出无流入，也会发生死锁。示例代码如下。

```
func TestDeadLockSense3(t *testing.T) {
        ch1, ch2 := make(chan int), make(chan int)

        go func() {
                ch1 <- 1 // 通道 ch1 的数据没有被其他协程读取走，堵塞当前协程
                ch2 <- 0 // 通道 ch2 始终没有办法写入数据
        }()

        <-ch2 // 通道 ch2 等待数据的写
}
```

16.3.4　让出当前协程的执行权

在向通道 ch 中写数据前，先开启一个子协程运行 for 循环，以便不断地接收从通道 ch 发送过来的数据。从表面上来看这好像没问题，但是输出结果既有可能是一条记录，也有可能是两条记录。示例代码如下。

```
//测试通道是否输出、输入所有的数据
func TestChanOutputAllData(t *testing.T) {
        //创建一个 chan
```

```
ch:= make(chan int)

//开一个协程，使用 for 循环不停地接收从这个通道发送过来的元素
go func() {
        for {
                fmt.Printf("从通道中接收到的元素是：%v\n", <-ch)
        }
}()

//发送一个 1 到通道中
ch <- 1
//发送一个 2 到通道中
ch <- 2
}

//输出
从通道中接收到的元素是：1
```

这里涉及协程的两个特性：第一，协程是抢占式的；第二，开启协程不会等待，协程也不会有返回值。第一次往通道中发送数据（ch <- 1）后，子协程 go func() ...会接收从该通道发送过来的数据，这时可以正确输出。当第二次在主协程中向通道 ch 发送数据 "2" 时，主协程执行完以后，若没有阻塞语句，那么它就会直接退出。在主协程执行完 ch <- 2 退出程序之前，如果子协程还占着 CPU 的时间片，就有可能会输出 2，否则，在输出 2 之前程序就退出了。

要使程序不提前退出，可以在最后添加 time.Sleep 语句阻塞主协程，这样，子协程就可以继续执行了。但这个阻塞的时间并不精确，因为我们不知道子协程要执行多久。不过，可以使用函数 runtime.Gosched 主动切换协程，让当前子协程交出执行权。关键代码如下。

```
go func() {
        for {
                fmt.Printf("从通道中接收到的元素是：%v\n", <-ch)
                runtime.Gosched()
        }
}()
```

在 Go 语言中，多个协程可以同时执行，但是在某些情况下，一个协程可能会长时间占用 CPU，导致其他协程无法运行，这时就需要使用 runtime.Gosched()让其主动让出执行权限，并将当前的协程转移到可运行队列的末尾，以便其他协程运行。

16.3.5 关闭通道

当不再使用通道时，必须使用内置函数 close 将其关闭。特别提醒，关闭通道的一定是发送方，接收方不能关闭通道！关闭通道的说明如下。

1. 仍然可以从关闭的通道中读取数据且不会导致 panic

通道关闭后，仍然可以从中读取数据，并且不会导致 panic。在下面的示例代码中，输出 1、2 后，还会继续输出字符串类型的零值，直到 time.Sleep 执行完。

```
//通道的关闭演示，注意这里有 Bug
func TestChannelClose(t *testing.T) {
        ch := make(chan string)
```

```
        go func() {
                for {
                        fmt.Printf("接收数据: %s\n", <-ch)
                }
        }()
        ch <- "1"
        ch <- "2"
        close(ch)
        time.Sleep(time.Millisecond)
}
```

但是，向已经关闭的通道写数据，就会引起 panic。

2. 使用 v, ok <-ch 判断通道的关闭状态

通道支持 v, ok <-ch 这种语法，其中，v 表示通道的值，ok 用于标识通道是否打开。可以利用此特性判断通道的状态，示例代码如下。

```
//关闭通道前，先判断通道是否开启
//如果通道已经关闭，则不再接收数据
func TestChannelCloseWithFlag(t *testing.T) {
        ch := make(chan string)
        go func() {
                for {
                        v, ok := <-ch
                        if ok {
                                fmt.Printf("接收数据: %s\n", v)
                        } else {
                                fmt.Println("通道已经关闭! ")
                                break
                        }
                }
        }()
        ch <- "1"
        ch <- "2"
        close(ch)
        time.Sleep(time.Millisecond)
}
```

在上面的代码中，通过标识位判断通道是否打开，false 表示通道已经关闭，如果通道关闭，则不从通道中读取数据，因此没有多余的输出信息。

3. 与通道关闭有关的发生 panic 的情况

- 关闭一个未初始化（nil）的通道时。
- 重复关闭同一个通道时。
- 向关闭的通道发送数据时。

4. 关闭通道时的注意事项

与关闭通道有关的注意事项如下。

- 向已关闭的通道中写数据会发生 panic，从已关闭的通道中读取数据则不会发生 panic。
- 从已关闭的通道中读取消息永远不会被阻塞。这个特性可以作为一种广播机制，常用于同时向多个接收者发送信号（例如退出信号）的场景。所有的通道接收者都会在通道关闭时立刻

从阻塞等待状态中返回，并将 v, ok <-ch 中的标识值 ok 置为 false。

● 从已关闭的通道中读取消息不会发生 panic，这时还可以读取通道中未被读取的消息；若消息均已读出，则会返回读取类型的零值。

● 通道不一定必须关闭。调用函数 close 关闭通道与关闭文件、连接等不同，关闭通道时仅仅是改变了通道的状态，并不会清理内存。也正因为如此，通道从开启状态变成关闭状态后，我们还可以从关闭的通道中继续读取数据，这也是我们发送不带数据的信号时所采用的办法。

16.3.6　遍历通道

可以使用关键字 range 对通道进行遍历，遍历时会从通道中依次取出元素，直到通道被关闭或者没有更多的元素可取为止。示例代码如下。

```
for {
        v, ok := <-ch
        if !ok {
                break
        }
        ...
}
```

遍历完成后，如果继续从该通道中读取数据不会被阻塞，也不会发生 panic，这时读取的数据为该通道类型的零值。

如果通道是带缓冲的，非空的通道关闭后，其中剩下的数据仍然可以被接收者读取，示例代码如下。

```
func TestChannelAfterClose(t *testing.T) {
        ch := make(chan string, 100)

        ch <- "1"
        ch <- "2"
        ch <- "3"
        close(ch)
        for v := range ch {
                fmt.Printf("接收数据： %s\n", v) //输出: 1 2 3
        }
}
```

使用 for-range 遍历带缓冲的通道时，遍历会一直进行，直到通道被关闭为止。如果不关闭通道，遍历完已有的缓冲数据后，range 操作会阻塞通道，出现死锁，示例代码如下。

```
//测试通道不关闭,range 操作会阻塞通道
func TestRangeChannelAfterNoClose(t *testing.T) {
        ch := make(chan string, 100)

        ch <- "1"
        ch <- "2"
        ch <- "3"
        for v := range ch {
                fmt.Printf("接收数据： %s\n", v)
        }
}

//输出
上面的代码在输出 123 后会出现死锁
```

在 for 语句前加上关闭通道的代码即可以解决死锁问题。

除了使用 for-range 遍历通道，还可以使用 for 循环和后面要讲的 select 机制对通道进行遍历。示例代码如下。

```
func main() {
    ch := make(chan int)
    go func() {
        ch <- 1
        close(ch)
    }()
    for {
        select {
        case v, ok := <-ch:
            if !ok {
                fmt.Println("通道已关闭")
                return
            }
            fmt.Println(v)
        }
    }
}
```

在这个例子中，创建了一个通道 ch，并启动了一个协程向通道中发送一个整数，然后关闭通道。接着，在主协程中使用 for 循环和 select 语句遍历通道。每次迭代时，select 语句都会尝试从通道中取出元素，如果通道已经关闭并且没有元素可取，则标志位 ok 会返回 false，否则返回 true，并且 v 会返回取出的元素的值。

16.4 通道的其他特性

本节基于缓冲区、方向、状态等讲解通道的其他特性。

16.4.1 带缓冲的通道

除了通过添加协程从通道中接收数据来避免死锁，还可以通过设置缓冲区来解决死锁问题。"缓冲"代表通道既可以流通数据，也可以缓存数据。缓冲区的大小决定了通道的容量。我们可以将缓冲通道看作队列，当队列塞满时发送者会阻塞，队列清空时接收者会阻塞。

下面采用先进先出的原则读取缓冲区中的数据，数据从通道的一端写入，从另一端读取。

```
func main() {
    ch := make(chan int, 3)
    ch <- 1
    ch <- 2
    ch <- 3
}
```

在上述示例中，缓冲通道 ch 可以无阻塞地写入三个数据，但如果尝试向通道 ch 写第四个数据，因为通道的缓冲区已经装不下新的数据了，所以就会阻塞发送者（在这里是 main 协程），出现死锁。

无缓冲的通道意味着需要有对应的协程接收数据，这样在向通道发送数据时才不会出现死锁。带缓冲的通道则预先设置了容量，允许在没有接收者的情况下先把接收到的数据缓存起来，因此当前线程不会被阻塞。缓存的数量取决于初始化时容量的大小，在容量被填满之前，都可以向这个通道发送消息（数据）。

小技巧： 可以把带缓冲的通道看作是快递柜，快递员是发送者，收件人是接收者。只要快递柜没有满，快递员就可以一直往里面存物品（可以理解为有空余的通道，不会被阻塞）。快递柜满了后，快递员要么打电话通知收件人来拿（可以理解为其他协程从通道中接收数据），要么等待（可以理解为阻塞），一直等到有空闲的位置为止。

16.4.2　缓冲区与延迟保障

在使用缓冲区时，还有一个概念叫作延迟保障（delayed guarantee），指的是使用容量为 “1” 的缓冲区，以便能够最大限度地减少延迟，让程序持续运行。此外，如果程序流程出现问题，也可以通过它找到并解决。

那么这种延迟保障是怎样的一种机制呢？我们用搬运沙袋的流水线举例。流水线上的所有人按照同一种方式搬运沙袋，这就是协调工作。当 A 把沙袋递给 B 时，B 应该去接过这个沙袋，然后再将沙袋交给 C。如果 B 已经把上一个沙袋交给 C 了，那么 A 就可以把新的沙袋交给 B。只要能保持这样的节奏，就能一直持续下去。这相当于 A 向 B 发送信号后，B 接收信号，这中间不会有延迟，因为每当 A 将沙袋交给 B 时，B 都已经准备好接收新的沙袋了。但如果换一种情况，假设 B 处理任务的节奏要慢于 A 将任务交给 B 的节奏，那么当 A 把任务交给 B 时，A 就得等 B 先把已有的任务完成，然后才能把新任务交给他。下一个任务也是一样。

在这种情况下，如果想降低延迟，就可以使用容量大小为 1 的缓冲区。换句话说，A 可以把沙袋放到 B 面前，B 面前最多只能堆放一个沙袋。如果 B 面前是空着的，那 A 就把沙袋放在那里，然后 A 的任务就完成了。等 A 把下一个沙袋拿过来时，可能会出现两种情况。

第一种情况，B 面前是空的。这说明 B 已经拿走了上一个沙袋，于是 A 只需要把沙袋放下即可。

第二种情况，上一个沙袋还在。这时，A 必须停下来等待。

对于第二种情况，“A 必须停下来等待” 很关键，因为此时我们不能让问题变得更复杂。可以看出，如果 B 面前的沙袋还没被拿走，那就说明 B 在处理任务时存在瓶颈，必须找出问题的所在。作为开发者，我们在开发程序时，也必须下功夫对协程进行编组，以找到 “流水线” 中可能存在瓶颈或性能问题的地方。这可能是因为网络延迟、数据库崩溃，或者其他原因。

这时，我们最不应该做的就是把 A 的新沙袋放在还没处理的那个沙袋上面。

这个大小为 1 的缓冲区本身对性能并没有多大帮助，我们主要是想通过这种比较小的缓冲区查找程序内存在的问题，同时又能确保程序在没有问题的情况下顺利运行，避免出现过多的延迟。因此，使用只能保留一份数据的缓冲区既有助于减少程序协调操作时出现的延迟，同时又能帮助我们快速定位问题。

小技巧： 还可以使用缓冲区大小为 1 的通道模拟互斥锁。初始化通道后，先向通道中插入一个空标志，这就表示获取了这把锁。待任务执行完把通道清空以后，就又能往通道中插入数据了，这意味着已释放了锁。由于通道存在阻塞特性，向缓冲区大小为 1 的通道中插入一个数据不会被阻塞，但插入第二个数据就会被阻塞，在通道内的数据被取出之前，其他协程都会被阻塞，这样就确保了互斥性。

16.4.3 通道的方向

通道还可以带有方向，可以通过使用关键字 chan 结合方向操作符来指定通道的发送和接收方向。方向属性可用于限制仅发送或者仅接收。使用带方向的通道时，只需要看通道的箭头指向谁就能知道数据流的方向。

- chan<-T：箭头指向 chan，表示数据发送到通道 chan 中，这是只允许接收数据的通道，即只写通道。
- <-chan T：箭头离开 chan，表示数据从通道 chan 中发出，这是只允许发送数据的通道，即只读通道。
- chan T：双向通道的声明方法默认不加 "<-"，表示收发均可。

通道的方向属性提升了程序的类型安全性。如果尝试从只写通道中读取数据，则会报错：invalid operation: <-ch (receive from send-only type chan<- string)。同样，往只读通道中写入数据也会报错：invalid operation: ch <- xxx (send to receive-only type <-chan string)。

16.4.4 通道的状态

通道是一种引用类型，如果通道的初始化值为零值，那么此时它就是一个 nil 通道。对 nil 通道执行任何与信号有关的操作，都会造成阻塞。

那 nil 通道有意义吗？答案是有的。在处理网络请求或者处理队列中的任务时，可能需要让程序短暂地停顿或者对其限速，例如，在一个循环中通道会不停地收到信号，但有时需要在接下来的几轮中什么都不做，这时就可以把通道设置为 nil 状态，等待这几轮结束后再把状态切回去。

通道是有状态的，通过 make 函数创建的通道，都处于开启状态。表 16-1 展示了在不同状态下通道的发送和接收操作是否会受影响。

表 16-1　通道的动作与状态

通道动作	通道状态		
	nil	open	closed
发送数据	阻塞	正常	panic
接收数据	阻塞	正常	正常

16.5　通道的使用建议

（1）不要从数据结构的角度来看通道，而应该把重点放在行为上，要从收、发信号这种行为入手。通道可以通过以下两种方式传递信号。

- 发送带数据的信号，一对一地从一个协程发送到另一个协程。
- 发送不带数据的信号，可以一对一发送，也可以一对多发送。

（2）在编写代码时，要根据实际需求和具体情况判断数据是否得当场收发，以及是否需要确认对方已收到发送的信号。如果程序的行为必须能够预测，那么就需要在发送和接收信号时进行确认，以确保数据的可靠性和正确性。这种做法可以避免数据的丢失和出现错误，但会增加程序的延迟和复杂度，并且无法预估要延迟多久。如果没有上述要求，那就无须当场收发，可以采用异步的方式发送和接收信号，即不需要等待对方的确认，从而降低延迟，提高程序的性能。虽然这种做法可以降低延迟，但是会稍微增加一些风险，因为可能会导致数据的丢失和出现错误，故而需要在设计程序和实现时进行风险评估与控制。

（3）不能通过增加缓冲区来提高性能，因为将缓冲区设置得非常大并不是每次都可以解决性能问题。我们要合理地设置缓冲区的大小，同时要尽量减少延迟。通道缓冲区的大小会影响发送和接收的效率。如果通道的缓冲区足够大，发送操作就不需要等待接收方接收数据。这的确可以提高程序的效率和吞吐量，但缺点是会浪费内存资源。而且，如果通道的缓冲区被占满了，不仅发送操作会被阻塞，接收操作也会被阻塞。因此，缓冲区的大小应该根据实际需求进行设置，既要考虑程序的性能，也要避免浪费内存资源。使用缓冲区的目的是让程序有地方暂存数据，以便继续运行下去。缓冲区设置得合理，才能把流程中的问题及时地探查出来。

（4）通道是协程间通信的载体，它可以在多个协程之间传递数据。多个协程可以同时从同一个通道里读取数据，这样可以更好地利用多核，从而提升性能。

（5）通道支持异步操作，可用于协程之间有数据传输的场景。设计异步通道是为了避免协程间的阻塞，从而提高程序的并发能力和执行效率。在异步通道中：

- 发送操作是异步的，它不会阻塞当前协程的执行，除非通道已经被填满，否则数据会被立即传输到通道的缓冲区中。
- 接收操作是异步的，如果通道中有数据，接收操作会立即返回数据，否则接收操作会阻塞当前协程的执行，直到有数据可用。
- 关闭通道的操作是异步的，即关闭操作不会阻塞当前协程的执行，但是关闭后通道将不能再发送数据，任何尝试向已经关闭的通道发送数据的行为都会导致 panic。

（6）通道是有状态的（nil、open、closed），可以利用这个特性做一些事情。

- 检测通道是否已经关闭：当通道被关闭时，无法再向其中发送数据，但却可以从通道中读取已经存在的数据。因此，可以利用通道的状态来判断通道是否已经被关闭。
- 等待通道中的所有数据被处理完毕：在一些场景中，需要等待通道中的所有数据被处理完以后，才能进行下一步操作，例如关闭程序或者打印统计结果。通道本身并不直接记录未处理的数据数量，但可以通过通道来同步数据处理的完成状态，例如使用一个额外的通道来发送处理完成的信号。
- 向多个协程发送信号：可以利用通道的状态来向多个协程发送信号，例如向多个协程广播某个事件，让它们同时进行相应的处理。
- 控制协程的执行顺序：可以利用通道的状态来控制协程的执行顺序，例如在协程 A 中向通道发送一个信号，协程 B 读取到该信号后开始执行，这样就实现了协程的同步和串行执行。

16.6 select 机制

当有多个协程要对通道进行读和写操作时，通常会搭配 select 机制来实现。select 是一种用于处理通道通信的语言结构。它允许一个协程同时等待多个通道操作，只要其中任何一个操作准备就绪，就立即处理。select 机制使得在 Go 语言中实现高效且简洁的并发编程变得更加容易。

16.6.1　select 机制的介绍与示例

select 的语法与 switch 的类似，每个 case 语句对应监听一个通道，且支持设置 default 选项。示例代码如下。

```
//select 的基本用法
select {
case <- ch1:
// 如果满足从通道 ch1 读数据，则执行该 case 块的操作
case ch2 <- 1:
// 如果满足向通道 cha2 写数据，则执行该 case 块的操作
default:
// 如果上面的操作都没有成功，则进入 default 处理流程
}
```

select 机制的使用说明如下。

- select 的作用是监听多个通道上的操作，所以 case 后面必须是通道的读或写（即<-ch 或 ch<-）操作，否则会报错。
- 执行 select 语句时，会按照从上到下的顺序依次检查每个 case 块。
- 当任意一个 case 块上的操作准备就绪时，select 语句执行该操作。
- 如果有多个 case 块上的操作同时准备就绪，则随机选择其中一个执行。
- select 语句中的 default 块是可选的。如果所有的 case 块都未准备就绪，select 语句就会执行 default 块中的操作。如果没有 default 块，那么 select 语句就会一直阻塞，直到有一个 case 块上的操作准备就绪为止。
- 不包含任何 case 的 select 语句会直接阻塞。

下面是一个简单的示例代码，演示了如何使用 select 语句来处理通道通信。

```
ch1 := make(chan int) //创建传输整数的通道 ch1
ch2 := make(chan string) //创建传输字符串类型的通道 ch2

//协程 1：向通道 ch1 写入数据
go func() {
        for i := 1; i <= 5; i++ {
                time.Sleep(time.Second)
                ch1 <- i
        }
}()

//协程 2：向通道 ch2 写入数据
go func() {
        for i := 1; i <= 5; i++ {
                time.Sleep(time.Second)
                ch2 <- fmt.Sprintf("data %d", i)
        }
}()

//
for {
        select {
        case i := <-ch1: //读取通道 ch1 的 case 分支
                fmt.Println("接收到 int 类型的数据", i, "from ch1")
```

```
            case s := <-ch2: //读取通道 ch2 的 case 分支
                    fmt.Println("接收到 string 类型的数据", s, "from ch2")
            default: //default 分支
                    fmt.Println("没有接收到数据")
                    time.Sleep(time.Second)
            }
    }
```

在上面的示例中，我们创建了两个通道，分别用于传输整数和字符串类型的数据。然后使用两个协程分别向这两个通道中写入数据，并使用 select 语句在主协程中等待这两个通道的数据。在 select 语句中，使用了两个 case 块，分别用于读取通道 ch1 和 ch2 中的数据。default 块用于处理通道中没有数据的情况，以保证主协程不会一直阻塞在 select 语句上。这段代码先是输出了一条"没有接收到数据"的消息，它在等待一秒后又继续检查通道中是否有数据。在两个协程都向通道写入 5 个数据后，select 语句退出。

16.6.2 select 与超时控制

除了读取、写入和关闭操作，select 语句还支持定时器操作。可以使用 time.After 函数创建一个定时器，该函数返回一个通道，当定时器超时时，此通道就会收到一个值。我们可以利用 select 的这个特性做超时控制，比如使用 case <-time.After(time.Second * N)创建一个控制超时的分支，在设置的时间间隔内，这个 case 不会被执行，当满足时间间隔条件时，则执行此 case 对应的逻辑。示例代码如下。

```
var ch1 = make(chan struct{})
var ch2 = make(chan struct{})

func Job1() {
        ch1 <- struct{}{}
}

func Job2() {
        time.Sleep(time.Millisecond*3)
        ch2 <- struct{}{}
}

func main() {
        go Job1()
        go Job2()

        myselect:
                for {
                        select {
                        case <-ch1:
                                fmt.Println("job1 is running")
                        case <-ch2:
                                fmt.Println("job2 is running")
                        case <-time.After(time.Millisecond*2):
                                fmt.Println("timeout")
                                break myselect
                        }
                }
}
```

```
//输出
job1 is running
```

在上述代码中，timeout 在 main 函数中开启了 2 个协程，期望能正确执行完这 2 个协程。在 Job1 和 Job2 函数中，模拟执行完逻辑后，向通道中发送代表执行完的信号。在 main 函数中，for 循环使用 select 机制将从通道 ch1 和 ch2 读取数据作为 case 的条件，并设置了一个超时就退出 for 循环的时间节点。由于定时器的时间 time.Millisecond*2 比协程 go Job2 向通道写入数据的时间 time.Millisecond*3 短，因此在这个例子中，select 语句会从定时器通道那里获取一个超时事件，并执行定时器通道的操作，打印输出 timeout 信息。

注意，这儿有一个陷阱，在 for + select 的代码中，如果 case 语句中出现 break 关键字，表示仅仅退出当前 select 机制，并不会退出整个 for 循环。因此，在这里使用了标签。

使用 select 时，还有一点需要注意，如果 case 后面跟的是表达式，那么表达式会被提前计算。本书配套代码中含有此示例完整的代码，具体见 golang-1/handle_concurrency/hellogoroutine/select/main.go。

最后需要说明的是，select 语句执行时是非阻塞的，它只会执行准备就绪的 case 块中的操作，而不会像通常的读取或写入操作一样阻塞当前协程。这意味着在 select 语句执行的同时，其他协程可以继续并发地执行，这可以实现更高效的并发编程。不过，在使用 select 语句时，应该尽可能地避免在 default 块中使用无限循环或者不加限制的等待操作，否则会导致主协程一直阻塞，从而影响程序的性能和稳定性。

16.7　通道的模式

通道有两种基本的使用模式：等待任务模式和等待结果模式。其他模式比如等待完成模式、Pooling 模式、流水线模式、FanOut/FanIn 模式、Drop 模式都是构建在这两种模式之上的。后面的讲解将用经理安排员工完成任务来类比。经理表示主协程，员工表示子协程。经理有权指派任务，员工要完成经理安排的任务。

16.7.1　等待任务模式

所谓的等待任务模式，就是想确认接收方是否收到了发出的信号。示例代码如下。

```
func main() {
        ch := make(chan string)

        go func() {
                d:=<-ch
                ...
        }()
        ...
        ch <- "data"
        ...
}
```

依据上述代码可知，等待任务模式的流程如下。

（1）经理首先创建一个通道，这个通道用来传输"任务"数据。接着他会安排任务给员工，也就是创建子协程。

（2）子协程即员工使用 d:=<-ch 等待要干的活。在这个场景中，要干的活都是通过通道传送过来的。

（3）因为通道具有成对性，所以此时这个子协程会被阻塞，也就是员工会等待。因为创建子协程后无须等待子协程的任务完成，所以它会立即返回。经理此时可以继续做其他事情。

（4）经理开始往通道里面添加任务（ch<-"data"）。

（5）此时，又是因为通道的成对性，主协程也被阻塞了。

（6）子协程一直等待（被阻塞），直到收到了从通道发送过来的"任务"数据，此时阻塞解除，子协程开始干活。

（7）通道的"任务"数据被子协程接收后，主协程的阻塞也被解除，此时，经理可以继续往下指派任务。

等待任务模式使用信号机制是为了让子协程帮主协程做事。在子协程等待任务的时候，主协程既可以去做其他事情（此时，子协程并不知道会被阻塞多久），也可以在子协程做得不对时出面叫停或修正。相关时序图如图 16-1 所示。

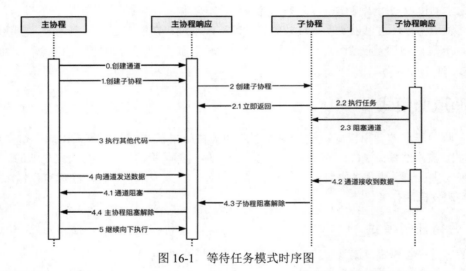

图 16-1　等待任务模式时序图

创建通道时，只要通道不带缓冲，那么我们就应该认为这是一个要当场收发信号的通道。也就是说，必须保证发送的数据当场被接收。而且，发送的信号是带数据的，数据的类型是在创建时指定的。通道就是个指针变量，它指向了一种底层结构相当复杂的数据。等待任务模式的关键点是主协程向子协程发送"任务"数据，子协程接收并处理这些任务。这种模式可以很好地利用多核 CPU，并且可以防止创建过多的协程导致资源耗尽，且在此基础上还可以实现 Pooling 模式（本章后文会讲解这个模式）。

16.7.2　等待结果模式

等待任务模式是子协程阻塞后，等待任务从通道中传递过来，但不知道要等多久；而等待结果模式则相反，在此模式中，子协程知道要做什么任务，它会直接做，做完以后再将结果通过通道传递给主协程。因为子协程完成任务的时间是未知的，所以在这种模式中变成了主协程等待。示例代码如下。

```
func main() {
        ch := make(chan string)

        go func() {
                ...
                ch <- "data"
                ...
        }()

        <-ch
        ...
}
```

基于上述代码可知，等待结果模式的流程如下。

（1）经理创建一个通道（这个通道用来传输"结果"数据）和子协程。

（2）子协程即员工开始干活。因为这次知道要干什么事情，所以无须等待，完成任务时，就通过通道将结果告诉经理。

（3）创建子协程让员工干活后，经理就守着通道，等待员工发出的信号（<-ch）。因为通道具有成对性，所以此时会阻塞。

（4）当员工完成任务将结果发送到通道时，还是会因为通道的成对性而发生阻塞。

（5）经理在阻塞的通道中收到了员工的工作成果，阻塞解除。子协程的通道阻塞也随之解除。

等待结果模式相关时序图如图 16-2 所示。

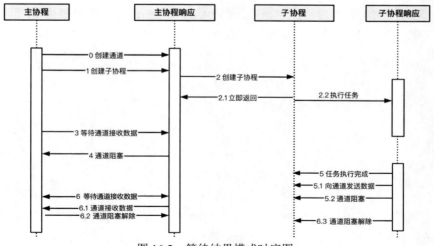

图 16-2　等待结果模式时序图

等待结果模式的关键点是主协程等待子协程发送"结果"数据，它可以用来实现 FanOut/FanIn 模式和 Drop 模式（本章后文会讲解这两个模式）。

等待结果模式还有一种特殊的使用场景，那就是实现信号通知。此模式的特殊之处在于通道不再用来传递数据，仅仅是发送和接收一个信号，这其实是利用了通道的广播机制。一个协程可以将多种信号（closing、closed、data ready 等）传递给一个或者一组协程。之前我们遇到过一个问题"如何让协程告诉主协程，我执行完了"，当时是用 time.Sleep 的方式来阻塞主协程的，现在可以利用通道来阻塞主协程了，这样主协程就不会执行后立即退出，而是会等待所有的协程都执行完以后再退出。示例代码如下。

```go
//通过通道来同步 Go 协程的状态
func TestChannelSync(t *testing.T) {
    done := make(chan struct{})

    // done 通道被用于通知其他 Go 协程，本协程已经工作完毕
    go func(complete chan struct{}) {
        fmt.Println("开始工作...")
        time.Sleep(time.Second)
        fmt.Println("工作完成！")

        // 发送一个空值作为信号，表示已经完成
        complete <- struct{}{}
    }(done)

    // 程序将在接收到通道发出的信号前一直阻塞
    <-done
}
```

注意，代码最后面的<-done还可以用 select 的形式来表示，这可使功能变得更强大。

16.7.3　等待完成模式

这种模式与等待结果模式类似，都是子协程完成任务后，向通道发送数据。区别在于，在等待结果模式中，主协程从通道中收到的"结果"数据还可以用来进行接下来的数据操作；而等待完成模式则是向通道发送一个不带数据的信号，它仅仅起到通知主协程的作用。示例代码如下。

```go
func main() {
    ch := make(chan struct{})

    go func() {
        ...
        close(ch)
        ...
    }()

    _, ok := <-ch
    ...
}
```

首先，主协程创建一个用来接收信号的通道和子协程。接着，子协程开始干活，这与等待结果模式一样，子协程知道自己要干什么，所以无须等待。不过，此次子协程在完成任务后，会关闭通道。因为通道支持 comma 语法，所以主协程使用语句"_, ok := <-ch"等待完成。从前文可知，在这种情况下，当通道关闭时，标识位 ok 的值就是 false，此处就是利用这个标识位来接收通道的状态信号的。这种模式还有一个关键点，那就是在通道关闭后，所有等待这个通道并被阻塞的协程都会立即解除阻塞，然后继续往下执行。

小技巧：sync.WaitGroup 也可以当作不带数据的信号传递工具来使用，通过它对协程进行编组，流程会更加清晰。

16.7.4 Pooling 模式

Pooling 模式是等待任务模式的高级变形，可以利用它打造协程池。它的原理如下。

（1）提前创建一批子协程，让每个子协程都等待从通道中发过来的消息。

（2）因为通道具有成对性，所以在主协程没有发送消息之时，这些子协程都会被阻塞等待。

（3）当主协程开始向通道发送"任务"消息时，这些子协程就会从通道中获取"任务"消息，然后解除阻塞，并开始执行任务。

（4）子协程完成任务后，会继续被阻塞，继续等待接收通道的消息，直到主协程的任务派发完，关闭通道后，这些阻塞才会被解除。

Pooling 模式有一个特点，即子协程都是抢占式的，主协程不能指定具体由哪个子协程去接收任务。示例代码如下。

```go
func main() {
    ch := make(chan string)
    //创建有 3 个子协程的协程池
    for i := 0; i < 3; i++ {
        go func(id int) {
            for task := range ch {
                fmt.Println("协程"+strconv.Itoa(id)+"领取", task)
            }
        }(i)
    }

    //主协程开始派发任务
    for i := 0; i < 10; i++ {
        ch <- "任务" + strconv.Itoa(i)
    }
    //关闭通道
    close(ch)
    time.Sleep(time.Second)
}
```

在上面的示例中，有 10 项任务派发给 3 个协程。如果子协程处理任务的时间过长，那么就会有延迟。至于会延迟多久，要看子协程完成任务的速度。如果想降低延迟，可以在协程池中多增加几个子协程。

在这种模式中，还可以设定超时限制。例如，可以指定最多等待一秒，如果一秒内操作未完成，那就继续往下执行。这样做的目的是不希望一直处于等待状态，我们需要做点事情才行。代码的最后使用 close(ch)关闭了通道，所有的通道接收者都会在通道关闭时立刻从阻塞等待状态中返回，这样一来，子协程中基于通道进行迭代的 for-range 循环就会停止，阻塞也会解除，子协程自然也会停止。最后，主协程就可以正常退出了。

Pooling 模式可用于探查程序的瓶颈。编写多线程代码时，我们需要面对性能瓶颈与延迟问题。为了处理好这些问题，其中一个办法就是设定超时。如果一个协程池中没有协程可接收信号处理任务，那就说明性能出现了瓶颈，此时可根据超时限制发出信号。

16.7.5 流水线模式

流水线模式来源于我们的日常生活。在 Go 语言中，流水线由多个阶段组成，阶段之间通过通道连接，每个阶段都会通过通道把数据传递给下一个阶段，阶段可以由多个同时运行的协程组成。在前面的 "hello world" 示例中，就用到了流水线模式。在流水线模式中，第一阶段的协程是生产者，它们只生产数据。最后阶段的协程是消费者，它们只消费数据。中间过程可以有多个阶段，它们既是上一个阶段的消费者，又是下一阶段的生产者。流水线模式示意图如图 16-3 所示。

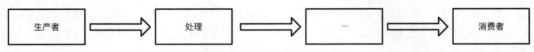

图 16-3 流水线模式示意图

来看一个流水线模式示例：开始阶段，生产者根据传入的 n 值生成对应数量的随机字符串，每生成一个就传递到通道 readChannel 中；中间阶段，程序从通道 readChannel 中获取字符串后进行处理，然后将处理过的数据传递到通道 writeChannel 中；最后阶段，消费者遍历通道的数据进行消费。关键代码如下。

```go
func init() {
        rand.Seed(time.Now().UnixNano())
}

//根据传入的 n 值生成对应数量的随机字符串
func produceStr(n int) <-chan string {
        readChannel := make(chan string)
        go func() {
                defer close(readChannel)
                for i := 0; i < n; i++ {
                        u2, _ := uuid.NewV4()
                        readChannel <- u2.String()
                }

        }()
        return readChannel
}

//处理流程，将生产的字符串中的"-"去掉
func handleStr(readContent <-chan string) <-chan string {
        writeChannel := make(chan string)
        go func() {
                defer close(writeChannel)
                for data := range readContent {
                        msg := data
                        writeChannel <- strings.ReplaceAll(msg, "-", "")
                }

        }()

        return writeChannel
}

func pipeline() {
```

```
        reader := produceStr(1000000)
        writer := handleStr(reader)
        for _ = range writer {
                fmt.Println(data)
        }
}
```

16.7.6　FanOut/FanIn 模式

下面对上面的流水线模式进行改进，即在中间阶段进行并发处理。首先是改造任务的分发，在生产者创建任务后，使用多个处理程序接收任务，这样，生产者创建的任务就可以同时被多个处理程序处理，这种模式叫作 FanOut 模式。在任务被处理完以后，将处理结果收集起来，一并发送到下一个环节，这种模式叫作 FanIn 模式。FanOut/FanIn 模式示意图如图 16-4 所示。

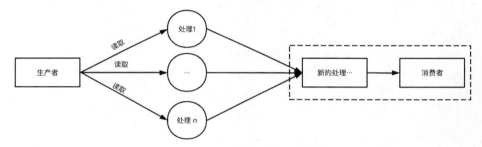

图 16-4　FanOut/FanIn 模式示意图

- FanOut 模式：多个协程从同一个通道中读取数据，直到这个通道关闭。FanOut 模式看起来像是把扇子打开，因此被称为扇出，常用于分发任务。
- FanIn 模式：一个协程从多个通道中读取数据，直到这些通道关闭。FanIn 模式看起来像是把扇子敛上，因此被称为扇入，常用于收集处理的结果。

下面改写上面的流水线模式代码。使用 FanOut 模式，增加读取、处理的协程；使用 FanIn 模式，增加 merge 函数，然后将几个协程处理后的结果合并。关键代码如下。

```
func merge(mc ...<-chan string) <-chan string {
        mergeOut := make(chan string)

        var wg sync.WaitGroup

        // FanIn 模式的关键代码
        fanIn := func(in <-chan string) {
                defer wg.Done()
                for n := range in {
                        mergeOut <- n
                }
        }

        wg.Add(len(mc))
        // FanIn 模式的关键代码
        for _, c := range mc {
                go fanIn(c)
        }
}
```

```
        go func() {
                wg.Wait()
                close(mergeOut)
        }()

        return mergeOut
}

func fan() {
        reader := produceStr(1000000)
        writer1 := handleStr(reader)
        writer2 := handleStr(reader)
        writer3 := handleStr(reader)
        newWriter := merge(writer1, writer2, writer3)
        for _ = range newWriter {
                fmt.Println(data)
        }
}
```

这里针对前面的 Pipeline 函数和 fan 函数进行单元测试，测试代码如下。

```
$ time go test -run=TestPipeline
PASS
ok      .../pipefan    2.883s
go test -run=TestPipeline  3.09s user 2.38s system 172% cpu 3.170 total

$ time go test -run=TestFan
PASS
ok      .../pipefan    1.927s
go test -run=TestFan  3.37s user 1.79s system 230% cpu 2.234 total
```

可以看到，FanOut 模式和 FanIn 模式结合使用可以提高 CPU 的利用率，代码执行时间更少。但 FanOut 模式不适合本身就有很多协程的服务，否则会导致协程数量膨胀。

我们还可以对 FanOut 模式进行改造：设置一个最大的缓冲区，在缓冲区没被填满时不会发生阻塞；当达到缓冲区的最大值时，后面的子协程就会被阻塞。示例代码如下。

```
func main() {
        grs, allowMaxGoroutines := 20, 5
        ch := make(chan string, grs)
        maxGoroutinesCanWork := make(chan struct{}, allowMaxGoroutines)

        var wg sync.WaitGroup

        wg.Add(grs)
        for g := 0; g < grs; g++ {
                go func(gg int) {
                        //这里是关键点，根据缓冲通道的特性，在通道的缓冲区没被填满之时，通道不会被阻塞
                        maxGoroutinesCanWork <- struct{}{}
                        {
                                time.Sleep(time.Duration(rand.Intn(200)) * time.Millisecond)
                                ch <- "task-" + strconv.Itoa(gg)
                                wg.Done()
                        }
                        <-maxGoroutinesCanWork
                }(g)
        }
```

```
        ...
}
```

16.7.7 Drop 模式

Drop 模式是一种在资源受限或服务压力过大时控制负载的策略。在这种模式下，系统会主动放弃（丢弃）一些新的请求或任务，以确保程序的稳定性。示例代码如下。

```
func main() {
        const maxCanHandle, reqs = 5, 20
        ch := make(chan string, maxCanHandle)

        go func() {
                for p := range ch {
                        fmt.Println("已经收到任务:", p)
                        time.Sleep(time.Duration(rand.Intn(500)) * time.Millisecond)
                }
        }()

        for r := 0; r < reqs; r++ {
                select {
                case ch <- "task" + strconv.Itoa(r):
                        fmt.Println("发送任务:", r)
                default:
                        fmt.Println("丢弃任务:", r)
                }
        }
        close(ch)
        time.Sleep(time.Second)
}
```

第 17 章

其他并发技术

除了常见的互斥锁和读写锁，Go 语言的 context 包和 sync 包还提供了其他一些与并发有关的功能，具体如下。

- context.Context：用于传递请求作用域中的数据、超时控制和取消信号等。
- sync.Cond：用于实现多个协程之间的同步和通信。
- sync.Once：用于确保函数只被执行一次。
- sync.Map：是一个并发安全的映射。
- sync.Pool：是一个临时的对象池，可用于减少内存分配和垃圾回收的次数，进而减少程序的开销。

除此之外，Go 语言中还提供了一些与并发相关的工具和框架，如通道、select、sync.WaitGroup、atomic 等。这些工具和框架都可以帮助我们更方便、更安全、更高效地实现并发程序。

本章首先介绍 context 包，然后介绍 sync.Cond、sync.Once 和 sync.Map 等功能，接着讲解 sync.Pool 的概念和使用，并利用通道实现对象池，最后总结并发技术的选型。

17.1   context 包

上下文（Context）是一种很泛化的概念，可以理解为前因后果。同样的一句话，在不同的上下文环境中，表达的意思很有可能是不一样的。在编程语言中，上下文是指在 API 或者方法之间传递的除业务参数以外的信息。

有时，我们在执行某项任务时会设定一些条件，比如如果遇到特定情况或者出错时就必须取消这项任务。如果是简单的取消，我们可以发出信号通知，但对于复杂的场景，如果要取消的任务不是单个叶子节点上的，而是由一个协程衍生出来的有多个子协程的任务，并且协程相互之间满足一定的约束关系，那这时取消任务就是一件麻烦事儿，如图 17-1 所示。

在 Go 语言中，开发服务端程序时通常会为每个请求创建一个协程，以便并发地处理任务。也有可能会创建子协程，用于访问数据库或者完成 RPC 服务调用。当一个请求超时或者被终止时，需要退出所有衍生的协程，并释放资源。在 Go 语言底层的设计中，创建协程时并不会返回协程 ID。如果想退出父协程，就需要把以父协程为根的所有子协程任务都取消掉，但手动取消不是一件容易的事。因此，我们需要通过一种优雅的机制来通知衍生协程请求已被取消。

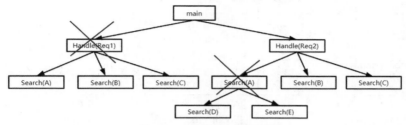

图 17-1 关联任务的取消

17.1.1 context 包的使用场景

幸运的是，在 Go1.7 版本中，正式把与上下文有关的包 golang.org/x/net/context（简称 contex 包）纳入了标准库。利用 context 包能够方便地处理多个协程之间的信号传递和资源清理工作。

服务器不可能始终只处理某一个请求或某一项任务。所以，开发者必须提醒自己注意时间限制。可以使用 context 包来设置一个超时时间，当超过这个时间时，这个操作就会被取消。

有时，我们需要在一个请求的生命周期内，跨函数、协程甚至进程传递一些与请求相关的值，对此也可以使用 context 包来实现。

如果我们提供了一个服务端程序，希望当用户取消一个请求时，所有与这个请求相关的操作（包括后续派生的其他请求）都能被取消，这仍然可以使用 context 包来实现。

当我们需要对请求进行跟踪，或者要在请求的生命周期内记录一些日志信息时，还是可以使用 context 包来实现。

在 Go 语言的生态中，有很多应用框架都使用了 context 包，包括 database/sql、os/exec、net、net/http 等。因此，熟练掌握 context 包，对于开发和维护 Go 语言应用来说至关重要。

17.1.2 context 包中的接口和函数

在 Go 语言中，context 包提供了处理多个协程间信号传递和资源清理的工具。特别是在处理超时、取消操作，以及跟踪请求的生命周期、传递请求作用域的数据时，context 包提供了一种简洁的处理方式。context 包中重要的接口和函数如表 17-1 所示。

表 17-1 context 包中重要的接口和函数

名称	类型	作用
context.Context	接口	定义了四个方法：Done、Err、Deadline 和 Value，分别用于表示操作是否完成、获取错误信息、获取超时时间和获取关联数据
context.Background	函数	返回一个空的 Context，这个 Context 不能被取消，且没有值和截止时间。它通常在主函数、初始化以及测试代码中使用，用作所有 Context 的根
context.TODO	函数	与 context.Background 类似，返回一个空的 Context

续表

名称	类型	作用
context.WithValue(parent Context, key, val interface{})	函数	生成不可撤销的 Context。可用于传递上下文的值，值以键值对的形式存取
context.WithCancel(parent Context)	函数	生成可撤销的 Context，同时返回一个 cancel 函数。需要手动调用这个函数来撤销协程
context.WithTimeout(parent Context, timeout time.Duration)	函数	生成可定时撤销的 Context（超时撤销），表示从现在开始到多久结束。与 WithDeadline 函数的用法类似，在 WithTimeout 函数内调用了 WithDeadline 函数
context.WithDeadline(parent Context, d time.Time)	函数	生成可定时撤销的 Context（超时撤销），表示什么时间点结束。与 WithCancel 函数一样，WithDeadline 函数返回的 cancel 函数需要手动调用，并且必须尽快调用，以便尽早释放资源，不要单纯地依赖截止时间

注意，context.WithDeadline 和 context.WithTimeout 函数都是用于创建新的 Context，这两个新的 Context 都会在指定的时间点被取消。它们的区别主要在于如何指定取消的时间点。context.WithDeadline 函数是在未来具体的某一时间点取消，而 context.WithTimeout 函数则是在当前时间之后的某一段时间内取消。

17.1.3　context 包的使用流程

在实际编码中，每产生一个请求，都会创建一个协程去处理，但是这种协程往往会派生出许多额外的协程，以完成如连接数据库、RPC 请求等任务。这些派生的协程和主协程共享多种信息和状态，包括共享同一个请求生命周期、用户认证信息和令牌等。显然，主协程和派生的子协程之间形成了树结构。context 包用于实现一对多的协程协作，当某个请求超时或者被取消时，它可以帮助我们结束相关的所有协程。

context 包内部实现了从主协程上下文开始遍历它所派生的所有子协程的上下文的算法，我们不需要特别关注这个算法，只需要掌握 context 包的使用方法即可，它的使用流程如下。

（1）使用 context 包提供的 context.Background 函数创建一个初始的 Context，并以此作为所有其他 Context 的根节点。这个函数返回一个空的 Context，不包含任何元数据、超时时间或者取消信号。

（2）通过 context.WithXxx(parentContext)函数创建相应的 Context。除了 WithValue 方法生成的是不可撤销的上下文，另外三个方法（WithCancel、WithTimeout、WithDeadline）都会生成可撤销的上下文。

- 使用 context.WithValue(parent Context, key interface{}, val interface{})函数将元数据存储到 Context 中。这个函数会返回一个新的 Context，其中包含了新的元数据。注意，Context 是不可变的，因此不能修改已经存在的 Context 中的元数据。
- 使用 context.WithCancel(parent Context)函数创建一个带有取消信号的 Context。这个函数会返回一个新的 Context 和一个取消函数，可以在需要取消请求时手动调用取消函数 cancel。
- 使用 context.WithTimeout(parent Context, timeout time.Duration)函数创建一个带有超时时间的 Context。这个函数会返回一个新的 Context 和一个取消函数，到达超时时间时会自动调用取消函数。在到达超时时间之前，可以通过 Context 的 Done 方法检查是否已经取消了请求。
- 使用 context.WithDeadline(parent Context, timeout time.Duration)函数创建一个具有特定截止

时间的 Context（也算一种超时撤销）。这个函数会返回一个新的 Context 和一个取消函数，当到达设定的截止时间时会自动调用该取消函数。在到达超时时间之前，可以通过 Context 的 Done 方法检查是否已经取消了请求。

（3）使用 Context 的 Value(key interface{}) interface{} 方法从 Context 中获取元数据。如果 key 不存在，则返回 nil。

（4）使用 cancel 取消 Context。如果当前 Context 被取消，则基于它的子 Context 都会被取消。

（5）使用<-ctx.Done 接收取消通知。可以通过 Done 方法检查 Context 是否已经取消或者超时。这个方法返回一个通道，如果 Context 已经取消或者超时，则通道会被关闭。

有两个生成根 Context 的方法，分别是 context.Background 和 context.TODO，它们没有本质区别，都会生成一个空的上下文 new(emptyCtx)。context.Background 常用作最顶层的父 Context，它不能被取消。

17.1.4 context.Context 接口

Go 语言中的 context 包主要是通过 context.Context 接口来工作的。这个接口定义了一些基本的方法，在处理请求的过程中用于传递超时、取消信号以及其他与请求相关的值。

context.Context 接口的定义如下。

```
type Context interface {
    Deadline() (deadline time.Time, ok bool)
    Done() <-chan struct{}
    Err() error
    Value(key interface{}) interface{}
}
```

context.Context 接口提供的方法如表 17-2 所示。

表 17-2　context.Context 接口提供的方法

方法名	作用
Deadline	返回 Context 的截止时间，以及截止时间是否可用的标志。如果未设置截止日期，则标志的值是 false。以后每次调用此对象的 Deadline 方法时，都会返回与第一次调用相同的结果
Done	返回一个通道，该通道在 Context 被取消或者超时时关闭。如果 Context 不能被取消，那么 Done 方法可能返回 nil。Done 方法的返回值用于接收取消事件，它与 select 语句配合使用。当 Done 方法被关闭时，可以通过 ctx.Err 获取错误信息
Err	返回 Context 被取消的原因，如果 Context 没有被取消，则返回 nil
Value	返回 Context 中携带的值，该值是键值对的形式。如果 key 不存在，则返回 nil

注意，表格中的 Context 不是特指某个 context.Context 类型的对象，而是泛指任何实现了该接口的对象。

17.1.5 生成 Context 的方法

前面在介绍 context 包时，讲解了可以生成 Context 的函数为 context.WithValue、context.WithCancel、context.WithTimeout 和 context.WithDeadline，这一节会详细介绍这些函数。

1. context.WithValue 函数

context.WithValue 函数用于创建一个带有键值对的 Context 对象，示例代码如下。

```
ctx := context.WithValue(parentContext, key, value)
```

其中，parentContext 是一个已有的 Context 对象，key 是一个任意类型的键值，用于标识对应的值，value 是一个任意类型的值，与 key 相关联。返回的 ctx 是一个新的 Context 对象，可用于带有键值对的操作。

使用 ctx 对象时，可以通过调用 ctx.Value(key)方法来获取与 key 相关联的值。如果 key 不存在，该方法返回 nil。需要注意的是，ctx.Value(key)方法只能获取与 key 相关联的值，不能修改或删除这个值。如果需要修改或删除这个值，需要创建一个新的 Context 对象。Context 对象支持以嵌套的方式设置键值对。示例代码如下。

```
func Wakeup(ctx context.Context)  {
        fmt.Println(ctx.Value("上文"))//根据键取值
        fmt.Println("起床了")  //用于模拟协程要做的真正业务
        go Play(context.WithValue(ctx,"下文","要出去玩"))//设置新的值，key=下文，值=要出去玩
}

func Play(ctx context.Context)  {
        fmt.Println(ctx.Value("下文"))//根据键取值
}

func main() {
        ctx:=context.WithValue(context.Background(),"上文","今天是周末")
        go Wakeup(ctx)
        time.Sleep(time.Second)
}

//输出
今天是周末
起床了
要出去玩
```

context.WithValue 函数主要用于将一些与请求范围有关的数据（如用户 ID、请求 ID 等）传递给各个处理函数，避免将这些数据作为函数的参数传递。在处理函数时，可以通过 ctx.Value(key)方法获取这些数据。

2. context.WithCancel 函数

context.WithCancel 函数用于生成一个带取消函数 cancel 的 Context 对象，示例代码如下。

```
ctx, cancel := context.WithCancel(parentContext)
defer cancel()
```

其中，parentContext 是一个已有的 Context 对象，cancel 是一个函数，用于取消与 ctx 相关的操作。返回的 ctx 是一个新的 Context 对象，用于带有取消功能的操作。

使用 ctx 对象时，可以通过调用 cancel 函数来取消与 ctx 对象相关的操作。当 ctx 对象被取消时，与 ctx 对象相关的所有操作都应该尽快终止。此时，调用 ctx.Done 方法会返回一个 chan struct{}类型的通道，这个通道会立即关闭。如果需要获取与取消原因相关的信息，可以调用 ctx.Err 方法，

它会返回一个 context.Canceled 错误。

　　需要注意的是，调用 cancel 函数时，只会发送信号量，并不会真正地取消协程。要真正地取消协程，必须先在协程中用 select 的 case 分支捕获到信号<-ctx.Done。

　　下面的例子演示了在协程 g1 中调用协程 g2 的方法，根据 context 包提供的功能可知，在取消协程 g1 后，会自动取消与之关联的协程 g2。

```go
func g1(ctx context.Context)  {
        ctx2,_:=context.WithCancel(ctx)
        go g2(ctx2)
        select {
                case <-ctx.Done():
                        fmt.Println("退出 g1")
                        //cancel()
                        return
        }
}

func g2(ctx context.Context)  {
        select {
        case <-ctx.Done():
                fmt.Println("退出 g2")

                return
        }
}

func main() {
        ctx,cancel:=context.WithCancel(context.Background())
        go g1(ctx)

        cancel()
        time.Sleep(time.Millisecond)
}
```

　　context.WithCancel 函数主要用于对取消敏感的操作，例如长时间运行的任务、网络请求等。通过使用 ctx 对象和 cancel 函数，程序可以在必要时取消相关操作，从而避免出现长时间等待或资源耗费巨大的情况。需要注意的是，在取消 ctx 对象时，可能会触发一些清理操作，例如关闭文件、释放锁等。因此，需要在相关的操作中正确地处理取消信号，避免出现资源泄露或其他问题。

3. context.WithTimeout 函数

超时取消使用 context.WithTimeout 函数来实现，它会返回一个新的 Context 对象，示例代码如下。

```go
ctx, cancel := context.WithTimeout(parentContext, timeoutDuration)
```

　　其中，parentContext 是一个已有的 Context 对象，timeoutDuration 是一个 time.Duration 类型的值，表示超时时间。返回的 ctx 是一个新的 Context 对象，可以用于带有超时时限的操作。context.WithTimeout 函数一般需要与 select 配合使用，其使用方式与 context.WithCancel 函数类似，示例代码如下。

```go
func TestWithTimeout(t *testing.T) {
        ctx, cancel := context.WithTimeout(context.Background(), 500*time.Millisecond)
        defer cancel() //超时会自动调用
```

```
        select {
        case <-time.After(1 * time.Second):
                fmt.Println("1 秒超时退出")
        case <-ctx.Done(): //必须使用 case 捕获这个信号
                fmt.Println("使用 WithTimeout 实现超时退出")
                fmt.Println(ctx.Err()) //输出"context deadline exceeded"
        }
}
```

使用 ctx 对象时，可以通过 ctx.Done 方法获取一个 chan struct{}类型的通道，这个通道会在以下任意一件事件发生时关闭。

- 与 ctx 对象相关的父 Context 被取消。
- timeoutDuration 到达指定时间，在本例中为 500*time.Millisecond，此时 ctx.Err 方法返回一个 context deadline exceeded 错误。

当 ctx.Done 方法返回的通道关闭时，可以根据 ctx.Err 方法返回的错误信息来判断是哪种情况发生了。需要注意的是，这里要使用值语义来操作 Context，因为 Context 在调用函数的过程中可能会发生变化。ctx.Done 是一个返回通道的方法，只要一进入 select 代码段，就开始倒计时。

context.WithTimeout 函数常用于对超时敏感的操作，例如网络请求、I/O 操作等。通过设置合适的超时时间，可以避免等待时间过长而对系统性能产生负面影响。

4. context.WithDeadline 函数

context.WithDeadline 函数可以用于带有超时或截止时间的操作，它会返回一个新的 Context 对象，示例代码如下。

```
ctx, cancel := context.WithDeadline(parentContext, deadlineTime)
```

其中，parentContext 是一个已有的 Context 对象，deadlineTime 是一个 time.Time 类型的值，表示截止日期或超时时间。返回的 ctx 是一个新的 Context 对象，用于带有超时或截止日期的操作。

使用 ctx 对象时，可以通过 ctx.Done 方法获取一个 chan struct{}类型的通道，这个通道会在以下任意一件事件发生时关闭。

- 与 ctx 对象相关的父 Context 被取消。
- deadlineTime 到达指定时间，此时 ctx.Err 方法返回一个 context.DeadlineExceeded 错误。

context.WithTimeout 函数中的超时时间是相对时间，即从当前时间开始计算，而 context.WithDeadline 函数中的截止日期是绝对时间。它们的原理差不多，要做的都是等待某个协程在规定时间范围内完成工作。笔者更喜欢用前一种方式来实现超时。

context.WithDeadline 函数常用于对超时敏感的操作，例如网络请求、I/O 操作等。在这些操作中，如果等待的时间过长，可能会对系统性能产生负面影响。

以上就是 context 包中各种函数的说明，它们可以保存值，也可以把超时的任务取消。

17.1.6　Context 与请求超时

Context 除了用于取消协程，还可以用于处理 HTTP 请求超时的情况。对于一个 HTTP 请求，如果在一定的时间范围内处理不完，又没有返回任何信息，那么就会带来较差的用户体验。因此，我们可通过设置超时时间，并利用上下文的超时取消机制来让程序在超时后立即返回预先设置的信息，从而改善用户体验。在下面的示例中，我们编写了一个 HTTP 服务，如果处理一个客户端请求所花费的时间超过 3 秒，就会返回"执行超过 3 秒"的提示。示例代码如下。

```
func main() {
        http.HandleFunc("/", func(writer http.ResponseWriter, request *http.Request) {
        ctx, cancel := context.WithTimeout(request.Context(), time.Second*3)
        defer cancel()
        c := make(chan string)
        go func() {
    //模拟一个随机的访问时间
    //如果超过 3 秒就会进入 select 的 ctx.Done 分支
                time.Sleep(time.Duration(rand.Intn(5)) * time.Second)
                c <- fmt.Sprintf("执行时间花费%d秒", n)
                }()

                select {
                case <-ctx.Done():
                        writer.Write([]byte("执行超过 3 秒"))
                case ret := <-c:
                        writer.Write([]byte(ret))
                }
        })

        http.ListenAndServe(":8888", nil)
}

//执行结果
$ curl  http://localhost:8888
执行时间花费 2 秒%
$ curl  http://localhost:8888
执行超过 3 秒%
```

还可以进一步完善代码，当达到预设的超时时间时，先不取消，而是尝试重试操作。关键代码如下。

```
// 设置超时时间为 5 秒
ctx, cancel := context.WithTimeout(context.Background(), duration)
defer cancel()

retryTimeout(ctx, time.Second*3, func(ctx context.Context) error {
        return errors.New("失败")
        })
}

func retryTimeout(
        ctx context.Context,
        retryInterval time.Duration,
        check func(ctx context.Context) error) {

        for {
                if err := check(ctx); err == nil {
                        ...
                        return
                }
```

```
            if ctx.Err() != nil {
                  ...
                  return
            }

            //等待 retryInterval 秒后重试
            t := time.NewTimer(retryInterval)

            select {
            case <-ctx.Done(): //超时
                  ....
                  t.Stop()
                  return
            case <-t.C: //重试
                  ...

            }
      }
}
```

这段代码会去调用 retryTimeout 函数尝试重新执行指定的操作，直到操作成功或到达最终的超时限制。该函数有如下参数。

- ctx：上下文对象，用于控制超时和取消操作。
- time.Second*3：超时时间，即操作最多可以执行的时间。
- func(ctx context.Context) error：要执行的操作，是一个接受上下文对象并返回 error 类型的函数。

retryTimeout 函数使用上下文对象 ctx 来控制超时和取消操作，并使用定时器来实现超时机制。每次重试都会等待一段时间，以避免操作过于频繁。

17.1.7　Context 的使用总结

Go 官网提出了规范使用 Context 的建议，具体如下。

- 不要把 Context 作为结构体的成员，建议将其作为第一个参数传递给函数，通常命名为 ctx。这样做可以将上下文与函数调用明确地关联起来，以避免上下文被误用。

- 即使方法允许，也不要传递 nil 值的 Context。因为 nil 值的 Context 不能传递与请求相关的元数据，也不能取消上下文。如果在代码中不小心使用了 nil 值的 Context，就会导致应用程序出现不可预料的错误或者异常。如果不确定应该使用哪个 Context，可以使用 context.TODO，它会返回一个空的、不可取消的 Context。这个 Context 可以在应用程序的开发阶段作为占位符或者提示使用，开发者可将其替换为具体的 Context。

- 使用 context.Context 接口的 Value 相关方法时，建议只用其传递与请求相关的元数据，而不要用它来传递可选的参数。因为 Value 方法是基于链式调用的，每次调用都会返回一个新的 Context 对象，而这个新的 Context 对象会包含原有的值和新的键值对，这会导致 Context 对象不断增大，最终会影响应用程序的性能。另外，使用 Value 方法传递可选参数也不利于代码的维护和扩展。

- 一个 Context 可以传递给多个协程，这样，在函数或方法内部就可以使用 Context 中的元数据来完成相关的操作。由于 Context 是并发安全的，多个协程可以同时访问同一个 Context 对象，因此不会产生竞争或者死锁。此外，因为 Context 支持超时和取消机制，所以可以在任意一个协程中取消请求，从而避免出现资源泄露和无用的计算等情况。

17.2 sync.Cond

有时我们可能会遇到这样的场景：某项任务要在特定的条件成立时进行操作，如果这些条件未被满足，那么就需要等待，直到条件达成。获取特定条件的方式可以是在 for 循环中不断做轮询，也可以是当条件满足时发出信号通知。显然第二种方法的效率更高，既然通道是用来收发数据的，当然也就可以用来收发信号了。使用通道接收信号的代码如下。

```
signal := make(chan struct{})
go func() {
        ...
        <- signal
}()
```

但是这种方法适合一对一，不适合一对多的场景。

在 Java 中，可以利用等待/通知（wait/notify）机制来实现阻塞或者唤醒。在 Go 语言中，sync.Cond 也可以达到类似的效果。sync.Cond 是一个条件变量类型，用于实现线程之间的同步。具体来说，sync.Cond 的作用是在某个协程中等待一个特定的事件发生，然后唤醒一个或多个正在等待的协程继续执行。sync.Cond 与某个条件相关，这个条件需要一组协程协作来达成。sync.Cond 基于 Mutex 或 RWMutex 增加了一个通知队列。在条件不满足时，队列中的所有协程都会被阻塞；当满足一定的条件时就会从队列中唤醒一个或唤醒多个协程，从而解决在并发场景下等待/通知的问题。唤醒的方式有单个（Signal）和广播（Broadcast）两种。

说明：sync.Cond 与 sync.WaitGroup 的区别在于 sync.WaitGroup 允许主协程等待确定数量的子协程完成任务，而 sync.Cond 则不关心协程的数量，只关心等待条件，它基于某个条件的变化来协调协程间的同步，任意多个协程都可以修改相关的条件，一旦条件发生变化，其他等待这个条件的协程会被唤醒或进行相应的操作。

sync.Cond 的常用方法及使用说明如表 17-3 所示。

表 17-3　sync.Cond 的常用方法及使用说明

sync.Cond 的常用方法	使用说明
func NewCond(l Locker) *Cond	创建一个 sync.Cond 对象，其中 l 是一个实现了 Locker 接口的参数（通常是 *sync.Mutex 或 *sync.RWMutex），用于保护被访问的共享状态
func (c *Cond) Wait()	若一个协程调用了 sync.Cond 的 Wait 方法，那么它会暂停执行并等待，直到收到特定的通知（通常是其他协程调用 sync.Cond 的 Signal 或 Broadcast 方法发出的通知）。该协程会被放入一个由 sync.Cond 维护的等待队列中，它在等待队列中保持阻塞状态，直到被唤醒。调用这个方法有个前提，即当前协程已经获取了互斥锁
func (c *Cond) Signal()	当调用 Signal 方法时，从等待此 sync.Cond 的协程中选取一个协程（通常是等待时间最长的那一个）并唤醒它
func (c *Cond) Broadcast()	以广播的方式唤醒所有等待此 sync.Cond 的协程，让它们继续执行

使用 sync.Cond 的流程如下。

（1）创建一个互斥锁，并使用 sync.NewCond 函数创建一个条件变量。关键代码如下。

```
var mu sync.Mutex
cond := sync.NewCond(&mu)
```

（2）在某个协程中等待一个特定的事件发生时，调用 cond.Wait 方法来阻塞该协程，并释放互斥锁。关键代码如下。

```
mu.Lock()
for !condition { // 检查等待条件是否满足
   cond.Wait()
}
// 执行操作
mu.Unlock()
```

（3）在其他协程中，如果某个事件发生，可以调用 cond.Signal 或 cond.Broadcast 方法来唤醒一个或多个等待的协程。这通常意味着条件已经改变，唤醒的协程可以继续执行。关键代码如下。

```
mu.Lock()
condition = true
cond.Signal() // 或 cond.Broadcast()
mu.Unlock()
```

这样设计 Sync.Cond 是为了方便协程在不同的执行路径中有效地协作或同步。例如，一个生产者协程在生产了新的数据项后，可以调用 cond.Signal 或 cond.Broadcast 方法来唤醒一个或所有等待的消费者协程。

使用 sync.Cond 时有以下注意事项。

● 在调用 Wait 方法前必须获取互斥锁，否则会出现竞态条件。

● 在调用 Wait 方法后，当前协程会被阻塞并释放互斥锁，直到被唤醒。

● 在调用 Signal 或 Broadcast 方法前必须获取互斥锁，否则会出现竞态条件。

● 唤醒的协程会重新获得互斥锁，并继续执行。

● 等待时，需要使用 for 循环不断地检查条件是否满足，因为唤醒的协程可能会因为竞争问题再次进入等待状态。

● 唤醒的协程会继续执行 Wait 方法之后的代码，而不是从头开始执行。

● 唤醒的协程在获得互斥锁后需要重新检查等待条件是否满足，因为它可能错过了条件成立的时刻。

本书配套代码中含有此示例完整的代码，具体见 golang-1/handle-concurrency/cond/main.go。

17.3　sync.Once

在 Go 语言中，init 函数和 sync.Once 都用于确保某些代码只执行一次。但它们的性质和用途有所不同。

init 是一个特殊的函数，它在每个包被加载时自动执行，通常用于初始化包级别的变量或执行其他只需要执行一次的初始化任务。init 函数不需要被显式调用，Go 程序运行时会自动调用它们。

sync.Once 是一个提供了 Do 方法的结构体，它接受一个无参数、无返回值的函数，并确保这个函数在程序运行期间只被执行一次。sync.Once 主要用于代码中的懒加载（即在首次使用时才初始化）或确保并发安全的单次初始化。

sync.Once 的结构体及其方法如下。

```
type Once struct {
    m    Mutex
    done uint32
}

func (o *Once) Do(f func())
```

其中，成员 done 用来记录执行的次数，成员 m 是一个互斥锁，用来确保函数仅被执行一次。sync.Once 只有一个方法 Do，尽管可以多次调用方法 Do，但仅在第一次调用时参数 f 对应的函数会被执行，后面即使传入的参数 f 的值和前面不一样，也不会再次执行。这里 f 的值是一个无参数无返回值的函数。

sync.Once 常被用于单例模式的初始化场景中。下面的示例分别展示了传统的和使用 sync.Once 实现单例模式的方法。

```
type MySQLConfig struct {
        URL string
}

var config *MySQLConfig
var mu sync.Mutex

//传统实现单例模式的方法
func GetMyConfig() *MySQLConfig  {
        mu.Lock()
        defer mu.Unlock()
        if config!=nil{
                return  config
        }else{
                config =  new(MySQLConfig)
        }
        return config
}

//利用 sync.Once 实现单例模式
var once sync.Once
func GetMyConfig() *MySQLConfig  {
        once.Do(func() {
                config = new(MySQLConfig)
        })
        return config
}
```

17.4 sync.Map

标准库里面的映射是一种非并发安全的数据结构，这是因为映射的底层数据结构是散列表，而散列表的并发安全性是难以保证的。散列表的基本实现原理是通过散列函数将关键字映射到桶中，桶是散列表中保存数据的基本单元。当多个协程同时对散列表进行操作时，它们可能会同时访问同一个桶，从而导致数据不一致并产生错误的结果。

想要使用并发安全的映射，有下面几种选择。

（1）使用互斥锁 Mutex 或者读写锁 RWMutex 实现并发互斥逻辑。造成并发不安全的原因前面已经说明了，避免的方法之一就是加锁，让多个协程不能同时访问同一个桶，这可以使用互斥锁 Mutex 实现。对于读多写少的场景，可以考虑将互斥锁 Mutex 替换为写锁 RWMutex。

（2）使用 sync.Map。Go1.9 版本引入的 sync.Map 是官方实现的线程安全的映射，它通过以空间换时间的方式来达到并发安全的目的。

（3）通过分片加锁实现并发更高效的映射。虽然使用读写锁可以提供线程安全的映射，但是在有大量并发读、写的情况下，锁的竞争会非常激烈。在这种情况下，需要尽量缩小锁的粒度和减少锁的持有时间。缩小锁的粒度常用的方法就是分片，将一把锁分成几把锁，每个锁控制一个分片，如第三方实现的并发安全的映射库 easierway/concurrent_map。

我们针对不同读写比例的场景设计映射，并对这几种映射进行基准测试，测试结果如表 17-4 所示。

表 17-4　在不同读写比例的场景下映射的基准测试结果

读写比例	映射的选型	操作次数	每次操作花费的时间（纳秒）
读:写=100:0	map_with_Mutex	956	1310513
	map_with_RWMutex	2053	603788
	sync.map	7836	147001
	ConCurrentMap	5362	227571
读:写=50:50	map_with_Mutex	337	3480542
	map_with_RWMutex	432	2708947
	sync.map	310	3821092
	ConCurrentMap	1719	670589
读:写=80:20	map_with_Mutex	496	2361716
	map_with_RWMutex	668	1760449
	sync.map	643	1787013
	ConCurrentMap	2282	496835
读:写=98:2	map_with_Mutex	739	1517187
	map_with_RWMutex	914	1323923
	sync.map	2950	386164
	ConCurrentMap	3774	308442
读:写=0:100	map_with_Mutex	214	5702611
	map_with_RWMutex	207	5802895
	sync.map	166	7081998
	ConCurrentMap	1285	945421

下面基于上述测试结果总结一下不同的场景下不同映射的性能。

- 只读场景：sync.map > ConCurrentMap > map_with_RWMutex >> map_with_Mutex。
- 读写场景（读 50%写 50%）：ConCurrentMap >> map_with_RWMutex > map_with_Mutex > sync.map。
- 读写场景（读 80%写 20%）：ConCurrentMap >> map_with_RWMutex = sync.map > map_with_Mutex。
- 读写场景（读 98%写 2%）：ConCurrentMap > sync.map >> map_with_RWMutex > map_with_Mutex。

● 只写场景：ConCurrentMap >> map_with_Mutex > map_with_RWMutex > sync.map。

关于 map_with_MutexMap、map_with_RWMutexMap、sync.Map 以及分片的 ConCurrentMap 的选择，除了看上述测试结果，还需要根据应用场景以及实际情况来确定。

17.5　sync.Pool

对象池是一种常用的设计模式，如果要创建成本较高的对象（如数据库连接、网络连接等），通常的做法是创建一批对象，然后将其放入对象池中，需要时直接拿来使用，用完释放后又放回对象池。这样既避免了重复创建，又减少了创建的开销，还提高了性能。

17.5.1　sync.Pool 的介绍

在 sync 包中，有一个名为 sync.Pool 的结构体，它是不是 Go 语言原生提供的对象池呢？答案是否定的，我们不要被它的名字所迷惑。sync.Pool 的作用是缓存对象，增加对象被重用的概率，减少垃圾回收的负担，但它并不适合用作连接池，可能 "sync.Cache" 这个名字更适合它。

为什么这样说呢？我们先来看看 sync.Pool 是怎么使用的，示例代码如下。

```
// 测试 sync.Pool 的使用
func TestSyncPool(t *testing.T) {

        //创建一个 &sync.Pool，以匿名函数返回空接口的形式返回 time.Time 类型的 now()
        //为了方便演示，每当这个 pool 对象调用 New 方法时就输出一个创建的信息
        //如果使用了缓存，则不会输出"创建新的对象!"
        pool := &sync.Pool{
                New: func() interface{} {
                        fmt.Println("创建新的对象!")
                        return time.Now()
                },
        }
        //因为返回的是空接口类型，所以要先做类型断言
        v,_ := pool.Get().(time.Time)

        //定义一个 time.Time 类型的变量 i，将 v 的值赋予这个 i
        //如果没有上一句代码做类型断言，在此处就会报错
        //这是因为 Go 语言不支持隐式转换，i 是时间类型 time.Time，v 是接口类型 interface
        //两种不同的类型不能直接赋值，直接赋值就会报错
        var i time.Time
        i = v
        fmt.Println(i) //输出: time.Time=2021-01-06 16:55:05.3693992 +0800 CST m=+0.014996101

    //next runtime.GC()
}
```

上述代码中创建了一个名为 sync.Pool 的指针对象，其中 New 这段代码是一个匿名函数，当 pool 为空时，就会调用这个匿名函数创建一个 time.Now 方法并返回。如果 pool 不为空，则可以直接使用。v,_ := pool.Get().(time.Time)有以下 3 层含义。

（1）调用 pool.Get 函数，从池中获取一个元素。池是一个元素可以重用的对象的集合，Get 方法会从池中获取一个元素，如果池为空，则会创建一个新元素。

（2）pool.Get().(time.Time)对获取到的元素做了类型断言，将其转换为了 time.Time 类型，并将其赋给了变量 *v*。

（3）使用空标识符_丢弃了类型断言的第二个返回值，因为这个值表示类型断言是否成功，在这儿我们只需要获取转换后的 time.Time 类型的值即可，不需要关心类型断言是否成功。

紧接着的代码定义了 time.Time 类型的变量 *i*，这样前面的变量 *v* 就可以赋值给这个变量 *i* 了。另外，如果前面的变量 *v* 没有做类型断言，也可以直接使用短变量赋值的方式让 Go 语言自动推断类型。使用 fmt.Printf("%T",i)可以看到变量 *i* 的类型是 time.Time。

此示例的输出看起来与之前定义的对象池类似！不过，两者其实是有区别的，它们的区别在于生命周期不同！

17.5.2　缓存对象的生命周期

接下来看看存储在 sync.Pool 中的对象的生命周期。将下面这段代码加入 17.5.1 节中示例代码 //next runtime.GC()的后面。

```
    pool.Put(1)
v1 := pool.Get()
fmt.Printf("%T=%v\n", v1, v1)

pool.Put(2)
runtime.GC()

v2 := pool.Get()
fmt.Printf("%T=%v\n", v2, v2)
```

代码说明如下。

（1）pool.Put(1)中的 Put(1)其实是 Put(interface{})，所以编译和运行时不会报错。在 fmt.Printf("%T=%v\n", v1, v1)处查看变量 v1 的类型和值，验证了 v1 := pool.Get()返回的是 int 类型的值。

（2）代码 pool.Put(2)表示向对象池中放入值 2，紧接着调用 runtime.GC，手动触发垃圾回收。

（3）执行 v2 := pool.Get()获取值，期望 fmt.Println(pool.Get())输出 2。但是实际上，在执行了 runtime.GC 后再次调用 Get 方法获取对象值时，会发现 pool 是空的。在这种情况下，会去调用 New 字段对应的匿名函数重新创建一个对象，因此会输出"创建新的对象！"。而输出结果也验证了新创建的对象又变成了 time.Time 类型，而非之前的 2。

输出结果如下。

```
int=1
创建新的对象！
2021-01-06 16:55:05.4684553 +0800 CST m=+0.114052201
time.Time=2021-01-06 16:55:05.4684553 +0800 CST m=+0.114052201
```

上面的代码演示了垃圾回收会触发清除 sync.Pool 中缓存的对象的机制，缓存对象的生命周期是从这次创建开始到下一次进行垃圾回收时结束。参阅 Go 源码 src/pkg/sync/pool.go 可以看到 sync.Pool 是如何清理缓存对象的。关键代码如下。

```
func init() {
        runtime_registerPoolCleanup(poolCleanup)
```

```
    }

    // 在运行时实现
    func runtime_registerPoolCleanup(cleanup func())

    //清理缓存对象
    func poolCleanup() {
            ...
    }
```

可以看到 sync.Pool 中的 init 函数调用了 runtime_registerPoolCleanup 函数,而 runtime_registerPoolCleanup 是 runtime 提供的函数,用于注册清理函数。在 init 函数调用这个函数时,传入的参数就是用于清理对象的 poolCleanup 函数。如果 sync.Pool 中的对象超过一定时间没有被访问,runtime 就会调用这个清理函数将 sync.Pool 中缓存的所有对象清理掉。poolCleanup 这个清理函数是在 runtime 内部执行的,不受应用程序的控制。

poolCleanup 函数会在每次进行垃圾回收前被调用。因此 sync.Pool 中缓存对象的生命周期是两次垃圾回收间隔的时间。因为垃圾回收具有不确定性,所以我们无法精确地控制 sync.Pool 中缓存对象的生命周期,可以说池中的对象是临时的,而这违反了创建池的初衷,因此不能使用 sync.Pool 作为数据对象池。

另外,由于在创建 sync.Pool 时不能指定大小,因此缓存对象的数量也不受控制,数量的多少仅受限于宿主机内存的大小,使用 sync.Pool 是无法控制缓存对象的数量的。

17.5.3 sync.Pool 的使用场景及存在的问题

因为 Go 语言为 sync.Pool 设置了回收机制,所以使用 sync.Pool 时不用担心它会一直增长。使用 sync.Pool 需要注意的是,若被放入池中的对象在池中被重用,其状态有可能是发生了改变的,如果再次使用这个对象时没有对其状态进行重置,可能会导致程序出现错误。

1. sync.Pool 的使用场景

- 需要频繁地创建临时对象来处理某些任务,例如在网络编程中,可以使用 sync.Pool 来缓存 net.Conn 对象(临时的中间结果)等。
- 需要频繁地创建和销毁大对象,例如图片、视频等。

sync.Pool 的定位不是做类似对象池这样的组件,考虑到垃圾回收的特性,它也不适合做对象池。它的作用是增加对象重用的概率,降低复杂对象的创建频率,减少垃圾回收的负担。另外,sync.Pool 是线程安全的,会有锁的开销,多个协程可以并发地调用它的方法存取对象。

2. sync.Pool 存在的问题

在 Go1.13 版本之前,sync.Pool 存在以下两个问题。

(1)因为每次垃圾回收都会触发回收临时缓存对象的机制,所以当临时缓存对象的数量过多时,就会导致 STW 变长。并且,如果所有的缓存对象都被回收,那么调用 Get 方法时的命中率就会下降,不得不基于缓存机制重新创建许多新对象。

(2)在 sync.Pool 的底层实现上使用了互斥锁,如果对这个锁的并发请求竞争激烈,则会导致性能下降。

在 Go1.13 版本之后，sync.Pool 针对以上两个问题做了优化，在此不再赘述。

17.6　实现对象池

我们可以借助带缓冲的通道来实现对象池，如图 17-2 所示。

图 17-2　借助带缓冲的通道实现对象池

在这里，缓冲区的大小就是对象池的大小。首先将所有的对象存放在带缓冲的通道中，要用时则从通道中拿取，使用完以后再还回去。对象池的主要方法包括初始化创建（NewObjPool）、获取（GetObj）和释放（ReleaseObj）。关键代码如下。

```go
//定义对象池接口
type Pooler interface {
        GetObj(time.Duration) (interface{}, error)
        ReleaseObj(interface{}) error
}

//定义对象池的结构体，实现 Pool 接口
//ObjPool 的元素就是一个空接口类型的通道
type ObjPool struct {
        buff chan interface{} //用于缓存可重用的对象
}

//新创建对象池,返回对象池这个对象
//传入的 typ 可以是自己定义的任何类型
func NewObjPool(typ interface{}, numOfObj int) *ObjPool {
        objPool := ObjPool{}
        objPool.buff = make(chan interface{}, numOfObj)
        for i := 0; i < numOfObj; i++ {
                //这里用一个空接口对象做示例
                //真正使用时,可以在这个地方返回自己想要的对象
                objPool.buff <- typ
        }
        return &objPool
}

//从对象池中获取对象
//通常认为"等待响应很久"的代价要大于"直接返回一个错误"的代价
//所以此处利用"通道的超时返回机制"设置了一个超时时间
//若超过了这个时间,就立刻返回,不再等待
func (p *ObjPool) GetObj(timeout time.Duration) (interface{}, error) {
        select {
        case ret := <-p.buff:
```

```
                        return ret, nil
            case <-time.After(timeout): //超时控制
                        return nil, errors.New("time out")
        }
}

//释放对象回对象池
func (o *ObjPool) ReleaseObj(obj interface{}) error {
        select {
        case o.buff <- obj:
                        return nil
        default:
                        return errors.New("超出池定义的大小")
        }
}

//测试对象池的使用
func TestObjPool(t *testing.T) {

        //创建对象池，对象池的大小为10
        pool := NewObjPool(10)

        //获取这个对象100次并打印输出
        for i := 0; i < 100; i++ {
                if v, err := pool.GetObj(time.Second * 1); err != nil {
                        t.Error(err)
                } else {
                        //拿到对象后，输出它的类型
                        fmt.Printf("%T\n", v)
                        //使用完以后调用ReleaseObj将其从对象池中释放掉
                        if err := pool.ReleaseObj(v); err != nil {
                                t.Error(err)
                        }
                }
        }

        //尝试放置超出池大小的对象时会报错
        if err := pool.ReleaseObj(&ReusableObj{}); err != nil {
                t.Error(err)
        }
}
```

在实际中开发中，建议分开使用不同的对象池。

17.7 常用连接池

通过前面的学习，我们知道了如果要创建成本较高的对象，通常的做法就是池化这些对象。下面列举几种常用的连接池。

- 标准库 sql.DB 提供了一个通用的数据库连接池，它通过参数 MaxOpenConns 和 MaxIdleConns 控制连接池的最大连接数和最大空闲连接数。

- 标准库 http.Client 在内部使用连接池来管理网络连接。这个连接池可以缓存一定数量的网络连接，以便后续重用，减少建立新连接的成本。
- gomemcache 是 Go 语言开发的用于 Memchaced 的客户端，它通过使用互斥锁和切片来实现对 Memcached 连接的池化管理，减少频繁建立和断开连接的需求。

17.8   并发技术选型

并发要考虑的两个核心问题是分组和同步数据。通过前面的介绍，我们知道了 sync.WaitGroup、通道和锁等并发技术都可以用来解决数据并发安全问题。

- 通道是协程之间通信的主要方式，可以安全地传递数据。
- Mutex 是 Go 语言的互斥锁，用于保护共享资源。
- RWMutex 是 Go 语言的读写互斥锁，用于保护共享资源。与 Mutex 不同，RWMutex 区分了读锁和写锁。
- atomic 包提供了一系列的原子操作，包括 Add、CompareAndSwap、Store、Load 和 Swap 等。
- sync.WaitGroup 用于等待一组协程完成。它可以阻塞主线程，直到所有的协程完成任务。
- context.Context 用于传递请求的上下文，可以控制协程的生命周期。通过 context.WithCancel、context.WithTimeout、context.WithValue 等函数可以创建新的 context.Context。
- select 是 Go 语言的多路复用机制，可同时处理多个通道。当一个通道就绪时，执行对应的操作。若有多个通道同时就绪，随机选一个操作。无就绪通道时，执行 default 分支避免阻塞。

那么如何选择这些并发技术呢？笔者给出了使用场景及建议，如表 17-5 所示。

表 17-5   并发技术选型

场景描述	场景分析	建议采用的技术
共享数据资源	并发地读写共享资源，会出现数据竞争问题	Mutex、RWMutex、atomic 包
多并发任务	实现一个业务时，需要使用多个协程处理不同的功能，各个功能之间有等待或依赖关系，这时可能需要一个集结点，等多个协程均完成任务以后再执行下一步	sync.WaitGroup、通道、context.Context
消息或数据传递	协程之间并发安全地传递数据或信号	通道
并发控制与多路复用	同时处理多个通道的通信，需要根据多个异步操作的结果来决策	通道和 select 语句

第18章

并发原理

第 15～17 章介绍了并发编程的相关概念和常用的编程技巧。本章将从宏观和微观的角度探索 Go 语言的调度模型。

18.1 怎样让程序跑得更快

随着信息技术的迅速发展，单个服务器的性能越来越强，编程模式也从以前的串行模式演变为并发模式。并发模式下包含 I/O 多路复用、多进程和多线程等并发模型。这几种模型各有优劣，现代复杂的高并发架构大多是几种模型的协同使用，对不同的场景应用不同的模型，扬长避短，可最大限度地提高服务器的性能。

其中，多线程是并发编程中最常用的并发模型，因为它具有轻量和易用等特点，前面提到的协程等模型也是以此为基础的。

18.1.1 从单进程到多线程

进程是在系统中分配和调度资源的独立单元，也是在操作系统中运行程序的过程。单进程以串行方式运行，也就是说，只有在一个程序运行完以后，下一个程序才会运行，因此单进程的 CPU 利用率最低。

想要解决单进程 CPU 利用率低的问题，可以在操作系统层面将多个任务分配给不同的进程执行，但因为 CPU 同一时刻只能做一件事情，所以需要让 CPU 调度器对时间进行分片，以便在不同的时间片内运行不同的进程（线程），从而实现并发效果。图 18-1 为 CPU 多进程调度示意图。

线程是 CPU 调度的最小单元，是比进程更小、能独立运行任务的基本单位。线程可同时运行多个任务。我们可以在一个进程中创建、运行和撤销多个线程。

小技巧：在 Linux 中，可以使用 ps [pid]命令查看程序的进程，使用 ps -M [pid]命令查看进程对应的线程。

为了实现并发效果，多线程通过 CPU 调度器将任务分配在不同的时间片上。但是线程的创建、切换和销毁都需要时间，因此 CPU 的实际使用率其实也并不高。此外，锁和资源竞争等因素也制约了并发的能力。

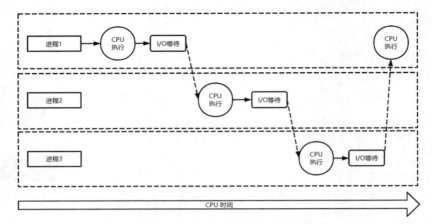

图 18-1　CPU 多进程调度示意图

　　线程的切换、中断处理等操作会导致 CPU 从一个线程切换到另一个线程，这称为上下文切换。进行上下文切换时，首先要将 CPU 寄存器和内存状态保存到内核中，以便将来重新恢复该线程时能恢复到切换前的状态。然后，内核会将另一个线程的状态加载到 CPU 寄存器和内存中，以便 CPU 执行该线程的代码。由于切换时需要保存和恢复大量的线程状态，因此上下文切换的代价十分高昂。如果线程之间的上下文切换太频繁，CPU 可能会花费大量的时间在保存和恢复上下文的操作上，而不是执行程序的实际代码上。

　　为了减少上下文切换的开销，Go 语言使用了协程，它是一种轻量级线程，可以在单个线程内执行并发任务，避免了上下文切换的开销。

18.1.2　工作任务的种类

　　前面提到的都是单核的情况，多核处理器的调度逻辑更复杂。幸运的是，大多数处理细节已经被屏蔽，不需要开发者操心。但是我们需要了解操作系统的一些原理，只有这样，自己编写的程序才能获得良好的性能，不会出现内存使用不稳定，或者因场景切换导致延迟过高的情况。内存和线程切换问题处理不好会影响性能，所以我们在开发多线程软件时首先要了解自己所面对的工作任务的种类。

　　工作任务可以分为两类：CPU 密集型任务和 I/O 密集型任务。

1. CPU 密集型任务

　　CPU 密集型任务是指那种不会让线程从 running 状态变为 waiting 状态的任务。这类任务不需要执行与 I/O 相关的操作，因此不会进入 waiting 状态。对于这类任务，如果线程数大于 CPU 核心数，那么进行线程切换时，程序肯定会产生延迟。

2. I/O 密集型任务

　　I/O 密集型任务的线程常在 running、waiting、runnable 三个状态之间循环。因为 I/O 密集型任务的线程经常需要等待 I/O 操作完成，所以它们经常会从 running 状态转变为 waiting 状态。状态转换时，这些线程就会释放占用的 CPU 核心，以供其他线程使用。对于 I/O 密集型任务来说，任务的主要时间消耗在了等待 I/O 操作完成上。因此，对于这类任务，线程数可大于 CPU 核心数，以使每个

CPU 核心尽可能地保持忙碌，从而达到充分利用 CPU 资源的目的。

对于不同类型的工作任务，我们处理的方式会有所不同。因此，我们必须首先明确需要做的工作种类，以便更好地控制程序中的线程数，从而避免因线程数量过多或过少而导致的性能问题。通常来说，对于并发任务，使用线程池是一种非常有效的避免性能问题的方法，复用线程池中的线程不仅可以减少创建和销毁线程的开销，而且可以限制线程的数量。过多的线程可能会浪费系统资源并导致上下文切换的开销过大，而线程数过少也有可能会导致系统无法充分利用可用资源，进而导致性能瓶颈。因此，想要确定最佳的线程数，需要考虑诸如 CPU 核心数、任务类型和线程负载等因素，线程和 CPU 之间应该有恰当的比例。例如，如果对于 CPU 与线程的比例，1:3 比 1:2 的效率更高，说明在 1:2 时 CPU 可能会有空闲期；如果 1:3 比 1:4 的效率更高，那么有可能在 1:4 时，CPU 处理不过来。

注意：可以说操作系统的调度器是抢占式的，抢占即意味着调度行为是不确定的。

18.2 Go 语言中的协程

18.2.1 内核态线程与用户态线程

根据访问内核空间的方式，线程可以分为内核态和用户态两种。

- 内核态线程：指由操作系统内核创建和管理的线程，它们运行在内核态下且可以访问内核空间，这使得它们在处理 I/O 等系统级任务时非常有用。内核态线程与普通线程的区别在于内核态线程没有单独的地址空间。
- 用户态线程：由用户级别的线程库创建和管理，是轻量级的线程。因为用户态线程运行在用户态下，所以它们无法访问内核空间，这使得它们更适合执行应用程序级别的任务。用户态线程由用户运行时管理，操作系统无法识别，它的切换由用户程序自己控制。用户态线程也是由内核态线程运行的。Lua、Python 和 Go 语言的协程都属于用户态线程。

只有内核态线程才能访问内核空间，因此在使用用户态线程时，需要将用户态线程绑定到内核态线程上，以便执行 I/O 等系统级任务。这种绑定通常是由线程库自动完成的，但有些情况下可能需要手动操作。CPU 无法区分用户态和内核态，对于 CPU 来说，二者是同一种"内核态"。我们把内核态线程称为线程，把用户态线程称为协程，以示区分，如图 18-2 所示。

线程的类型（内核态线程和用户态线程）与提高 CPU 的使用率密切相关，因为不同的线程类型对 CPU 利用率的影响不同。

内核态线程和用户态线程在处理任务时操作有所不同，因为内核态线程可以访问内核空间并执行一些系统级任务，而用户态线程无法访问，因此，若要访问内核空间或要执行系统级任务，使用内核态线程更适合。

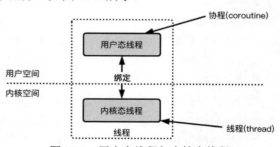

图 18-2　用户态线程与内核态线程

　　由于内核态线程的创建和管理是由操作系统负责的，因此在创建大量内核态线程时，会增加操作系统的负担，导致上下文切换的成本变得更高。此外，因为内核态线程的创建和销毁需要较长的时间，所以频繁创建和销毁内核态线程可能会拖慢整个系统。

　　相比之下，用户态线程的创建和销毁更快，我们可以更好地控制其数量和生命周期。当需要访问内核空间或执行系统级任务时，需要将用户态线程委托给内核态线程，这有可能会导致上下文切换的成本变高。

　　IT 界有一句话叫"软件开发中遇到的所有问题，都可以通过添加一层抽象来解决"。若拆开用户态线程和内核态线程，在两者之间添加调度器，那么内核态线程就可以通过调度器来调度用户态线程，这为并发创造了条件。在这种情况下，内核态线程和用户态线程的关系可以用 $m:n$ 来表示。内核态线程和用户态线程的比例及特点如表 18-1 所示。由表 18-1 可知，整个系统的并发能力取决于调度器的算法和优化能力。

表 18-1　内核态线程和用户态线程的比例及特点

内核态线程	用户态线程	特点
1	1	一个用户态线程绑定一个内核态线程，用户态线程的调度由 CPU 完成。这与直接用内核态线程没区别，反而多了调度器的开销，因此意义不大
1	n	n 个用户态线程绑定一个内核态线程。任意一个用户态线程阻塞都会导致整个内核态线程阻塞，这会使其失去并发的能力
m	n	支持并发。用户态线程调度器的能力决定了并发的能力

　　用户态线程不是操作系统层面的多任务处理，而是编译器、解释器、虚拟机层面的多任务处理，因此可以认为它是轻量级的内核态线程。

18.2.2　轻量级的协程

　　原生的协程叫作 coroutine，Go 语言中实现的协程则称为 goroutine。Go 语言允许可复用的逻辑处理器运行在线程上，即使有协程被阻塞，该线程的其他协程也可以被调度器调度到可运行的线程上。Go 语言屏蔽了底层的实现细节，使开发者能够轻松地编写并发代码。

　　控制协程的关键是控制执行的主体、保留状态和恢复现场，协程通过主动让出控制权实现任务切换，若再次切换回来则从上次暂停处继续执行，而非重新开始。每个协程都有自己的协程栈，用于保存执行时的状态。当协程发生上下文切换时，首先保存当前状态，然后让出执行权，最后切换到其他协程上。

　　协程和线程很相似，都是一种执行流。它们的区别如下。

　　（1）通常协程占用的内存更小。一个线程通常占用 2～8MB 的内存，而一个协程可能只占用 2KB 的内存。另外，协程的堆栈可以根据程序的需要增大或缩小。

　　（2）协程的上下文切换更快。线程申请内存时需要访问内核。线程的上下文切换会涉及用户态和内核态的切换，还有 PC、SP 等寄存器的刷新，因此需要保存和恢复更多的寄存器信息，故而上下文切换的代价相对较大。协程申请内存时，不需要访问内核。协程的上下文切换发生在用户态，仅涉及三个寄存器（PC、SP、DX）的值的修改，因此只需要保存和恢复少量的寄存器信息，故而上下文切换的代价相对较小。

（3）线程的调度是抢占式的，由操作系统内核进行；协程的调度是协作式的，需要显式地将 CPU 让给其他协程。下一个协程要在上一个协程让出 CPU 后才能执行。

18.2.3　改造后的 Go 语言协程

Go 语言在源码级别的 runtime 包中就实现了协程、逻辑处理器和内核态线程三者之间的调度管理，所以我们常说 Go 在语言层面就支持高并发。与原生的协程相比，Go 语言的协程有以下特色。

- 缩短了冗余的协程生命周期，仅有三个状态，即协程创建、协程完成和协程重用。
- 降低了因协程间频繁交互而导致的延迟和开销。
- 降低了加锁和解锁的频率，减少了部分额外的开销。
- 原生协程是协作式调度，而 Go 语言的协程是抢占式调度。

提示：在 Go1.13 版本之前，调度器是基于协作的抢占式调度。在 Go1.14 版本后，调度器是基于信号的抢占式调度。

18.2.4　简说 Go 语言协程的调度

在 Go 语言中，协程的调度是由调度器完成的。我们常说的 GPM 调度，其中 G（Goroutine）指的是协程、P（Processor）指的是逻辑处理器，M（Machine）指的是内核态线程。调度器使用 GPM 调度模型来管理协程和线程之间的关系。

1. 相关概念

在 Go 语言的 GPM 调度模型中，有一些重要的概念需要了解，具体如表 18-2 所示。

表 18-2　与 GPM 调度相关的概念

概念	说明
Sched	调度器，用于维护、存储 M 和 G 的队列以及调度器的部分状态信息，负责协调 G、P 和 M 之间的调度关系。Sched 会根据负载情况动态调整系统资源，为每个 P 分配适量的 G。此外，Sched 还会在必要时进行全局调度，如将 G 从全局运行队列中分配给 P
GRQ	Global Run Queue，表示全局运行队列。所有的 P 共享一个全局运行队列，新的 G 被创建后，首先会被放入全局运行队列中。如果某个 P 的本地运行队列为空，那么它会尝试从全局运行队列中取出一些 G 放入自己的本地运行队列中，以备后续执行
LRQ	Local Run Queue，表示本地运行队列。每个 P 都有自己的本地运行队列，队列中存储了这个 P 需要运行的 G。当 P 有机会执行 G 时，它会首先从自己的本地运行队列中选取一个 G。正在执行的 G 的状态为 running，本地运行队列中的 G 的状态为 runnable

2. 调度器和调度策略

下面基于图 18-3 简要说明调度器和调度策略。

Go 语言的调度模型将多个用户态线程映射到少量内核态线程上，使得程序能够高效地利用系统资源，实现高并发和高吞吐量。

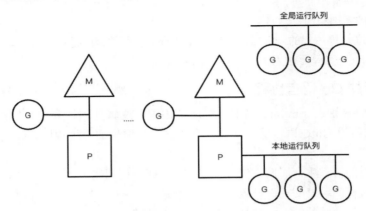

图 18-3   调度器和调度策略

GPM 调度器是 Go 运行时的核心组件，它负责将 G 调度到 M 上并执行。以下是有关调度器的简要说明。

- G 并非执行体，M 才是实际的执行体，G 不能直接与 M 绑定，而应由 P 作为中介来绑定。一旦 P 获取到了 M，它就会将其绑定到一个可运行的 G 上。同时，P 还会将该 G 加入自己的本地任务队列以等待执行。每个 G 都需要绑定到 P 上，才能被 GPM 调度器调度并执行。
- 每个 P 都有一个本地运行队列。队列中存储的是分配给这个 P 执行的 G。P 获取到 M 后，会将本地运行队列中的 G 调度到 M 上。
- 主线程实际上也是 G（称作主协程），它同样运行在 M 上。主协程还可以创建子协程。
- M 绑定有效的 P 后，就会进入一种称为 scheduler loop 的循环调度中。
- 循环调度机制会扫描所有的 P，并按照优先级依次从本地运行队列、全局运行队列、网络轮询器（NetPoller）和其他 P 的本地运行队列中"窃取" G。如果所有的队列都没有可执行的 G，则进入睡眠状态等待新的 G 的到来；如果获取到可执行的 G，则将其绑定到 P 上，然后将该 G 调度到 M 上并执行。如果 G 阻塞或执行结束，则将其从 P 上解绑，并放回到对应的队列中，等待下次调度。如此循环往复。
- M 并不保留 G 的状态，这样安排的目的是让 G 可以跨 M 调度。
- 还有一种获取 G 的方式是从网络轮询器中获取。网络轮询器在 Go 语言的调度模型中主要负责处理与网络 I/O 相关的任务。如果一个 G 执行了一个会造成阻塞的网络 I/O 操作（例如读写 TCP 数据），那么它会被移动到网络轮询器中，并且从执行队列中移除，从而让出处理器资源给其他 G 使用。当网络 I/O 操作完成时，这个 G 会被网络轮询器唤醒，并且被重新放入调度队列中等待调度执行。
- G 的数量可以远大于 M 的数量。这意味着可以利用少量的 M 来支撑大量 G 的并发执行。多个 G 通过用户态线程的上下文切换来共享内核态线程的计算资源，而对于操作系统来说，并没有因用户态线程的上下文切换而损失性能。

GPM 调度器在 Go 语言中采用多种策略来实现高效的协程调度和管理，主要如下。

- $m{:}n$ 调度：GPM 调度器将 m 个 M 映射到 n 个 G 上执行。这种调度策略可以有效地利用 CPU

资源，并提高程序的并发性能。

- 抢占式调度：GPM 调度器在任何时刻都可以暂停执行某个 G，并且可切换到其他 G 上。这种调度策略可以有效地避免 G 长时间的阻塞，从而提高程序的响应性能和并发性能。
- 多级反馈队列调度：GPM 调度器采用多级反馈队列调度策略来管理 G。在这种调度策略下，G 会被分成若干个级别，每个级别对应一个队列（包括本地运行队列、全局运行队列、网络轮询器和其他 P 的本地运行队列等）。一个 G 执行完以后，调度器会根据它的执行情况来调整它的优先级，从而实现更好的调度和资源利用。
- 工作窃取（Work Stealing）机制：GPM 调度器通过"工作窃取机制"来实现负载均衡。在这种机制下，当一个 P 的本地运行队列为空时，调度器会从其他 P 的本地运行队列中"窃取"一些任务来执行。这样可以保证所有 P 的任务负载均衡，提高程序的并发性能。

18.2.5　协作式与抢占式调度器

内核态模式意味着处理器可以执行任何代码，若执行操作系统的代码或者进行系统调用，处理器需要切换到内核态下。有些驱动程序之所以会让操作系统崩溃，是因为它们是在内核态下运行的。而 Go 编写的代码则是运行在用户态下的，这时处理器处于一种受保护的模式中。在这种模式下，处理器上执行的任务代码是受限制的，如果执行了不该执行的命令，应用程序可能会出错。

Go 语言的调度器是内置在 runtime 包中的，编译代码时 runtime 环境会被内置到可执行代码中，这就意味着调度器和应用程序一样，是在用户态下运行的。可见，它不具备在任意时刻强制切换任务的能力，因为这需要操作系统内核级别的权限。也是基于此原因，我们说 Go 语言的调度器是协作式的。

以前，使用协作式调度器意味着应用程序的开发者有许多并发问题需要考虑。也就是说，如果一段代码想获得在 CPU 上执行的机会，那么应用程序的开发者必须通知其他人让出 CPU。但是实际上，很少会有开发者自愿让出 CPU，他们大多会把 CPU 的执行机会留给自己编写的代码。

Go 语言的调度器与以前的协作式调度器不同。Go 语言的调度器会自行协调所有事务，开发者不需要自己去协调。虽然 Go 语言的调度器是运行在用户空间中的协作式调度器，但是它的调度方式与传统的抢占式调度器类似。具体来说，Go 语言的调度器采用的是抢占式的、基于时间片的调度方式。它会为每个协程分配一个时间片，在其时间片用完之后，调度器就会强制将该协程暂停，并将处理器分配给其他协程。这种调度方式可以保证各个协程之间的公平性和对协程状态变化的响应，避免出现因某个协程占用过多的 CPU 时间而导致其他协程被阻塞的情况。与操作系统的调度器一样，我们无法预测 Go 语言的调度器将优先调度哪个协程。因此，从技术角度来看，Go 语言的调度器是协作式的，但它的语义或者效果却是抢占式的。

既然在正常情况下，我们无法预测 Go 语言调度器的行为，那么在编写代码时，就不能假设我们知道哪个协程会被先执行，然后基于这种假设编写代码。当然，对于 Go 语言调度器的行为，我们也应该适当予以控制，这就要使用到同步和编组技术了。

18.2.6　协程与 I/O 多路复用

真正让协程大放异彩的是它在 I/O 多路复用中的应用。

在 Linux 中，可以使用一个线程来监听多个文件描述符的 I/O 事件，这种技术被称为 I/O 多路复用。I/O 多路复用通过一种机制让单个进程能够监视多个文件描述符，一旦某个文件描述符准备就绪（即数据准备就绪），就通知进程进行相应的 I/O 操作。在 Linux 中，实现 I/O 多路复用的通信模型主要有三种，分别是 select、poll 和 epoll。它们的系统调用参数中都包含了一个 fd 集合，该集合用于指示需要监听的文件描述符。当文件描述符准备就绪时，系统调用会返回该文件描述符的相关信息，以便进行相应的操作。虽然这三种通信模型都是基于内核提供的 I/O 多路复用机制实现的，但它们的实现细节和性能都略有不同，如表 18-3 所示。

表 18-3　Linux 下 I/O 多路复用的通信模型

通信模型	工作原理
select	操作系统内核维护了一个 fd 集合和记录每个文件描述符状态的数据结构。在进行 I/O 多路复用系统调用时，内核会遍历 fd 集合查找准备就绪的文件描述符，并返回其状态信息。为了提高 I/O 多路复用的查询效率，内核使用三个位图分别表示读、写和异常状态的文件描述符。这三个位图可通过位运算快速检查文件描述符的状态，以避免遍历整个 fd 集合。每次进行 I/O 多路复用系统调用时，都需要将 fd 集合从用户态复制到内核态下
poll	poll 和 select 类似，都可在单线程中监听多个文件描述符的状态变化。当有一个或多个文件描述符准备好时，它们会返回对应的事件类型。相较于 select，poll 最大的优势是不受文件描述符数量的限制，它所支持的文件描述符的个数可以超过 1024。不过，在处理大量文件描述符时，其性能会有所下降
epoll	epoll 是 select 和 poll 的改进版，它使用一组事件来描述一个或多个文件描述符的状态。select 和 poll 这两个函数需要遍历整个文件描述符集合来检查哪些描述符是就绪状态，操作的时间复杂度是 $O(n)$。而 epoll 操作的时间复杂度则是 $O(1)$，因为它只会处理那些就绪的文件描述符。这就是为什么在处理大量的文件描述符时，epoll 通常比 select 和 poll 更高效。在使用 epoll 时，首先调用 epoll_create 创建一个 epoll 对象，该对象内部有一个待监听的文件描述符集合。接着调用 epoll_ctl 为 epoll 对象添加、修改或删除文件描述符。调用 epoll_wait 函数时，仅返回发生变化的文件描述符，避免了遍历整个文件描述符集合。此外，epoll 还支持边缘触发和水平触发这两种工作模式，前者满足条件就会持续触发，后者在状态发生变化时触发

使用 I/O 多路复用方式实现业务逻辑时，伴随着事件的状态切换（从等待状态切换到准备就绪状态），系统需要频繁地保存和恢复现场，这会对性能产生影响。而协程因具有轻量级和并发执行等特点，非常适合处理这种场景。可以将 Socket 分配给协程，然后将等待的 I/O 事件（也就是尚未就绪的 I/O 事件）注册到监听队列中，每个监听对象关联一个事件数据，这个事件数据用来记录处于等待状态的协程。当事件准备就绪时，恢复对应的协程到运行队列中。由于协程的执行看起来就像在同步执行流，因此这种方式能够使实际可能阻塞线程的操作看起来不会发生阻塞。可见，使用协程可以让 I/O 多路复用更加高效地处理业务逻辑。

18.3　GPM 调度流程

GPM 调度模型属于 Go 语言中 runtime 的一部分，它是语言级别的实现。前面简单介绍了相关概念，接下来我们深入学习一下。

18.3.1　GPM 调度模型

图 18-4 为 GPM 调度模型全景图。

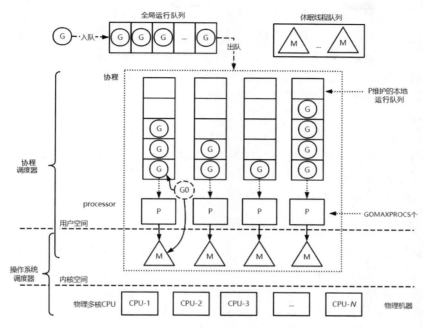

图 18-4 GPM 调度模型全景图

下面基于图 18-4 从下往上介绍其中涉及的概念。

- CPU-N 表示物理的 CPU。

- M 表示 Machine，是 runtime 对操作系统内核态线程的抽象表示。如果服务器上没有运行其他服务，则 M 与物理线程的数量大致相等。这种设计是为了让 Go 语言的 runtime 更好地管理和调度线程，以便高效地执行并发。

- P 表示 Process，它并非真正的处理器，而是 Go 语言实现的逻辑处理器。P 的数量不固定，最多可以有 GOMAXPROCS 个。P 可作为"中介"协调 M 和 G 的执行，M 只有拿到了 P 以后才能继续调度 G 并执行。通常情况下，我们通过限定 P 的个数来控制并发。

- G 表示协程，协程是一个笼统的概念，其中包括协程的栈空间、协程与 P 的绑定信息等。G 最终要放在 M 上才能执行。

- P 的本地运行队列存储着等待执行的 G，这个队列的数量不超过 256 个。P 则存储着当前 G 运行的上下文环境（如函数指针、堆栈地址和地址边界等），且会对本地运行队列做一些调度工作。例如，会将运行时间超过 10 毫秒的 G 调度到队列的尾端，然后继续运行队列中的其他协程。如果本地运行队列中的 G 消费完了，就去全局运行队列中获取 G，若这时全局运行队列中的 G 也被消费完了，那么就通过窃取机制从其他 P 的本地运行队列中获取。

- M0 是程序启动时创建的主操作系统线程，也称为系统线程，它是全局唯一的。与 M0 相关的信息存储在全局变量 runtime.m0 中。M0 也是 Go 程序的入口，它负责启动和初始化其他的 M 和 G，启动第一个 G 后，M0 就和其他的 M 一样了。

- G0 是程序启动时创建的第一个协程，也称为系统协程，与其他 G 不同，G0 不会被分配给任何用户级别的 Go 函数执行，它的主要作用是管理和调度其他的 G，包括创建 G、销毁 G、调度 G 的执行和处理信号等。G0 的栈空间是在程序启动时预先分配好的，并且大小是固定的，不会像其他 G 一样动态地增大或缩小，其大小通常为 8KB。一般情况下，G0 不会使用自己的栈空间，因为它不会执行应用程序的逻辑，只负责管理和调度其他 G。但是，在某些情况下，例如在进行系统调用时，G0 可能需要在自己的栈空间上执行一些必要的操作。在这种情况下，G0 的栈空间会被使用，但是在操作完以后，栈空间会被清空并释放。每个 M 都有一个自己的 G0，当 M 需要执行调度任务时，就会切换到 G0 上。例如，若一个 G 阻塞或执行完毕，M 需要找到新的 G 来执行，这时就会切换到 G0 上，由 G0 来进行调度。

- 全局运行队列用于存放等待运行的 G。
- 休眠线程队列用于存放没有调度任务的 M。

18.3.2　G 的调度

协程调度器会对 G 进行分类，有系统 G 和用户 G 之分。系统 G 是在 Go 运行时需要使用的 G，它的任务包括进行垃圾回收和调度 G 等，它不会被阻塞或抢占。而用户 G 则是普通的协程，它们是用户代码创建的，可以被阻塞或抢占，需要通过调度器进行管理。

调度器会按照优先级从高到低依次从 P 的本地运行队列、全局运行队列或其他 P 的本地运行队列中获取 G，并将其绑定到一个 M 上运行。当 G 被阻塞时，M 会被释放，等待下一个可运行的 G，这样可以更好地利用 CPU 资源。同时，调度器还会在不同的 M 之间进行 G 的迁移，以避免某个 M 长时间运行某个 G，从而导致其他 M 上 G 的积压。

需要注意的是，M 的数量是有限制的，如果 G 的数量过多，就会出现多个 G 竞争 M 的情况，这会导致 G 等待 M 资源，降低程序性能。因此，在编写 Go 代码时，应该尽量避免创建过多的 G，建议采用协程池等技术来控制 G 的数量。

1. G 的切换点（调度时机）

在 Go 语言中，通过在函数前加关键字 go，可以将函数交给调度器执行。在程序执行的过程中，调度器会周期性地检查是否需要切换 G，以避免某些 G 被长时间阻塞。需要注意的是，切换点是由系统内部控制的，我们无法完全控制。根据 Go 官方文档，一些可能会触发 G 切换的条件包括系统调用、执行时间超过一定的阈值、执行 select 语句、存在造成通道阻塞的操作、等待锁和主动调用 runtime.Gosched() 等。在编写并发程序时，需要特别注意这些切换点，从而避免长时间的阻塞和出现竞态条件等问题。接下来，我们说说这些切换点的特点和使用方式。

- 系统调用：若某个 G 进行系统调用时导致系统阻塞，如文件 I/O、网络 I/O 等，此时调度器会切换到其他 G。为此，Go 语言提供了网络轮询器来处理网络请求，它会根据不同的操作系统使用不同的机制来实现 I/O 多路复用，如 kqueue（MacOS）、epoll（Linux）和 iocp（Windows）。当 M 正在执行的 G 被阻塞时，它就会去执行与它绑定的 P 的本地运行队列中的其他 G。这个策略最大的特点是，执行网络系统调用时不需要消耗额外的 M，有效地减少了操作系统上的调度负载。
- 执行时间超过一定的阈值：从 Go1.14 开始，Go 语言支持了 G 的抢占式调度。这意味着当某个 G 的执行时间超过一定的阈值时，调度器会强制切换到其他 G 上。在 Go 语言中，G 占用 CPU 的时间最多是 10 毫秒，超过这个时间，其他 G 就会抢占这个 CPU，这个过程被称为中断或者挂起。这样做的目的是防止其他 G 被"饿死"，在设计 G 的抢占策略和 Mutex 的饥饿模式时，Go 语言的作者已考虑了"饥饿"问题。监控线程 sysmon 用于监控长时间运行的 G，在对长时间运行的 G 设置了可以抢占的标识后，其他 G 就能来抢占执行了。被抢占后，调度器会保存该 G 的上下文，并将其重新放入 P 的本地运行队列中，等待下次执行。

- 执行 select 语句：当某个 G 执行 select 语句时，如果所有的 case 都不满足条件（即所有的通道都不可用），且没有 default 分支，那么 select 语句会被阻塞，此时调度器会切换到其他 G 上。
- 存在造成通道阻塞的操作：当某个 G 试图从一个空的通道中接收数据，或者向一个已满的通道中发送数据时，也会出现阻塞情况，此时调度器会切换到其他 G。
- 等待锁：与通道阻塞类似。
- 主动调用 runtime.Gosched：G 可以选择主动让出 CPU 的使用权，以便其他 G 运行。这可以通过调用 runtime 包的 Gosched 函数实现。

在面临可能导致阻塞的系统调用时，如果当前正在执行系统调用任务的 G1 发生阻塞，则它也会阻塞当前的 M1。当调度器介入时，若判断出 G1 已导致 M1 被阻塞，那么它就会将 M1 与 P1 解绑，又因为 G1 是运行在 M1 上的，所以它会将 G1 和 M1 作为一个整体剥离出去。接着，调度器会让 M2 与 P1 绑定。这时，调度器可以从 P1 的本地运行队列中选择 G2，并在 M2 上进行上下文切换。引起阻塞的系统调用执行完以后，G1 可以移回本地运行队列并再次由 P1 获取，这个 M1 会优先与之前的 G1 进行绑定并运行，如图 18-5 所示。

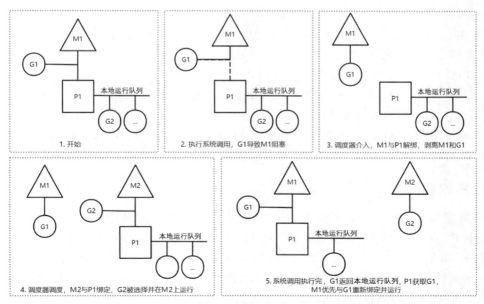

图 18-5　调度器处理导致阻塞的系统调用的过程

2．G 的生命周期

在 GPM 调度模型中，G 的生命周期包括创建、就绪、运行、阻塞和结束这几个阶段。

（1）创建阶段。G 的创建都是通过调用 runtime.newproc 函数来完成的。有以下方式可以创建 G。

● 在 Go 程序启动时，主线程会创建第一个 G 来执行 main 函数，即主协程。

● 在 main 函数中使用 go 关键字会创建子协程。

● 在 G 中还可以继续使用 go 关键字创建子协程。

新建的 G 会优先加入 P 的本地运行队列 runq 中，这是通过调用函数 runqput 将其放入当前 G 所关联 P 的 runnext 队列中来实现的。因为 P 的 runnext 队列中只能保存一个 G，所以如果 runnext 队列中已经有了 G，则新建的 G 会替换掉原有的 G，并将原有的 G 放回 P 的本地运行队列 runq 中，这样做的目的是提高性能。又因为 P 的本地运行队列 runq 中的 G 可能会因为工作窃取机制发生变化，所以为了保持一致性，每次从 P 的本地运行队列获取 G 时都会执行原子操作（通过 atomic.LoadAcq 和 atomic.CasRel 实现），但这会带来额外的开销。runnext 是 P 完全私有的队列，性能比 P 的本地运行队列 runq 高，如果 P 的本地运行队列满了，调度器会把队列中一半的 G 移动到全局运行队列 sched.runq 中。

M 和 G 不是一一对应的关系，G 的数量不受限于 M 的数量。从理论上讲，只要内存足够大，就可以开启无限个 G。但计算机资源是有限的，因此 G 的个数也是有限的。创建一个 G 大约会占用 2KB 的内存。在计算密集的场景下，G 数量的上限受 CPU 核心数的限制，这是因为 G 的并发执行需要通过 CPU 的时间片切换，而 CPU 的核心数是有限的。因此，我们应该根据具体场景和硬件资源情况来确定 G 的最优数量，避免资源浪费和出现性能问题。

（2）就绪阶段。G 被创建后，会进入就绪状态，等待调度器分配执行时间。

（3）运行阶段。G 与 M 绑定后才能被运行，而 M 也需要与 P 绑定。M 不保留 G 的状态，因此 G 可以跨 M 调度。M 获取到可以运行的 G 后，会通过汇编函数 gogo 从 G0 栈切换到用户 G 的栈上运行。

（4）阻塞阶段。G 执行 I/O 操作、等待通道数据、获取锁时会进入阻塞状态，以等待对应的事件发生。在这个过程中，G 会释放对应的 M 和 P。

（5）结束阶段。当 G 执行完毕，或者发生了 panic 等不可恢复的错误时，G 的生命周期结束。此时，G 会被回收，它占用的栈空间和其他资源会被释放。G 在退出时执行 goexit 函数，G 的状态会从_Grunning 转换为_Gdead，但它并不会被直接释放，而是会被放入所关联 P 的本地或者全局的空闲列表中，以便复用。

18.3.3　P 的调度

GPM 调度模型是用户态的，确定 P 的最大值后，运行时会根据此值创建 P。如果 M 想运行 G，必须先获取 P。每个 P 都有一个本地运行队列，用于保存与该 P 绑定的 M 需要执行的 G 的上下文环境（包括函数指针、堆栈地址及地址边界等）。在实际开发中，由于各个 G 的运行速度不同，因此会导致 P 的繁忙程度也不一样。为了提高 Go 语言的并发处理能力，调度器会根据 P 所遇到的不同情况而采取不同的调度策略。例如：

● 调度器会根据一定的策略（例如使用工作窃取机制，即从其他 P 的本地运行队列中窃取 G）

将 G 分配到不同的 P 上执行；

- 若 M 在执行 G 时，G 发生了阻塞或者执行时间超过了一定的阈值，M 就会主动让出 G，回到全局运行队列中，等待调度器将其绑定到其他 P 上。这种方式能够充分利用多核 CPU 的计算能力，提高系统的并发性能；

- 调度器可以根据 G 的特性进行一些优化，例如将有可能发生阻塞的 G（例如 I/O 操作）移动到单独的 M 中执行，以避免阻塞整个 P 的运行。

此外，调度器也会根据负载均衡等策略自动调整 P 的数量，以适应当前系统的负载情况。

1. P 获取 G 的方式

在 Go 语言的调度器中，P 获取 G 有以下几种方式。

- 从 P 的本地运行队列中获取：每个 P 都有一个本地运行队列，这个队列存储着未绑定到其他 P 上的 G。有两种情况会从 P 的本地运行队列中获取 G。第一种是 P 执行完当前 G 的任务或 CPU 时间片到期，这时会从本地运行队列中获取下一个 G 并执行。第二种是调度器切换了当前阻塞的 G，这时会重新调度本地运行队列中的其他 G。

- 从全局运行队列中获取：如果无法从本地运行队列中获取 G，则尝试从全局运行队列中获取。全局运行队列中存储着所有未绑定到其他 P 中的 G，如果全局运行队列为空，P 会去窃取其他 P 的本地运行队列中的 G。

- 从网络轮询器中获取：当程序使用网络轮询器时，P 会从网络轮询器中获取 G 来处理网络事件。

- 从其他 P 的本地运行队列中获取：若本地运行队列和全局运行队列中都无法获取到 G，当前线程绑定的 P 会尝试从其他线程绑定的 P 中窃取 G，具体过程如图 18-6 所示。

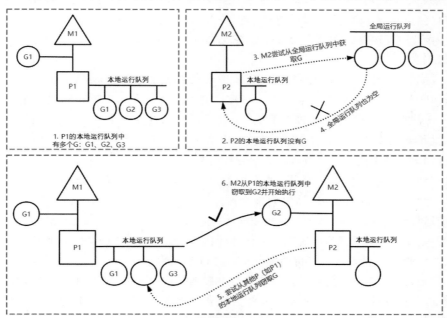

图 18-6 窃取 G 的过程

提示： P 获取 G 的优先级从高到低依次为：本地运行队列 > 全局运行队列 > 其他 P 的本地运行队列。

2．P 的生命周期

在 Go 语言中，P 的生命周期主要包括以下阶段：创建、调度、运行、阻塞、空闲、释放或销毁。

（1）创建阶段。在程序启动时（执行 runtime.schedinit 函数时），Go 的 runtime 会创建一定数量的 P 并将它们放入一个池中等待使用。P 的数量由环境变量 GOMAXPROCS 决定，其默认值为 CPU 的核心数。在并发量大时，P 和 M 会增加，但上下文的切换太频繁会得不偿失，所以 P 的数量不会太多。在程序运行过程中，P 的数量是固定的。在 Go 以前的版本中，必须手动设置 P 的数量，从 Go1.5 版本开始，P 有了默认值。在这个阶段，P 为空闲状态。

```
num := runtime.NumCPU() //获取当前系统的 CPU 核心数
runtime.GOMAXPROCS(num) //设置可同时执行的最大 CPU 个数
```

（2）调度阶段。P 通过调度器对 G 进行调度，它会将其分配给空闲的 M，从而实现并发执行。P 会从自己的本地运行队列或全局运行队列中获取 G，并将其设置为 runnable 状态。若有一个 M 空闲了，P 就会将一个 runnable 状态的 G 分配给该 M 执行。

（3）运行阶段。当 P 获取到一个可执行的 G 时，它会立即调度 G 在 M 上执行。此时，P 处于运行状态，直到该 G 执行完毕或被抢占为止。

（4）阻塞阶段。如果 G 在执行过程中发生了阻塞，P 将会把 G 从队列中移除并将 G 的状态设置为 waiting，直到 G 可以继续执行为止。如果 G 执行完毕，P 会将其状态设置为 dead，并将其从队列中移除。当某个 G 阻塞时，与其关联的 P 会被唤醒去执行其他的 G，以便充分利用系统资源。当 G 被唤醒时，它会被放到一个可运行的队列中，等待 P 的调度。

（5）空闲阶段。当 P 没有可执行的 G 时，它会处于空闲状态。空闲的 P 会等待调度器将新的可执行的 G 分配给它。

（6）释放或销毁阶段。如果在程序运行过程中未调整环境变量 GOMAXPROCS，则未使用的 P 会被放置在调度器的全局运行队列 schedt.pidle 中，并且不会被销毁。如果 GOMAXPROCS 调小了，则通过 p.destroy 回收多余的与 P 关联的资源，并将 P 的状态设置为_Pdead，此时可能还存在与 P 关联的 M，因此不会回收 P 对象。在以下情况中，P 会被释放或销毁。

- 当程序运行结束退出时，所有的 P 都会被销毁。
- 当一个 P 长时间闲置时，为了减少系统资源的占用，调度器可能会将其释放。
- 当前运行的协程执行完以后，P 可能会被释放。
- 当前运行的协程因为阻塞或系统调用而被挂起时，调度器可能会选择释放 P。

释放指的是将一个 P 从运行状态转变为非运行状态，以便它可以被其他 G 使用。一个 P 被释放后，它的状态会变成 Pidle，它会等待调度器将新的 G 分配给它。

销毁指的是将一个 P 的资源释放，以便它可以被操作系统回收。某个 P 被销毁后，它的所有资源都会被释放，包括堆栈、本地缓存等。被销毁的 P 不能再被使用，也不能被重新分配给其他 G。

在 Go 语言中，被释放的 P 通常会被加入 P 的空闲列表中，以便下次使用，而不是直接销毁。

只有在空闲列表中 P 的数量超过一定的阈值时，多余的 P 才会被销毁，以节省系统资源。

18.3.4　M 的调度

在 Go 语言中，M 是运行 G 的实体。调度器负责将可运行的 G 分配到 M 上运行，在 G 阻塞时，调度器会让 M 去运行其他 G。调度器的目的就是以最优的方式将可运行的 G 分配给 M。

1．M 的生命周期

M 的生命周期由创建、运行、空闲、休眠和销毁等阶段组成。当程序启动时，调度器会创建一个或多个 M，并将它们放入全局 M 池中。当一个 G 被创建时，调度器会尝试将其分配给一个空闲的 M，或者创建一个新的 M 来运行它。当一个 M 处于休眠状态时，它将不再参与调度。当一个 M 完成所有的工作时，它将被销毁。

（1）创建阶段。每次创建 M 对象时，都会执行 clone 系统调用以创建新的操作系统线程，并将其与 M 对象绑定。M 的数量是动态的，由 Go runtime 调整。为了避免创建过多的操作系统线程，导致系统调度不过来，从 Go1.17 版本开始，对调度器进行初始化时，schedinit 函数中都会设置 M 默认的最大值（sched.maxmcount＝10000），也可以通过 runtime.deBug.SetMaxThreads 函数设置 M 的最大值。新的 M 将在以下两种场景中创建。

- 启动创建主线程时，主线程是第一个 M，即 M0。
- 如果新创建了 G 或者 G 的状态从_Gwaiting 变成了_Grunning，并且有空闲的 P，那么就会调用 startm 函数，从 M 的空闲队列 sched.midle 中获取 M，并将其与空闲的 P 绑定，然后运行 G。如果没有空闲的 M，则会调用 newm 函数新建 M。

（2）运行阶段。在 Go 语言中，每个 M 都会与一个操作系统线程绑定。M 想运行任务就得获取 P。P 会按照优先级通过多种方式获取 G，然后挂载在 M 上运行。M 与 P 的数量没有绝对的关系。

当某个 G 被创建时，调度器会尝试将其分配给一个空闲的 M，或者创建一个新的 M 来运行它。调度器会观察 M 和 G 的数量，然后根据需要动态地创建或销毁 M，以实现 G 的高效调度。如果一个 M 被阻塞，则调度器会创建一个 M 或者切换到另一个 M 上，让 P 与之重新绑定。所以，即使 P 的默认数量是 1，也有可能会创建很多个 M。当 M 获取到可运行的 G 时，它就会进入运行状态，并开始执行该 G。在执行 G 的期间，M 会负责 G 的上下文切换、系统调用等操作。

当某个 M 执行的 G 被阻塞或它执行的时间很长时，调度器会将该 M 放到一个专门的线程池中，这个线程池中的 M 可以执行与当前 G 不相关的其他任务。若当前 G 可以继续执行了，调度器又会将该 M 从线程池中取出，并重新分配可执行的 G 给它。

在 Go 语言中，M 和 G 之间的调度使用的是一种抢占式协作调度（preemptive co-operative scheduling）策略。这意味着，M 会周期性地主动放弃执行权，以便让其他 M 运行。如果一个 G 的阻塞被解除或其生命周期结束，相应的 M 会被回收。如果没有足够的 M 来关联 P 并运行 G，调度器会寻找空闲的 M。如果没有空闲的 M，调度器会创建新的 M。这种策略确保了 G 的运行不会被阻塞，并充分利用了可用的系统资源，从而提高了程序的性能。

此外，M 的调度器还可以根据线程的负载情况动态地调整 G 的分配策略，以实现负载均衡。例如，当某些 M 上的 G 较少时，调度器会将其他地方的 G 分配给这些 M 执行，以利用 CPU 资源；

当某些 M 上的 G 较多时，调度器会将其中一些 G 分配给其他 M 执行，以平衡负载。

（3）空闲阶段。当 M 空闲时，它会被回收到相应的空闲队列中。

（4）休眠阶段。因为销毁和新建的代价过大，所以通常情况下，M 不会被直接销毁。如果没有要运行的 G 或者没有空闲的 P 了，会执行 stopm 函数让 M 进入睡眠状态。在以下两种情况下，会调用 stopm 函数让 M 进入睡眠状态。

- P 从上述几种途径中都无法获取到 G 了，此时与 P 绑定的 M 会首先尝试进入自旋状态。自旋状态是进入睡眠状态前的一种状态，在此状态下 M 会再次尝试从其他 P 的本地运行队列中窃取 G，如果未能成功，则会进入睡眠状态。只有不超过非空闲状态的 P 的数量一半的 M 才有机会进入自旋状态（sched.nmspinning < (procs- sched.npidle)/2），未进入自旋状态的 M 则会直接进入睡眠状态。
- 当与 M 绑定的 G 执行退出系统调用的函数 exitsyscall 时，M 会主动与之解绑，并尝试寻找空闲的 P 重新绑定。如果找不到，则调用 stopm 函数进入睡眠状态，同时，将睡眠状态的 M 移入全局空闲队列 sched.midle 中。

（5）销毁阶段。当一个 M 长时间没被使用或者没有可运行的 G 时，调度器会回收它。如果 G 的生命周期结束了，它所在的 M 就会被销毁。

2. 特殊的 M0

在 Go 语言中，M0 是一个特殊的系统线程，它是启动程序后的主线程，且是全局唯一的。程序启动时，M0 首先被创建来负责初始化工作，包括初始化调度器、垃圾回收器等。与 M 相关的信息存储在全局变量 runtime.m0 中。然后，M0 会创建一个特殊的 G，也就是 G0。G0 仅用于协助调度和切换 G。当这些准备工作完成时，M0 会创建一个新的 G，这个 G 会运行 main 函数，也就是 Go 程序的入口。因为 main 函数的本质也是 G，所以作为第一个 G 它也会被放入 P 的本地运行队列中。M0 主要用于执行 Go 程序的启动和初始化任务，也就是说 M0 只会在程序启动时被创建，完成一些初始化任务之后它就会转化为普通的 M。

在 Go 语言中，M0 主要有以下作用。

- 初始化：M0 主要负责初始化程序的运行环境，包括建立主协程、初始化调度器、初始化内存管理器等。
- 系统调用：当 Go 程序需要进行系统调用时，M0 会暂停运行，让出线程控制权给操作系统线程，待系统调用完以后，M0 再恢复运行，并将系统调用的返回值和错误信息传递给 G。
- 进行垃圾回收标记：M0 会参与垃圾回收操作，它负责进行根对象的扫描和标记工作，以保证正确回收不再使用的内存空间。

18.3.5 探索调度器的调度流程

第 1 章介绍了程序执行的过程，以及虚拟地址空间和函数堆栈等概念。可执行文件被加载到内存后，会被映射到一个新创建的进程的虚拟地址空间中。该可执行文件中的机器码则会被加载到进程虚拟地址空间的代码段中。程序的执行入口并不是我们通常所知的 main.main，不同的平台下会有不同的执行入口，如：

```
_rto_amd64_windows
_rto_amd64_linux
...
```

我们抽丝剥茧，一步一步地追踪下去，最终会发现在 runtime.rt0_go 中执行了如下重要的代码。

```
rt0_linux_amd64.s (/usr/local/go/src/runtime/rt0_linux_amd64.s)
TEXT _rt0_amd64_linux(SB),NOSPLIT,$-8
                JMP     _rt0_amd64(SB)
...

_rt0_amd64 (/usr/local/go/src/runtime/asm_amd64.s)
TEXT _rt0_amd64(SB),NOSPLIT,$-8
  MOVQ    0(SP), DI       // argc
  LEAQ    8(SP), SI       // argv
  JMP     runtime.rt0_go(SB)
...

TEXT runtime.rt0_go(SB),NOSPLIT,$0
  ...
  // 初始化执行文件的绝对路径
  CALL    runtime.args(SB)
  // 初始化 CPU 的个数和内存页大小
  CALL    runtime.osinit(SB)
  // 调度器初始化
  CALL    runtime.schedinit(SB)
  // 创建一个新的 G 启动程序
  MOVQ    $runtime.mainPC(SB), AX
  // 新建一个 G，该 G 绑定 runtime.main
  CALL    runtime.newproc(SB)
  // 启动 M，开始调度 G
  CALL    runtime.mstart(SB)
...
```

在上述代码中，与调度有关的关键代码如下。

（1）其中最重要的数据结构是 P、M、G、Sched。

（2）函数 schedinit 用于初始化各种 runtime 组件，包括调度器、内存分配器和垃圾回收器。

（3）函数 newproc 根据主协程的函数栈入口地址创建可被 runtime 调度的 G。

（4）mstart 开始启动调度器的循环调度。

1. 调度初始化的入口

调度初始化的入口函数是 runtime.schedinit，关键代码如下。

```
func schedinit() {
  ...
  _g_ := getg()
  ...
  // Go 程序能够创建的 M 的最大值为 10000
  sched.maxmcount = 10000
  // 初始化 M0
  mcommoninit(_g_.m, -1)
  ...
  sched.lastpoll = uint64(nanotime())
```

```
    // 如果设置了环境变量 GOMAXPROCS，则 P=GOMAXPROCS
    // 否则 P=CPU 核心数
    procs := ncpu
    if n, ok := atoi32(gogetenv("GOMAXPROCS")); ok && n > 0 {
        procs = n
    }
    // 初始化 P
    if procresize(procs) != nil {
        throw("unknown runnable goroutine during bootstrap")
    }
    ...
}
```

首先，runtime.schedinit 函数将 maxmcount 设置为 10000，这也是 Go 程序能够创建的 M 的最大值。然后调用 mcommoninit 初始化 M0，并通过 CPU 核心数和环境变量 GOMAXPROCS 确定 P 的数量，再调用 procresize 函数初始化 P。

2. 创建 G 的过程

runtime.schedinit 执行完以后，接着执行 runtime.newproc，每个 G 都是通过该函数创建的。示例代码如下。

```
func newproc(fn *funcval) {
    // 获取当前 G 的指针
    gp := getg()
    // 获取调用 newproc 函数时使用 call 指令入栈的返回地址
    pc := getcallerpc()
    systemstack(func() {
        // 创建新的 G 的结构体
        newg := newproc1(fn, gp, pc)
        _p_ := getg().m.p.ptr()
        // 将 G 加入 P 的本地运行队列
        runqput(_p_, newg, true)
        // 为 True 则表示主协程已经启动
        if mainStarted {
            // 唤醒 P 执行 G
            wakep()
        }
    })
}
```

在上述代码中，runtime.newproc 的执行过程是首先获取当前 G 的指针以及调用 newproc 函数时使用 call 指令入栈的返回地址，然后调用 newproc1 创建新的 G，最后将新建的 G 放入 P 的 runnext 字段中。如果 main 函数已经启动，则 P 将被唤醒去执行 G。

下面以 "hello goroutine" 代码为例进行说明。

```
func helloGoroutine(i int)  {
        fmt.Println("hello goroutine", i)
}

func main() {
        for i := 0; i < 5; i++ {
                go helloGoroutine(i)
        }
        time.Sleep(time.Millisecond)
}
```

在上述代码中，main 函数是主协程，它会创建 helloGoroutine 子协程。前面说过，创建 G 的任务都是通过 newproc 函数完成的。下面结合前面提到的栈帧，分析一下 newproc 函数的调用过程。

main 函数的栈帧会分配在主协程的协程栈中。使用 call 指令入栈后，从上到下依次存储的是返回地址、调用者的 bp 栈基、局部变量区间、返回值和参数的区间。

在上面的示例中，main 函数初始化局部变量 i，然后使用 go helloGoroutine(i)创建了 Go 局部变量 i 作为参数传递给函数 helloGoroutine，而创建 G 时其底层实际调用的是 newproc 函数。newproc 函数的定义是 func newproc(fn *funcval)，它要接收 G 的入口函数对应的 funcval 指针。因此，在参数区间中，参数 fn 需要入栈，这里的 fn 对应的是 G 的入口函数 helloGoroutine 的指针。如果是多个参数，则按照从右到左的顺序入栈。传递给 G 的参数也需要入栈，可将它们复制到局部变量区中。然后是使用 call 指令入栈的返回地址，再往下就是 newproc 函数的栈帧了。main 函数的栈帧示意图如图 18-7 所示。

在 Go 语言的 runtime 包中，有部分函数在其定义时加入了 go:nosplit 标记。这个标记告诉编译器不要在该函数中插入栈增长的检测代码，也就是说，该函数不支持栈增长。由于协程栈比线程栈小得多，而这些函数在消耗栈空间的同时又不支持栈增长，因此在普通的协程栈上执行这些函数就会有协程栈溢出的可能。因此 Go 语言的设计者特意将 G0 的栈直接分配在线程栈上，这样就可以避免协程栈溢出。例如，将 newproc 函数切换到 G0 上并调用 newproc1 函数时，就不需要担心栈溢出的问题了，因为协程栈的空间足够大。

由于 G 对应的数据结构是 runtime.g，因此全局变量 allgs 会记录所有的 g。由于用户态 M 对应的数据结构是 runtime.m，因此全局变量 allm 会记录所有的 m。

主协程对应的数据结构 g 就是全局变量 g0，其协程栈实际上是在主线程栈上分配的。主线程对应的数据结构是全局变量 m0。G 的数据结构 g 中有记录 M 的字段，如果此 G 为 G0，则 M 指向 M0。runtime.m 中有记录 G 的字段，而 M0 上执行的 G 正是 G0，因此 G 是指向 G0 的指针，于是 M0 与 G0 就这样联系起来了，如图 18-8 所示。

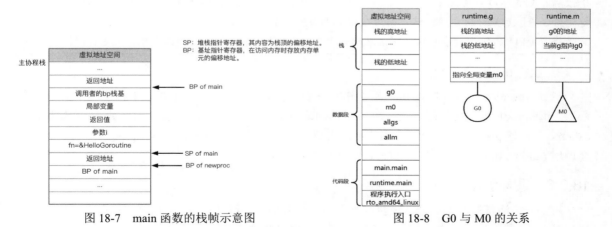

图 18-7　main 函数的栈帧示意图　　　　　图 18-8　G0 与 M0 的关系

提示： 最初 Go 语言的调度模型只有 G 和 M，G 被放入队列中等待与 M 绑定。M 从 G 的队列获取 G 时是要加锁的，当多个 M 并发执行多个 G 时，频繁地加锁、解锁会导致等待，进而影响程序的并发性能。因此，在之后的调度框架中又增加了 P。

与 P 对应的数据结构是 runtime.p，该数据结构中包含了一个本地运行队列（对应的字段是 runq[256]guintptr），用于存放状态为 runnable 的可运行的 G。这样，通过 P 绑定 M，M 就可以从 P 处获取到可运行的 G，而不必每次都从全局运行队列中争抢。与 G、M 一样，全局变量 allp 记录了所有的 P，并存储在数据段中。

除了从 P 的本地运行队列中获取可运行的 G，还可以从全局运行队列中获取可运行的 G。全局运行队列存储在数据段的全局变量 sched（对应的字段是 runq gQueue）中。sched 表示调度器，对应的数据结构是 runtime.schedt，它记录了空闲的 M、空闲的 P、全局可运行的 G 队列以及许多与调度相关的内容。

如果 P 的本地运行队列满了，则等待执行的 G 将被放入全局运行队列中。调度时，M 会按照优先级依次从与它关联的 P 的本地运行队列、schedt 持有的全局运行队列以及其他 P 的本地运行队列中获取 G。

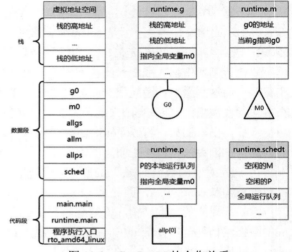

在程序初始化时，调度器的初始化发生在创建主协程之前。程序会根据环境变量 GOMAXPROCS 的值和 CPU 的个数来创建 P，并将其保存在全局变量 allp 中。同时，它还会将第一个 P（allp[0]）与 M0 关联起来。这样一来，G、P、M 三者的合作关系就建立起来了，如图 18-9 所示。

图 18-9　G、P、M 的合作关系

小技巧：笔者以前遇到过这样一个案例，同样的程序在虚拟机上运行时性能还不错，迁移到容器内性能就变得较差。后来分析发现，这是因为在虚拟机上是基于虚拟机的 CPU 创建 M 的，迁移后，启动容器时限制了 CPU 的使用数量，这使得请求数大于可以提供的 CPU 数量，所以在容器上运行时性能较差。

3. 执行 newproc1 函数

在 newproc1 函数中，参数 fn 是新创建的 G 执行的起始函数，也就是我们在 go 语句后面指定的函数。newproc1 函数用于创建状态为_Grunnable 的 G，新创建的 G 从传入的参数 fn 开始执行。callerpc 是创建 go 语句的地址，它负责将新创建的 G 发送给调度程序。当 newproc1 函数执行完后，会调用 runtime.runqput 函数将 G 放入运行队列中。

18.3.6　循环调度

对于一个活跃的 M，它要么在执行某个 G，要么在调度和获取 G。当队列中只有主协程在等待执行时，M0 就会切换到主协程上，程序执行入口也就变成了 runtime.main。

runtime.main 会生成监控线程 sysmon，执行包初始化，并调用 main.main 函数。在执行完 main.main 后，runtime.main 会调用 exit 函数以结束进程。

创建了主协程后，调度器会把它添加到当前 P 的本地运行队列中，并调用 runtime.mstart 函数启动循环调度。runtime.main 函数是所有 M 的入口，它的主要作用就是调用 schedule 函数进行协程调度。

循环调度是指 Go 运行时系统中的调度器在多个 M 中轮流运行，以协调 P、G 和 M 之间的关系，实现并发。调度器从创建到初始化再到循环调度的流程如图 18-10 所示。

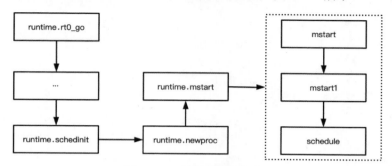

图 18-10　调度器的调度流程

真正的调度是从调用 schedule 开始的。循环调度的具体实现是，先在每个 M 中实现一个死循环，即调用调度器的函数尝试获取一个可运行的 G 并执行，获取方式包括调用 globrunqget 函数从全局运行队列中获取、调用 runqget 函数从本地运行队列中获取、调用 netpollinited 从网络轮询器中获取以及调用 findrunnable 函数从其他 P 的本地运行队列中窃取，如果没有获取到可运行的 G，则又回到 schedule 函数中的 top 标签处。当某个 M 获取到 G 时，就会把 G 绑定到 M 上，然后执行 G，直到任务执行完或 G 主动让出 CPU 时间片，再将 G 从 M 中解绑并重新放回到调度器中 G 的队列里，等待下次执行。基于这种循环调度的方式可以在多个 M 中协调执行 G，从而实现并发和并行的效果，同时还避免了频繁地创建和销毁 M 带来的开销。其中涉及的关键函数如表 18-4 所示。

表 18-4　与调度有关的关键函数

关键函数	说明
schedule	真正的调度入口函数，分别从本地运行队列、全局运行队列以及其他 G 的本地运行队列中获取 G
globrunqget	从全局运行列队中获取 G
runqget	从本地运行队列中获取 G
findrunnable	从其他 P 的本地运行队列窃取 G
netpollinited	从网络轮询器中获取 G

调度入口函数 schedule 会从本地运行队列、全局运行队列、网络轮询器和其他的本地运行队列中获取可运行的 G。示例代码如下。

```
func schedule() {
    _g_ := getg()

    if _g_.m.locks != 0 {
        throw("schedule: holding locks")
    }
    ...
```

```
top:
    pp := _g_.m.p.ptr()
    pp.preempt = false
    // 垃圾回收等待
    if sched.gcwaiting != 0 {
        gcstopm()
        goto top
    }
    // 判断是否在安全点
    if pp.runSafePointFn != 0 {
        runSafePointFn()
    }

    // 如果是自旋状态, 则运行队列为空
    if _g_.m.spinning && (pp.runnext != 0 || pp.runqhead != pp.runqtail) {
        throw("schedule: spinning with local work")
    }
    // 运行 P 上准备就绪的 Timer
    checkTimers(pp, 0)

    var gp *g
    var inheritTime bool
    ...
    if gp == nil {
        // 为了公平, 每调用 61 次 schedule 函数, 就会去 G 的全局运行队列中获取一次 G
        if _g_.m.p.ptr().schedtick%61 == 0 && sched.runqsize > 0 {
            lock(&sched.lock)
            // 从全局运行队列中获取 G
            gp = globrunqget(_g_.m.p.ptr(), 1)
            unlock(&sched.lock)
        }
    }
    // 从本地运行队列中获取 G
    if gp == nil {
        gp, inheritTime = runqget(_g_.m.p.ptr())
    }
    // 运行到这里表示在本地运行队列和全局运行队列中都没有找到需要运行的 G
    if gp == nil {
        // 阻塞, 查找可用的 G
        gp, inheritTime = findrunnable()
    }
    ...
    // 执行 G 的函数
    execute(gp, inheritTime)
}
```

这里我们只关注 schedule 函数中与调度有关的代码。在上面的代码中，可以概括出以下关键点。

（1）从本地运行队列中获取 G 的优先级要高于从全局运行队列中获取，但每调用 61 次 schedule 函数，就会去 G 的全局运行队列中获取一次 G。

每次调度时，都会优先从当前 P 的本地运行队列中获取 G，但为了避免全局运行队列中的 G 永远无法被调度，调度器设置了一个计数器 schedtick，M 每进行 61 次调度（对 schedtick 取模 61），就从 G 的全局运行队列中获取一次 G。由于所有的 M 都可以访问全局运行队列，因此在访问时必须加锁。

（2）调用函数 runqget 从本地运行队列中查找待运行的 G。本地运行队列分为以下两个部分。

- P 的 runnext 队列，用于保存当前正在运行的 G。这个队列只能保存一个 G，它是指向 G 结构体对象的指针，用于提高调度性能。
- 由 P 的 runq、runqhead 和 runqtail 组成的无锁环形队列，该队列最多可包含 256 个 G。它会保存当前 P 的本地可运行的其他 G。

在调用函数 runqget 从 P 的本地运行队列中查找可运行的 G 时，会优先从 P 的 runnext 字段中获取，如果 runnext 字段不为空，则返回此字段指向的 G，并把 runnext 成员清零。如果 runnext 字段为空，则遍历无锁环形队列。示例代码如下。

```
func runqget(_p_ *p) (gp *g, inheritTime bool) {
    // 如果 runnext 字段不为空，直接获取返回
    for {
        ...
        if _p_.runnext.cas(next, 0) {
            return next.ptr(), true
        }
    }
    // 从本地运行队列头指针遍历本地运行队列
    for {
        ...
      gp := _p_.runq[h%uint32(len(_p_.runq))].ptr()
        if atomic.CasRel(&_p_.runqhead, h, h+1) {
            return gp, false
        }
    }
}
```

（3）调用函数 globrunqget 从全局运行队列中获取 G。关键代码如下。

```
func globrunqget(_p_ *p, max int32) *g {
    // 如果全局运行队列中没有 G 则直接返回
    if sched.runqsize == 0 {
        return nil
    }
    // 计算 n 的个数
    n := sched.runqsize/gomaxprocs + 1
    ...

    sched.runqsize -= n
    // 拿到全局运行队列头上的 G
    gp := sched.runq.pop()
    n--
    // 将其余 n-1 个 G 从全局运行队列中移出，放入本地运行队列
    for ; n > 0; n-- {
        gp1 := sched.runq.pop()
        runqput(_p_, gp1, false)
    }
    return gp
}
```

上述代码首先从 runq 的全局运行队列中获取了 n 个 G。获取到的第一个 G 用于执行当前 P，这里的关键代码是 gp1 := sched.runq.pop()。n-1 个 G 从全局运行队列移出，放入本地运行队列，这里的关键代码为 runqput(_p_, gp1, false)。

从 G 的全局运行队列中获取 G 的数量的算法与 P 的数量有关，具体会根据全局运行队列中 G

的数量、参数 max 以及本地运行队列的容量计算。

（4）如果从本地运行队列和全局运行队列中都没有获取到 G，则会触发调度中的工作窃取机制。在销毁 M 或者睡眠之前，调用 findrunnable 函数尝试从其他 M 绑定的 P 中窃取 G。

由于频繁地创建和销毁 M 非常消耗资源，因此这里对 M 采取了复用策略。M 会反复尝试从其他 P 队列中获取可以运行的 G，若无果则进入睡眠状态，只有在获取到可以运行的 G 后，findrunnable 函数才会返回。如果一直找不到就继续阻塞，直到有可运行的 G 为止。findrunnable 函数的执行流程大致如图 18-11 所示。

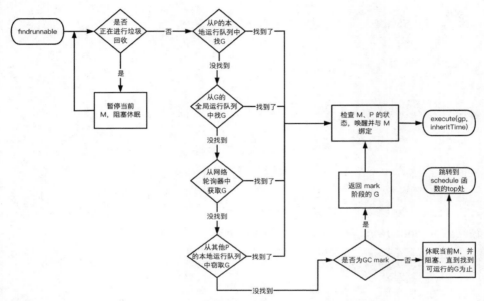

图 18-11　findrunnable 函数的执行流程

（5）在 Go 语言中，网络轮询器是用来监听网络事件并阻塞等待 I/O 的。在调用 findrunnable 函数时，会先尝试从本地运行队列和全局运行队列中获取可运行的 G，但如果没有可运行的 G，就会进入阻塞状态等待新的可运行 G 的到来。在这种等待状态下，会调用网络轮询器来检测网络事件以获取 G，从而避免空等，浪费 CPU 资源。这是在触发工作窃取机制前的一种尝试，也算是调度的一种优化，以确保在没有可运行的 G 时，也能够充分利用 CPU 资源。关键代码如下。

```
if netpollinited() && atomic.Load(&netpollWaiters) > 0 && atomic.Load64(&sched.lastpoll) != 0 {
    ...
}
```

18.3.7　任务执行函数 execute

函数 execute(gp *g, inheritTime bool)是 G 执行的核心函数，循环调度运行到这里，意味着终于找到了可以运行的 G。在执行 execute 函数之前，G 处于_Grunnable 状态，表示它可以被调度器调度并执行。执行 execute 函数时，首先会将 G 切换为_Grunning 状态，表示它正在执行中。然后，将 M 与 G 绑定，以使 G 能够在该 M 上运行。最后，调用 runtime.gogo 函数将 G 运行在该 M 上。关键代码如下。

```
func execute(gp *g, inheritTime bool) {
    _g_ := getg()

    // 将 G 与当前 M 绑定
    _g_.m.curg = gp
    gp.m = _g_.m
    // G 的状态从 _Grunnable 切换为 _Grunning
    casgstatus(gp, _Grunnable, _Grunning)
    gp.waitsince = 0
    // 抢占信号
    gp.preempt = false
    gp.stackguard0 = gp.stack.lo + _StackGuard
    if !inheritTime {
        // 调度器调度的次数加 1
        _g_.m.p.ptr().schedtick++
    }
    ...
    // gogo 函数完成从 g0 到 gp 的切换
    gogo(&gp.sched)
}
```

函数 runtime.gogo 在函数 execute 的末尾被调用。这个函数在 Go 源码中只有一个声明 func gogo(buf *gobuf)，说明它是基于汇编语言实现的。Go 语言为不同平台编写了不同的 gogo 函数。我们先看看 gogo 函数的参数 gobuf 的作用是什么，它的声明如下。

```
type gobuf struct {
        sp   uintptr         // 栈指针，记录栈地址
        pc   uintptr         // 程序指针，标记 G 运行的位置
        g    guintptr        // G 的指针
        ctxt unsafe.Pointer  // 上下文，可能是一个函数值
        ret  uintptr         // 返回值的地址
        lr   uintptr         // 链接寄存器，保存了返回地址，用于某些架构
        bp   uintptr         // 基指针，用于启用帧指针的架构
}
```

gobuf 结构体在 runtime 中起着非常重要的作用，每个 G 都有一个对应的 gobuf，它负责保存 G 的运行状态，其中 sp 字段用于记录栈地址，pc 字段用于标记 G 运行的位置。

了解了 gobuf 结构体后，我们接着针对 X86_64 位的 asm_amd64.s 文件进行分析，找到 gogo 函数的声明，如下。

```
//对应 func gogo(buf *gobuf) 函数
TEXT runtime·gogo(SB), NOSPLIT, $0-8
        MOVQ      buf+0(FP), BX // 将函数的参数 gobuf 的地址放入 BX 寄存器中，便于后面的指令依靠
                                   BX 寄存器来存取 gp.sched 的成员
        MOVQ      gobuf_g(BX), DX // 将 gobuf 中 G 字段的地址读取到 DX 寄存器中
        MOVQ      0(DX), CX // 确保 G 不为 nil，将其放入 CX 寄存器中
        JMP       gogo<>(SB) // 跳转到 gogo<>函数处

// gogo<>函数
TEXT gogo<>(SB), NOSPLIT, $0
        get_tls(CX) // 获取当前 M 的本地存储地址
        MOVQ      DX, g(CX) // 将 DX 寄存器（即 G 的地址）放入当前 M 的 G 字段，后面的代码就可以通过 M
                              本地存储、获取当前正在执行的 G 的结构体对象 g，从而找到与之关联的 m 和 p
        MOVQ      DX, R14     // 将 G 的地址也放入 R14 寄存器中
        MOVQ      gobuf_sp(BX), SP     // 恢复堆栈指针
```

```
//恢复调度上下文到 CPU 相关的寄存器中
MOVQ    gobuf_ret(BX), AX // 将 gobuf 中的返回地址放入 AX 寄存器
MOVQ    gobuf_ctxt(BX), DX // 将 gobuf 中的上下文放入 DX 寄存器
MOVQ    gobuf_bp(BX), BP // 将 gobuf 中的基指针放入 BP 寄存器

//清除 gp.sched 中不再需要的值，因为我们已把相关值放入 CPU 对应的寄存器中了
//这样做可以让垃圾回收的工作量减少
MOVQ    $0, gobuf_sp(BX)    // 清除 gobuf 的堆栈指针，以帮助垃圾回收
MOVQ    $0, gobuf_ret(BX)   // 清除 gobuf 的返回地址
MOVQ    $0, gobuf_ctxt(BX)  // 清除 gobuf 的上下文
MOVQ    $0, gobuf_bp(BX)    // 清除 gobuf 的基指针
MOVQ    gobuf_pc(BX), BX // 将 gobuf 中的程序计数器放入 BX 寄存器中
JMP     BX // 跳转到 BX 寄存器指向的地址（即恢复到之前的执行位置）
```

当 G 需要切换运行状态（如等待 I/O 或让出 CPU 给其他 G）时，其当前状态会保存到 gobuf 中。当 G 被重新调度运行时，它的状态从 gobuf 中恢复。这个通过 runtime.gogo 函数实现的过程，是 Go 语言高效并发和协程调度的核心。

在 gogo 函数中，有两个关键操作："MOVQ gobuf_sp(BX), SP" 和 "MOVQ gobuf_pc(BX), BX"。

- "MOVQ gobuf_sp(BX), SP" 会将 goexit 函数插入协程栈中。它利用 gobuf 获取协程栈的地址，设置 CPU 的栈顶寄存器 SP 为 gp.sched.sp，通过将 gp.sched 的内容恢复到 CPU 寄存器中实现状态和栈的切换，即从 g0 的栈切换到 gp 的栈。
- "MOVQ gobuf_pc(BX), BX" 是从 gobuf 中拿到 Program Counter，然后跳转至相应的代码处并执行。这个跳转的特点是，在跳转前，所有的操作都在 M 中执行；跳转后，执行环境切换至 G。然后，开始执行对应的业务方法（即 go func(){...}中的 func）。业务方法执行完以后，由于在 gogo 函数中插入了 goexit 函数，因此会继续执行 goexit 函数。

goexit 也是一个汇编方法，在其代码中 CALL runtime.goexit1(SB)表示调用了 goexit1 函数，这个函数不会返回，也就意味着它会结束当前的 G。runtime.goexit1 的代码如下。

```
// Finishes execution of the current goroutine.
func goexit1() {
        if raceenabled {
                racegoend()
        }
        if trace.enabled {
                traceGoEnd()
        }
        mcall(goexit0)
}
```

在 goexit1 函数中调用了 mcall 函数，func mcall(fn func(*g))这个函数是由汇编语言实现的，其作用是切换到 g0 栈并执行传入的参数方法。此处传入的参数是 goexit0，因此会执行 goexit0 函数。goexit0 函数的声明如下。

```
// goexit 在 g0 上继续操作
func goexit0(gp *g) {
        _g_ := getg()    // 获取当前的 G
        _p_ := _g_.m.p.ptr() // 获取当前的 P

        ...
        // 重置 gp 的字段
```

```
            gp.m = nil
            locked := gp.lockedm != 0
            gp.lockedm = 0
            _g_.m.lockedg = 0
            gp.preemptStop = false
            gp.paniconfault = false
            gp._defer = nil
            gp._panic = nil
            gp.writebuf = nil
            gp.waitreason = 0
            gp.param = nil
            gp.labels = nil
            gp.timer = nil

            ...
            gfput(_p_, gp)    // 将 gp 放回本地 P 的空闲 G 列表中
            ...
            schedule()   // 进行调度
}
```

goexit0 函数在 G 执行结束时负责清理工作，包括清理 G 的状态和相关资源等。清理后，它会将 G 的状态设为_Gdead_，并将该 G 放回本地 P 的空闲 G 列表中，供后续任务重用。最后，它会再次调用 schedule 函数，触发新的循环调度，寻找下一个可运行的 G。这个过程就是 Go 的循环调度。

总结一下，Go 语言的调度器从函数 runtime.schedule 处开始执行，不断地调度可运行的 G。在这个过程中，调度器会根据不同的情况，从本地运行队列、全局运行队列、网络轮询器等地方获取可运行的 G，并将其分配给合适的 M 运行，在调度过程中可能会进行一些阻塞和唤醒操作。在 M 运行的过程中，使用 g0 栈来记录运行信息。在获取 G 后，调度器通过 gogo 函数将 goexit 函数插入当前协程栈，并跳转执行 G，这时使用 g 栈来记录运行信息。G 运行结束后，会调用 goexit 函数，其中的 mcall 函数将切换为通过 g0 栈记录运行信息，并执行 goexit0 方法。最终，控制流程又回到 runtime.schedule 函数处，M 开始新一轮的调度。这个过程会循环执行，一直执行到所有的 G 都完成了任务，或者程序被强制终止，如图 18-12 所示。

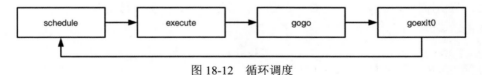

图 18-12　循环调度

18.4　监控线程 sysmon

当触发 gopark 函数（用于将 G 挂起）、锁、通道、网络、垃圾回收、sleep 等相关操作时，G 的状态会从_Grunning 变为_Gwaiting，且会进入对应的定时器中等待。每个 P 都有一个用于管理自己的定时器字段 p.timers，定时器中有对应的回调函数 checkTimers。每次调度 G 时都会执行该函数，检查并执行已经到时间的定时器。在到达指定的时间后调用这个回调函数，会让等待的 G 又恢复到_Grunnable 状态，这时再将其重新放回到本地运行队列中。

但如果当前所有的 M 都处于运行状态，那么就可能存在不能及时触发调度的情况，最终会导致定时器不能被及时地执行。为了解决这个问题，Go 语言引入了监控线程 sysmon，它不与任何 P 绑定，直接由 M 执行。

监控线程 sysmon 也是由主协程创建的，其在 runtime 初始化之后，执行用户代码之前，由 runtime 启动。关键代码如下。

```
func main() {
    ...
    if GOARCH != "wasm" {
        systemstack(func() {
            newm(sysmon, nil, -1)
        })
    }
    ...
}
```

sysmon 用于监控系统的运行状态，并在出现意外情况时及时做出响应。由于它需要重复执行任务，因此始终处于运行状态。在程序执行期间，监控线程 sysmon 每 20us～10ms 轮询一次，以监控长时间运行的 G。若发现有长时间运行的 G，就对其设置可被抢占的标识符，以便其他的 G 抢占执行。关键代码如下。

```
for {
    if idle == 0 {
        delay = 20
    } else if idle > 50 {
        delay *= 2
    }
    if delay > 10*1000 {
        delay = 10 * 1000
    }
    usleep(delay)
    ...
}
```

如果遇到网络请求导致运行阻塞的情况，调度器会将当前被阻塞的 G 放入网络轮询器中。这时，网络轮询器会执行异步网络系统调用，并让出 P，以便 P 能执行其他 G。待网络轮询器完成异步网络调用后，将由监控线程 sysmon 将 G 切换回来并继续运行。关键代码如下。

```
for {
    ...
    lastpoll := int64(atomic.Load64(&sched.lastpoll))
    if netpollinited() && lastpoll != 0 && lastpoll+10*1000*1000 < now {
    atomic.Cas64(&sched.lastpoll, uint64(lastpoll), uint64(now))
    list := netpoll(0)
    if !list.empty() {
        incidlelocked(-1)
        injectglist(&list)
        incidlelocked(1)
    }
    }
    ...
    }
    ...
}
```

如果是系统调用引起的阻塞（P 的状态为_Psyscall），则触发分离机制。当一个 P 处于_Psyscall 状态时，调度器会把这个 P 从其所绑定的 M 上分离下来，并重新寻找其他空闲的 M 来执行相应的 G 代码。当系统调用返回时，调度器会再次把这个 P 绑定到一个空闲的 M 上，让它继续执行。

retake 函数就是用来实现这个分离机制的。当调度器发现一个 P 的状态为 _Psyscall 时，就会调用 retake 函数来重新获取这个 P，并把它绑定到一个空闲的 M 上执行。这样，就可以避免出现因系统调用阻塞导致的 G 无法执行的问题。关键代码如下。

```
for {
    ...
    if retake(now) != 0 {
        idle = 0
    } else {
        idle++
    }
    ...
}
```

如果垃圾回收器已经有两分钟没有运行了，则监控线程 sysmon 会通知 gchelper 协程强制执行一次垃圾回收。关键代码如下。

```
for {
    ...
    if t := (gcTrigger{kind: gcTriggerTime, now: now}); t.test() && atomic.Load(&forcegc.idle)
    != 0 {
        lock(&forcegc.lock)
        forcegc.idle = 0
        var list gList
        list.push(forcegc.g)
        injectglist(&list)
        unlock(&forcegc.lock)
    }
    ...
}
```

具体细节可以参考 Go 语言的源码，其位于 src/runtime/proc.go 中，在此不再赘述。

18.5 main 函数与协程的执行顺序

学习完与调度的相关知识后，我们再回头看看之前的"hello goroutine"程序，分析一下为什么删除 time.sleep 函数后无法获得任何输出。我们知道，main.main 函数执行时会创建新的 helloGoroutine 子协程。通常情况下，创建 G 时都会去调用 newproc 函数，同时会指定函数的入口和参数。newproc 函数的作用是为 G 构造一个协程栈帧，栈帧中存储的是返回地址、调用者的 bp 栈基、局部变量区间、返回值和参数的区间。待 G 执行完以后，控制流会返回到 goexit 函数处，进行 G 的资源回收等工作。当新创建的 helloGoroutine 子协程被添加到当前 P 的本地运行队列中时，main.main 函数已结束执行并返回，这时它会调用 exit 函数结束进程。也就是说，在 helloGoroutine 子协程还没有被执行时，main.main 函数已经返回了。在创建 helloGoroutine 子协程到 main.main 函数执行结束、返回并退出的过程中，并没有给 helloGoroutine 子协程留出调度的执行时间。"hello goroutine"程序的执行顺序如图 18-13 所示。

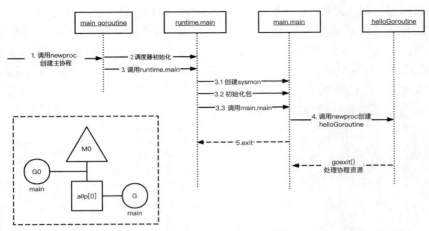

图 18-13 "hello goroutine"程序的执行顺序

可见,要在 main.main 函数返回之前留一点儿时间,helloGoroutine 子协程才有可能被执行。这时可以使用 time.sleep 函数,这个函数实际调用的是 gopark 函数,它可以把当前主协程的状态从 _Grunning 修改为 _Gwaiting,这样主协程就会在它所对应 P 的定时器中等待,而不会回到当前 P 的 runq 队列中。活跃的 M 获取到等待执行的 helloGoroutine 子协程后,开始执行它。在到达指定的时间后,调用定时器中对应的回调函数,让等待的 G(也就是这里的主协程)又恢复到 _Grunnable 状态,并重新将其放回到本地运行队列中,然后 main.main 函数执行结束,调用 exit 函数退出进程。

小技巧:除了 time.sleep 函数,还可以通过通道、sync.WaitGroup 等手段来控制 G 的执行流程,使其在满足某些条件之后再继续执行。只要不让 main.main 函数马上返回,那么 helloGoroutine 子协程就有时间被执行。

18.6　可视化分析 GPM 调度

GPM 的调度过程相对抽象,可以使用工具 go tool trace 和 DeBug trace(GODEBUG)对它进行可视化调试。本书配套代码中含有此示例完整的代码,具体见 golang-1/concurrency/tracegmp。

18.6.1　使用 trace 分析 GPM 调度

trace 是 Go 语言内置的调试手段,它能够追踪程序在一段时间内的运行情况。trace 记录了 G 的调度和运行情况、每个 P 上 G 的运行情况以及协程触发的事件链等。

使用 trace 分析 GPM 调度的具体步骤如下。

(1)创建 trace 文件,并在需要调试的代码块前后分别添加 trace.Start(f)和 trace.Stop()。关键代码如下。

```
f,err:=os.Create("trace.out")...
trace.Start(f)
...
trace.Stop()
```

（2）运行程序后，将在对应的目录中生成 trace 文件，关键代码如下。

```
$ go run main.go
...
$ ls
main.go  trace.out
```

（3）在命令行使用 go tool trace 工具打开 trace.out 文件，关键代码如下。

```
$ go tool trace trace.out
2020/12/30 16:20:11 Parsing trace...
2020/12/30 16:20:11 Splitting trace...
2020/12/30 16:20:11 Opening browser. Trace viewer is listening on http://127.0.0.1:51378
```

（4）按照提示打开浏览器，得到如图 18-14 所示的选项。

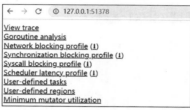

图 18-14　go tool trace 工具的选项

图 18-14 中每个选项的作用如表 18-5 所示。

表 18-5　go tool trace 工具的选项及其作用

选项名	用途
View trace	查看跟踪的这段时间内 G 的调度和执行情况，包括事件触发链
Goroutine analysis	分析 trace 从开始到结束的这段时间所有 G 的执行情况，包括执行堆栈、执行时间等
Network blocking profile	显示网络阻塞的概况，可用于分析网络的消耗
Synchronization blocking profile	显示同步阻塞的情况，可用于分析同步锁的情况
Syscall blocking profile	显示系统调用阻塞的情况，可用于分析系统调用的消耗
Scheduler latency profile	显示调度延迟的情况，包括函数的延迟占比
User-defined tasks	自定义任务
User-defined regions	自定义区域
Minimum mutator utilization	显示 Mutator 的利用率和使用情况

以上就是使用 trace 分析 GPM 调度的步骤，接下来我们看看 trace 的信息具体有哪些。

- G 的信息：显示某个时间段内分别处于 GCWaiting、Runnable、Running 三种状态的 G 的个数，如图 18-15 所示。
- 堆的信息：显示某个时间段内 NextGC、Allocated 的值，如图 18-16 所示。

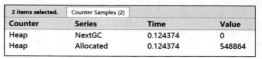

图 18-15　G 的信息　　　　　　　　　　　　图 18-16　堆的信息

- M 的信息：显示处于 InSyscall、Running 两种状态中 M 的数量，如图 18-17 所示。
- P 的信息：显示每个 P 当时正在处理的 G 和运行阶段的信息，如图 18-18 所示。

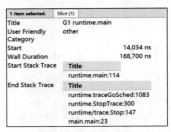

图 18-17 M 的信息　　　　　图 18-18 P 的信息

18.6.2　使用 GODEBUG 调试 GPM 调度

前面介绍了使用 trace 分析 GPM 调度的步骤，下面介绍使用 GODEBUG 调试 GPM 调度的过程，示例代码如下。

```
$ GODEBUG=schedtrace=1000 go run main.go
SCHED 0ms: gomaxprocs=8 idleprocs=7 threads=6 spinningthreads=0 idlethreads=3
runqueue=0 [0 0 0 0 0 0 0]
SCHED 1008ms: gomaxprocs=8 idleprocs=7 threads=28 spinningthreads=0 idlethreads=23
runqueue=0 [0 0 0 0 0 0 0]
# command-line-arguments
SCHED 0ms: gomaxprocs=8 idleprocs=6 threads=6 spinningthreads=1 idlethreads=2
runqueue=0 [0 0 0 0 0 0 0]
SCHED 0ms: gomaxprocs=8 idleprocs=7 threads=6 spinningthreads=0 idlethreads=3
runqueue=0 [0 0 0 0 0 0 0]
hello,GPM-- 1
hello,GPM-- 4
hello,GPM-- 0
hello,GPM-- 2
hello,GPM-- 3
```

输出列的含义如表 18-6 所示。

表 18-6　GODEBUG 输出列的含义

输出列	含义
SCHED	调试信息输出标志字符串，表示本行是调度器的输出
0ms	从程序启动到输出这行日志的时间
gomaxprocs	P 的数量，本例有 8 个 P。通常，P 的数量与 CPU 的核心数一致，也可以通过 GOMAXPROCS 设置
idleprocs	状态为 idle 的 P 的数量。可以基于 gomaxprocs 和 idleprocs 的差值计算出程序执行时 P 的数量
threads	M 的数量，包含 scheduler 和 sysmon 这两部分涉及的 M
spinningthreads	状态为自旋的 M 的数量
idlethreads	状态为 idle 的 M 的数量
runqueue=0	G 的全局运行队列中 G 的数量
[0 0 0 0 0 0 0 0]	表示 8 个 P 的本地运行队列中 G 的数量

18.7　深入探索通道

在控制协程的执行过程时，通道是一种常用手段，它可以实现协程之间的同步和通信。下面将深入分析通道的实现。

18.7.1　通道的底层数据结构 hchan

可以通过代码 ch:=make(chan int,4)创建一个类型为 int、缓冲区大小为 4 的通道。在创建通道的过程中，会在堆上分配内存空间来存储数据结构 hchan，并将该数据结构的指针返回给 ch 变量，ch变量实际上就是一个指向数据结构 hchan 的指针。通道的发送和接收操作都是通过数据结构 hchan实现的。为了使通道能够支持协程间的并发访问，我们选择使用锁机制来保护整个数据结构。如果是有缓冲的通道，需要知道缓冲区所在的地址、已经存储的元素个数（qcount）、最多存储的元素个数（elemsize）、每个元素所占空间的大小（dataqsiz）。可见，缓冲区本质上是一个数组。在 runtime中，垃圾回收机制依赖于数据的类型信息，因此数据结构 hchan 还得有指向存储元素的数据类型的指针（elemtype）。

既然通道支持读（接收）和写（发送）操作，那么就必须记录读、写的下标位置（recvx 和 sendx）。如果读或写不能立即完成，也就是说，需要当前协程在通道上等待，那么可在通道成对性条件满足，也就是有其他协程对通道进行接收或者发送操作时，再唤醒等待的协程。要实现上述功能，还需要创建两个等待队列用于读（recvq）或写（sendq）。此外，由于通道是可关闭的，因此还须记录它的关闭状态（closed）。

综上所述，各种条件和约束共同组成了通道的底层数据结构 hchan，相关示例代码如下。

```
type hchan struct {
    qcount   uint         // 已经存储的元素个数
    dataqsiz uint         // 每个元素所占空间的大小
    buf      unsafe.Pointer // 缓冲区所在的地址
    elemsize uint16 // 最多存储的元素个数
    closed   uint32 // 记录关闭状态
    elemtype *_type // 存储的元素的数据类型
    sendx    uint   // 记录写的下标位置
    recvx    uint   // 记录读的下标位置
    recvq    waitq  // 接收队列
    sendq    waitq  // 发送队列
    lock mutex
}
```

在初始状态下，通道的缓冲区为空，等待队列为空，读和写的下标都指向 0 的位置。假设有 G1、G2 两个协程，当 G1 向通道发送数据时，如果没有其他 G 从通道中接收数据，那么元素就会被存储到缓冲区中，因为缓冲区长度为 4，所以在完成前 4 次的发送操作后，元素会依次存储到缓冲区中，索引位置分别为 0、1、2 和 3。sendx 用于记录写的下标位置，下标从 0 开始，第 4 个元素会放到下标为 3 的位置。通道的数据结构示意图如图 18-19 所示。

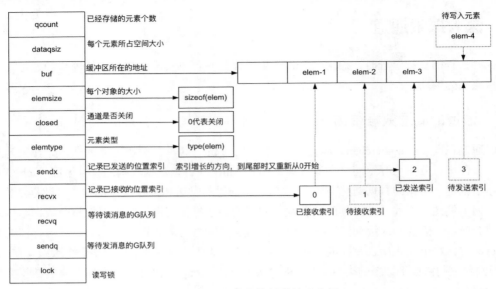

图 18-19   通道的数据结构示意图

如果在完成 4 次操作后，G1 继续向通道发送数据，由于缓冲区已没有空闲位置，因此 G1 就会进入通道的发送等待队列 sendq 中。sendq 是一个 sudog 类型的链表，其数据结构如下。

```
type sudog struct {
    g *g //记录等待的 G
    next *sudog
    prev *sudog
    elem unsafe.Pointer // 等待的数据
...
    c        *hchan // 记录等待哪个通道
}
```

接下来，G2 从通道处接收元素，下标 recvx 指向下一个位置，第 0 个位置就空出来了。此时，就会唤醒等待队列 sendq 中的 G1，并将缓冲区的数据发送给通道。随后，缓冲区再次填满，这时 sendq 队列中已经没有 G1 了，所以为空。通过此过程可以看到，sendx 和 recvx 都是从 0 到 4 再到 0 这样循环变化的。所以，我们称通道的缓冲区是一种环形缓冲区，如图 18-20 所示。

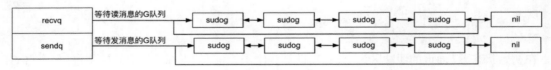

图 18-20   环形缓冲区

18.7.2   发生阻塞的条件

向通道中发送数据，只有在缓冲区还有空闲位置或者有其他 G 等待接收数据时，才不会发生阻塞。在向通道中发送数据时，若出现以下情况，就会发生阻塞。

- 通道为 nil。
- 通道没有缓冲区，或者缓冲区已经被填满。
- 没有其他 G 从通道中接收数据。

为了避免发生阻塞，可以使用 select 机制，示例代码如下。

```
select{
case ch<-100:
        ...
default:
        ...
}
```

当向通道中发送数据时，若满足分支 ch<-100，则会执行该 case 分支。如果被阻塞，则会执行 default 分支。

相比之下，接收数据的方法更多一些，以下几种写法都可以从通道中接收数据。

```
<-ch
v:=<-ch
v,ok:=<-ch //ok 为 false 时，表示 ch 已关闭，此时 v 是通道元素类型的零值
```

从通道中接收数据时，若出现以下情况，就会发生阻塞。

- 通道为 nil。
- 通道无缓冲并且没有其他 G 向通道发送数据。
- 通道有缓冲但缓冲区无数据。

只有当通道的缓冲区中有数据或者有其他 G 向通道发送数据时，才不会发生阻塞。如果在任何情况下都不想发生阻塞，同样可以使用 select 这种非阻塞式的写法。

18.7.3 select 多路复用的底层逻辑

select 多路复用是 Go 语言提供的一种并发编程机制，它可以同时监听多个 I/O 操作（包括通道），并在其中任意一个 I/O 操作可以执行时，立即执行相应的操作。利用 select 机制可以实现高效的并发控制，避免出现传统的多线程编程中可能存在的竞争和锁的问题。select 多路复用是指有多个 case 分支，每个分支均可以实现向通道中发送数据或从通道中接收数据的操作。假设有通道 ch1 和 ch2，一个 G 通过 select 等待通道 ch1 和 ch2 的代码如下。

```
var a,b int
select{
case a=<-ch1:
...
case ch2<-b
}
```

这时，select 会被编译器转换为 runtime.selectgo 函数并调用，示例代码如下。

```
func selectgo(cas0 *scase, order0 *uint16, pc0 *uintptr, nsends, nrecvs int, block bool)
(int, bool)
```

函数 runtime.selectgo 的参数说明如表 18-7 所示。

表 18-7 函数 runtime.selectgo 的参数说明

参数	说明
cas0	指向一个包含 select 中所有 case 分支的数组，此数组中的每个元素均是结构体 scase，scase 代表一个 case 操作，其中包含了执行该分支操作的相关信息，如通道、发送或接收的值等。元素顺序是根据操作顺序排列的，即先是所有的发送操作（send），然后是接收操作（recv）
order0	指向一个 uint16 类型的数组，数组的大小是 case 分支个数的两倍。实际上它会被用作两个数组，第一个数组会对所有的通道乱序轮询，因为乱序可以保证轮询的公平性（当有多个分支都满足条件时，会随机选择一个分支执行）；第二个数组用于对所有通道的加锁操作进行排序，因为按照固定顺序加锁才不会出现死锁
pc0	与 race 检测相关
nsends	执行发送数据操作的分支的总和
nrecvs	执行接收数据操作的分支的总和
block	有 default 分支不会阻塞，没有则会阻塞
int	表示被执行的 case 分支的序号，如果是 default 分支则返回-1
bool	与通道的 comma 语法有关。在 case 分支执行 recv 操作时，表示是实际从通道中接收的值，还是因为通道被关闭而接收的零值

在轮询 select 多路复用前要加锁。因此，在执行 runtime.selectgo 函数时，会先按照 select case 在代码中出现的顺序对所有的 case 语句加锁，然后会按照轮询的顺序（乱序）进行访问。这里的加锁操作是为了避免在多个 case 分支同时可执行的情况下出现竞争，从而保证每次只有一个 case 分支被执行。使用乱序轮询则是为了避免某个 case 分支始终优先于其他分支被执行，这会导致其他分支一直被阻塞而无法执行。对于前面的示例，若检查到通道 ch1 时，发现有数据可读，则直接复制数据，进入对应的分支 case a=<-ch1。当所有的 case 都不满足条件时，则把当前 G 添加到所有通道的发送队列 sendq 或接收队列 recvq 中（如本例中通道 ch1 的 recvq 和通道 ch2 的 sendq），这时 G 会被阻塞，解锁所有的通道。如果接下来通道 ch1 有数据可读了，G 将被唤醒，执行对应 case 分支的操作。完成操作后，会再次按照 select case 在代码中出现的顺序对所有的通道加锁，接着移除对应的 recvq 或 sendq 中的 G。最后，全部解锁后返回。select 多路复用的底层逻辑如图 18-21 所示。

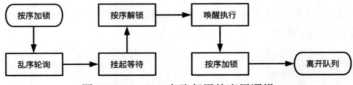

图 18-21 select 多路复用的底层逻辑

第 19 章

内存管理

在 Go 语言中，内存的分配和回收都是在程序运行过程中动态完成的，因此开发者在编写代码时无须过多关注内存管理的过程。然而，了解 Go 语言的内存分配策略可以帮助我们更好地理解 Go 语言的设计理念，从而编写更高效的程序。

19.1 runtime

Go 语言中没有 Java 里的 JVM 概念，Go 语言是一种带有 runtime 的语言。runtime 是在语言级别就形成的管理逻辑，由 Go 语言的编译器和链接器创建，是在程序运行过程中动态加载、运行的模块，用于实现附加功能，如图 19-1 所示。runtime 会与用户代码一起被编译成可执行代码，runtime 与用户代码没有明显的界限，都是函数的调用。

runtime 不依赖于 glibc，它将系统调用的指令一并封装为了可执行文件。在 Go 语言中，有一个名叫 runtime 的标准库，这个库为 Go 语言运行时环境的各项功能提供了一系列 API 接口，这些功能包括 GPM 调度、网络轮询、内存分配管理、垃圾回收、内置类型与反射、系统调用指令的封装等。此外，runtime 库还支持 pprof 性能分析、trace 追踪以及 race 检测等功能。

编译器会将 Go 语言中的一些关键字编译为 runtime 库中的函数。如：

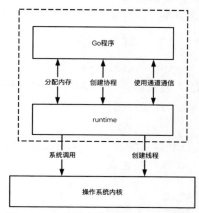

图 19-1 Go 语言中 runtime 的示意图

```
go -> newproc
new -> newobject
make -> makeslice makechan makemap makemap_small
...
```

19.2 内存分配模型

Go 语言的内存管理机制受到了 Google 公司为 C 语言开发的 TCMalloc 算法的启发。TCMalloc

算法的核心特性是将内存分为多个大小不同的缓存区，每个缓存区的大小都是 2^n，且每个缓存区里的内存块大小是固定的。申请内存时，先根据所需大小找到相应的缓存区，然后再在该缓存区里分配内存。当某个缓存区里的内存块耗尽时，可以向高一级的内存池请求更多的内存块。这样就减少了对系统内存分配器的频繁调用，提高了内存分配的效率。在 Go 语言中，采用了与 TCMalloc 算法类似的思想，即将内存按照大小分配给不同的对象，并通过一些高效的内存分配算法来实现高效的内存管理。

19.2.1　内存模型

操作系统中内存页（page）的大小为 512B～8KB。在 Go 语言中，内存的申请和释放都是以 page 为单位的，一个 page 代表一块 8KB 的内存空间。在 64 位的操作系统上，8192 个 page 组成一个 arena，一个 arena 的大小就是 64MB（即 8×8192MB），多个 arena 则可组成 Go 的堆内存。在 Go 语言中，内存管理是 runtime 的一部分，runtime 将堆内存地址空间划分为了多个 arena，并通过内存池、预分配等方式减少内存分配时进行系统调用的次数。内存模型概览如图 19-2 所示。

然而，如果仅以 page 为单位申请和释放内存，可能会出现内存碎片化和浪费等情况。比如有些小的操作可能只需要使用几字节的内存，但是以 page 为单位的话，就会用掉一页的内存，很浪费。此外，以 page 为单位申请和释放内存，会增加查找一段可用内存的开销，因为需要搜索整个 page，而不是搜索更小的内存块。

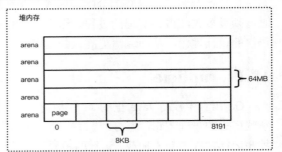

图 19-2　内存模型概览

19.2.2　内存分配过程

Go 语言的内存分配和管理是由 runtime 负责的。当我们使用 make、new 函数声明初始化变量时，runtime 会根据变量的类型和大小来进行内存分配。过程大致如下。

（1）初始化内存分配器。在程序启动时，内存分配器会先向操作系统申请一大块内存，并交由管理堆内存的数据结构 mheap 进行全局管理。注意，此时分配的只是一段虚拟的地址空间，并没有真正地分配实际的内存。

（2）进行堆内存划分。runtime 将堆分成多个的区域，这些区域称为 span。不同的 span，其大小不同。每个 span 由若干个内存页组成，这些内存页是操作系统分配内存的基本单元。这些页进一步被划分为不同规格的块，以适应不同大小的对象。

（3）进行内存分配，分配流程如下。

a）当需要分配一块内存时，runtime 会遍历 span，找到第一个大小符合要求的 span。

在找到符合要求的 span 后，runtime 会把这个 span 分成若干个大小相等的块，然后将其中一个块分配给用户。

b）如果程序继续请求内存，并且当前的 span 还有未分配的块，runtime 会分配另一个块给程序。这个过程会持续进行，直到当前 span 中的所有块都被分配出去。

c）若当前 span 中的所有块都已被分配完毕，但程序仍然需要更多内存，runtime 会再次遍历 span，寻找有足够空间的 span，并将其分配给用户。

d）如果在现有的 span 中找不到合适的 span 来满足内存请求，runtime 会从操作系统中申请更多的内存空间，并创建一个新的 span 来管理这些新分配的内存。

当某个块不再使用时会进行内存回收。回收内存时，为了减少与操作系统打交道的次数，runtime 不会直接将内存返还给操作系统，而是会将其放回到所属的 span 中，以便后续进行内存分配时重用；当有新对象请求分配内存时，就会先从空闲的内存中分配。这就是 Go 语言的内存回收策略。

内存分配策略指的是依据预设的大小、规格将内存页划分为不同规格的块，并将其放入对应规格的空闲链表中。Go 语言内存管理的基本单元是 mspan（对应的内存模型是 span，每个 span 由若干内存页组成），每个 mspan 都可以分配特定大小的内存给对象。

Go 语言根据对象的不同大小采用不同的内存分配策略，具体如下。

- 微小对象使用 tiny 分配器分配。当第一个微小对象需要分配内存时，tiny 分配器会从堆内存中获取一个内存页（通常是几千字节），并在这个页内选择一个小块（通常是 16 字节或者更小）分配给这个微小对象，这个块被标记为 tiny 块，此时该 tiny 块并未被用完。随着程序运行，更多的微小对象需要分配内存，这时 tiny 分配器会在同一个 tiny 块内连续分配，直到这个块的空间用完为止。

- 小对象通过 mspan 分配内存。当需要为一个小对象分配内存时，内存分配器会先检查对象的大小，然后根据对象的大小选择合适的 mspan。在找到合适的 mspan 后，分配器会在 mspan 内找到一个未被占用的内存块，并将其分配给对象。

- 若一个对象的大小超过了 mspan 所容纳的范围，那么内存分配器不再尝试在现有的 mspan 中寻找或创建新的 mspan。相反，它会直接向堆内存申请足够的空间给这个大对象。

19.2.3　span 与预设的内存大小和规格

依据预设的大小、规格将内存页划分为块，其实就是将较大的内存单位 arena 中的 page 按不同的规格进一步划分为更小的内存单元，这种内存单元称为 span。

参考 Go 语言位于 runtime/sizeclass.go 中的源码可知，Go 语言中预置了 67 种规格的内存，范围从 8B 到 32KB。

```
// class  bytes/obj  bytes/span  objects  tail waste  max waste  min align
//   1         8         8192       1024        0        87.50%        8
//   2        16         8192        512        0        43.75%       16
//   3        24         8192        341        8        29.24%        8
...
...
//  66     28672        57344          2        0         4.91%     4096
//  67     32768        32768          1        0        12.50%     8192
```

对于超过 32KB 的对象（class=0），由于没有对应的规格，因此会直接从堆上分配内存。

上述源码中每列的含义如表 19-1 所示。

表 19-1   源码 runtime/sizeclass.go 中各列的含义

序号	名称	含义
1	class	规格编号
2	bytes/obj	每个对象的大小，单位是字节
3	bytes/span	一个 span（即一段连续的内存）的大小，单位是字节。每个 span 包含多个对象，bytes/span 表示一个 span 中所有对象的大小之和，因此 bytes/span 的大小是固定的，且不同大小的对象会有不同的 bytes/span
4	objects	一个 span 可以存储的对象数，计算方式是 span 的大小/对象的大小
5	tail waste	如果最后一个对象不够填充一个完整的 span，那么就可能存在一些浪费了的空间。tail waste 表示尾部浪费的空间大小，单位是字节，其计算方式是 span%obj
6	max waste	为了避免碎片化，分配器可能会预留一些额外的空间，以便在分配小对象时可以快速找到可用的空间。max waste 表示最大浪费的内存百分比
7	min align	对象在内存中的对齐方式

图 19-3 所示为将不同规格的内存块放入对应的空闲链表中。

一个 span 会被划分为一堆等大的内存块 object。需要为具体的对象分配内存时，并不会直接分配一个完整的 span，而是会根据对象的大小，从对应级别的 span 中划分出一个或多个 object 来分配。span 的级别是以 span 中元素的大小为依据的，不同的大小对应着不同的 sizeclass。arena、page、span 和内存块 object 组合在一起，就组成了 Go 语言的堆内存模型，如图 19-4 所示。

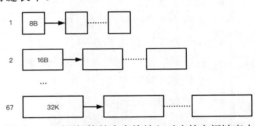

图 19-3   不同规格的内存块放入对应的空闲链表中

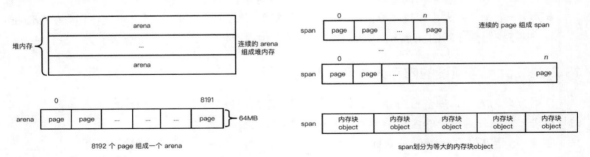

图 19-4   Go 语言的堆内存模型

所谓的内存分配，就是分配一个 object 或多个 object。假设 object 的大小是 16 字节，按照对应关系来看，16 字节对应的 sizeclass 是 2，而 sizeclass 为 2 所对应的 span 大小是 8KB，因此，就会把 span 划分为 512（8KB/16B）个 object，最终会将其中一个未被占用的 object 分配给请求者。

19.3   内存管理单元

对于一些频繁进行且代价较大的任务，可以借鉴"池"的思想进行设计。Go 语言的内存管理本质上也参考了内存池的设计理念，不过，它进行了一些优化，这些优化包括让内存池的大小自动伸缩、合理切割内存块等。

在 Go 语言的内存管理中，不同层次的内存管理单元有不同的作用，如表 19-2 所示。

表 19-2 内存管理单元及其作用

内存管理单元	作用
mheap	mheap 是管理堆内存的数据结构，它包含了一些重要的信息，如全局的堆内存大小、堆内存的使用情况等。mheap 又分为 mcentral 和 heapArena 子结构，这些子结构用于进一步管理堆内存的各个部分
mcentral	mcentral 是管理特定大小内存块的中央缓存，每种大小对应一个 mcentral。它是全局的 span 管理中心，mcentral 内部会维护一组 mspan
heapArena	用于管理 arena，可为大对象分配内存。heapArena 由多个 mspan 组成，mspan 代表一段连续的物理内存 span 的数据结构
mspan	span 是最小的内存单元，而 mspan 用于管理 span，它管理着若干个同样大小的对象
mcache	P 的本地缓存。为降低多个 P 之间的竞争性，Go 语言的每个 P 都有一个本地小对象缓存

让我们看一下内存管理单元的概览图，如图 19-5 所示。

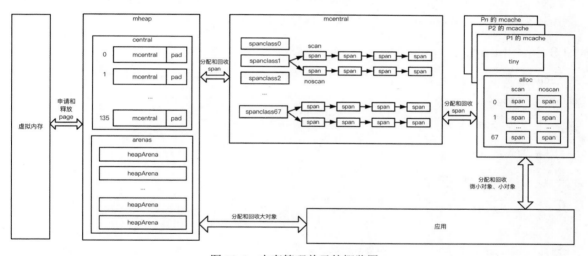

图 19-5 内存管理单元的概览图

19.3.1 mspan

mspan 的数据结构中包含了一个用于链接前后 span 的双向链表。因为 span 的本质就是一段连续的 page，所以 mspan 管理的 page 的范围是从第一个 page 的起始位置到最后一个 page 的结束位置。结束的地址值等于 startAddr+ npages*pageSize。page 的数量由 npages 决定，npages 是一个整数值，表示 span 中包含的 page 数，它的值由 span 的大小和操作系统 page 的大小决定，计算方式为两者相除。例如，在 64 位操作系统中，一个 span 的大小为 8KB，而操作系统 page 的大小为 4KB，那么 npages 的值为 2。计算 mspan 管理的 page 存放的对象的数量的公式为(span 中含有的 page 数量×pageSize)/对象大小。

划分的内存块的规格和类型记录在 spanclass 中。一个 mspan 的 spanclass 的值在 0 ~ _NumSizeClasses

之间,假设 spanclass 的值是 3,那么就会去找数组 class_to_size 对应下标为 3 的值,即 class_to_size[3]=24,也就是说这个 mspan 会被分割成 24 字节的块。

```
// runtime/sizeclasses.go

const _NumSizeClasses = 68

//span 规格:0~32KB,数组中的元素代表 sizeclass 对应对象的大小(以字节为单位)
var class_to_size = [_NumSizeClasses]uint16{0, 8, 16, 24, 32, 48, 64, 80, 96, 112, 128,
144, 160, 176, 192, 208, 224, 240, 256, 288, 320, 352, 384, 416, 448, 480, 512, 576, 640,
704, 768, 896, 1024, 1152, 1280, 1408, 1536, 1792, 2048, 2304, 2688, 3072, 3200, 3456, 4096,
4864, 5376, 6144, 6528, 6784, 6912, 8192, 9472, 9728, 10240, 10880, 12288, 13568, 14336,
16384, 18432, 19072, 20480, 21760, 24576, 27264, 28672, 32768}

//规格对应的页数
var class_to_allocnpages = [_NumSizeClasses]uint8{0, 1, 1, 1, 1, 1, 1, 1, 1, 1, 1, 1,
1, 1, 1, 1, 1, 1, 1, 1, 1, 1, 1, 1, 1, 1, 1, 1, 1, 1, 1, 1, 1, 1, 2, 1, 2, 1, 2, 1, 3,
2, 3, 1, 3, 2, 3, 4, 5, 6, 1, 7, 6, 5, 4, 3, 5, 7, 2, 9, 7, 5, 8, 3, 10, 7, 4}
```

根据 sizeclass 的大小,span 被划分为多个大小相等的 object,而每个 object 可以存储一个对象。mspan 仅分配内存给与 object 尺寸接近但不超过其大小的对象。

19.3.2　mheap

mheap 是最大的内存管理单元,它维护了整个堆内存的状态信息。示例代码如下。

```
type mheap struct {
        ...
        allspans []*mspan      // 保存所有申请过的 mspan
        spans []*mspan         // 记录 arena 页号和 mspan 的映射关系

        ...
        //arenas 数组是一个二维数组
        //它的第一维大小为 1 << arenaL1Bits
        //第二维大小为 1 << arenaL2Bits
        //每个元素都是一个指向 heapArena 结构体的指针
        arenas [1 << arenaL1Bits]*[1 << arenaL2Bits]*heapArena

        //各种规格的 mcentral 的集合
        central [numSpanClasses]struct {
                mcentral mcentral
        //避免伪共享(false sharing)问题
                pad       [sys.CacheLineSize - unsafe.Sizeof(mcentral{})%sys.CacheLineSize]byte
        }
        ...
}
```

在 mheap 中,central 和 arenas 是两个重要的属性。

- central 是一个数组,是各种规格的 mcentral 的集合,central 中的元素与特定大小的 mcentral 相对应。每个 mcentral 都会维护一个可用的 mspan 链表。当分配内存时,会从对应的 mcentral 中取出一个可用的 mspan,并将其切分成多个适当大小的 object。如果某个 mcentral 中的 mspan 不足,就需要从全局的 mheap 中请求获取新的 mspan,然后加入 mcentral 中。
- arenas 是一个二维数组,用于存储对 heapArena 结构的引用。每个 heapArena 代表堆内存的一个区域，其由多个 span 组成。arenas 数组中的元素与 heapArena 指针相对应。在分配堆内存时，Go 运行时会先从 arenas 数组中选择一个合适的 heapArena，然后在其中分配内存。

19.3.3 heapArena

heapArena 用于存储 arena 的元数据，它使用位图来标记 arena 的使用情况。每个 arena 对应一个位图，位图的每一位表示对应位置的页是否被分配，比如，第 0 位表示第一个页是否被分配，第 1 位表示第二个页是否被分配，以此类推。通过位图，runtime 可以有效地管理 arena 的使用情况，从而实现高效的内存分配和回收。图 19-6 所示为 heapArena 的数据结构示意图。

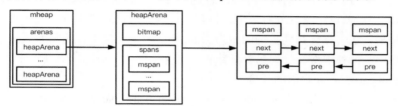

图 19-6   heapArena 的数据结构示意图

19.3.4 mcentral

mheap 中的 central 是全局的 span 管理中心，它存储了各种尺寸的 span 链表，以便在分配和回收内存时快速找到可用的 span。central 的类型是一个 mcentral 结构体，mcentral 结构体用于存储对应 sizeclass 的 span 链表的相关信息，包括空闲和已分配的 span 的列表、span 的数量等。central 中的 mcentral 结构体可以看作是对 span 的一种池化管理方式。mheap 和 mcentral 结构体的关键代码如下。

```
type mheap struct{
  lock   mutex
  ...
    central [numSpanClasses]struct {
            mcentral mcentral
            pad      [cpu.CacheLinePadSize - unsafe.Sizeof(mcentral{})%cpu.CacheLine
            PadSize]byte
    }
}

type mcentral struct {
    spanclass spanClass // 对应 mspan 中的 spanclass
    partial [2]spanSet // 该 mcentral 可用的 mspan
    full    [2]spanSet // 该 mcentral 中已经被使用的 mspan
}
```

central 是一个长度为 136 的数组，数组中的每个元素都是由一个 mcentral 结构体和填充位 pad 组成的。为了保证不同的 mcentral 结构体不会位于同一个缓存行中，即避免出现伪共享（false sharing）问题，Go 语言在 mcentral 结构体中使用了填充字节。通过填充字节来确保各个 mcentral 结构体之间相隔 CacheLinePadSize 个字节，以使它们在不同的缓存行中。这样，每个 mcentral.lock 方法都能获取自己独立的缓存行，从而减少不必要的缓存同步，提高并发性能。

在 Go 语言中，管理内存的数据结构被分为多个层次，其中最底层的是 mspan，而 mcentral 结构体则是全局的 mspan 管理中心，用于管理和分配各种规格的 mspan。在 mcentral 结构体中，会将 spanclass 作为下标索引。当需要分配或回收内存时，会根据对象的大小找到对应的 spanclass，进而找到相应的 mcentral 结构体。每个 mcentral 结构体对应一种 mspan 规格，这个规格记录在 spanclass 中。具体来说，mcentral 结构体在为大小不超过 32KB 的对象分配内存时，会将内存分成 67 组（0 到 66）。每组所能容纳的对象大小在逐渐递增，但都不会超过 32KB，且每个组所对应的 mspan 规格都被记录在了 spanclass 中。

spanclass 是一个 uint8 类型的数据，它的长度是 8 位，也就是一个字节。这 8 位中的每一位都有特定的含义，具体如下。

- spanclass 的高 7 位用来标记内存块的大小、规格编号。编号 1 到 67 对应了 runtime 提供的预置规格，编号 0 则用来对应大于 32KB 的内存。一共有 68 种编号。
- spanClass 的最低位用来区分对象是否包含指针，从而决定在进行垃圾回收时是否需要对对象进行扫描。包含指针需要扫描的归为 scannable 类，不含指针的归为 noscan 类。

在 68 种规格中，每种规格又分为包含指针和不包含指针两种情况，所以共计是 136（68×2）种规格，正好对应 mheap.central 数组的长度。

mcentral 结构体由三部分组成，spanclass 对应 mspan 中的 spanclass，partial 表示该 mcentral 结构体可用的 spanSet，full 表示该 mcentral 结构体中已经被完全占用的 spanSet。spanSet 是一种数据结构，用于管理 mspan 的集合。当有内存分配请求时，mcentral 结构体会首先检查 partial spanSet 以找到有可用空间的 mspan。如果 partial spanSet 中没有可用的 mspan，可能需要从 mheap（全局堆内存管理结构）获取新的 mspan。一旦一个 mspan 的所有内存块都被分配出去，它就会从 partial spanSet 处移动到 full spanSet 处。

如图 19-7 所示，partial spanSet 负责管理被部分占用的 mspan。这些 mspan 已经有一部分内存块被分配出去，但还有剩余的内存块可以继续分配。full spanSet 负责管理那些完全被占用的 mspan。为了提高效率和减少锁的竞争，mspan 又会基于垃圾回收的状态进行分类，即分为已清扫(scavenged) mspan 与未清扫(non-scavenged) mspan。其中，已

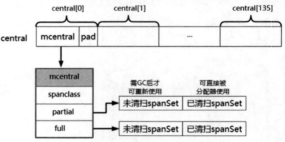

图 19-7 管理中心 mcentral

清扫 mspan 被认为是干净的，因为垃圾回收器已经处理过它们，可以直接被内存分配器使用，而未清扫 mspan 则需要等待垃圾回收器完成扫描和清理后才能被用于新的内存分配。

mcentral 中 partial 和 full 管理的 mspan 会被放入对应的 spanSet 中。spanSet 的关键代码如下。

```
type spanSet struct {
    spineLock mutex
    // 在访问或修改 spine 指向的 spanSetBlock 时
    // 使用原子操作来确保数据的一致性和线程安全
    spine     unsafe.Pointer // 指向*[N]*spanSetBlock

    spineLen  uintptr // 长度
    spineCap  uintptr // 容量
    index headTailIndex // 头、尾指针，前 32 位是头指针，后 32 位是尾指针
}
```

spanSet 维护一个由 mspan 的索引组成的双向链表，这个链表允许 spanSet 管理和追踪多个 mspan。

span 是指向数据块（spanSetBlock）的指针。这个或一组指针构成 spanSet 的核心数据结构。spanSet 可以动态地扩展以容纳更多的 mspan。我们可以通过 push 操作将新的 mspan 加入 spanSet 中，通常会添加到双向链表的尾部。我们也可以通过 pop 操作从双向链表的头部移出一个 mspan，并将其分配给请求内存的协程。通过头、尾指针的位置，spanSet 可计算出每个数据块 mspan 的具体位置，从而实现对它们的快速访问。

spanSetBlock 是一个用于存储和管理 mspan 对象的数据结构，它包含一个名为 spans 的数组，该数组的长度为 spanSetBlockEntries（这里为 512，意味着每个 spanSetBlock 可以最多管理 512 个 mspan）。数组中的每个元素都是指向一个 mspan 对象的指针。spanSetBlock 主要用于管理一组 mspan 对象，而 spanSet 是一个更高级别的数据结构，用于管理多个 spanSetBlock。关键代码如下。

```
const spanSetBlockEntries = 512
type spanSetBlock struct {
    ...
    spans [spanSetBlockEntries]*mspan //指向 mspan 对象的指针的数组
}
```

综上，mcentral 的数据结构示意图如图 19-8 所示。

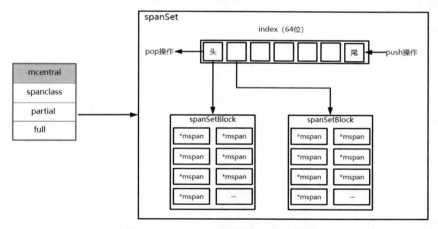

图 19-8　mcentral 的数据结构示意图

19.3.5　mcache

我们知道，mcentral 是全局的 mspan 管理中心，用于管理和分配各种规格的 mspan。当多个 P 同时向 mcentral 申请内存时，可能会出现并发安全问题。为此，Go 语言使用锁（如 mheap 属性中的 lock 字段）来避免冲突。但新的问题也随之而来，频繁地加锁和解锁可能会导致性能下降，使内存申请成为系统的瓶颈。

为了减少多个 P 之间的竞争，Go 语言引入了本地缓存机制，即 mcache。它让每个 P 都有一个与之关联的 mcache。当 G 需要分配内存时，首先会尝试从与它关联的 mcache 中分配，而不是直接从 mcentral 中分配。这个 mcache 仅能被自己绑定的 P 访问，所以从这个缓存中申请内存不需要加锁。关键代码如下。

```
type mcache struct {
    ...
```

```
        tiny        uintptr  // 小对象分配器
        tinyoffset uintptr
        alloc [numSpanClasses]*mspan  // 存储不同级别的mspan
        stackcache [_NumStackOrders]stackfreelist
        ...
}
```

mcache 的数据结构主要由以下几部分组成。

- tiny：仅用于分配小于 16 字节的 noscan 类型的对象的分配器。
- tinyoffset：一个 uint16 类型的值，表示下一个 tiny 分配的偏移量。随着分配的 tiny 对象增多，这个值会进行相应的更新。
- alloc：一个[numSpanClasses]*mspan 的数组，其中 numSpanClasses 是 span 类别的总数（这里为 136）。alloc 数组为每个 span 类别分别存储了一个 mspan 指针，这些 mspan 包含未被分配的对象。大小为[16B,32KB]的对象会使用这部分 span 进行内存分配。
- stackcache：用于管理栈内存缓存的数据结构。当 G 需要分配或回收栈内存时，stackcache 会被用于加速这个过程。

P 的本地缓存如图 19-9 所示。

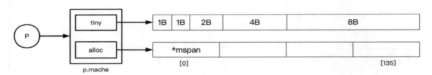

图 19-9　P 的本地缓存

runtime.mcache 和 GPM 调度模型中的 P 是绑定在一起的，每个 P 都会被分配一个线程缓存 mcache。对于大小不超过 32KB 的内存分配申请，会优先从 mcache 中分配，因为同一时刻同一个 P 上仅有一个 G 在运行，所以不会出现多个 G 同时访问同一个 mcache 的情况。因此，在 mcache 上分配内存空间无须加锁，这也提高了内存分配的效率。

19.3.6　内存的多级分配管理

TCMalloc 是一种高性能的内存分配器，主要通过线程本地缓存（Thread Local Cache）和中心缓存（Central Cache）来加速内存分配，它使用的算法却为 TCMalloc 算法。前面已介绍过，Go 语言的内存管理分配参考 TCMalloc 算法采用了多级内存分配策略。mcache、mcentral、mheap 是 Go 语言内存管理的三大组件，分别对应于内存管理的三个层次。

- mcache：位于最底层，为每个 P 提供一个本地缓存，用于管理线程在本地缓存的 mspan。要分配内存时，G 首先会尝试从关联的 mcache 中分配，以避免全局资源竞争并提高性能。
- mcentral：位于中间层，是全局的 mspan 管理中心。当 mcache 不够用时，P 会向 mcentral 申请一批 mspan，以便重新填充 mcache。
- mheap：位于顶层，管理 Go 运行阶段的整个内存资源。当 mcentral 不够用时，它会向 mheap 申请新的内存。

当需要分配更多的内存时，mheap 会向操作系统申请内存，这通常发生在以下两种情况下。

- 当 mcentral 耗尽内存时，它会向 mheap 申请更多的 mspan。如果 mheap 中没有足够的空闲内存来满足这个请求，则会向操作系统申请新的内存。
- 当分配大块内存（大于 32KB）时，Go runtime 会直接通过 mheap 向操作系统申请内存，这是因为大块内存的分配通常不经过 mcache 和 mcentral。

将 mcache、mcentral 和 mheap 视为多级内存分配器有助于理解它们在 Go 内存管理中的职责。这种多级分配策略能够减少全局资源竞争，提高内存分配性能，从而满足高并发和低延迟的应用需求。

19.4 对象分类及分配策略

在 Go 源码 runtime/malloc.go 中，mallocgc 函数是负责堆分配的关键函数，runtime 中的 new 系列和 make 系列函数都依赖于它。在此，我们不深入探讨源码细节，只关注对象分类和相应的分配策略，具体如表 19-3 所示。

表 19-3　对象分类及分配策略

对象分类	对象大小	分配策略
微小对象	< 16B	先使用分配器 tiny 分配，再依次尝试从 mcache、mcentral、mheap 中申请
小对象	[16B，32KB]	从小到大依次从 mcache、mcentral、mheap 中申请
大对象	(32KB，+∞)	直接在 mheap 上申请

19.4.1 微小对象

Go 预置了 67 种规格，范围从 8B 到 32KB。根据 sizeClass 可以得知，class 等于 1 对应的对象是 8 字节。示例代码如下。

```
class  bytes/obj  bytes/span  objects  tail waste  max waste  min align
  1         8         8192       1024      0         87.50%        8
  2        16         8192        512      0         43.75%       16
```

像 int32、byte、bool 以及字符串这些常用的小对象，每次分配 8 字节的空间，但实际上只使用了 1~2 字节。也就是说，如果连续分配 8 个 1 字节的内存，这些小对象则会使用 sizeclass=1 的 span，这会浪费 56（即 8×(8-1)）B 的内存。此外，这些类型的使用频率越高，越有可能产生更多的内存碎片。

为了解决这个问题，Go 语言中又设计出了复用小空间的算法。首先，定义微小对象，它是小于 16 字节并且不包含指针的对象。接着，使用 mcache 的小对象分配器直接分配。分配时，不再从 sizeclass=1 的 span 中分配，而是从 sizeclass=2 的 span 中分配。sizeclass=2 的 span 对应的对象大小是 16 字节，当存储的对象小于 16 字节时，这些对象则会被暂时保存在 span（mcache.tiny 字段）中，下次分配时会复用此 span，直到用完为止。

以图 19-10 为例，sizeclass=2 的 span 划分出来的数据块是 16 字节。

在图 19-10 中，存储的 3 个对象分别是 1 字节、2 字节和 8 字节。如果按照原始的管理方式，小于 8 字节的对象使用 spanclass=1 的 span，则内存空间的利用率是 45.83%（即(1+2+8)/(8×3)×100%）；而使用 spanclass=2 这样的方式时，空间利用率是 68.75%（即(1+2+8)/16×100%）。

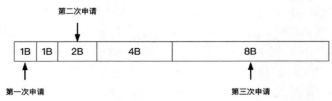

图 19-10 微小对象的申请

参考源码注释可知，小对象分配器会将多个小块的内存分配请求合并在一起，这平均可以节省 20%左右的内存。分配微对象时，Go 语言首先会检查 tiny 指向的内存块是否够用，如果 tiny 剩余的空间可以容纳申请的对象，则直接使用 tiny 分配内存并返回。如果要存储的数据包含指针，则正常使用 sizeclass=1 的 span，即使此数据小于 8 字节也不会将其作为微小对象。

19.4.2 小对象和大对象

1. 小对象

如果请求对象的大小为[16B, 32KB]，则直接匹配预置的 sizeclass 并进行分配。分配时，按照 "mcache→mcentral→mheap→操作系统" 这样的顺序逐级向上申请 span。

2. 大对象

span 的规格最大不超过 32KB，如果一次性申请超过 32KB 的内存，就会绕过 mcache 和 mcentral，直接调用 runtime.pageAlloc.alloc 向 mheap 申请分配。如果 mheap 的内存也不足，mheap 会先调用对应的函数从系统上申请内存，然后再次调用 runtime.pageAlloc.alloc 来分配内存。

19.5 堆内存分配总结

内存的释放过程是分配的反过程。归还内存时，也是按照 "mcache→mcentral→mheap→操作系统" 的顺序逐级向上归还空闲的 span。

综合来看，Go 语言的堆内存分配设计有以下优点。

- 内存管理是 runtime 的一部分，申请和释放内存都是逐级向上的，这样可以减少直接与操作系统打交道的次数。内存申请和释放的大部分操作都是在用户态下完成的，不需要频繁地进入内核态。申请和释放所涉及的操作包括从 mcache 中分配内存、将内存归还给 mcache、从 mcentral 中申请 mspan 以及将 mspan 归还给 mcentral 等。只有当内存资源耗尽，需要向操作系统申请新的内存时，Go 的内存管理才会进入内核态，这通常发生在 mheap 向操作系统申请内存时。
- 让每个 P 拥有独立的本地缓存 mcache 这一设计令人叫绝。从宏观层面来看，这使得内存分配不需要加锁。从微观层面来看，这确保了多个 CPU 不会并发读、写同一块内存，从而间接提高了 CPU 缓存的命中率。
- Go 语言在用户态进行内存管理，这意味着它会在应用程序级别处理内存的分配和回收操作，而不是直接依赖于操作系统提供的内存管理功能。虽然 Go 语言的内存管理系统在应用程序级别会产生内存碎片，但它通过多级内存分配策略优化了内存分配和回收性能。

第 20 章

垃圾回收

　　垃圾回收（Garbage Collection，GC）是垃圾回收器自动管理程序中不再使用的对象以及相应的内存的机制。1959 年，"人工智能之父"约翰·麦卡锡（John McCarthy）发明了垃圾回收机制，用于简化 Lisp 中的手动内存管理。

　　堆和栈是 Go 程序在运行过程中分配和管理内存的两个主要区域，它们有各自的特点且承担了不同的责任。

　　（1）栈

- 栈内存由编译器自动分配和释放。
- 栈中的数据具有局部作用域，它们只在当前函数执行期间有效。
- 函数的局部变量、参数和返回值存储在栈上。
- 栈内存的分配速度较快，因为只需要移动栈指针即可。
- 栈内存的大小有限制，因此不适合存储大量数据。

　　（2）堆

- 在 Go 语言中，堆内存的分配和释放由垃圾回收器自动处理。
- 堆中的数据具有全局作用域，即在程序的执行期间都有效。
- 堆通常用于存储在编译期无法确定大小和作用域的变量，以及在多个函数之间共享的变量。
- 堆内存的分配速度相对较慢，因为需要在内存中查找可用的空间。
- 堆内存没有固定的大小限制，因此适合存储大量数据。

　　内存逃逸分析是 Go 编译器在编译期间执行的一项优化技术，用于确定变量是否需要在堆上分配。编译器会检查变量的作用域和生命周期。如果一个变量在其定义的函数返回后仍需继续使用或者需要在多个函数之间共享，那么该变量就会逃逸到堆上分配。这样可以确保变量在程序的整个执行期间都是可访问的。内存逃逸分析有助于在编译阶段优化内存分配，从而提高程序运行时的性能。

　　分配在堆上的内存需要程序主动释放才可以被重新使用，否则就会成为垃圾。堆积的垃圾越多，内存消耗得越多。部分编程语言（如 C/C++）需要开发者手动释放分配在堆上的内存，这称为手动垃圾回收。但是，如果内存释放早了，后续还有数据要访问该内存，但该内存已经被清空，或已被重新分配甚至返还给操作系统，那么可能就会导致访问错误，这就是悬挂指针问题；如果忘记释放内存，内存将处于被占据而未使用的状态，这又会导致内存泄漏的问题。为了减少心智负担，越来越多的编程语言开始支持自动垃圾回收。

Go 语言使用了自动内存管理和自动垃圾回收机制。程序可以在运行过程中申请内存空间，这时内存分配器会自动进行分配，在使用完以后则由垃圾回收器负责回收。内存的分配在前面的章节中已经做了介绍，本章将介绍常见的垃圾回收算法和 Go 语言的垃圾回收算法。对于 Go 语言来说，分配在堆上的内存是垃圾回收器管理的主要区域。

20.1　垃圾回收算法

自动垃圾回收的核心是识别出哪些是不再使用的已经成为垃圾的数据或对象，这就会涉及垃圾回收算法。常见的垃圾回收算法包括引用计数法、复制算法、标记清扫算法和分代回收算法等，这些算法也可以组合使用。

在虚拟的地址空间中，程序使用的数据必须是可以在根节点（堆栈、数据段等）上追踪到的数据。能追踪到不代表后续会用到，但是不能追踪到的数据就一定不会被用到，也就一定是垃圾。因此，目前主流的垃圾回收算法都是使用可达性近似等价于存活性来判断对象是否需要被回收的。表 20-1 列举了常见的垃圾回收算法。

表 20-1　常见的垃圾回收算法

回收算法	算法核心思想	优点	缺点
引用计数法	引用计数表示数据对象被引用的次数。它的核心算法是为每个对象维护一个引用计数器，用于记录引用该对象的其他对象的数量。当对象被创建或被其他对象引用时，计数加 1。如果引用该对象的对象被销毁，则计数减 1。当对象的引用计数器变为 0 时，说明该对象不再被任何其他对象引用，可以回收该对象	（1）实时性好。因为每次对对象进行操作时，都加入了垃圾识别任务，不需要专门去执行扫描任务，所以对象可以很快被回收，不会出现内存耗尽或达到阈值才回收的情况。 （2）不需要遍历整个堆来标记和清除垃圾对象。 （3）开销分散。由于引用计数法会在引用对象发生变化时立即更新引用计数器，因此垃圾回收的开销在程序运行过程中已被分散，而不是集中在垃圾回收阶段	（1）计数器维护开销高。每次引用对象或取消引用时，都需要更新引用计数器。高频率地更新引用计数器可能会带来较大开销。 （2）不能很好地处理循环引用的问题。当两个或多个对象相互引用时，即使它们都不再被其他对象引用了，它们的引用计数器也不会变为 0，因此无法被回收
复制算法	复制算法的核心思想是将内存分为两个相等的区域。类似于磁盘整理，它使用移动有效数据的方式来减少内存碎片。将堆内存分成两个相等的空间 A 和 B 后，程序运行时使用空间 A，垃圾回收	（1）无内存碎片化问题。由于活动对象会被复制到新的半空间，因此也就自然地实现了内存碎片的整理，避免了内存碎片化问题。 （2）有较高的执行效率。复制算法只需要处理活动的对象即可，而非	（1）仅有一半的堆内存可以被使用。 （2）复制算法需要遍历活动的对象并进行复制操作，这可能会导致程序在垃圾回收过程中暂停，影响程序运行的性能

回收算法	算法核心思想	优点	缺点
复制算法	时会扫描空间 A，并将可追踪的对象复制到空间 B 中。当所有可追踪的对象都被复制到空间 B 时，交换空间 A 和 B 的角色，最后把空间 B 中的对象全部回收	所有对象，由于活动的对象通常远少于全部对象，所以复制算法的执行效率通常较高	（3）当活动的对象占用内存较大时，复制算法会导致大量内存空间被浪费
标记清扫算法	分为两个阶段：标记阶段和清扫阶段。在标记阶段，算法会遍历所有的活动对象，并将这些对象进行标记。在清扫阶段，算法会遍历内存空间，回收未被标记的对象所占用的内存。标记的过程是识别存活的对象，将栈上的对象作为根，然后开始追踪，并把能追踪到的对象做上标记，追踪不到的就是垃圾	（1）不需要额外的内存空间。与复制算法相比，标记清扫算法不需要将内存划分为两个空间，因此不会导致可用的内存减少。（2）具有完整性。标记清扫算法能够处理所有的对象，包括活动对象和非活动对象，可以确保所有的垃圾都被回收，解决了引用计数法存在的问题	（1）易产生内存碎片。由于该算法只是回收非活动对象的内存空间，不会对内存进行整理，所以会导致内存碎片化问题。（2）在标记和清扫阶段，程序可能需要暂停运行程序，以便进行垃圾回收，这会影响程序运行的性能。（3）标记阶段需要遍历所有的活动对象，这可能会导致较高的计算开销
分代回收算法	顾名思义，分代回收算法会把对象分为新生代和老年代两类。新创建的称为新生代对象，经过一定次数的垃圾回收后仍然活着的称为老年代对象。此算法是基于弱分代假说实现的。弱分代假说认为大部分对象的生命周期都很短，新生代对象成为垃圾的概率要高于老年代对象。因此，将数据分为新生代和老年代以后，会降低老年代执行垃圾回收的频率，大大提高垃圾回收的执行效率。另外，可根据对象生命周期的长短，按代划分不同的空间。生命周期短的放入新生代，长的放入老年代，不同的代有不同的回收算法和回收频率	（1）回收性能好。由于新生代中的对象生命周期较短，回收这些对象所需的时间相对也较短。因此，分代回收算法能够在较短的时间内完成垃圾回收。（2）降低了产生内存碎片的概率。分代回收算法通过将对象划分到不同的内存区域，降低了内存碎片产生的概率。（3）具有更好的适应性。分代回收算法可以根据程序的运行情况自动调整回收策略，例如调整新生代和老年代的比例，从而更好地适应不同类型的应用程序。此算法通常会与其他算法（如复制算法）组合使用	（1）实现复杂。开发者需要对对象的生命周期进行跟踪和管理，同时还需要处理对象从新生代晋升为老年代的过程。（2）存在老年代回收效率低的问题。因为老年代中的对象生命周期较长，很难确定何时回收。这可能会导致程序在长时间运行后出现内存泄漏或性能下降的问题。（3）存在跨代引用导致回收效率低的问题。分代回收算法需要处理跨代引用的问题，即新生代对象引用老年代对象的情况，这可能会导致回收效率下降，因为在进行新生代回收时，需要检查这些跨代引用，以避免误回收

20.2　Go 语言的垃圾回收算法

Go 语言的垃圾回收算法经历了几个大的演变过程，从一开始的标记清扫算法，到三色并发标记法（三色标记法基本确立了之后垃圾回收版本的发展路线），再到目前使用的三色并发加混合写屏障算法。

20.2.1 标记清扫算法

Go 的垃圾回收算法最早是基于标记清扫算法实现的。前面已介绍过，该算法主要涉及两个阶段，即标记阶段和清除阶段。该算法大致实现步骤如下。

（1）启用 STW，暂停程序，找出可达的数据对象，并将其打上标记。

（2）清除未打标记的对象。

标记清扫算法的实现示例如表 20-2 所示。

表 20-2　标记清扫算法的实现示例

步骤	说明	示意图
1	在开始前，将程序所有的引用对象标记为白色	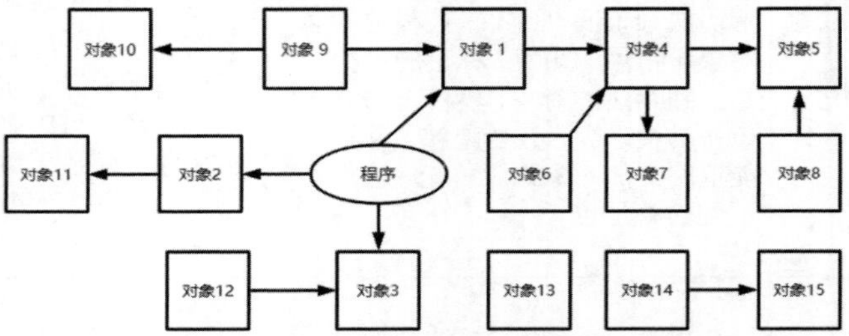
2	程序可以直达的对象是 1、2、3，而对象 1、2、3 可达的对象分别是 4、5、7、11。进行垃圾回收时，第一步是启用 STW，暂停程序业务逻辑，然后对这些可达的对象做上标记，对象 6、8、9、10、12、13、14、15 不可达，所以未被做上标记	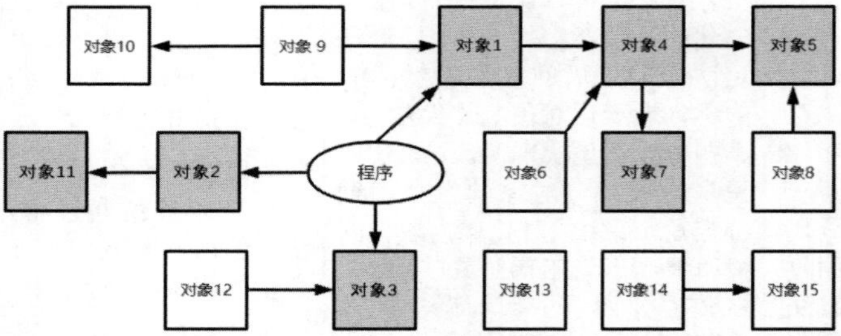
3	接下来就是清除不可达的对象。进行垃圾回收后剩下的对象见右图	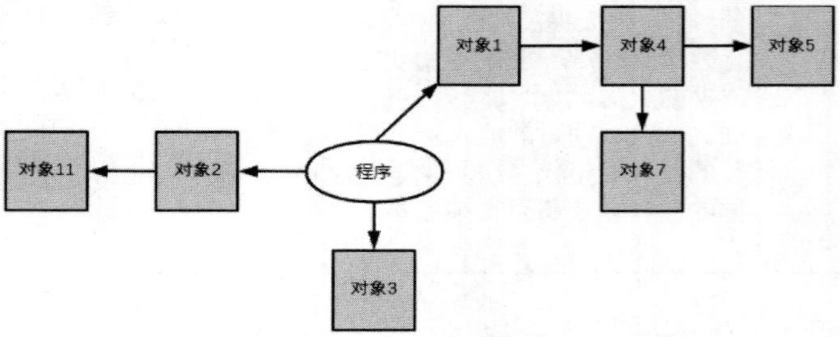
4	结束 STW，恢复程序让其继续运行。这是一个重复的过程，直到程序的生命周期结束	

标记清扫算法非常简单，但启用 STW 暂停程序带来的用户体验很差。堆越大，标记扫描整个堆所需的时间越长，相应的程序暂停的时间也就越长，这是该算法最大的缺点。

20.2.2 三色标记法

针对标记清扫算法的缺点，Go 语言引入了三色标记法，即通过三色标记来确定要清除的对象，从而减少 STW。三色标记法定义了三种不同类型的对象，并用不同的颜色为其标记，具体如下。

- 白色：表示对象在本次进行垃圾回收时未被标记，不可达，可以被回收。标记开始时，将所有的对象都标记为白色；标记结束时，白色的对象为垃圾对象。
- 灰色：表示对象在本次进行垃圾回收时已被标记，但这类对象可能还存在外部引用对象未被标记。
- 黑色：表示对象在这次进行垃圾回收时已被标记为可达，并且这类对象的引用对象也已被标记（即它们指向的对象要么是黑色，要么是灰色）。如果有其他对象引用了黑色对象，垃圾回收器无须重新扫描一遍这些黑色对象。

三色标记法可确保所有可达对象都被正确地标记为黑色，不可达对象保持为白色。这使得垃圾回收器可以安全地回收白色对象，释放内存。三色标记法的执行过程如下。

1. 初始化阶段

在垃圾回收开始时，将所有对象标记为白色。

2. 标记阶段

（1）将根节点对象标记为灰色。根节点对象是指进行垃圾回收时的全局对象和栈上的对象，如函数参数和内部变量等。标记为灰色表示这些对象是可达的，但垃圾回收器还没有检查它们的子对象。

（2）垃圾回收器从灰色对象的集合中选择一个对象，检查它所引用的所有对象，并将其引用的对象（即子对象）标记为灰色，表示它们是可达的，但此时还未检查它们的子对象。同时，将当前对象标记为黑色，表示它和它的子对象都被检查过。最后将这个黑色对象从灰色对象的集合中移除。

（3）垃圾回收器反复进行以上操作，直到没有灰色对象为止。这时，所有可达对象都已经变为黑色。

3. 回收阶段

所有仍然为白色的对象被认为是垃圾，因为它们是不可达的。垃圾回收器会将这些对象回收，释放它们占用的内存。

从三色标记法的执行过程可以看出，这种垃圾回收算法可以确保所有可达对象都被正确地标记为黑色，而不可达对象则保持为白色。垃圾回收器自然也就可以安全地回收白色对象，释放内存了。

表 20-3 为三色标记法的实现示例。

表 20-3 三色标记法的实现示例

步骤	说明	示意图
1	垃圾回收开始时，将所有对象都标记为白色	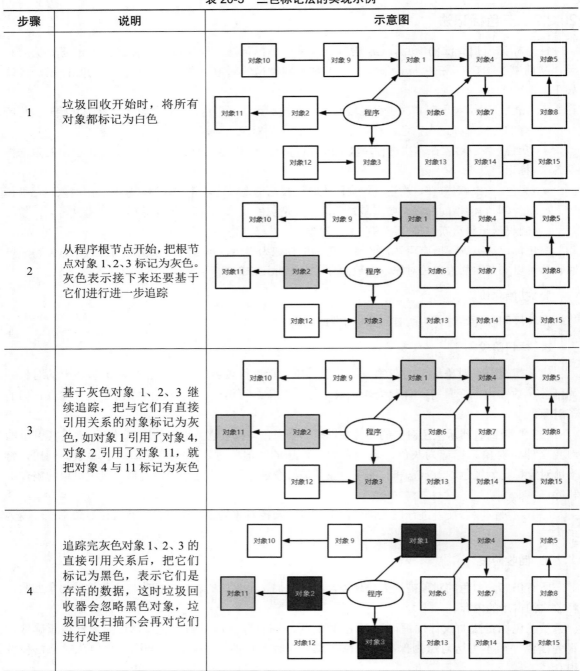
2	从程序根节点开始，把根节点对象 1、2、3 标记为灰色。灰色表示接下来还要基于它们进行进一步追踪	
3	基于灰色对象 1、2、3 继续追踪，把与它们有直接引用关系的对象标记为灰色，如对象 1 引用了对象 4，对象 2 引用了对象 11，就把对象 4 与 11 标记为灰色	
4	追踪完灰色对象 1、2、3 的直接引用关系后，把它们标记为黑色，表示它们是存活的数据，这时垃圾回收器会忽略黑色对象，垃圾回收扫描不会再对它们进行处理	

续表

步骤	说明	示意图
5	继续基于灰色对象进行追踪。重复前面两步，直到所有的灰色对象没有任何引用对象为止	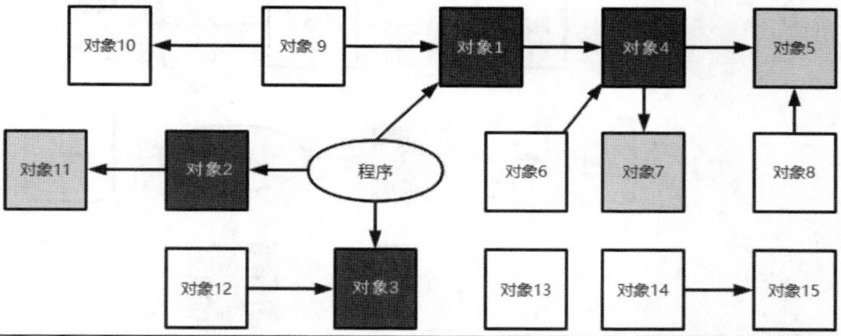
6	将上一步的灰色对象变为黑色。没有灰色对象了，则表示标记工作结束	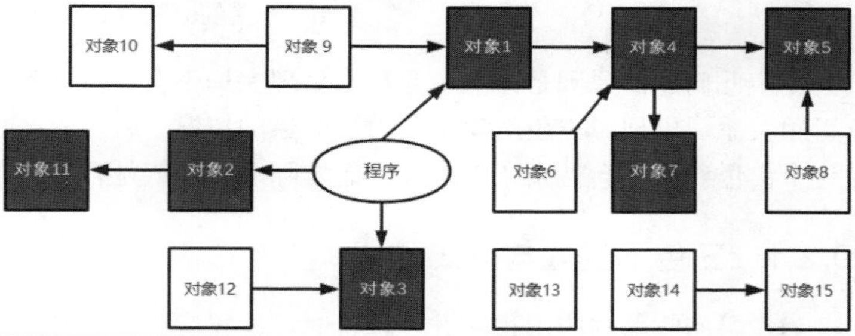
7	经过标记后，有用的对象都是黑色的，垃圾都是白色的。右图为回收白色对象后剩下的对象	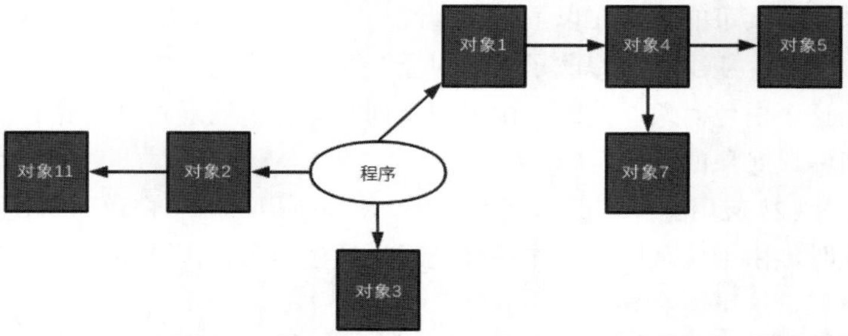

事实上，为了减少 STW，垃圾回收工作是分多次完成的，这就意味着用户程序和垃圾回收操作是在交替运行。尽管这样处理能缩短每次暂停的时间，但也带来了新的问题，这个问题在下面讲解。

20.2.3　三色标记与并发问题

对于上一节介绍的三色标记法，在非并发修改引用对象的情况下，标记、清除和回收都可以正常结束。但是，对于并发场景，如果用户态程序在标记阶段更新了对象引用关系，则可能会出现问题。

我们继续以三色标记法为例来说明在并发环境下可能遇到的问题。在表 20-3 中，执行步骤 5 以后，灰色节点已没有任何引用对象。此时，如果存在并发执行，其他用户程序修改了对象的引用关系，比如，对象 1 引用了白色对象 6 和 13（见图 20-1 虚线处），那么接下来就会出现问题了！因为对象 1 已经被标记为黑色，而对于黑色对象，垃圾回收扫描不会再对它进行处理，所以最后会导致存在引用关系但是为白色的对象 6 和 13 被错误地清理了。

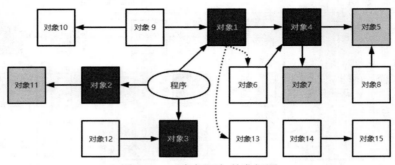

图 20-1　三色标记与并发问题

　　发生此问题的原因是，黑色对象已处理完毕不会再次被扫描，若此时用户程序并发地修改了对象引用关系，出现了黑色对象引用白色对象的情况，且没有灰色对象能够追踪到这个白色对象，那么这个白色对象就会被判定为垃圾，而实际上它应该是存活对象。

20.2.4　三色不变式与屏障技术

　　当垃圾回收器与应用程序并发执行时，如果应用程序在垃圾回收标记过程中修改对象的引用关系，那么可能会存在以下两种情况。

　　（1）应用程序修改了某个对象，断开了它与一个白色对象的引用关系，且没有其他灰色对象引用这个白色对象。此时，由于垃圾回收操作无法通过任何路径找到这个白色对象，因此可能会出现遗漏该对象的情况。

　　（2）应用程序修改了黑色对象，使其引用了一个白色对象，且没有灰色对象引用这个白色对象。此时，由于垃圾回收操作已经处理过黑色对象，因此也就不会再次处理它，自然无法发现新的白色对象，这可能会导致误删。

　　在第一种情况中，遗漏并不意味着这个对象不会被当作垃圾回收，而是指在当前的垃圾回收周期中，这个对象被错误地判定为了非垃圾对象，即可能错过了一次被回收的机会。

　　第二种情况可能会导致垃圾回收器无法正确识别所有可达的对象。要想解决这个问题，垃圾回收器就必须在应用程序修改对象的引用关系时得到通知，这通常是使用写屏障技术来实现的。写屏障技术可以拦截修改对象的操作，并执行一些额外的操作。也就是说，当应用程序试图修改一个黑色对象，使它引用一个白色对象时，写屏障就会被触发。

　　在介绍屏障技术之前，我们先来了解一下三色不变式。三色不变式是使用三色标记法进行垃圾回收时，用于描述和维护对象状态之间关系的一个概念。三色不变式分为强三色不变式和弱三色不变式两种，如图 20-2 所示。

- 强三色不变式：黑色对象不能直接引用白色对象，只能引用灰色对象或黑色对象。满足强三色不变式可以确保垃圾回收器不会遗漏任何可达对象。在执行过程中，黑色对象的所有引用都已经被扫描过，不再引用白色对象，这意味着所有可达对象都将被标记为黑色或灰色。

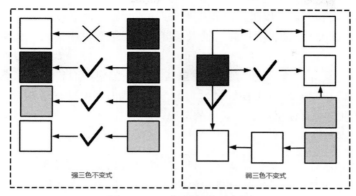

图 20-2　三色不变式示意图

● 弱三色不变式：这种不变式允许存在一定程度的灵活性。黑色对象可以引用白色对象，但是必须间接引用或者存在其他灰色对象已引用该白色对象。这意味着当黑色对象想要删除它引用的白色对象时，如果白色对象又被其他灰色对象引用了，那么该白色对象就不会被清理。在扫描过程中，只要还有灰色对象存在，垃圾回收器就有可能会发现更多的可达对象。

在实际应用中，强三色不变式和弱三色不变式都可以确保垃圾回收的正确性，因为它们都可以确保垃圾回收器在并发地工作时不会遗漏或误删活动对象。弱三色不变式在某些情况下可以允许更高的并发性，但需要更仔细地处理对象的引用关系以避免误删或遗漏对象。强三色不变式要求"黑色对象不能直接引用白色对象"，这需要在修改引用关系时进行同步操作，也就是在修改引用关系时要通知垃圾回收器，或使用写屏障技术来自动跟踪这些变化。

通常我们会使用屏障技术来满足三色不变式的条件。所谓屏障技术是指在读、写操作中插入一段指令代码，这段指令代码就像是一个钩子方法，可在运行期间拦截内存的读、写操作。屏障技术又分成读屏障和写屏障两种。读屏障是在读操作中加入指令代码，由于这种技术对程序的性能影响很大，因此用得较少。在某些特殊的垃圾回收器（比如并发复制垃圾回收器）中，可能会用到读屏障。通常来说，我们更多采用"写屏障"来满足三色不变式的条件。写屏障是通过在写操作中插入指令代码来把对数据对象的修改通知给垃圾回收器的。在大多数情况下，想要满足三色不变式的条件，需要监控对象引用关系的变化，而这更多地发生在写操作中。

注意：写屏障主要应用于堆内存而非栈内存中。这是因为在大多数编程语言（例如 Java、Go）中，垃圾回收主要处理的是堆内存。堆内存是动态分配的，也是程序运行期间产生垃圾最多的地方。栈内存通常用于存储临时变量，函数调用结束后，相应的内存会自动被回收，所以一般不需要进行垃圾回收操作。

20.2.5　插入写屏障

强三色不变式可以通过触发插入写屏障机制将白色对象变为灰色对象，或将黑色对象退回为灰色对象。插入写屏障这种技术最早由荷兰计算机科学家埃德斯加·W. 迪杰斯特拉（Edsger W. Dijkstra）提出，因此又被称为 Dijkstra 插入写屏障。插入写屏障满足强三色不变式，它会将有可能存活的对象都标记成灰色。

三色标记加插入写屏障的执行过程是：当对象 A 添加新的引用对象 B 时，若对象 B 被标记为白色，则触发插入写屏障机制，将对象 B 标记为灰色。由于栈内存中没有写屏障机制，因此在标记过程中，可能会出现黑色的栈对象引用白色对象的情况。所以完成本轮三色标记后，需要执行一次 STW，重新对栈对象进行三色标记。

注意： 为什么在垃圾回收过程中要扫描栈对象呢？这是因为垃圾回收器会将栈对象视为根对象，而栈对象可能含有指向堆对象的引用。在垃圾回收的标记阶段，标记会从根对象开始，且会递归标记所有能够被访问的对象。因此，为了确保所有可达的堆对象都被正确识别，扫描栈上的对象是垃圾回收过程中的一个重要步骤。

因为插入写屏障涉及引用对象关系的变化，所以我们在讨论此技术时需要将程序分为栈区和堆区两部分。表 20-4 展示了插入写屏障的实现示例。

表 20-4　插入写屏障的实现示例

步骤	说明	示意图
1	垃圾回收开始时，将所有的对象都标记为白色	
2	首先把根节点对象 1、5、7 标记为灰色，然后基于对象 1、5、7 追踪，把与它们有直接引用关系的对象 2、6、8 标记为灰色。待灰色对象 1、5、7 的直接引用关系追踪完以后，把对象 1、5、7 标记为黑色，表示它们是存活对象	

续表

步骤	说明	示意图
3	基于并发特性，分别为对象 1、5、7 添加新的引用对象 12、11、10	
4	添加新的引用对象，触发了插入写屏障机制。对象 1 属于栈区，栈区没有写屏障机制，因此对象 12 不会变为灰色。对象 5 和 7 属于堆区，会触发插入写屏障机制，因此引用对象 10 和 11 从白色变为灰色	
5	重复三色标记的过程，直到灰色对象没有引用的对象为止，然后将灰色对象变为黑色	
6	由于栈没有写屏障机制，但栈上仍然有可能存在白色对象被引用的情况（如对象 12），因此，需要再次对栈进行三色标记扫描。同时，为了避免对象丢失，进行本次三色标记扫描时开启 STW，标记结束时关闭 STW	

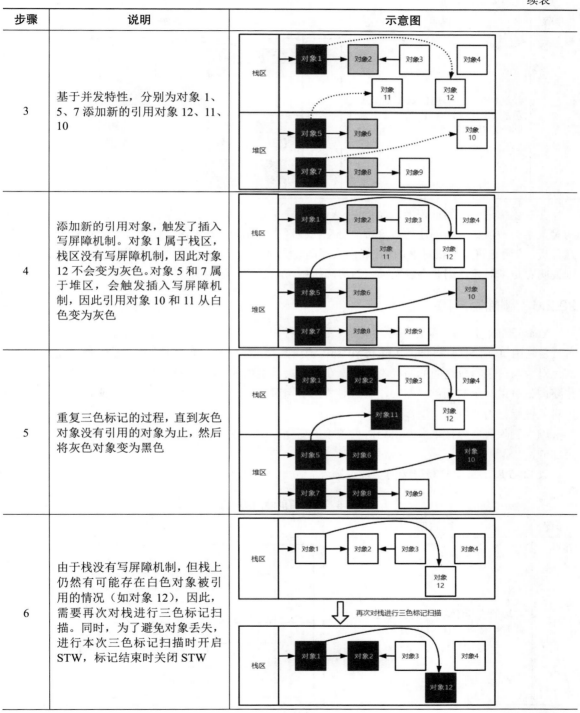

续表

步骤	说明	示意图
7	经过标记后,有用的数据都是黑色的,垃圾都是白色的。接下来回收白色对象即可	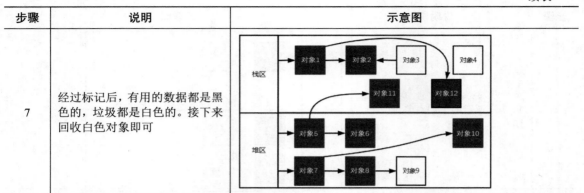

在三色标记执行的过程中,如果用户代码创建了新对象,且该对象被黑色对象引用,则新创建的对象不会被误删。新创建的对象可能分配在栈区也可能分配在堆区。如果该对象没有发生内存逃逸分析,说明它将成为栈对象,在垃圾回收启动时会显示为黑色;如果该对象发生了内存逃逸分析,则说明它是堆对象,因此会触发插入写屏障机制,且会被标记为灰色对象。

20.2.6 删除写屏障

Yuasa 删除写屏障(简称删除写屏障)是另一种用于解决并发垃圾回收中对象引用变化问题的技术,它是由日本计算机科学家 Taiichi Yuasa(汤浅太一)提出的,主要用于维护弱三色不变式,保护灰色对象与白色对象之间的路径不中断。在引用关系发生变化时,它会检查原对象的颜色,并根据需要调整引用对象的颜色。例如,删除对象的引用对象时,如果对象本身为灰色或者白色,那么引用对象被标记为灰色。

因为删除写屏障技术涉及引用对象关系的变化,所以我们在讨论时需要将程序分为栈区和堆区两部分。

表 20-5 展示了删除写屏障的实现示例。

表 20-5 删除写屏障的实现示例

步骤	说明	示意图
1	垃圾回收开始时,所有数据都是白色,此时,必须运行 STW 并扫描根集合	

步骤	说明	示意图
2	首先把根节点对象 1、5、7 标记为灰色，表示接下来还要基于它们进行进一步追踪	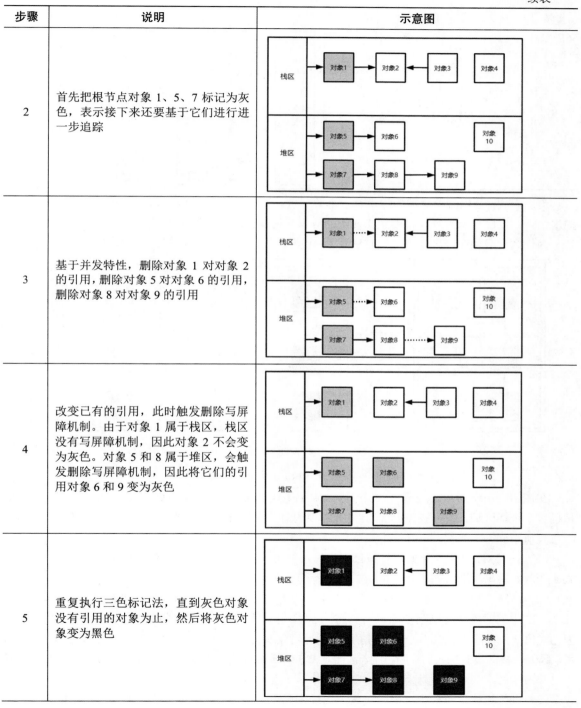
3	基于并发特性，删除对象 1 对对象 2 的引用，删除对象 5 对对象 6 的引用，删除对象 8 对对象 9 的引用	
4	改变已有的引用，此时触发删除写屏障机制。由于对象 1 属于栈区，栈区没有写屏障机制，因此对象 2 不会变为灰色。对象 5 和 8 属于堆区，会触发删除写屏障机制，因此将它们的引用对象 6 和 9 变为灰色	
5	重复执行三色标记法，直到灰色对象没有引用的对象为止，然后将灰色对象变为黑色	

续表

步骤	说明	示意图
6	对象 2、3、4、10 被标记为白色，在进行本轮垃圾回收时被回收清理。对象 6 和 9 保留至下一轮垃圾回收再被清除	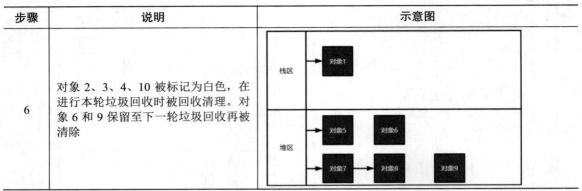

可以看到，使用删除写屏障技术有一个关键点，那就是在垃圾回收开始时，必须运行 STW 并扫描根集合，以确保所有堆、栈中正在使用的对象都为灰色或处于被灰色保护的状态。

为什么说必须在垃圾回收开始时运行 STW 呢？我们举个例子来说明，如图 20-3 所示。

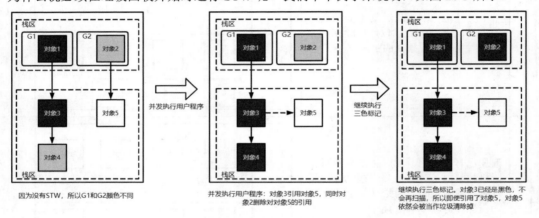

图 20-3　必须在垃圾回收开始时运行 STW

在图 20-3 中，对象 1、2 位于两个不同的协程栈 G1、G2 中，如果垃圾回收开始时没有运行 STW 扫描整个堆栈区域，则可能会出现 G1 和 G2 中的对象先后分别被扫描的情况，这就会导致根节点的颜色有所不同。

（1）扫描 G1 中的对象并进行三色标记时，经历了对象 1 变灰、对象 3 变灰、对象 1 变黑、对象 4 变灰、对象 3 变黑这几个步骤。

（2）扫描 G2 中的对象并进行三色标记时，因为可能存在先后顺序，所以当扫描完 G1 中的对象 1 时，G2 中的对象 2 才刚刚被标记为灰色。此时，并发执行用户程序，删除对象 2 对对象 5 的引用，因为对象 2 在栈区，所以不会删除写屏障，因此对象 5 仍然为白色。同时，新增对象 3 对对象 5 的引用，因为在栈区没有插入写屏障机制，故而对象 3 新增加的引用对象 5 仍然为白色。另外，对象 4 会从灰色变为黑色。

（3）继续进行三色标记。因为对象 3 已经为黑色对象，不会再被扫描，所以当三色标记最终完成时，由于对象 5 始终为白色，因此会被清扫。

如果在垃圾回收开始时不运行 STW，在扫描过程中应用线程仍在运行并可能修改对象的引用关系，那么就可能会出现新的黑色对象引用了白色对象，而这个白色对象并没有被扫描到，最终导致该对象被遗漏的情况。鉴于此，使用删除写屏障技术必须在垃圾回收开始时运行 STW 并扫描根节点集合，从而确保所有可能会引用白色对象的根对象（即堆、栈中的对象）都为灰色或处于被灰色保护的状态。

20.2.7　混合写屏障

三色标记是垃圾回收算法中非常重要的一个概念，它帮助我们追踪和确定哪些对象是可达的，哪些是不可达的。为了维持三色不变式，我们使用插入写屏障和删除写屏障两种不同的技术。这两种技术各有优缺点，具体如表 20-6 所示。

表 20-6　两种写屏障的优缺点

写屏障类型	优点	缺点
插入写屏障	在并发标记阶段可以不运行 STW，应用程序和垃圾回收可以并发执行，提高了程序的性能	一轮标记结束时，栈上可能还存在被引用的白色对象，这就需要再次执行三色标记扫描以确保没有遗漏。为了防止在这个标记过程中丢失对象，必须再次启动 STW，这会暂停应用程序的运行，可能会对应用的响应速度和总体性能产生影响
删除写屏障	在处理对象的引用关系时更高效，只在对象的引用关系发生改变时才进行操作，能够减少不必要的操作，提高程序的性能	必须在垃圾回收开始时运行 STW 并扫描根节点集合，以确保所有堆、栈中正在使用的对象都为灰色或处于被灰色保护的状态

因为插入写屏障和删除写屏障各有优缺点，所以 Go1.8 版本又引入了混合写屏障技术。顾名思义，混合写屏障就是插入写屏障与删除写屏障的混合使用。其核心是无论是新增还是删除一个对象的引用，都会将涉及的对象标记为灰色。这种策略可确保无论对象的引用关系如何变化，垃圾回收器都能在标记阶段发现并正确处理这些对象，进而避免可能出现的对象丢失或误删问题。混合写屏障的使用步骤如下。

（1）在垃圾回收操作开始时，扫描所有的栈对象并将它们标记为黑色。黑色对象表示活跃的对象，不会被当作垃圾回收。因为在垃圾回收过程中，栈对象始终是黑色的，所以无须运行 STW。

（2）在垃圾回收过程中，任何在栈上新创建的对象都会被标记为黑色，这意味着这个对象是活跃的，即正在被程序使用或者是能够被程序直接或间接访问，因此不会被当作垃圾回收。这种策略可以保持三色不变性，也可以避免不必要的垃圾回收操作。此外，在触发写屏障检查时，可以跳过这些新生成的被标记为黑色的对象，从而减少写屏障的开销，提高垃圾回收的效率。

（3）无论是触发了删除写屏障机制还是插入写屏障机制，都会将涉及的对象标记为灰色。因为在进行三色标记的过程中，灰色是一种中间状态，表示该对象已经被发现，但其引用的对象还没有被完全检查。这样一来，无论对象的引用关系如何变化，都能确保垃圾回收器在标记阶段正确地发现并处理这些对象，避免误删或遗漏对象。这也是混合写屏障策略的关键之处。

20.2.8 并发增量式垃圾回收

用户程序和垃圾回收程序可能会同时使用写屏障记录集（写屏障记录集是指在使用写屏障技术时，系统会记录哪些内存地址的内容被修改过）。因此在设计并发写屏障时，还必须考虑用户程序彼此之间、用户程序与垃圾回收程序之间的竞争问题。在垃圾回收上下文中，有一种方法允许用户程序和垃圾回收程序同时运行，我们将这种垃圾回收方式称为并发垃圾回收。这意味着垃圾回收器可以在应用程序运行时进行内存回收，减少了因垃圾回收而导致应用程序暂停的时间。并发垃圾回收与并行垃圾回收不同，后者主要关注垃圾回收程序本身的并行执行。

增量式垃圾回收意味着垃圾回收器会将内存回收任务分割成许多小的、可管理的部分，并在一段时间内逐步完成。这样，垃圾回收器可以在不影响应用程序性能的情况下，持续地清理内存。

Go 语言的垃圾回收算法不仅采用了三色标记法，还利用混合写屏障（插入写屏障与删除写屏障）来维护三色不变式，且在此基础上还支持并发增量式垃圾回收。Go 语言的并发增量式垃圾回收是一种高效的垃圾回收策略，结合了并发和增量式这两个特点，降低了垃圾回收对应用程序性能的影响。

20.3　触发垃圾回收的时机

在 Go 语言的源码 runtime/mgc.go 中，func gcStart(trigger gcTrigger)函数用于开始垃圾回收操作。因此，凡是调用了该函数的代码都是触发了垃圾回收的代码。图 20-4 中有三个地方调用了这个函数。

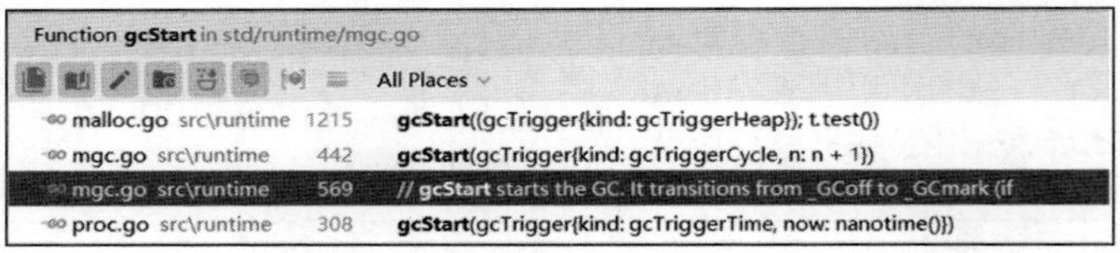

图 20-4　触发了垃圾回收的代码

触发了垃圾回收的三处代码的说明如表 20-7 所示。

表 20-7　触发了垃圾回收的三处代码

触发垃圾回收的时机	代码位置	相关代码
分配内存时触发	runtime/malloc.go 的 mallocgc 函数	gcStart((gcTrigger{kind: gcTriggerHeap}); t.test())
调用 runtime.GC 主动触发	runtime/mgc.go 的垃圾回收函数	gcStart(gcTrigger{kind: gcTriggerCycle, n: n + 1})
定时调用	runtime/proc.go 的 forcegchelper 函数	gcStart(gcTrigger{kind: gcTriggerTime, now: nanotime()})

触发了垃圾回收的这三处代码最终都会调用 gcStart 来执行垃圾回收，但是并非每次调用都一定会执行垃圾回收。在执行垃圾回收之前，会首先判断此次调用是否确实需要执行。runtime.gcTrigger.test 函数负责验证当前的垃圾回收调用是否应该被执行。关键代码如下。

```
func (t gcTrigger) test() bool {
        if !memstats.enablegc || panicking != 0 || gcphase != _GCoff {
                return false
        }
```

```
            switch t.kind {
            case gcTriggerHeap:
                    ...
            case gcTriggerTime:
                    ...
            case gcTriggerCycle:
                    ...
            }
            return true
}
```

该函数将根据三种不同的策略来判断是否需要执行垃圾回收操作。

- 与内存分配阈值有关的策略 gcTriggerHeap。Go 的垃圾回收器使用一个名为 gcPercent 的阈值来决定何时启动垃圾回收。当新分配的内存超过已使用内存的 gcPercent 设定的百分比时，垃圾回收机制将被触发。
- 与定时触发有关的策略 gcTriggerTime。Go 的垃圾回收器设置了一个定时器，若距离上次垃圾回收有一段时间了，超过了特定的阈值，就会触发新的循环。该触发条件由 runtime.forcegcperiod 变量控制，默认为 2 分钟（var forcegcperiod int64 = 2 * 60 * 1e9）。这确保了在内存分配速度较慢的情况下，能够及时回收不再使用的资源。
- 与手动触发有关的策略 gcTriggerCycle。当调用 runtime.GC 函数时，如果没有启动垃圾回收，则启动之。

20.4　查看运行时的垃圾回收信息

要查看 Go 程序运行时的垃圾回收信息，可以在程序运行之前添加环境变量来跟踪输出的垃圾回收信息。这样一来，在程序运行过程中，垃圾回收器就会输出相应的信息，包括每次回收的内存大小和耗时等，这些内容会被汇总为一行并输出到标准输出中。

在程序运行之前设置的环境变量为 GODEBUG=gctrace=1，它用于在 Go 程序中启用垃圾回收跟踪。当这个设置被激活时，每次进行垃圾回收，程序都会输出详细的垃圾回收日志信息，其中包括垃圾回收发生的时间、回收的内存量、回收耗时等。示例代码如下。

```
GODEBUG=gctrace=1 go test -bench=.
GODEBUG=gctrace=1 go run main.go
```

1. 日志信息的格式及含义

在启用跟踪输出垃圾回收信息的功能后，程序运行时输出的日志详细信息如下，具体请参考查看官方说明。

```
gctrace: setting gctrace=1 causes the garbage collector to emit a single line to standard
error at each collection, summarizing the amount of memory collected and the
length of the pause. The format of this line is subject to change.
Currently, it is:
        gc # @#s #%: #+#+# ms clock, #+#/#/#+# ms cpu, #->#-># MB, # MB goal, # P
where the fields are as follows:
        gc #        the GC number, incremented at each GC
        @#s         time in seconds since program start
        #%          percentage of time spent in GC since program start
```

```
            #+...+#      wall-clock/CPU times for the phases of the GC
            #->#->#  MB  heap size at GC start, at GC end, and live heap
            # MB goal    goal heap size
            # P          number of processors used
The phases are stop-the-world (STW) sweep termination, concurrent
mark and scan, and STW mark termination. The CPU times
for mark/scan are broken down in to assist time (GC performed in
line with allocation), background GC time, and idle GC time.
If the line ends with "(forced)", this GC was forced by a
runtime.GC() call.
```

将垃圾回收器输出的信息汇总为一行。

```
gc # @#s #%: #+#+# ms clock, #+#/#/#+# ms cpu, #->#-># MB, # MB goal, # P
```

汇总信息中每列的含义如表 20-8 所示。

表 20-8   汇总信息中每列的含义

选项	含义
gc #	垃圾回收次数的编号，每次执行垃圾回收操作时都会递增
@#s	距离程序开始执行时的时间
#%	垃圾回收操作所消耗的时间占整个程序执行时间的百分比
#+#+# ms clock（wall-clock time）	垃圾回收各阶段占用的时间，可以分为三部分，分别是清扫时的 STW、并发标记和扫描的时间、标记终止的 STW，单位为毫秒
#+#/#/#+# ms cpu（CPU time）	同样表示垃圾回收各阶段占用的时间，但仅指程序在 CPU 上消耗的时间，即清扫时的 STW、并发标记和扫描的时间（辅助时间/后台垃圾回收时间/闲置垃圾回收时间）、标记终止的 STW
#->#-># MB	垃圾回收开始前和结束后堆内存的大小，以及当前活跃堆内存的大小，单位是 MB
# MB goal	全局堆内存的大小
# P	本次垃圾回收操作运行时 P 的数量

上述选项中需要注意的内容如下。

- wall-clock time：指程序从开始执行到完成所花费的实际时间。
- CPU time：指程序使用 CPU 的时间。

上述两者存在以下关系。

- wall-clock time < CPU time：充分利用多核。
- wall-clock time ≈ CPU time：未并行执行。
- wall-clock time > CPU time：多核优势不明显。

另外，如果某条汇总信息最后以"(forced)"结尾，那么表示这条信息是由 runtime.GC 函数调用触发的。

2. 分析一条具体的垃圾回收日志信息

下面运行"hello world"的代码来分析一条具体的垃圾回收日志信息，执行命令后的输出如下。

```
$ GODEBUG=gctrace=1 go run main.go
gc 1 @0.073s 1%: 0+3.3+0.62 ms clock, 0+0.72/2.7/0+4.9 ms cpu, 4->5->1 MB, 5 MB goal, 8 P
gc 2 @0.107s 0%: 0+1.0+0 ms clock, 0+1.0/2.0/0+0 ms cpu, 4->4->0 MB, 5 MB goal, 8 P
...
...
```

```
gc 11 @1.657s 0%: 0+1.0+0 ms clock, 0+0/1.0/0+0 ms cpu, 4->4->1 MB, 5 MB goal, 8 P
gc 12 @1.671s 0%: 0+0+0 ms clock, 0+0/0/0+0 ms cpu, 4->4->0 MB, 5 MB goal, 8 P
```

这里用第一条记录进行详细说明。

```
gc 1 @0.073s 1%: 0+3.3+0.62 ms clock, 0+0.72/2.7/0+4.9 ms cpu, 4->5->1 MB, 5 MB goal, 8 P
```

上述示例汇总信息中每列的含义如表 20-9 所示。

表 20-9　示例汇总信息中每列的含义

选项	含义
gc 1	当前进程第一次执行垃圾回收操作
@0.073s 1%	当前程序已经执行了 0.073 秒，此过程中垃圾回收占用了 1%的 CPU 时间
0+3.3+0.62 ms clock	第一个加号左侧的时间由 STW、标记开始和开启写屏障的时间组成，这个阶段是垃圾回收的开始阶段，确保所有的对象都能被正确标记。第二个加号右侧的时间由 STW、标记结束和关闭写屏障的时间组成，这个阶段是垃圾回收的结束阶段，确保所有的对象已经完成了标记和扫描。两个阶段加起来的总时间通常不会超过 1 毫秒，但在某些情况下，例如堆内存正在快速增长时，这个值可能会略微超出一点，当然这种情况不应该经常发生。两个加号中间部分表示并发标记和扫描的时间，它是垃圾回收器在不暂停运行用户程序的情况下完成对象标记和扫描的时间。在查看 GCTrace 时，应重点关注这个时间，因为它直接反映了垃圾回收操作对程序性能的影响。如果这个时间过长，可能需要优化垃圾回收策略或调整程序的内存管理
0+0.72/2.7/0+4.9 ms cpu	与上一个选项类似，针对响应时间进行了进一步的细化。与上一个选项的不同之处是，这里将中间的 concurrent 时间细分为了三个部分，它们分别代表辅助时间、后台垃圾回收时间和空闲垃圾回收时间
4→5→1 MB	垃圾回收开始前堆内存为 4MB，垃圾回收结束后堆内存为 1MB，当前活跃的堆内存为 5MB
5 MB goal	全局堆内存的大小
8 P	本次垃圾回收运行时使用了 8 个 P

20.5　垃圾回收优化示例

20.5.1　传递复杂对象时建议使用指针

下面先对比值传递和指针传递的性能。首先，定义结构体 Example，它的字段 data 是一个长度为 10000 的 int 类型的数组。我们对这个结构体分别进行值传递和指针传递操作，然后比较两者性能上的差异。具体代码如下。

```
const Size = 1000

type LargeStruct struct {
        data [10000]int
}

// 值传递函数
func passByValue(arr [Size]LargeStruct) {}
```

```
// 指针传递函数
func passByReference(arr *[Size]LargeStruct) {}

// 基准测试：值传递
func BenchmarkPassByValue(b *testing.B) {
    var arr [Size]LargeStruct
    b.ResetTimer()
    for i := 0; i < b.N; i++ {
        passByValue(arr)
    }
}

// 基准测试：指针传递
func BenchmarkPassByReference(b *testing.B) {
    var arr [Size]LargeStruct
    b.ResetTimer()
    for i := 0; i < b.N; i++ {
        passByReference(&arr)
    }
}
```

基准测试结果如下。

```
$ go test -bench=.
goos: darwin
goarch: amd64
pkg: golang-1/gc
cpu: Intel(R) Core(TM) i5-1038NG7 CPU @ 2.00GHz
BenchmarkPassByValue-8              126             13879622 ns/op
BenchmarkPassByReference-8     1000000000              0.2997 ns/op
PASS
ok      golang-1/gc/struct    3.179s
```

从测试结果可以看出两者的性能相差非常大。下面使用前面提到的 GODEBUG=gctrace=1 启动垃圾回收的跟踪功能，然后对比两个程序输出的详细垃圾回收信息。

进行值传递操作时，基准测试函数 BenchmarkPassByValue 的执行结果如下。

```
$ GODEBUG=gctrace=1 go test -bench=BenchmarkPassByValue
gc 1 @0.008s 3%: 0.019+1.5+0.043 ms clock, 0.15+0.83/1.4/0+0.34 ms cpu, 4->4->0 MB, 4
MB goal, 0 MB stacks, 0 MB globals, 8 P
    ...
gc 39 @1.494s 0%: 0.056+0.52+0.026 ms clock, 0.45+0/0.29/0.15+0.21 ms cpu, 305->305->
152 MB, 305 MB goal, 0 MB stacks, 0 MB globals, 8 P
        48          22084260 ns/op
PASS
ok      golang-1/gc    2.007s
```

进行指针传递操作时，基准测试函数 BenchmarkPassByReference 的执行结果如下。

```
$  GODEBUG=gctrace=1 go test -bench=BenchmarkPassByReference
gc 1 @0.007s 1%: 0.013+0.77+0.017 ms clock, 0.10+0.68/0.48/0+0.14 ms cpu, 4->4->0 MB,
4 MB goal, 0 MB stacks, 0 MB globals, 8 P
    ...
gc 13 @0.154s 0%: 0.065+0.42+0.016 ms clock, 0.52+0.13/0.23/0.11+0.13 ms cpu, 76->76->0
MB, 76 MB goal, 0 MB stacks, 0 MB globals, 8 P
1000000000               0.2987 ns/op
```

```
PASS
ok      golang-1/gc/struct      0.572s
```

这里对垃圾回收的输出做了一些精简，从输出结果中可以很容易地观察到，基准测试函数 BenchmarkPassByValue 只执行了 48 次，其中垃圾回收就有 39 次。而基准测试函数 BenchmarkPassByReference 执行了 1000000000 次，垃圾回收仅有 13 次。这说明在传递复杂的对象时，使用指针传递所带来的垃圾回收次数要远小于使用值传递。所以，在传递复杂的对象如结构体时，建议使用指针传递的方式，以获得更好的性能。

另外，还可以借助 go tool trace 工具查看信息追踪文件，具体步骤如下。

（1）添加在程序运行时生成信息追踪文件的代码。

```
f,err:=os.Create("trace_value.out")
trace.Start(f)
...
trace.Stop()
```

（2）执行基准测试，分别生成两个测试函数的 trace 文件 trace_ref.out 和 trace_value.out。

```
$ go test -bench=.
...
$ ls
trace_ref.out   trace_value.out   passby_test.go
```

（3）使用命令 go tool trace xxx.out 查看对应的追踪信息。

20.5.2　自动扩容的代价

测试自动扩容的代价时，切片的初始化长度存在以下三种值。

（1）切片的初始化长度值为 0。

（2）切片的初始化长度值为一个合适的值。

（3）切片的初始化长度值为合适值的 10 倍。

测试代码如下。

```
const Size = 100000 //向切片中添加的元素数量

//基准测试：切片的初始化长度为0，在执行append操作时自动扩容

func BenchmarkSliceWithZeroInitialLength (b *testing .B) {
        for i := 0; i < b .N; i++ {
                s := []int{}
                for j := 0; j < Size; j++ {
                        s = append(s, j)
                }
        }
}

//基准测试：切片的初始化长度为一个合适的值
func BenchmarkSliceWithProperInitialLength(b *testing .B) {
        for i := 0; i < b .N; i++ {
                s := make([]int, 0, 5000)
                for j := 0; j < Size; j++ {
                        s = append(s, j)
```

```
                    }
                }
        }

        //基准测试：切片的初始化长度为合适值的 10 倍
        func BenchmarkSliceWithTenTimesInitialLength(b *testing .B) {
                for i := 0; i < b .N; i++ {
                        s := make([]int, 0, 50000)
                        for j := 0; j < Size; j++ {
                                s = append(s, j)
                        }
                }
        }
```

测试结果如下。

```
$ go test -bench=.
goos: darwin
goarch: amd64
pkg: golang-1/gc/slice
cpu: Intel(R) Core(TM) i5-1038NG7 CPU @ 2.00GHz
BenchmarkSliceWithZeroInitialLength-8              1560              656743 ns/op
BenchmarkSliceWithProperInitialLength-8            6759              190488 ns/op
BenchmarkSliceWithTenTimesInitialLength-8          1052             1114295 ns/op
PASS
ok      golang-1/gc/slice       4.180s
```

测试结果显示，当切片的初始化长度设置得合适时，自动扩容时所需的时间远小于初始化长度设置得过大时。

另外，我们可通过设置环境变量 GODEBUG=gctrace=1 来运行程序并查看垃圾回收的输出信息，示例代码及测试结果如下。

```
GODEBUG=gctrace=1 go test -bench=BenchmarkSliceWithZeroInitialLength
 gc 1129 @1.436s 8%: 0.037+0.36+0.003 ms clock, 0.30+0/0.16/0.41+0.024 ms cpu, 4->4->0
MB,4 MB goal,0 MB stacks, 0 MB globals, 8 P
        906           1433131 ns/op

GODEBUG=gctrace=1 go test -bench=BenchmarkSliceWithProperInitialLength
 gc 888 @2.089s 5%: 0.12+0.45+0.020 ms clock, 0.96+0/0.26/0.56+0.16 ms cpu, 4->4->0 MB,
4 MB goal, 0 MB stacks, 0 MB globals, 8 P
     5048           408666 ns/op

GODEBUG=gctrace=1 go test -bench=BenchmarkSliceWithTenTimesInitialLength
 gc 659 @1.426s 4%: 0.046+0.31+0.002 ms clock, 0.36+0/0.17/0+0.022 ms cpu, 7->7->0 MB,
7 MB goal, 0 MB stacks, 0 MB globals, 8 P
 595            2050777 ns/op
```

通过分析输出信息可以发现，初始化长度设置合适的切片具有最多的执行次数和最少的垃圾回收次数。

第 21 章

使用标准库和第三方库

Go 语言已经诞生十多年，除了标准库在不断优化和扩展，还产生了许多开源且优秀的第三方库，它们都是 Go 语言生态中的重要组成部分。我们可以合理地利用它们编写代码，提高工作效率，避免重复制造轮子。

标准库和第三方库非常多，Go 官方提供了网站 pkg-go-dev，方便大家查询相关 API。在该网站中，只需输入包名，就可以获取相应包的信息，包括概述、函数、方法和类型等。例如，图 21-1 为查询最常用的 io 包的界面。

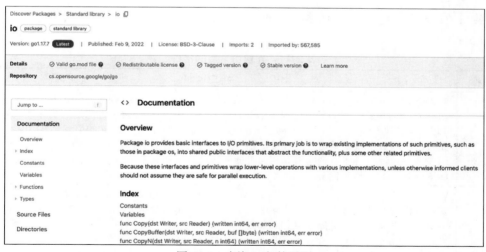

图 21-1　查询 io 包的界面

图 21-1 中查询的 io 包属于内置标准库，因此它被分在了 Standard library 标签下。

"纸上得来终觉浅，绝知此事要躬行"，要真正掌握编程语言，需要大量的练习。学会查询、使用标准库和第三方库是编码的常规操作。本章除了介绍一些常用的标准库，还会重点讨论 I/O 和网络这两部分。

21.1　I/O 操作

UNIX/Linux 的核心思想是一切皆文件。在 UNIX/Linux 上执行的操作大多数是 I/O 操作，比如文件的读、写。换句话说，编写的代码最终都是要和 I/O 打交道的。

除了读、写数据，I/O 操作还是数据流的重要组成部分。许多数据都可以通过流的方式传输、处理，此时的 I/O 更像一种模型。在文件类型的数据流中，数据通常是预先提供的；在读取网络数据时，数据是按序逐步接收的。

在前面的章节中多次提到的 io 包是接口设计中的典范。io 包中的接口可以分为简单接口和组合接口。简单接口意味着接口中只定义了一个方法，组合接口意味着它的方法集由多个简单接口组合而成。io 包中最重要的两个接口是 Reader 和 Writer，示例代码如下。

```
type Reader interface {
    Read(p []byte) (n int, err error)
}

type Writer interface {
    Write(p []byte) (n int, err error)
}
```

与 I/O 相关的操作在默认情况下都至少实现了这两个接口中的一个，如 bytes 包中的结构体 Reader 和 Buffer、bufio 包中的结构体 Reader 与 os 包中的结构体 File 等。

21.1.1　io 包

I/O 接口的设计理念是先设计简单接口，再将多个简单接口组合起来实现复杂的功能。io 包中常用的接口如表 21-1 所示。

表 21-1　io 包中常用的接口

接口名称	接口说明
Reader	Reader 接口的方法集中只有一个方法：Read(p []byte) (n int, err error)。Read 方法接收一个字节切片 p 作为参数，它会尝试读取字节并存储到切片 p 中。Reader 方法返回实际读取的字节数 n 以及可能遇到的任何错误。返回值 n int 表示实际读取的字节数，n 的值满足 $0 <= n <= len(p)$。如果读取的数据量小于切片的容量，则 Read 方法仅返回已读取的字节数。返回值 err error 表示在读取过程中可能遇到的错误，如果读取成功且未遇到 EOF（文件结束标志），则返回 nil；如果遇到 EOF，则返回 io.EOF
Writer	Writer 接口的方法集中只有一个方法：Write(p []byte) (n int, err error)。Write 方法接收一个字节切片 p 作为参数，它尝试将切片 p 中的字节写入基本的数据流中。Write 方法返回实际写入的字节数 n 以及可能遇到的任何错误。返回值 n int 表示实际向数据流中写入的字节数，n 的值满足 $0 <= n <= len(p)$，在正常情况下，n 是等于 len(p) 的。返回值 err error 表示在写入过程中可能遇到的错误。如果写入成功，则返回 nil；否则返回相应的错误信息
Seeker	Seeker 接口的方法集中只有一个方法：Seek(offset int64, whence int) (int64, error)。Seek 方法接收一个偏移量 offset 和一个表示起始位置的 whence 作为参数，它尝试将读、写位置移动到相对于起始位置的 offset 处。Seeker 方法返回移动后指针的位置和移动过程中遇到的错误。参数 offset int64 是指针移动的偏移量，表示相对于起始位置的字节数。参数 whence int 是一个整数，表示起始位置，有效值包括 io.SeekStart（值为 0，表示文件开头）、io.SeekCurrent（值为 1，表示当前位置）和 io.SeekEnd（值为 2，表示文件结尾）

接口名称	接口说明
ReaderFrom	ReaderFrom 接口的方法集中只有一个方法：ReadFrom(r Reader) (n int64, err error)。ReadFrom 方法接收一个实现了 Reader 接口的对象 r 作为参数，它从 r 中读取数据并将其写入实现了 ReaderFrom 接口的对象的数据流中。返回值 n int64 表示实际从 Reader 对象读取并写入 ReaderFrom 对象的字节数，返回值 err error 表示在读取和写入过程中可能遇到的错误。如果操作成功，则返回 nil；否则返回相应的错误信息
WriterTo	WriterTo 接口的方法集中只有一个方法：WriteTo(w Writer) (n int64, err error)。WriteTo 方法接收一个实现了 Writer 接口的对象 w 作为参数，它会尝试将实现了 WriterTo 接口的对象中的数据写入 w 中。返回值 n int64 表示实际从 WriterTo 对象中读取并写入 Writer 对象的字节数，返回值 err error 表示在读取和写入过程中可能遇到的错误。如果操作成功，则返回 nil；否则返回相应的错误信息
WriterAt	WriterAt 接口的方法集中只有一个方法：WriteAt(p []byte, off int64) (n int, err error)。WriteAt 方法接收一个字节切片 p 和一个偏移量 off 作为参数，它会尝试将切片 p 中的字节写入实现了 WriterAt 接口的对象中，写入操作从指定的偏移量 off 开始。WriteAt 方法返回实际写入的字节数 n 以及可能遇到的任何错误。返回值 n int 表示实际向数据流中写入的字节数，n 的值满足 $0 <= n <= len(p)$，在正常情况下，n 是等于 len(p) 的。返回值 err error 表示在写入过程中可能遇到的错误。如果写入成功，则返回 nil；否则返回相应的错误信息
Closer	Closer 接口的方法集中只有一个方法：Close() error。Close 方法用于关闭实现了 Closer 接口的对象，释放与其相关的所有资源。该方法返回可能遇到的任何错误

21.1.2　os 包

　　os 包封装了底层的文件描述符和相关信息，它同时实现了 Reader 和 Writer 接口。然而，使用它实现的 Read 方法和 Write 方法需要系统级文件的协助，因为 os 包内含有一些与操作系统相关的特定属性，且它们并没有在标准库的公共接口中公开。这些属性可能是操作系统特有的文件描述符、文件状态信息或其他底层系统级细节。对于大多数用户来说，这些属性通常都不是能直接操作的对象。如果想访问这些非公用的属性，可以从操作系统特定的 syscall 包中获取。

　　os 包的设计借鉴了 UNIX 的风格，但其错误处理遵照的是 Go 语言的标准。os 包实现的接口具有跨操作系统的一致性，可确保其在各种操作系统中都表现出相同的行为。os 包中与文件有关的接口如表 21-2 所示。

表 21-2　os 包中与文件有关的接口

接口名称	接口说明
FileInfo	用于获取文件状态，定义了与 File 信息相关的方法
FileMode	用于操作文件权限，与 Linux 上的文件权限一致
File 接口	用于文件操作

　　下面的示例代码展示了 os 包中与文件有关的操作。

```
//1.获取路径信息
fileName1:="/tmp/12.txt"
fileName2:="34.txt"
//相对路径和绝对路径
filepath.IsAbs(fileName1) //true
filepath.IsAbs(fileName2) //false
```

```
filepath.Abs(fileName1) //获取绝对路径
fmt.Println("获取父目录: ",path.Join(fileName1,".."))

//2.创建文件夹，如果文件夹存在，则创建失败
err := os.Mkdir("/tmp/golang-1",os.ModePerm)//创建一层
err =os.MkdirAll("/tmp/golang-1/src/",os.ModePerm)//可以创建多层

//3.打开文件，在当前程序和指定的文件之间建立一个连接
file,err = os.Open(filename)
//第一个参数表示文件名；第二个参数表示打开模式；第三个参数表示文件的权限（文件不存在则创建文件，需要指定权限）
file,err = os.OpenFile(filename,os.O_RDONLY|os.O_WRONLY,os.ModePerm)

//4.关闭文件，程序和文件之间的连接断开
defer  file.Close()

//5. 删除文件或目录
os.Remove() //删除文件和空目录
os.RemoveAll() //删除所有
```

21.1.3　bufio 包

在读、写文件时，Read 与 Write 方法是没有缓存的。尽管 I/O 操作本身的效率不低，但频繁地访问磁盘上的文件仍可能导致读、写效率较低。为了提高读、写的效率，bufio 包应运而生。bufio 包提供了缓冲区，读、写操作都可以先在缓冲区中进行。它通过降低访问本地磁盘次数的方法来提高读、写效率。例如，如果每次进行 I/O 操作时底层只能读取一个字符，那么从硬盘上读取 10 个字符就需要进行 10 次 I/O 操作。使用 bufio 包中的结构体 bufio.Reader 后，如果想要按每个数据块 4 字节的规格来读取数据，那么底层就会缓存整个数据块，然后提供顺序读取字节的 API。最终，读取 10 个字符仅需 3 次 I/O 操作即可完成。

注意： 结构体 bufio.Reader 提供的 Read 方法不能保证每次读到的字符数完全一致，这与其实现方式有关。

读操作时，会先把文件读取到缓冲区，之后再次读取时，可以直接在缓冲区中获取，这就使得它的读取速度远高于磁盘；写操作时，为了减少操作单个 I/O 的次数，会将单个 I/O 写入缓冲区，等达到一定的阈值后再批量地写入文件。我们知道，从内存中读、写的速度远高于磁盘，自然批量处理的性能也远高于多次操作单个 I/O。

结构体 bufio.Reader 和 bufio.Writer 中内嵌了 io.Reader 和 io.Writer 接口，并重写了 Read 和 Write 方法，且为 I/O 操作提供了用户空间的缓冲区。图 21-2 展示了 bufio 包中的结构体以及它们各自实现的接口。

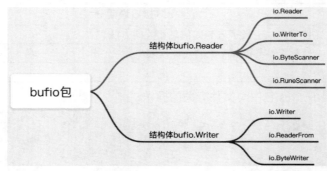

图 21-2　bufio 包中的结构体以及它们各自实现的接口示意图

读、写操作的缓冲区是分开的，因为读、写操作的状态是分离的，但它们在底层会共用操作系统的缓冲区。

结构体 bufio.Reader 与 bufio.Writer 里的成员类似，它们都有一个表示缓冲区的成员 buf[]byte。这个缓冲区位于用户空间，它内部有很多计数器，可用来记录操作。在创建结构体 bufio.Reader 或 bufio.Writer 时，可以自定义缓冲区的大小。如果未指定，将使用默认的大小（4096 字节）。一般建议根据读、写操作的测试结果来选择适当的缓冲区大小。设置缓冲区时需要注意如下事项。

- 如果缓冲区非常小，会导致大量的交换，这样的缓存没多大意义。
- 如果缓冲区非常大，那提交操作会变得很复杂，缓冲区中的很多数据不会很快地被读取，会导致内存浪费严重。
- 当物理内存消耗非常大时，操作系统会频繁地换入换出（SWAP），这也会导致整个操作系统性能降低。

提示：有时，我们可能认为使用 Go 语言开发的代理服务器性能比较差，这是因为数据首先要从内核空间传输到用户空间，操作完以后又要将数据从用户空间复制到内核空间，这样频繁地进行交换会带来大量的 I/O 操作。在任何情况下，大量的数据复制都会导致巨大的性能消耗。因此，应尽可能减少从内核空间到用户空间的数据复制次数。目前技术上已可以实现将内核空间中的数据直接映射到用户空间，从而避免复制。在只读场景下，将内核空间的数据映射到用户空间，可提高在用户空间读取头信息的性能。

21.1.4 bytes 包

Go 语言的 bytes 包提供了一系列用于操作字节切片（[]byte）的函数和类型，这里的操作指的是比较、搜索、替换，以及在字节切片和字符串之间进行转换。在 bytes 包中，bytes.Buffer 是一个可变大小的字节缓冲，提供了高效操作字节切片的方法。bytes.Reader 实现了多个接口，可以方便地从字节切片中读取数据。其中，容易与 bufio 包混淆的是 bytes.Buffer，它们都是 Go 语言中用于处理 I/O 操作的重要工具，但是它们也有一些不同，具体如下。

- 使用方式和目标不同。bytes.Buffer 主要用于操作字节切片，包括添加、删除和读取字节。而 bufio 包则提供了一种缓冲 I/O 操作的功能，它可提高大量小而频繁的 I/O 操作的效率，比如读、写文件和网络数据等。
- 接口实现不同。bytes.Buffer 实现了 io.Reader、io.Writer、io.ReaderFrom、io.WriterTo 等接口，而 bufio 包中的 bufio.Reader 和 bufio.Writer 分别实现了 io.Reader 接口和 io.Writer 接口。
- 缓冲策略不同。bytes.Buffer 缓冲区的大小会随着数据的读、写动态调整，而 bufio.Reader 和 bufio.Writer 缓冲区的大小则在创建时已确定，并且在后续的使用中会保持不变。
- 适用场景不同。如果正在处理字符串或者需要一个临时的地方来存储数据，并且不需要文件或者网络 I/O，那么 bytes.Buffer 可能是一个合适的选择。如果正在处理文件或者网络 I/O，并且需要缓冲读、写操作以提高效率，那么 bufio.Reader 和 bufio.Writer 就是更好的选择。

bytes.Buffer 内部有一个基于字节切片的数据容器 buf，这个 buf 用于存储实际的数据。bytes.Buffer 使用偏移量 off 来记录读的位置，这个偏移量表示下一次读取操作应该从哪个位置开始。bytes.Buffer

同时支持读和写操作。当向 bytes.Buffer 中写入数据时，数据会被追加到 buf 的尾部，同时 buf 的长度会增加；当从 bytes.Buffer 中读取数据时，会从偏移量 off 所指的位置开始读取，并且每次读取后 off 的值会增加。因为写操作永远是在 buf 的尾部进行的，所以写操作的位置值总是等于 buf 的当前长度。bytes.Buffer 只需要记录读的位置，而不需要记录写的位置。

bytes.Buffer 使用字节切片来存取数据，当写入数据达到一定量时，切片就会进行扩容。扩容的判断逻辑可以参考 bytes 包中的 tryGrowByReslice 方法。随着写入数据的增加，切片的长度也会持续增大。若缓冲区变得过大，写入操作可能会产生叫 ErrTooLarge 的错误，最终引起 panic。

21.1.5　ioutil 包与替换方案

在 Go1.16 版本之前，Go 语言中提供了辅助工具包 ioutil。ioutil 包的功能强大，它进一步封装了常用的 I/O 操作。在 Go1.16 版本之后，ioutil 包被弃用，替换方案是使用 os、io 和 io/fs 等包中的相关函数。表 21-3 列举了 ioutil 包中常用的方法以及 Go1.16 版本后这些方法的替换方法。

表 21-3　ioutil 包中常用的方法以及 Go1.16 版本后的替换方法

ioutil 包中的方法	替换方法	用途
ioutil.ReadFile	io. ReadFile	读取指定文件名的文件内容，返回文件的字节切片和可能遇到的错误
ioutil.WriteFile	os.WriteFile	将字节切片数据写入具有指定文件名和文件权限的文件中，并返回可能遇到的错误。在写入数据之前，会先清空文件中的内容。如果文件不存在，则会以指定的权限创建该文件
ioutil. ReadAll	io.ReadAll	从 io.Reader 中读取所有的数据，返回字节切片和可能遇到的错误
ioutil.ReadDir	os.ReadDir	读取指定目录名中的目录内容，返回一个实现了 fs.FileInfo 接口的值的切片，表示目录中的文件和子目录
ioutil.TempFile	os.CreateTemp	在指定的目录 dir 下创建一个具有指定 pattern 的临时文件。返回一个指向新创建的临时文件的*os.File，以及可能遇到的错误
ioutil.TempDir	os.MkdirTemp	在指定的目录 dir 下创建一个具有指定 pattern 的临时目录。返回新创建的临时目录的名称和可能遇到的错误
ioutil.NopCloser	io.NopCloser	将 io.Reader 包装为一个 io.ReadCloser，其 Close 方法不执行任何操作，它直接返回 nil。这在处理不需要关闭的 io.Reader 时很有用

表 21-3 中提到的"可能遇到的错误"主要指在文件读取过程中可能出现的问题，包括但不限于文件不存在、权限不足、打开文件时存在系统限制或读取过程中产生的 I/O 错误。如果操作成功，则错误的返回值为 nil，否则包含具体的错误信息，以便进行错误处理或报告。

21.1.6　读取文件的示例

读取文件的方法众多，可以借助 ioutil、bufio、os 包中的相关函数或方法来实现。

1. 使用 ioutil 包

使用 ioutil 包中的 ReadFile 和 ReadAll 函数读取文件的示例代码如下。

```
//使用 ioutil.ReadFile 读取文件
func ReadByIoutilsRead(path string) string {
    f, err := ioutil.ReadFile(path) //Go1.16 版本后使用 io.ReadFile(path)
```

```
                if err != nil {
                        panic(err)
                }
                return string(f)
        }

        //使用 ioutil.ReadAll 读取文件
        func ReadByIoutilsReadAll(path string) string {
                fi, err := os.Open(path)
                if err != nil {
                        panic(err)
                }
                defer fi.Close()
                fd, err := ioutil.ReadAll(fi) //Go1.16 版本后使用 io.ReadAll(path)
                return string(fd)
        }
```

　　ReadFile 和 ReadAll 函数的区别是 ReadFile 函数的参数是传入文件的路径，该函数会根据文件的大小自动分配一个合适的缓冲区，读取完整个文件后关闭文件描述符；ReadAll 函数的参数是传入的一个读取流，它并不会根据文件的大小自动分配合适的缓冲区，而是使用一个固定大小的缓冲区（通常是 512 字节）进行读取。

2.　使用 bufio 包

　　在 Go 语言的 os 包中，File 结构体表示一个打开的文件对象。通过调用 File 结构体的 Read 方法，我们可以实现读取文件内容的操作。但因为每次操作都可能涉及系统调用，而系统调用是比较昂贵的操作，所以出于性能和效率的考虑，建议使用 bufio 包中提供的带缓冲区的 Reader 结构体（如 bufio.NewReader）来调用 Read 方法读取文件，从而达到提高性能和效率的目的。示例代码如下。

```
//使用 bufio 读取文件
func ReadByBufioNewReader(path string) string {
        fi, err := os.Open(path) //打开指定路径的文件，fi 结构体表示一个打开的文件对象
        if err != nil {
                panic(err) //如果打开文件时出错，抛出 panic
        }
        defer fi.Close()
        r := bufio.NewReader(fi) //创建一个缓冲读取器，用于从文件中读取数据

        chunks := make([]byte, 1024, 1024) //创建 byte 切片，用于存储读取到的数据

        buf := make([]byte, 1024) //创建一个容量为 1024 的缓冲区
        for {
                n, err := r.Read(buf) // 使用 Read 方法读取内容到缓冲区
                //从文件中读取数据到 buf，返回读取到的字节数或可能遇到的错误
                //n, err := io.ReadFull(b,buf)
                // 判断是否有错误以及是否读到了文件末尾
                if err != nil && err != io.EOF {
                        panic(err) //如果读取时出错，并且错误不是 EOF，则抛出 panic
                }
                if 0 == n {
                        break //如果没有读取到数据，说明已经读到了文件末尾，跳出循环
                }
                chunks = append(chunks, buf[:n]...) // 将读取的内容追加到 chunks 中
        }
```

```
                return string(chunks)
        }
```

这种读取方法的性能与缓冲区的大小密切相关，缓冲区的大小越合适，性能越好。代码 n, err := r.Read(buf) 用于将数据读取到缓冲区中，并且会返回实际读入缓冲区的字节数。通过函数 io.ReadFull(b,buf) 可以精确地读取 len(buf) 字节长度的数据。当达到文件末尾时，函数返回 0，且错误响应值为 io.EOF。

3. 使用 os 包中 File 结构体的 Read 方法

使用 os 包中 File 结构体的 Read 方法实现文件读取的示例代码如下。

```go
//使用 file.Read 读取文件
func ReadByFileRead(path string) string {
        fi, err := os.Open(path)  //打开指定路径的文件
        if err != nil {
                panic(err)  //如果打开时出错，抛出 panic
        }
        defer fi.Close()

        //创建一个容量为 1024 的 byte 切片，用于存储读取到的数据
        chunks := make([]byte, 1024, 1024)
        //创建一个容量为 1024 的缓冲区
        buf := make([]byte, 1024)
        for {
                //从文件中读取数据到 buf，返回读取到的字节数和可能遇到的错误
                n, err := fi.Read(buf)
                //判断是否有错误，以及是否读到了文件末尾
                if err != nil && err != io.EOF {
                        panic(err)
                }
                //如果没有读取到数据，说明已经读到了文件末尾，跳出循环
                if 0 == n {
                        break
                }
                //将读取到的数据追加到 chunks 中
                chunks = append(chunks, buf[:n]...)
        }
        return string(chunks)
}
```

这种读取方法的性能也与缓冲区的大小密切相关，缓冲区的大小越合适，性能越好。代码 n, err := fi.Read(buf) 表示每次最多从文件中读取 len(buf) 个字节，它会返回实际读取的字节数以及错误的响应值。当到达文件末尾时，Read 方法返回 0，错误响应值为 io.EOF。

本书配套代码中含有此示例完整的代码，可以参考 golang-1/standardlib/io/example/readmethod 比较这几种文件读取方法的差异。

21.1.7　大文件读取方案

前面的示例展示了几种文件读取方法。然而，对于超大文件，如几十 MB 或上百 GB，一次性读取可能会导致内存溢出。读取大文件时，通常有以下两种解决方案。

1. 流处理

第一种方案是流处理，即使用 bufio.NewReader 或者 bufio.NewScanner 函数一行一行地读取文

件，直至文件末尾。示例代码如下。

```go
// 读取文件的每一行
func ReadEachLineByReader(file string) {
        fi, err := os.Open(file)
        if err != nil {
                log.Println(err)
                return
        }
        defer fi.Close()
        lineReader := bufio.NewReader(fi)
        for {
                _, _, err := lineReader.ReadLine()
                if err == io.EOF {
                        break
                }
                // 输出每次读取的文件行内容
                //fmt.Println(string(line))
        }
}

// 读取文件的每一行
func ReadEachLineByScanner(file string) {
        fi, err := os.Open(file)
        if err != nil {
                log.Println(err)
                return
        }
        defer fi.Close()
        lineScanner := bufio.NewScanner(fi)
        for lineScanner.Scan() {
                // 输出每次读取的文件行内容
                //fmt.Println(lineScanner.Text())
        }
}
```

2. 分片处理

第二种方案是分片处理。首先打开一个文件，然后创建一个缓冲区，接着在一个循环中使用 os 包中 File 结构体的 Read 方法将文件内容读取到缓冲区中，并输出读取到的数据。当到达文件末尾（io.EOF）时，循环终止，读取操作完成。如果在读取的过程中遇到错误，输出错误信息并返回。每次读取的数据流大小取决于缓冲区的大小。在读取过程中，会根据缓冲区的大小分片读取，但不会处理文本末尾的换行符。因此，最终读取的内容可能并不会按照预期那样逐行输出。示例代码如下。

```go
// 一块一块地读取文件，buf 为1k
func ReadBlockBy1KBuf(path string) {
        fi, err := os.Open(path)
        if err != nil {
                log.Println(err)
                return
        }
        defer fi.Close()
        // 设置每次读取的字节数
        buffer := make([]byte, 1024)
        for {
```

```
                  n, err := fi.Read(buffer)
                  // 根据实际情况调整控制条件
                  if err != nil && err != io.EOF {
                          log.Println(err)
                  }
                  if n == 0 {
                          break
                  }
                  // 输出每次读取的文件块 (字节数)
                  //fmt.Println(string(buffer[:n]))
          }
  }
```

分片处理的性能与缓冲区的大小有关，合适的缓冲区大小能带来较好的读取性能。

本书配套代码中含有此示例完整的代码，可参考 golang-1/standardlib/io/example/readbigfile 比较这两种大文件读取方法的差异。读取一个 100MB 大小的文件时，性能测试结果如下。

```
$ go test -bench=.
goos: darwin
goarch: amd64
pkg: golang-1/lib/io/example/readbigfile
cpu: Intel(R) Core(TM) i5-1038NG7 CPU @ 2.00GHz
BenchmarkReadEachLineReader-8          20          58069424 ns/op
BenchmarkReadEachLineScanner-8         20          59521734 ns/op
BenchmarkReadBlockBy1KBuf-8            10         107551232 ns/op
BenchmarkReadBlockBy4KBuf-8            33          35477669 ns/op
PASS
ok      golang-1/lib/io/example/readbigfile  7.754s
```

小技巧：对于二进制文件，采用分片读取的方式更合适，但若对文件内容有操作，则两种方式都可以。

21.1.8　文件的复制

对文件进行复制也是我们经常会遇到的场景，下面列举三种实现方法。

1. 使用原生的 I/O 读写实现

首先打开源文件和目标文件，然后创建一个缓冲区，接着通过循环从源文件中读取数据到缓冲区，最后将缓冲区的数据写入目标文件。这个过程会持续进行，直到读取完源文件中的所有数据为止。关键代码如下。

```
bs := make([]byte,1024,1024)
n :=-1
total := 0
for {
        n,err = file1.Read(bs)
        if err == io.EOF || n == 0{
                fmt.Println(err)
                break
        }else if err !=nil{
                fmt.Println(err)
                return total,err
        }
        total += n
```

```
        file2.Write(bs[:n])
}
```

2. 使用 io.Copy 函数实现

使用 io.Copy 函数可以简化文件的复制过程。首先打开源文件和目标文件，然后调用 io.Copy(dst, src)函数进行复制，最后关闭打开的文件。io.Copy 函数的底层将复制分为了三类。

- 基于 WriterTo 接口复制。如果源（src）实现了 io.WriterTo 接口，那么会调用 src.WriteTo(dst) 方法来完成复制。
- 基于 ReaderFrom 接口复制。如果目标（dst）实现了 io.ReaderFrom 接口，那么会调用 dst.ReadFrom(src)方法来完成复制。
- 通用的复制。如果不是以上两种情况，那么会采用通用的复制方式。在这种情况下，io.Copy 函数会创建一个固定大小的缓冲区，然后调用底层 os 实现的 Read 方法通过循环从源文件中读取数据并写入目标文件，直至源端没有数据可读或发生错误。

3. 使用 ioutil 包中的函数实现

使用 ioutil 包中的 ioutil.ReadFile 和 ioutil.WriteFile 函数可以快速实现文件复制。关键代码如下。

```
input, err := ioutil.ReadFile(srcFile)
err = ioutil.WriteFile(destFile, input, 0644)
```

需要注意的是，ioutil.ReadFile 函数是一次性读取文件的函数，ioutil.WriteFile 函数是一次性写入文件函数。这种实现方式可能存在内存溢出问题，因此不适合复制大文件。

另外，在 Go1.16 及更高版本中，ioutil 包已被弃用，可以使用 os.ReadFile 和 os.WriteFile 函数替代。

21.1.9 断点续传

断点续传是一种从断点恢复文件传输的技术，常用于网络不稳定、程序崩溃或其他原因导致的文件传输中断等情况。实现断点续传要关注传输进度、文件定位、传输方式、校验和检测以及错误处理等。基于上述要素才能保证文件传输的可靠性和完整性。

（1）传输进度。通常我们会创建一个临时文件来记录已经传输的数据量。这样，如果在传输过程中发生中断，就可以通过读取临时文件中的记录来确定上次已经传输的数据量。

（2）文件定位。当中断的传输恢复时，需要将文件指针定位到上次中断的位置。首先从临时文件中读取上次已传输的数据量，接着使用 Seek 方法将文件指针定位到上次中断的位置。seek(offset,whence)方法有两个参数，第一个参数 offset 表示偏移量（相对于起始位置的字节数），第二个参数 whence 表示起始位置（0 代表文件开头，1 代表当前位置，2 代表文件末尾）。

（3）传输方式。传输恢复后，可以在上次中断的位置使用 Read 和 Write 方法读、写数据。建议以分块的方式逐个传输文件，这种方式可以降低数据丢失的风险，同时方便管理和监控传输进度。

（4）校验和检测。为了保证传输的文件的完整性和正确性，可以使用校验和（例如 MD5、SHA1 等）对文件进行校验。在传输完以后，可以比较源文件和目标文件的校验和，以确认文件是否已成功传输。

（5）错误处理。实现断点续传时，需要考虑到各种可能导致传输中断的情况，并进行相应的错误处理。例如，当网络连接中断时，可以尝试重新建立连接；当程序意外崩溃时，可以使用日志记录传输进度，以便在程序恢复后继续传输。

21.2　网络操作

网络操作是除 I/O 操作以外，另一个必须掌握的关键技术。Go 语言中与网络操作有关的标准库是 net 包。net 包主要封装了 TCP/IP 协议、HTTP 协议、RPC 和与邮件相关的协议等。

21.2.1　Socket 编程

Socket 起源于 UNIX，在 UNIX 系统中，Socket 作为一种特殊的文件描述符，用于实现网络通信。UNIX 的基本哲学是一切皆文件。在 UNIX 中，所有的文件都可以基于打开→读写→关闭模式进行操作，而 Socket 就是这种模式的一种实现。使用 Socket 函数创建一个新的 Socket，它会返回一个整型的 Socket，这个描述符在后续的建立连接、数据传输等操作中都会被使用，使用方式类似于其他文件描述符。

Socket 通信需要用到两个要素，它们分别是网络协议和地址。

- 网络协议：分为 TCP 和 UDP 两种。
- 地址：IP 地址+端口号，如 127.0.0.1:8000 或:8000。

下面来看看基于 TCP 协议的 Socket 编程的实现方式。在基于 TCP 协议的网络通信中，服务端每次与客户端通信都必须建立握手。建立握手的示意图如图 21-3 所示。

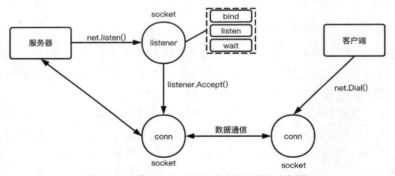

图 21-3　基于 TCP 协议建立握手的示意图

为了更深入地理解基于 TCP 协议的 Socket 通信，接下来我们详细分析服务端和客户端是如何利用 Go 语言实现这一过程的。

1．服务端

要使用 Go 语言实现基于 TCP 协议的 Socket 通信，服务端需要执行以下步骤。

（1）导入 net 包，它提供了与网络相关的基本功能。

（2）使用 net.Listen 方法创建监听器（Listener）。具体操作为先绑定并监听端口，然后等待客户端与其建立连接。关键代码如下。

```
//创建监听器
listener, err := net.Listen("tcp", "127.0.0.1:8000")
if err != nil {
    fmt.Printf("net.Listen() err:%v\n", err)
    return
}
```

（3）接受客户端连接。net.Listen 的 listener.Accept 方法用于监听并接受来自客户端的连接。如果客户端尚未建立连接，该方法会阻塞等待。当客户端连接成功时，Accept 方法返回一个用于与客户端通信的新连接对象（net.Conn 接口类型的对象），开发者可以通过该连接对象进行数据的读、写操作。如果在等待新连接的过程中发生了错误（例如监听器被关闭），listener.Accept 方法会返回一个非 nil 的错误。想要持续接受客户端的连接，可以使用 for 循环持续地调用 Accept 方法。关键代码如下。

```
for {
        fmt.Println("服务器等待客户端连接...")
        conn, err := listener.Accept()
        if err != nil {
            fmt.Printf("listener.Accept() err:%v\n", err)
            return
        }
        …
}
```

（4）创建协程处理客户端请求。为了实现并发地处理多个客户端请求，服务端通常会针对每个连接创建一个协程。

（5）使用新连接（Socket）进行通信。此过程通常使用 conn.Read 和 conn.Write 方法实现。关键代码如下。

```
//注意，conn.Read 方法在执行读取操作时，会将命令行里的换行符也给读取了
//在 UNIX 上换行符是\n，在 Windows 上是\r\n
n, err := conn.Read(buf)
if err != nil {
        if err == io.EOF {
            fmt.Println("客户端退出!")
            break
        } else {
            fmt.Printf("conn.Read() err:%v\n", err)
            return
        }
}
fmt.Printf("服务器读到数据:%v", string(buf[:n]))
//小写转大写，发回给客户端
conn.Write(bytes.ToUpper(buf[:n]))
```

（6）处理客户端请求。根据客户端发送的数据执行相应的操作，并返回结果给客户端。

（7）关闭连接。在完成与客户端的通信后，使用 conn.Close 方法关闭 Socket 连接。

（8）关闭监听器。如果不再接受新的客户端连接，使用 listener.Close 方法关闭监听器。

2. 客户端

要使用 Go 语言实现基于 TCP 协议的 Socket 通信，客户端需要执行以下步骤。

（1）导入 net 包，它提供了与网络相关的基本功能。

（2）建立连接。使用 net.Dial 函数连接到服务端，指定使用的协议（如 TCP 协议）和服务端的地址、端口。如果连接成功，该函数将返回一个用于与服务端通信的 Socket 连接。关键代码如下。

```
//发起连接请求
conn, err := net.Dial("tcp", "127.0.0.1:8000")
if err != nil {
        fmt.Printf("net.Dial() err:%v\n", err)
        return
}
```

（3）使用连接进行通信。通过 Socket 连接向服务端发送数据，这里通常会使用 conn.Write 函数实现相应的功能。数据可以是字节切片或字符串等。关键代码如下。

```
//获取用户的键盘输入(os.Stdin),并将输入的数据发送给服务器
go func() {
        str := make([]byte, 1024)
        for {
                n, err := os.Stdin.Read(str)
                if err != nil {
                        fmt.Printf("os.Stdin.Read() err:%v\n", err)
                        continue
                }
                //将数据发送给服务器
                conn.Write(str[:n])
        }
}()
```

（4）读取和处理服务端返回的数据。先通过 Socket 连接读取服务端返回的数据，使用 conn.Read 函数读取数据并存储在一个字节切片中，然后解析服务端返回的数据，并执行相应的操作。关键代码如下。

```
for {
        buf := make([]byte, 1024)
        n, err := conn.Read(buf)
        if err != nil {
                if err == io.EOF {
                        fmt.Println("服务端退出了!!!")
                        return
                } else {
                        fmt.Printf("conn.Read() err:%v\n", err)
                        continue
                }
        }
        fmt.Printf("客户端读到服务器返回的数据:%s",buf[:n])
}
```

（5）关闭连接。在完成与服务端的通信后，使用 conn.Close 函数关闭 Socket 连接。

服务端与客户端的通信是双向的。客户端需要不断地向服务端发送数据，同时也要接收来自服务端数据。因此，发送和接收操作应分别放在不同的协程中进行。主协程负责循环接收服务器返回的数据并输出，子协程则负责循环读取用户从键盘输入的数据，并将其发送给服务端。在读取键盘输入数据的子协程中定义一个切片 str，使用 os.Stdin.Read(str)函数将读取到的数据保存起来。这样，客户端也实现了并发多任务处理。本书配套代码中含有此示例完整的代码，具体见 golang-1/standardlib/net/socket。

提示： 在基于 UDP 协议的并发 Socket 编程中，由于 UDP 协议没有握手，因此服务器端无须额外创

建监听套接字，只需要指定 IP 地址和端口，然后监听该地址，等待客户端发起连接即可。一旦建立连接，便可以进行通信。

21.2.2　net/http 包

谈到网络，必然有人会想到 OSI 七层模型，在 OSI 七层模型中，Socket 协议位于传输层（第 4 层），而 HTTP 协议位于应用层（第 7 层），该协议是基于 TCP/IP 协议进行通信的。Go 语言的 net/http 包为实现 HTTP 客户端和服务器提供了丰富的 API，此包中常用的功能如图 21-4 所示。

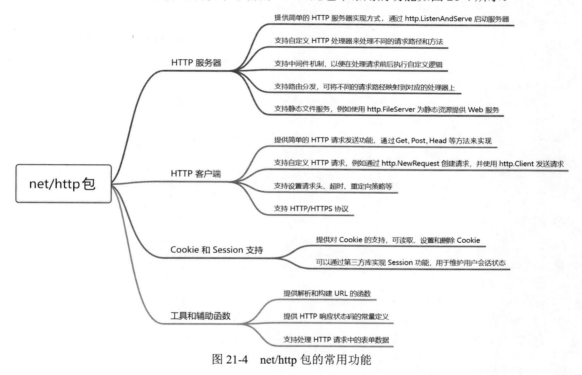

图 21-4　net/http 包的常用功能

1. HTTP 服务器

Go 语言很好地封装了 HTTP 协议，在下面的示例中，main 函数只用两行代码就实现了 HTTP 服务器的监听和处理功能。Go 语言的 net/http 包提供了 http.HandleFunc 方法，它可以根据不同的访问路径执行不同的处理逻辑，示例代码如下。

```
func main() {
        http.HandleFunc("/hello", func(writer http.ResponseWriter, request *http.Request) {
                io.WriteString(writer,"hello http! ")
        })
        http.ListenAndServe(":9080",nil)  // 实际是 http.ListenAndServe(":9080",handler)，
                                            当使用默认的 HTTP 多路复用器 DefaultServeMux 时，
                                            传入 nil 即可
}
```

在浏览器中输入相应的 IP 地址、端口和 URI，可以看到如图 21-5 所示的效果。

上述两行代码分别做了什么？先来看看 http.HandleFunc。

图 21-5 在浏览器中看到的效果

```
http.HandleFunc("/hello", func(writer http.ResponseWriter, request *http.Request) {
                io.WriteString(writer,"hello http!")
})
```

其中，"/hello" 是需要监听的访问路径，匿名函数 func(ResponseWriter, *Request)作为 HandleFunc 的参数监听到以"/hello"开头的请求，然后给出对应的处理逻辑。

当 http.ListenAndServe(":9080",nil)传入的 handler 为 nil 时，表示使用默认的 DefaultServeMux.HandleFunc。默认的 DefaultServeMux.HandleFunc 在处理请求时，会先校验 URL 路径，然后将对应的 URL 和 handler 存入映射中。映射的键为 URL，其值就是具体的业务处理逻辑 handler（handler 是通过 mux.Handle 转换而来的 HandlerFunc）。

再来看一下 http.ListenAndServe，它用于启动和监听 HTTP 服务器，它的关键代码如下。

```
func ListenAndServe(addr string, handler Handler) error {
        server := &Server{Addr: addr, Handler: handler}
        return server.ListenAndServe()
}

func (srv *Server) ListenAndServe() error {
        ……
        ln, err := net.Listen("tcp", addr)
        if err != nil {
                return err
        }
        return srv.Serve(ln)
}

func (srv *Server) Serve(l net.Listener) error {
        // ...
        for {
            rw, e := l.Accept()
            if e != nil {
                // ...
                continue
            }
            tempDelay = 0
            c := srv.newConn(rw)
            c.setState(c.rwc, StateNew)
            go c.serve(ctx)
        }
}
```

代码说明如下。

* 使用&Server{Addr: addr, Handler: handler}初始化 http.Server 结构体。http.Server 结构体封装了 HTTP 服务器的配置和行为。在 http.ListenAndServe 中，先创建一个默认的 http.Server 实例，然后将处理器和传入的地址参数分别设置为实例的 handler 和 addr 字段。注意，此处理器指的就是 http.ListenAndServe(":9080",handler)需要传入的 handler。如果第二个参数 handler 传入的是 nil，

那么 Go 语言会使用默认的 HTTP 多路复用器 DefaultServeMux 来处理请求。

- 创建监听器。使用 ln, err := net.Listen("tcp", addr)创建指定端口号的监听器 listener。net.Listen 函数负责创建监听器，它接收传入的 TCP 连接，传入的地址参数（包括 IP 和端口）用于创建监听器。如果地址中未指定 IP，则监听器将监听所有可用的网络接口。

- 调用 srv.Serve(ln)。(*Server).Serve 方法会启动 HTTP 服务器，并使用之前创建的监听器接收客户端连接。服务器将接收到的每个连接传递给处理器，以处理 HTTP 请求。这个方法包含一个 for 循环，所以它会一直运行，不停地接收外部的 TCP 请求，直到监听器关闭或出现错误为止。对于接收到的每个请求，再使用 c := srv.newConn(rw)新生成一个连接。

- 使用 go c.serve(ctx)开启协程，并发地处理每个连接请求。在 c.serve(ctx)中，最终会调用 serverHandler{c.server}.ServeHTTP(w, w.req)方法，它用于处理客户端发送的 HTTP 请求并生成响应的关键代码。在 ServeHTTP 方法中，会根据客户端的请求调用相应的处理函数（如路由分发、处理器函数等）来生成 HTTP 响应。然后，通过 http.ResponseWriter 函数将响应发送回客户端。

http.HandleFunc 方法还可以用作多路复用器，它可以将不同的处理器函数注册到默认的多路复用器（DefaultServeMux）上，然后根据不同的请求 URI 调用对应的处理器函数。http.HandleFunc 方法的执行流程如图 21-6 所示。

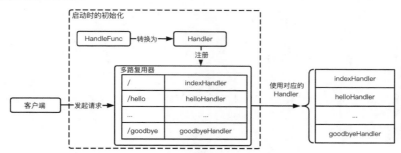

图 21-6　http.HandleFunc 方法的执行流程

相关伪代码如下。

```go
http.HandleFunc("/image", func(writer http.ResponseWriter, request *http.Request) {
    //...监听 URI 为/image 的请求，并进行相关业务逻辑处理
})

http.HandleFunc("/video", func(writer http.ResponseWriter, request *http.Request) {
    //...监听 URI 为/video 的请求，并进行相关业务逻辑处理
})

http.HandleFunc("/upload", func(writer http.ResponseWriter, request *http.Request) {
    //...监听 URI 为/upload 的请求，并进行相关业务逻辑处理
})
```

2. HTTP 客户端

处理来自 HTTP 客户端的请求也很容易，使用 net/http 包中的 http.Client 类型创建一个 HTTP 客户端，http.Client 类型提供了一些方法来发送 HTTP 请求和处理响应。下面是一个简单的 HTTP 客户

端使用示例。

```
import (
        "fmt"
        "io/ioutil"
        "net/http"
)

func main() {
        // 创建一个 http.Client
        client := &http.Client{}

        // 创建一个 HTTP 请求
        req, err := http.NewRequest("GET", "https://api.example.com/data", nil)
        if err != nil {
                fmt.Println("Error creating request:", err)
                return
        }

        // 添加请求头（可选）
        req.Header.Add("Authorization", "Bearer your-access-token")
        req.Header.Add("Accept", "application/json")

        // 使用客户端发送请求
        resp, err := client.Do(req)
        if err != nil {
                fmt.Println("Error sending request:", err)
                return
        }
        defer resp.Body.Close()

        // 读取响应体
        body, err := ioutil.ReadAll(resp.Body)
        if err != nil {
                fmt.Println("Error reading response body:", err)
                return
        }

        // 打印响应状态和响应体
        fmt.Println("Status:", resp.Status)
        fmt.Println("Response Body:", string(body))
}
```

  在上面的示例中，我们首先创建了一个 http.Client 类型，然后使用 http.NewRequest 函数创建了一个新的 HTTP 请求。在为请求添加了一些请求头后，使用 client.Do(req)方法发送请求。Do 方法返回一个 http.Response 类型的值，其中包含了响应状态码、头信息和响应体等信息。我们从 resp.Body 中读取响应体，然后打印响应状态和响应体内容。这个示例展示的仅仅是一个简单的 HTTP 客户端，我们还可以根据实际需求对其进行修改，以支持不同的请求方法（如 POST、PUT 等），并处理 JSON 响应和重定向等操作。本书配套代码中含有此示例完整的代码，具体见 golang-1/standardlib/net/http。

  除了可以自定义请求头，还可以使用著名的第三方包 fake-useragent 生成随机的 User-Agent 字符串来模拟不同的浏览器和设备，这样在每次运行程序时，都会使用不同的 User-Agent 发送请求。伪代码如下。

```
//可以定义 User-Agent 等与 header 有关的信息,本质都是调用 client.Do(req)
//还可以使用著名的第三方包 fake-useragent 来生成随机的 User-Agent

import "github.com/eddycjy/fake-useragent"

req, err := http.NewRequest("GET", "https://api.example.com/data", nil)
randomUserAgent := fake_useragent.Random()
req.Header.Set("User-Agent", randomUserAgent)
resp, err: = http.DefaultClient.Do(req)
```

在进行 HTTP 请求操作时,常用的还有 Get、Post 和 PostForm 等函数。相关伪代码如下。

```
resp, err := http.Get("http://XXX/")
resp, err := http.Post("http://XXX/upload", "image/jpeg", &buf)
resp, err := http.PostForm("http://XXX/form",url.Values{"key": {"Value"}, "id": {"a1b2c3d4"}})
```

使用完以后需要关闭响应 resp 的 body,代码为 defer resp.Body.Close()。

3. net/http 包的补充说明

我们已经了解到,诸如 http.Get 等的 HTTP 请求最终都会调用 client.Do(req)。而 http.Client 结构体在 net/http 包中的作用并非仅限于发起 HTTP 请求,它还提供了丰富的配置选项,允许开发者控制 HTTP 请求的超时时间、重定向策略、代理设置、TLS 配置等。要使用 Client 结构体,首先要创建一个实例 client := &http.Client{},然后发出请求 resp, err := Client.Get("http://XXX.com"),此后的使用方式就与使用 http.Get 类似了。

除此之外,net/http 包还提供了诸多功能,包括管理 CookieJar、操作 Cookie、配置 Transport、设置代理以及连接控制等。由于篇幅限制,本节不再逐一介绍。

21.2.3 与网络编程相关的其他包

除了前面介绍的 net、net/http 包,Go 语言的标准库中还有许多包提供了丰富的网络编程功能。如果想深入了解这些功能,可查阅官方文档。表 21-4 所示是与网络编程相关的包的概述。

表 21-4 与网络编程相关的包

包名	作用
net/url	用于解析和构建 URL,支持 URL 各个部分(如 scheme、host、path、query 等)的解析和修改
net/rpc	实现了 Remote Procedure Call (RPC)客户端和服务器,用于跨网络调用远程对象的方法
net/jsonRpc	JSON 格式的 RPC
net/mail	主要用于处理与电子邮件相关的任务,包括解析、生成和操作邮件头部和正文等。注意,该包不负责发送或接收电子邮件,它主要是处理邮件数据的格式和结构
net/smtp	实现 RFC 5321 中定义的简单邮件传输协议,用于发送电子邮件
net/textproto	以 HTTP、NNTP 和 SMTP 风格支持基于文本的请求/响应协议

21.3 与时间有关的标准库

与时间有关的标准库,包括时间函数、时间戳、时间的格式化与解析等内容,接下来简单介绍一下。

21.3.1 时间函数

时间函数的使用示例如下。

```
//1.得到当前时间
now := time.Now()

//2.通过提供的年、月、日等信息构建一个time。时间总是关联着位置信息，例如时区
time2 := time.Date(2020, 7, 17, 20, 10, 1573, 00, time.UTC)

//3.提取时间的各个组成部分
time2.Year()
time2.Month()
...
time2.Location()

//4.输出是星期一到星期日
time2.Weekday()

//5.比较两个时间，精确到秒
time2.Before(now)
time2.After(now)
time2.Equal(now)

//6.返回两个时间点的间隔时间
diff := now.Sub(time2)

//7.计算不同单位下的时间长度值
diff.Hours()
diff.Minutes()
diff.Seconds()
diff.Nanoseconds()

//8.将时间后移一个时间间隔，或者使用负号将时间前移一个时间间隔
time2.Add(diff)
time2.Add(-diff)
```

21.3.2 时间戳

获取 UNIX 时间的方法如下。

（1）用带 Unix 或者 UnixNano 的 time.Now 来获取时间戳（从 UNIX 的起始时间到现在经过的时长，单位为秒或者纳秒），关键代码如下。

```
now := time.Now()
secs := now.Unix()
nanos := now.UnixNano()
```

注意，没有直接获取微秒的方法，想要得到微秒，需要手动地将纳秒转换一下，转换代码为 millis := nanos / 1000000。

（2）创建 time.Time 类型的时间点，关键代码如下。

```
time.Unix(secs, 0)    //以秒为单位创建时间点
time.Unix(0, nanos)   //以纳秒为单位创建时间点
```

21.3.3　时间的格式化与解析

Go 语言支持基于描述模板的时间格式化与解析，示例代码如下。

```
//时间转为字符串
func TestFormatTime2Str(t *testing.T) {
    // 2020-07-23 01:04:11.9046967 +0800 CST m=+0.006980101
    time1 := time.Now()
    //在 Go 语言中，格式化模板的时间是固定的，即 2006 1.2 15:04:05
    str:=time1.Format("2006年1月2日 15:04:05")
    str=time1.Format("2006/1/2 15-04-05")
    str=time1.Format("1/2/2006 15-04-05")
    fmt.Println(str)
}

//字符串转换为时间
func TestFormatStr2Time(t *testing.T) {
    str:="20010707 09:30:00"
    time1,err:=time.Parse("20060102 15:04:05",str)
    //如果解析格式出错，会返回一个 err
    if err!=nil{
        panic(err)
    }
    fmt.Printf("%d-%02d-%02dT%02d:%02d:%02d-00:00\n",
                time1.Year(), time1.Month(), time1.Day(),
                time1.Hour(), time1.Minute(), time1.Second())
}
```

在上述示例代码中，Format 和 Parse 会根据传入的字符串形式来确定日期格式。

在 Go 语言的 time 包中，通过模式常量来规范时间格式化和解析操作。每个模式常量都包含了一些特定的数值，这些数值代表了不同的时间字段，如年、月、日、小时、分钟、秒和时区。图 21-7 中是 time 包中提供的模式常量。

```
const (
    Layout      = "01/02 03:04:05PM '06 -0700" // The reference time, in numerical order.
    ANSIC       = "Mon Jan _2 15:04:05 2006"
    UnixDate    = "Mon Jan _2 15:04:05 MST 2006"
    RubyDate    = "Mon Jan 02 15:04:05 -0700 2006"
    RFC822      = "02 Jan 06 15:04 MST"
    RFC822Z     = "02 Jan 06 15:04 -0700" // RFC822 with numeric zone
    RFC850      = "Monday, 02-Jan-06 15:04:05 MST"
    RFC1123     = "Mon, 02 Jan 2006 15:04:05 MST"
    RFC1123Z    = "Mon, 02 Jan 2006 15:04:05 -0700" // RFC1123 with numeric zone
    RFC3339     = "2006-01-02T15:04:05Z07:00"
    RFC3339Nano = "2006-01-02T15:04:05.999999999Z07:00"
    Kitchen     = "3:04PM"
    // Handy time stamps.
    Stamp       = "Jan _2 15:04:05"
    StampMilli  = "Jan _2 15:04:05.000"
    StampMicro  = "Jan _2 15:04:05.000000"
    StampNano   = "Jan _2 15:04:05.000000000"
)
```

图 21-7　time 包提供的模式常量

Go 语言中的模式常量与其他编程语言中的时间格式化字符串略有不同。Go 语言使用了一个特定的参考时间 "Mon Jan 2 15:04:05 MST 2006"，这个参考时间里的每个数值都代表了一个特定的时间字段。例如，Mon 代表星期几，Jan 代表月份，2 代表日期，15 代表小时（24 小时制），04 代表分钟，05 代表秒，MST 代表时区，2006 代表年份。

Go 语言中没有使用一些容易引起混淆的字符（如%Y、%m、%d 等）来表示时间字段，而是采用了这种直观的、基于特定参考时间的模式常量。使用这些模式常量规范时间格式化和解析时，请确保遵循相应的约定。

除此之外，还可以自定义时间模式，但必须使用时间"Mon Jan 2 15:04:05 MST 2006"来指定给定的时间、字符串的格式化或解析方式。

21.4　随机数

计算机科学的随机数都是根据一定的算法计算得出的。Go 语言的标准库 math/rand 提供了生成随机数的相关方法。

（1）如果是没有种子的随机数 rand.Intn(10)，那么每次生成的随机数不变。

（2）如果为随机数生成器设置了不同的种子，将会得到不同的随机数序列。如果为随机数生成器设置了相同的种子，则每次都会产生相同的随机数序列，示例代码如下。

```
var rn int64 = 99
rand.Seed(rn)
num:=rand.Intn(10)  //每次得到的结果都一样
```

（3）时间是不断变化的，若将时间作为随机数生成器的种子，那么每次生成的种子的数值会有所不同，进而也就会产生不同的随机数序列。示例代码如下。

```
//使用时间作为种子
rand.Seed(time.Now().UnixNano())
//生成随机数
num:=rand.Intn(10)
```

（4）在某些情况下，我们需要生成一个特定区间范围内的随机数。由于 rand.Intn(n)生成的随机数为左闭右开的区间[0,n)，因此这里可以使用一个小技巧，即采用"+N"的方法来调整区间范围。例如，若想生成区间[5,80]的随机数，可采用如下示例代码。

```
//生成区间[5,80]的随机数
rand.Seed(time.Now().UnixNano())
num:=rand.Intn(76)+5
```

21.5　正则表达式

正则表达式是一个强大的文本处理工具，可以用来进行模式匹配、查找和替换等操作。在 Go 语言的标准库中，regexp 包提供了正则表达式的相关功能，它支持 Perl 风格的正则表达式语法。下面的代码展示了如何使用 regexp 包的常用功能。

```
import (
        "fmt"
        "regexp"
)

func main() {
```

```go
// 1. 编译一个正则表达式
re, err := regexp.Compile(`\d+`)
if err != nil {
        fmt.Println("Error compiling regex:", err)
        return
}

// 2. 查找第一个匹配项
input := "abc123def456"
matched := re.FindString(input)
fmt.Println("查找第一个匹配项:", matched) //输出: 123

// 3. 查找所有的匹配项
matches := re.FindAllString(input, -1)
fmt.Println("查找所有的匹配项:", matches) //输出: [123 456]

// 4. 查找并提取子表达式的匹配项
re2 := regexp.MustCompile(`(\d+)([a-z]+)`)
matchesSub := re2.FindStringSubmatch("12abc34def56")
fmt.Println("查找并提取子表达式的匹配项:", matchesSub) //输出: [12abc 12 abc]

// 5. 查找并提取所有子表达式的匹配项
allMatchesSub := re2.FindAllStringSubmatch("12abc34def56", -1)
//输出: [[12abc 12 abc] [34def 34 def]]
fmt.Println("查找并提取所有子表达式的匹配项:", allMatchesSub)

// 6. 使用指定的文本替换所有的匹配项
replaced := re.ReplaceAllString(input, "X")
fmt.Println("使用指定的文本替换所有的匹配项:", replaced) //输出: abcXdefX

// 7. 使用函数替换所有的匹配项
replacedFunc := re.ReplaceAllStringFunc(input, func(match string) string {
        return "Y"
})
fmt.Println("使用函数替换所有的匹配项:", replacedFunc) //输出: abcYdefY

// 8. 判断给定文本是否至少有一个匹配项
isMatch := re.MatchString(input)
fmt.Println("判断给定文本是否至少有一个匹配项", isMatch) //输出: true

// 9. 分割一个字符串
re3 := regexp.MustCompile(`\s+`)
splitResult := re3.Split("This is a sample text", -1)
fmt.Println("分割一个字符串:", splitResult) //输出: [This is a sample text]
}
```

以上是 regexp 包的一些常用功能，更多高级功能和使用方式可以参考官方文档。

21.6 flag 包的使用

有时我们需要解析和处理外部传入的参数，这时可以使用 flag 包，它用于解析基本的命令行参数。

21.6.1 简单标记的声明方式

简单标记的声明仅支持字符串、整数和布尔值选项，定义如下。

```
func Int(name string, value int, usage string) *int
func String(name string, value string, usage string) *string
func Bool(name string, value bool, usage string) *bool
```

上述定义中参数的含义如下。

- 第一个参数定义想要传入的参数的名称。
- 第二个参数是默认值。
- 第三个参数定义帮助信息。

在下面的示例中，我们定义了两个命令行参数：flagInt（整型）和 flagString（字符串类型）。每个参数都有一个默认值和一个描述。使用 flag.Parse 函数解析命令行参数，解析完以后，可以通过指针访问已解析的参数值。在下面示例中，我们输出的是解析后的参数值以及未解析的命令行参数。

```
func main() {
        //定义命令行参数
        var flagInt = flag.Int("p1",0,"p1 接收一个 int 类型的参数，用于 xxx")
        var flagString = flag.String("p2","下雪","p2 接收一个 string 类型的参数，用于 xxx")

        //解析命令行参数。这句很重要，不然传入的参数不生效
        flag.Parse()

        // 输出命令行参数
        fmt.Println(*flagInt,*flagString)
        // 输出未解析的命令行参数
        fmt.Println("未解析的命令行参数:", flag.Args())
}
```

编译并执行上述代码，输出的值就是 flag 定义的默认值。

```
$ go build -o mytool main.go
$ ./mytool arg1 arg2
0 下雪
未解析的命令行参数: [arg1 arg2]
```

传入不存在的参数，执行时会返回错误并提示 flag 中定义的帮助信息，示例代码如下。

```
$ ./mytool -s
flag provided but not defined: -s
Usage of ./mytool:
  -p1 int
        p1 接收一个 int 类型的参数，用于 xxx
  -p2 string
        p2 接收一个 string 类型的参数，用于 xxx (default "下雪")
```

将想用的参数值传入，得到的输出如下。

```
$ ./mytool -p1=100 -p2 出太阳
100 出太阳
未解析的命令行参数: []
```

21.6.2　其他使用方式

除了声明简单标记，flag 包还有更复杂的使用方式，具体如下。

1. 自定义标记

flag.Value 是一个接口，它定义了解析和设置命令行参数的方法。如果想创建一个自定义类型的命令行参数，只需实现 flag.Value 接口的方法集即可。下面是 flag.Value 接口的定义。

```
type Value interface {
    String() string
    Set(string) error
}
```

2. 绑定标记的声明方式

flag 包中的 intValue、stringValue 等类型实现了 Value 接口，这意味着它们可以作为命令行参数使用。用程序中已有的参数来声明一个标志，示例代码如下。

```
var intValue int
flag.IntVar(&intValue,"p3",-1,"p3 绑定了一个 int 类型的参数")
```

3. 修改帮助信息的方法

在使用工具时，如果输入-h 选项，程序会输出已定义好的帮助信息，这实际上是通过调用 flag.Usage 函数来实现的。我们可以修改 flag.Usage 函数，让其显示我们想要的帮助信息。示例代码如下。

```
flag.Usage = func() {
        fmt.Fprintf(os.Stderr,"mytool version: v0.1 Usage: mytool [-p1] [-p2] [-h]" )
        flag.PrintDefaults()
}
```

4. flag.Args 函数

os.Args 是一个字符串切片，它保存了从命令行中传递给程序的所有参数。os.Args[0]是程序的名称，os.Args[1:]是程序接收的实际参数。flag.Args 函数用于返回未被解析的命令行参数，也就是那些未被 flag 包识别为已声明命令行选项的参数。相比 os.Args，flag.Args 函数可以更方便地处理命令行参数，因为它已经解析了选项以及与选项对应的值，只留下了那些未被解析的参数。

另外，也可使用 flag.NArg 函数获取传入参数的个数。

21.7 os 包的使用

os 包除了支持文件操作，还有其他作用，比如可以使用 os/exec 包调用操作系统上的命令；可以使用 os.Args 函数获取外部参数；可以使用 os/signal 包的 signal.Notify 函数向操作系统发出信号或指令。此外，我们还可以使用 os.Exit(N)函数退出给定状态。下面来看几个示例。

1. 调用操作系统上的命令

StdoutPipe 是 os/exec 包中 Cmd 结构体的一个方法，当想要从一个命令的标准输出（stdout）中获取数据时，可以使用该方法。它返回一个 io.ReadCloser 类型的对象，这个对象可以用来读取命令的输出。StdoutPipe 方法需要在调用 Cmd 结构体的 Run 或 Start 方法之前使用，以便正确连接到命令的输出。此外，用完 StdoutPipe 方法后，需要正确地关闭它，以防导致内存泄漏。下面是一个简单的示例。

```
import (
        "fmt"
        "io/ioutil"
        "log"
        "os/exec"
)

func main() {
        // 创建一个 echo 命令
        cmd := exec.Command("echo", "hello world!")

        // 获取命令的标准输出管道
        stdoutPipe, err := cmd.StdoutPipe()
        if err != nil {
                log.Fatalf("获取标准输出管道时出错：%v", err)
        }

        // 开始执行命令
        if err := cmd.Start(); err != nil {
                log.Fatalf("执行命令时出错：%v", err)
        }

        // 读取命令的输出
        output, err := ioutil.ReadAll(stdoutPipe)
        if err != nil {
                log.Fatalf("读取命令的输出时出错：%v", err)
        }

        // 等待命令执行完
        if err := cmd.Wait(); err != nil {
                log.Fatalf("等待命令执行完时出错：%v", err)
        }

        // 输出结果
        fmt.Printf("命令输出：%s\n", output)
}
```

在上面的示例中，先创建了一个 echo 命令，然后调用 StdoutPipe 方法获取了标准输出管道，接着启动命令并从管道中读取了输出。最后，等待命令执行完并打印了输出结果。

2. 接收中断信号

在 Go 语言中，可以使用 os/signal 包来处理操作系统发出的信号，例如中断信号（interrupt signal）。下面的示例展示了如何使用 os/signal 包来接收和处理中断信号。

```
import (
        "fmt"
        "os"
        "os/signal"
        "syscall"
)

func main() {
        // 创建一个信号通道
```

```
signals := make(chan os.Signal, 1)

// 注册接收中断信号（如：Ctrl+C）
signal.Notify(signals, syscall.SIGINT)

fmt.Println("程序运行中... 按快捷键 Ctrl+C 发送中断信号")

// 等待信号
select {
case sig := <-signals:
        // 处理信号
        fmt.Printf("\n接收到信号: %v，程序结束\n", sig)
}
}
```

在这个示例中，首先创建了一个信号通道 signals，然后使用 signal.Notify 函数注册了我们感兴趣的信号，这里注册的是 syscall.SIGINT，它表示中断信号，之后程序会等待信号的到来，当接收到信号时，它会打印出接收到的信号并结束程序。

21.8　crypto 包

crypto 包提供了一系列加密算法和相关工具函数，用于实现数据的加密、解密和散列计算等操作。其中，SHA1 散列算法常用于生成二进制文件或者文本块的短标识。例如，Git 版本控制软件使用 SHA1 散列算法来标识受版本控制的文件和目录。下面的代码演示了使用 SHA1 散列算法的过程。

```
import "crypto/sha1"

s := "sha1 散列"

//调用 sha1.New 产生一个散列值
h := sha1.New()
//写入要处理的字节。如果是一个字符串，需要使用 []byte(s) 将其强制转换成字节数组
h.Write([]byte(s))
//用来得到散列值最终的字符切片
bs := h.Sum(nil)
//SHA1 值常以十六进制输出，使用 %x 将散列结果格式化为十六进制字符串
fmt.Printf("%x\n", bs)//输出: daf6235af41dc4e9f44cd08ffc73a7c5cd5256a5
```

计算其他形式的散列值的方法与上面的类似。例如，计算 MD5 散列值时，可使用 crypto/md5 中的 md5.New 函数。注意，如果需要使用密码学上的安全散列，则必须考虑散列算法的强度。

21.9　base64 编码

encoding/base64 包遵照 RFC 4648 规范实现了 base64 编码和解码功能。标准的 base64 编码与 URL 兼容的 base64 编码稍有不同，它们的后缀分别为 "+" 和 "-"，但两者都可以被正确解码为原始字符串。关键代码如下。

```
// 编码需要使用 []byte 类型的参数，所以要将字符串转成此类型
sEnc := b64.StdEncoding.EncodeToString([]byte(data))
```

```
// 解码可能会返回错误，如果不确定输入信息的格式是否正确，就需要进行错误检查
sDec, _ := b64.StdEncoding.DecodeString(sEnc)

// 使用 URL 兼容的 base64 格式进行编码、解码
uEnc := b64.URLEncoding.EncodeToString([]byte(data))
uDec, _ := b64.URLEncoding.DecodeString(uEnc)
```

21.10　fmt 包

Go 语言的 fmt 包除了用于输出结果，还可以格式化输出结果、返回格式化的新字符串、创建格式化的错误信息和使用转义序列等。

1.　格式化输出结果

支持占位符格式化字符串，如%v、%d、%s 等，可用于将变量以特定的格式输出。fmt.Printf 函数常用的输出格式如表 21-5 所示。

表 21-5　fmt.Printf 函数常用的输出格式

格式	输出
%f	浮点数
%d	十进制整数
%s	字符串
%t	布尔值
%v	根据所提供的值类型选择适当的格式输出对应的值
%#v	按照代码中显示的格式进行格式化后得到的值
%T	值所对应的类型

它还可以设置格式化值的宽度，对此可以查阅官方文档，在此不再赘述。

2.　返回格式化后的新字符串

fmt.Printf 函数通过 os.Stdout 标准输出格式化的字符串，而 fmt.Sprintf 函数则是根据格式化说明符格式化并返回一个新的字符串，如 s := fmt.Sprintf("a %s", "string")。

3.　创建格式化的错误信息

fmt.Errof 函数用于创建格式化的错误信息，可以将 string 信息转换为 error 类型的值并返回，方便在处理错误信息时定制输出，如 err := fmt.Errorf("%s", "error test for fmt.Errorf")。

4.　使用转义序列

转义序列是字符串字面量的一部分，它们在 Go 语言中表示那些在普通文本字符串中无法直接包含或难以直接表示的特殊字符。fmt 包经常用于处理字符串，包括输出和格式化字符串，所以转义序列在与 fmt 包相关的上下文中特别有用。在字符串中，换行符、制表符和其他一些字符可以用转义序列来表示，即在反斜杠后跟表示另一个字符的字符。常用的转义序列如表 21-6 所示。

表 21-6　常用的转义序列

转义序列	表示值
\n	换行符
\t	制表符
\"	双引号
\'	单引号
\b	退格符
\f	换页符

21.11　使用第三方库

　　Go 语言发展了这么多年，也诞生了非常多的第三方库。这些第三方库的使用方法通常都是"下载、引入和使用"这三部曲，具体可以参考第三方库的官网，也可以在 pkg-go-dev 网站上查找。

　　例如，可以在 pkg-go-dev 网站上找到 Go 语言中著名的第三方库 Gin 的相关信息。它与标准库的区别是在分类上，它使用的是 GitHub 仓库地址，如图 21-8 所示。

图 21-8　第三方库 Gin 的文档

只要遵照该网站给出的文档规范，我们自己就可以编写库并发布到 GitHub 上。

　　Go 官网还介绍了如表 21-7 所示的几大类第三方库，如有需要可以自行访问和查阅。

表 21-7　常用的第三方库

类型	常用的第三库名称
Web 框架	Beego、Buffalo、Echo、Flamingo、Gin、Gorilla
路由	julienschmidt/httprouter、gorilla/mux、Chi
模板引擎	flosch/pongo2
数据库及周边	mongo-driver/mongo、olivere/elastic、GORM、Bleve、CockroachDB
Web 相关的其他包	markbates/goth、jinzhu/gorm、dgrijalva/jwt-go

第 22 章

性能问题分析与追踪

谈及性能优化时，需要掌握的关键要素包括性能的衡量标准、影响性能的因素、评估性能的方法和工具，以及定位性能问题的方法等。在分析性能问题时，需要确定问题产生的原因，以便采取对应的措施进行优化。本章将涵盖衡量软件性能的方法、分析性能问题的工具，以及问题追踪等相关内容。

22.1 性能优化概述

在软件开发的生命周期中，程序的正确性和可读性始终是软件开发中确保代码质量和可维护性的最重要两个因素。正确性是指程序能否按照预期的方式工作，而可读性则影响着代码的可维护性和可扩展性。只有当程序的正确性得到保证，且代码的可读性良好时，我们才应关注和优化程序的性能。

软件性能受多种因素影响，以下是主要因素。

- 硬件资源：处理器速度、内存容量、存储设备的性能以及网络带宽等硬件资源对软件性能有显著影响。
- 软件架构：软件的架构设计决定了软件的性能。优秀的架构设计可以确保软件在复杂的场景下仍然具有良好的性能，且能更容易地进行扩展和维护。
- 代码质量与算法效率：高质量的代码和算法对软件性能有很大的影响。高质量的代码可以减少资源消耗、提高执行速度和降低延迟。算法效率关乎 CPU 和内存的性能，不合适的算法不仅可能会导致过多的计算任务和资源竞争，影响系统整体的响应速度和处理能力，还可能会导致时间复杂度增加、CPU 的使用率更高，内存的分配更多，进而造成了性能更低。
- 资源管理：有效的资源管理和任务调度可以避免资源浪费，提高软件性能。资源管理包括内存管理、垃圾回收和并发控制等方面。错误的内存分配方式会导致性能问题，因此要善用内存分配机制与垃圾回收机制。应尽量减少不必要的内存分配，从而降低垃圾回收的频率，因为垃圾回收本身会消耗一定的计算资源。如果在并发中使用了互斥锁和同步机制，可能会导致延迟，这种延迟通常对程序运行的速度有很大影响，因此应做好并发控制。在多线程或并发编程中，正确地使用互斥锁和同步机制是保证数据一致性和线程安全的关键。然而，不当或过度使用这些同步机制可能会导致显著的性能瓶颈，尤其是在高并发场景下。

- 缓存策略：合理的缓存策略可以减少对外部资源（如数据库、外部服务等）的依赖，从而提高软件性能。缓存策略包括数据缓存、对象缓存和页面缓存等。
- 数据库的性能：数据库查询和操作的性能对整个软件的性能有很大影响。优化数据库设计、查询和索引策略可以显著提高软件性能。
- 网络延迟：网络延迟对软件性能也有很大影响，采用优化的网络协议、负载均衡策略以及减少网络开销可以降低网络延迟，提高性能。
- 第三方依赖：软件依赖的外部组件、库和服务的性能会影响整个软件的性能。

在性能优化过程中，我们需要使用各种评测手段来查找和解决性能问题。通常，我们会针对影响性能的各种因素使用相应的工具来收集相关指标，并据此生成详细的性能报告。在解读性能报告的数据时，我们应先关注内存分配的调用情况，了解堆内存的使用情况。同时也需要关注与互斥锁相关的调用，若发现程序在这上面耗费了大量的时间，那就意味着存在因阻塞而导致的延迟。此外，在执行与读、写相关的操作时，程序可能会遇到因 I/O 任务切换而导致的性能问题。例如，在读取文件或写入网络连接时，操作系统可能需要先暂停当前操作以便处理其他任务。此时，程序会因为 I/O 任务切换而处于等待状态，只有在 I/O 任务完成或资源可用以后才能继续执行后续任务。这种 I/O 问题容易被我们忽略，在高并发或有大量 I/O 任务的场景中应该特别关注。

在编写代码时，我们需要关注代码的正确性，包括编写清晰、易懂的代码，以及遵循良好的编码规范。这样做不仅有助于减少潜在的性能问题，而且在后续的性能优化过程中，也更容易地找出性能瓶颈。

22.2 性能优化的步骤

与性能优化相关的方法论很多，其中常用的是 RED（Rate、Errors、Duration）方法。RED 方法是一种用于监控和优化服务性能的方法，它是由 Netflix 的工程师汤姆·威尔基（Tom Wilkie）首次提出的。RED 方法包括以下三个主要组成部分。

- 速率（Rate）：即请求速率，用于衡量服务处理的请求数量。这个指标可以帮助我们了解服务的负载情况，以便在需要时进行扩展。
- 错误（Errors）：即错误率，用于衡量服务处理请求时出现错误的比例。这个指标可以帮助我们了解服务的健康状况，以便在出现问题时进行快速定位和修复。
- 持续时间（Duration）：即请求处理的延迟，用于衡量服务处理请求所需的时间。这个指标可以帮助我们了解服务的性能表现，以便在出现性能瓶颈时进行优化。

性能优化是一个需要不断循环迭代的过程，包括发现性能瓶颈、进行基准测试、优化补丁和进行负载测试，如图 22-1 所示。下面笔者结合自己的工作经验，介绍在进行性能优化时所采用方法和技巧，大致步骤如下。

（1）监控和数据收集。使用外部的工具录制场景，对软件进行压测。常用的工具包括 ab、hey、

load runner、Jemeter 和 WRK 等,可以使用这些压测工具确定系统是否存在性能瓶颈。在这个过程中,需要对系统中每个服务的请求速率、错误率和持续时间进行实时监控。

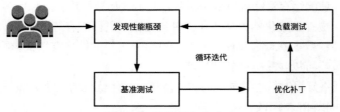

图 22-1　性能优化的步骤

（2）分析和定位问题。通过观察监控数据,发现性能瓶颈和异常行为。例如,如果请求速率突然下降,可能是服务存在问题;如果错误率增加,可能是出现了故障;如果持续时间过长,可能是性能瓶颈。通过对比不同服务和组件的指标,定位到具体出问题的位置。

（3）定位问题的位置后,进一步测试、分析相关的代码。

- 利用 Go 自带的基准测试框架进行测试,并生成 profiling 文件。接着,使用 go tool pprof 工具分析 CPU 或内存的使用情况,找到代码中有问题的位置。
- 利用 go build 编译工具以及 gcflags 选项查看编译器的优化情况,并进行内存逃逸分析,分析内存分配是否合理。
- 通过设置 GODEBUG 环境变量启用垃圾回收的跟踪输出,查看垃圾回收的情况,分析是否存在内存泄漏或者协程泄露问题。
- 利用 go tool trace 工具查看程序中堆内存分配的情况以及垃圾回收的情况,分析内存分配是否合理,以及是否合理利用多核进行了并发编程。

（4）制定优化策略。根据问题的类型和所在的位置,制定有针对性的优化策略。例如,如果是数据库的性能出现问题,可以考虑优化查询、添加索引或调整数据库配置;如果是网络延迟问题,可以考虑优化网络协议、负载均衡策略等。

（5）根据优化策略对代码、配置和架构进行调整,这可能包括重构代码、优化算法、调整系统设置等。在调整过程中,要注意遵循软件工程的最佳实践准则,以确保系统的可维护性和稳定性。

（6）测试和验证。再次对优化后的系统进行性能测试,验证优化效果。同时,需要确保功能的正确性和稳定性,避免在优化过程中引入新的问题。

（7）持续的监控和优化。将优化后的系统部署到生产环境中,并继续监控 RED 指标。性能优化是一个持续的过程,需要根据系统的实际运行情况和业务需求不断调整和优化。

笔者特别想说的一点是,设置一个指标值或目标值在优化过程中非常重要,可以方便量化评估优化结果。通过对比优化前后的指标,可以直观地了解优化的效果,判断优化是否达到预期目标,同时可以防止过度优化。过度优化可能会导致资源浪费、系统复杂度增加以及可维护性降低等问题。在面临多个优化任务时,设定指标值有助于确定优先级。通过比较各项优化任务的指标值,可以更好地分配有限的资源和时间,确保高优先级的任务得到充分关注。

此外,在进行整个系统的压测或单个函数的基准测试时,务必确保测试环境处于相对空闲的状态。比如，在进行性能测试的过程中要避免执行其他任务，否则可能会对正在运行的数据产生影响。推荐使用独立的物理环境进行性能测试，以提高结果的准确性。若在共享硬件的环境下进行测试和分析，得到的结果仅是相对于所使用的硬件资源的。另外，还要考虑硬件的节能与降温机制可能导致的结果波动，应尽量关闭这些机制。

22.3 硬件与软件的性能指标

在评估一个系统的性能情况之前，必须先搭建好硬件环境。因为性能分析必须在可重复和稳定的环境中进行。CPU、内存、磁盘 I/O 和网络等是经常出现性能瓶颈的地方。

- CPU：负责执行计算和逻辑操作，是计算机系统的核心部分。
- 内存：存储计算机系统需要处理的数据和程序，对程序运行的速度和性能有直接影响。
- 磁盘 I/O：涉及数据在存储设备（如硬盘、固态硬盘等）之间的读取和写入。磁盘 I/O 性能对于存储密集型应用来说非常重要。
- 网络：负责计算机系统与其他设备之间的数据传输。网络性能对于许多依赖网络通信的应用（如 Web 服务器、数据库服务器等）来说至关重要。

对硬件环境做基准测试的目的是帮助我们了解系统在正常工作负载下的性能，以及识别可能的性能瓶颈。通过基准测试获取基线数据，可以为后面优化硬件和软件配置提供依据。当系统出现性能问题时，基线数据可以作为参考，帮助我们判断问题的严重程度以及快速定位问题，以便采取相应的解决措施。除此之外，基线数据还可以帮助我们了解系统在不同负载下的性能，从而更好地规划硬件资源和扩容。

小技巧：sysbench 是一个多功能、模块化、跨平台的基准测试工具，它可以用于评估不同系统参数下的数据库服务器、CPU、内存、磁盘 I/O 和线程等资源的性能。sysbench 提供了一系列内置的测试场景，同时支持使用自定义的脚本来创建特定的测试用例。

通常我们会参考表 22-1 所列的指标来衡量程序的性能。通过了解和分析这些指标，我们可以更准确地找出程序中的问题，并有针对性地进行优化，以提高程序的性能和效率。

表 22-1 性能衡量的指标及其说明

性能衡量的指标	说明
QPS	表示每秒处理的查询请求次数。QPS 常用于衡量 Web 服务器、数据库服务器等的性能。QPS 受到 CPU、内存、网络和磁盘 I/O 等因素的影响
TPS	表示每秒处理的事务数。TPS 主要用于衡量 OLTP 类型数据库的事务处理能力。它是衡量系统处理能力最直接的指标，一般基准测试都会重点测试这个指标
IOPS	表示单位时间内系统能处理的 I/O 请求数量。IOPS 主要用于衡量存储系统的性能，是 OLTP 等频繁地随机读、写应用程序时产生的关键衡量指标。IOPS 指标值主要与磁盘 I/O 有关
数据吞吐量	表示单位时间内传输成功的数据量。数据吞吐量可以用于衡量网络、存储系统、CPU 等的性能。对于大量顺序读、写的应用，应关注这个指标
网络延迟	表示数据从发送端到接收端的传输时间。网络延迟主要用于衡量网络性能，但也可能与存储系统、CPU 等硬件相关

续表

性能衡量的指标	说明
数据包丢失率	在通信过程中发送端发送的数据包未能成功到达接收端的比例。数据包丢失率用于衡量网络质量和可靠性。对于实时性要求高的应用（如 VoIP、视频会议、在线游戏等），数据包丢失率过高会直接影响用户体验
内存使用率	表示内存使用量占总内存量的百分比。内存使用率用于衡量内存的使用情况，与内存硬件直接相关
CPU 基线	CPU 基线主要反映了处理器正常运行时的使用情况，包括 ● 平均 CPU 使用率：系统在正常负载下的平均 CPU 使用率 ● CPU 使用峰值：系统在高负载情况下的 CPU 使用率峰值 ● 上下文切换率：每秒内核为处理任务而发生的上下文切换的次数

22.4 优化工具概述

下面介绍常用的与性能测试、问题追踪和报告分析相关的工具。

22.4.1 runtime.MemStats

runtime.MemStats 是 Go 语言中的一个结构体，它用于收集并报告内存管理器的统计数据。通过 runtime.MemStats，开发者可以了解当前 Go 程序的内存使用情况、垃圾回收的统计数据以及其他与内存相关的性能指标。获取这些信息有助于分析内存的使用情况，从而发现内存泄漏或性能瓶颈等问题。使用 runtime.MemStats 的方法如下。

```
func printMemStats(msg string) {
        var mem runtime.MemStats //创建一个 MemStats 对象
        runtime.ReadMemStats(&mem) //将当前内存管理器的统计数据填充到 memStats 结构体中
        fmt.Printf("%v: 分配内存 = %vKB,总共分配内存= %vKB," +
                "堆大小=%vKB,垃圾回收的次数 = %v\n",
                msg, mem.HeapAlloc/1024, mem.TotalAlloc/1024,mem.HeapSys/1024,mem.NumGC)
}
```

在上面的代码中，TotalAlloc 和 HeapAlloc 是需要重点关注的两个数据。其中，TotalAlloc 表示自程序启动以来总共分配的堆内存字节数，这个值在释放内存后也不会变小。而 HeapAlloc 表示当前活跃的堆内存字节数，它是实时的内存分配情况，包括可达和不可达对象（例如，垃圾回收器还没有释放的对象）。

runtime.MemStats 简单易用，缺点是仅描述内存的使用情况。

22.4.2 Benchmark

通常，对于一个特定的问题可能存在多种解决方案。因此，我们需要对各种方案进行比较，以确定最优解。在这种情况下，Benchmark 成为我们评估各种解决方案性能的重要手段。Benchmark 能够生成关键的性能指标，如内存分配量和 CPU 使用率等，这为我们的决策提供了数据支持。

Benchmark 是测试框架中的基准测试，它能较为直观地展示测试结果，包括被测试函数的循环次数、平均每次执行时间、内存分配字节数和内存分配次数等。以下是 Benchmark 的测试结果相关说明。

```
$ go test -v -run=none -bench="." -benchmem
goos: darwin //操作系统
goarch: amd64 //CPU 架构
pkg: golang-1/testing/perf //被测试的包
cpu: Intel(R) Core(TM) i5-1038NG7 CPU @ 2.00GHz //CPU 型号
// Benchmark 名字 - CPU          循环次数    平均每次执行时间    内存分配字节数    内存分配次数
BenchmarkConcatStr10ByAdd-8            156916   102981 ns/op    788699 B/op  3 allocs/op
BenchmarkConcatStr10BySprintf-8        92085    146552 ns/op    927575 B/op  7 allocs/op
BenchmarkConcatStr10ByStingsBuilder-8  4400736  286.9 ns/op     141 B/op     2 allocs/op
BenchmarkConcatStr10ByBytesBuffer-8    4406731  271.6 ns/op     115 B/op     2 allocs/op
PASS
//    执行结果    在哪个目录下执行 go test    累计耗时
ok          golang-1/testing/perf    33.423s
```

22.4.3　go tool pprof 工具

go tool pprof 是 Go 语言自带的一个强大的性能分析工具，可用于分析应用程序的 CPU 使用率、内存分配情况、阻塞情况和锁竞争等，以及查找代码中存在的性能问题。它支持对 runtime/pprof 和 net/http/pprof 采集到的各种性能数据进行分析。该工具有两种使用模式：命令行交互模式和 Web 可视化模式。

表 22-2 列举了 go tool pprof 中常用的性能分析类型及其作用。

表 22-2　常见的性能分析类型及其作用

分析类型	作用
CPU Profiling	按照一定的频率采集所监听的应用程序 CPU（含寄存器）的使用情况，用于定位耗费 CPU 资源多、占用 CPU 时间最长的函数或代码片段（热点），从而找出潜在的性能瓶颈
Memory Profiling	记录应用程序在进行堆分配时的堆栈跟踪信息，用于监视当前和历史内存的使用情况，可以帮助我们发现是否存在内存泄漏、过度分配或其他不合理的内存使用模式
Block Profiling	用于度量协程在同步原语（如互斥锁、通道等）上的阻塞时间。默认不开启，需要调用 runtime.SetBlockProfileRate 进行设置。可以帮助我们发现导致程序响应缓慢或延迟增加的同步问题
Mutex Profiling	报告互斥锁的竞争情况，默认不开启，需要调用 runtime.SetMutexProfileFraction 进行设置
Goroutine Profiling	用于收集和分析当前正在运行的协程的堆栈跟踪信息，可以帮助我们了解程序的并发情况，识别可能的竞争条件或者发现协程泄露

通常，在性能优化过程中，我们只需要分析 CPU 和内存这两组数据。对 CPU 进行分析时，应该关注程序的热门路径，即分析时间主要消耗在哪些函数上。对内存进行分析时，则需要关注以下两项指标。

- 堆上分配的对象数量。如果程序分配了大量的对象，那么垃圾回收工作将会很耗时，可能会影响程序的速度。
- 堆的总大小，或者要存储的内容所占的空间大小。

若想从宏观层面改善程序的性能，必须从内存分配开始。在微观层面则应该从 CPU 的性能入手，比如通过对热门路径进行分析来找出 CPU 密集型操作并进行优化。

22.4.4　runtime/pprof 包

runtime/pprof 是 Go 语言中的性能分析工具包，可用于采集应用程序的运行时性能数据，包括

CPU 使用率、内存分配情况、阻塞情况和锁竞争等。runtime/pprof 包提供了一组函数接口来采集性能数据,它会将其保存到一个 profile 文件中,以便后续进行分析。生成 profile 文件有以下两种方式。

(1)在代码中以埋点的方式生成 profile 文件。关键代码如下。

```
//生成 CPU profile
cpuf, err := os.Create("cpu_profile")
...
pprof.StartCPUProfile(cpuf)
defer pprof.StopCPUProfile()

//生成 mem profile
memf, err := os.Create("mem_profile")
...
pprof.WriteHeapProfile(memf)
defer memf.Close()
```

(2)做基准测试时,加上选项-cpuprofile 和-memprofile,生成程序运行时的 CPU 和内存性能数据。

在采集完性能数据后,可以使用 go tool pprof 等工具进行性能分析以及查看性能瓶颈问题,从而更好地进行性能优化。

22.4.5　net/http/pprof 包

除了 runtime/pprof 包,Go 语言还提供了 net/http/pprof 工具包,这个工具包可以对 HTTP 服务器进行性能分析,它提供了 Web 界面来直观地查看性能数据。

使用 net/http/pprof 工具包非常简单,只需在代码中引入包 import_ "net/http/pprof",并启动 HTTP 服务器的监听即可。不过,这将会为 HTTP 服务添加一系列以/debug/pprof/开头的访问地址,而对应的处理函数则注册到了多路复用器上。添加的访问地址的用途如表 22-3 所示。

表 22-3　添加的访问地址及其用途

访问地址	用途
/debug/pprof/	默认的 pprof 页面,显示所有的 profile
/debug/pprof/profile	默认的 CPU profile,该地址会收集 CPU profile 的信息并以 protobuf 格式呈现
/debug/pprof/heap	收集堆内存分配的信息,输出分配的样本数据。这里的输出可以用于生成 heap profile
/debug/pprof/block	用于分析阻塞时的协程数据。该地址会输出协程堆栈信息,以及协程被阻塞的时间和原因等信息
/debug/pprof/mutex	用于分析互斥锁的数据。该地址会输出互斥锁的等待时间、持有时间和持有者的堆栈信息等数据
/debug/pprof/goroutine	获取当前应用程序中所有活跃协程的信息。这些信息包括协程的 ID、状态、调用栈等

通过访问表 22-3 中列出的访问地址,我们可以以 Web 可视化的方式查看整个调用栈的链路,这为性能优化提供了一种直观且有效的方法。

另外,也可以使用命令行的方式查看性能数据,例如使命令 go tool pprof http://localhost:9080/debug/pprof/profile?seconds=30。对应的性能分析类型可参考前面的表 22-2。

22.4.6　go tool trace 工具

　　trace 是一种硬编码方法，它通过在需要监控的代码段中插入开始标识和结束标识来获取该段代码执行时的追踪信息。追踪信息是指在代码段执行期间收集到的相关性能数据，如与函数调用、协程切换、内存分配等相关的数据。通过分析这些追踪信息，我们可以了解程序的运行状态并识别潜在的性能问题。追踪信息可以是标准输出，也可以重定向输出到文件中。我们可以使用 go tool trace 工具打开追踪文件，并通过 Web 可视化的方式展示其中的信息。go tool trace 工具可查看的信息如表 22-4 所示。

表 22-4　go tool trace 工具可查看的信息

信息类别	说明
协程信息	某时刻处于 Waiting、Runnable、Running 三种状态的协程个数
堆的信息	某时刻 NextGC 和 Allocated 的值
线程信息	InSyscall、Running 两种状态的线程数量
逻辑处理器的信息	每个逻辑处理器某时刻正在处理的协程、事件和运行时一些具体的信息

22.4.7　fgprof 包

　　fgprof 是一款第三方性能采样工具包，它可以分析程序中的 CPU 性能消耗（On-CPU）和非 CPU 性能消耗（Off-CPU）。fgprof 工具包兼容 Go 工具链，因此可以通过 Go 自带的工具获取采样信息。但需要注意的是，fgprof 工具包可能会带来性能上的损耗，在具有大量协程（1000 以上）的应用程序中，它可能会导致严重的 STW 延迟。因此，在生产中使用 fgprof 工具包时需要格外小心。

注意： On-CPU 是线程（进程）在 CPU 上运行时的消耗；Off-CPU 是进程（线程）由于某种原因阻塞时的消耗。

22.4.8　coredump

　　coredump 是程序崩溃时将程序的内存映像和寄存器状态等重要信息保存到文件中的一种调试技术。coredump 文件可以帮助开发者在程序崩溃时诊断问题，分析堆栈跟踪信息、变量值等。

　　在下例中，当 main 函数执行到 DoBusiness 函数时，会遇到 panic，此时系统会输出一段错误信息，它的内容与堆栈跟踪信息有关。

```
func main() {
        DoBusiness(3, "Golang", make([]string, 3, 6))
}

//go:noinline
func DoBusiness(i int, str string, slice []string) {
        panic("Show stack trace")
}

//输出:
panic: Show stack trace

goroutine 1 [running]:
```

```
main.DoBusiness(0xc000060000?, {0x101c00005c058?, 0x119bd30?}, {0x0?, 0x1119a68?, 0x60?})
        /Users/makesure10/Desktop/goworkspace/src/golang-1/profiling/stack/main.go:9 +0x27
main.main()
        /Users/makesure10/Desktop/goworkspace/src/golang-1/profiling/stack/main.go:4 +0x5f
```

Go 语言默认不会产生程序崩溃时的转储信息，如果要生成 Go 语言环境下的 coredump 文件，则需要设置环境变量 GOTRACEBACK。在程序发生崩溃时可通过环境变量 GOTKACEBACK 来确定应如何打印堆栈跟踪信息。当将环境变量 GOTRACEBACK 设置为 crash 时，它会在程序崩溃时输出详细的堆栈跟踪信息，并尝试生成一个 coredump 文件。示例代码如下。

```
$ GOTRACEBACK=crash ./main
panic: Show stack trace

goroutine 1 [running]:
panic({0x1058360, 0x10758a8})
        /usr/local/go/src/runtime/panic.go:941 +0x397 fp=0xc0000466c0 sp=0xc000046600
        pc=0x102a6b7
main.DoBusiness(0xc000060000?, {0x100c00005c058?, 0x1122558?}, {0x0?, 0x1119108?, 0x60?})
...
created by runtime.gcenable
        /usr/local/go/src/runtime/mgc.go:178 +0xaa
```

若要调试正在运行的程序，可以使用 gcore 加 delve 的方式。

gcore 是一个用于生成进程的 coredump 文件的命令行工具，它在 Linux 系统上可用，并且通常与其他调试器（如 gdb、delve）一起使用。coredump 是一个包含进程当前状态、内存数据和寄存器内容的文件。当程序崩溃或需要进行离线调试时，这些文件信息对于分析问题产生的原因非常有帮助。gcore 可以在不中止进程的情况下生成一个核心转储文件，然后通过加载可执行文件与核心转储文件的方式调试内存信息。gcore 的使用方式是 gcore <process_id>，它会为具有给定进程 ID 的进程生成一个名为 core.<process_id> 的 coredump 文件。之后，我们就可以使用其他调试工具分析该文件了。示例代码如下。

```
$ ./main &
$ gcore -o core.123 123 # core.123 是生成的 core 文件，123 是 main 程序的 pid
```

执行上述代码可获得转储文件且不会中止对应的进程。接下来就是将核心转储文件加载到 delve 中分析。

delve 是一个专门为 Go 语言设计的强大调试器，它提供了丰富的功能，如设置断点、单步执行、查看变量值和内存内容、调用堆栈跟踪等。delve 比标准的 gdb 调试器更适合用于调试 Go 程序，因为它能够更好地理解 Go 语言的特性和 runtime。delve 的安装方法如下。

```
go install github.com/go-delve/delve/cmd/dlv@latest
```

安装完以后，可以使用以下 dlv 命令启动 delve，并调试会话。

```
dlv debug <path_to_your_go_package>
```

或者，使用以下命令将 delve 附加到一个正在运行的进程上，以进行调试。

```
dlv attach <process_id>
```

在 delve 的调试会话中，可以使用各种命令来控制程序的执行、查看变量值和执行堆栈等。更多关于 delve 的信息和用法，可以查阅其官方文档。

注意： 目前，delve 仅支持加载和分析在 Linux/amd64 和 Linux/arm64 环境下的转储文件。

22.4.9　gcflags

　　gcflags 是编译程序时的选项，它搭配不同的参数可获得许多额外的功能，包括但不限于查看内存逃逸分析、输出内联优化报告、输出汇编代码等。合理使用 gcflags，开发人员可以详细查看和调整编译器的行为。可与 gcflags 搭配的参数及其作用如表 22-5 所示。

表 22-5　可与 gcflags 搭配的参数及其作用

参数	作用
-gcflags="-m"	输出内存逃逸分析报告。在此模式下，编译器会分析变量是否逃逸到堆上。可通过添加多个-m 参数（如-m -m 或-m=2）来增加报告的详细程度
-gcflags="-l"	禁用函数内联。这个参数可以在调试时使用，以便更好地理解函数调用链
-gcflags="-N"	禁用编译器优化。Go 在编译时会嵌入运行时的二进制，禁止优化和内联可以让运行阶段的函数更容易调试
-gcflags="-S"	输出汇编代码。此参数可用于查看编译器生成的底层汇编代码，以便深入了解程序性能

22.4.10　GODEBUG

　　Go 语言的内存泄漏大多与协程泄露有关。垃圾回收信息可以帮助我们了解程序内存的使用情况。

　　前面的章节介绍了可通过设置环境变量 GODEBUG=gctrace=1 来启用 Go 运行时的垃圾回收跟踪功能。设置此环境变量后，每次进行垃圾回收时，Go 都会在标准错误输出（stderr）中输出一条关于垃圾回收的详细信息。这些信息包括垃圾回收的次数、时间、堆内存使用情况、处理器数量等。

　　启用垃圾回收跟踪功能后，程序执行后的输出如下。

```
$ go build -o watch_godebug
$ GODEBUG=gctrace=1 ./watch_godebug
gc 1 @0.001s 6%: 0.051+0.82+0.041 ms clock, 0.41+0.24/0.70/0.13+0.33 ms cpu, 4->4->0
MB, 4 MB goal, 0 MB stacks, 0 MB globals, 8 P
...
...
gc 775 @4.981s 31%: 0.31+10+0.027 ms clock, 2.5+10/0.074/0.014+0.21 ms cpu, 228->228->
126 MB, 228 MB goal, 0 MB stacks, 0 MB globals, 8 P
```

对于上面的输出，我们应该关注以下选项。

- 垃圾回收的次数：显示了迄今为止发生的垃圾回收次数。如果次数过多，可能需要关注内存分配和使用情况。
- 垃圾回收时间：显示了垃圾回收的开始时间，以及自垃圾回收程序启动以来的累计用时百分比。这有助于了解垃圾回收对程序性能的影响。
- 内存使用情况：显示了在垃圾回收过程中，堆内存使用量的变化情况。例如，回收前、回收后的堆内存大小，以及回收目标大小等，这有助于了解内存分配和回收的效率。
- CPU 时间：显示了垃圾回收过程中使用 CPU 的时间，包括各个阶段消耗的时间，可以通过这些数据来评估垃圾回收对 CPU 资源的占用情况。

● 处理器数量：显示了运行阶段的处理器数量，这有助于了解程序的并行性能。

22.4.11　使用场景总结

前面对常用的与性能测试、问题追踪和报告分析相关的工具做了介绍，表 22-6 总结了这些工具的使用场景。

表 22-6　常用工具的使用场景

工具名称	使用场景
runtime.MemStats	仅适用于简单地查看内存使用情况
Benchmark	基准测试，它能较为直观地通过测试结果显示函数执行的速度
go tool pprof	Go 语言自带的性能分析工具，可用于可视化和分析应用程序中 CPU 的使用率、内存分配情况、阻塞情况及锁竞争等性能瓶颈
runtime/pprof	适合分析 On-CPU profile、内存和协程等问题
net/http/pprof	适合分析 HTTP 服务器的运行数据
go tool trace	适合分析运行时的 Bug
fgprof	适合分析 CPU 性能消耗和非 CPU 性能消耗
coredump	对正在运行的程序进行调试
gcflags	用于查看内存逃逸分析、输出内联优化报告、输出汇编源码等
GODEBUG	适合分析垃圾回收问题

22.5　性能优化总结

我们可以将优化分为两个维度。首先，编译器会帮助我们完成一些工作，包括内联优化、内存逃逸分析等。这部分在编译时可以通过设置选项 gcflags 的参数来禁用或者开启。其次，执行追踪可获取一段程序的运行信息。通过追踪信息，我们可以分析协程、堆分配、线程和处理器的情况。也就是说，我们可以从编译优化和运行分析两个维度来观察和优化程序性能。

最常用的性能优化手段是使用 go tool pprof 工具进行分析。通过此工具我们可以查看 CPU、内存、锁、阻塞和协程等的信息，并且可利用工具自带的 list、top 和 Web 图形等选项快速定位具体函数的执行代码。不过，这种追踪性能数据的方法也存在一定的局限性，比如 go tool pprof 可以告诉我们分配了多少内存，但无法解释为什么要进行这样的分配。因此，在优化过程中，我们还需要结合其他工具和分析方法来深入了解内存分配的原因。例如，可以让编译器在运行测试之前先生成一份内存逃逸分析报告，我们再结合此报告来进行分析。

CPU 常见的性能问题通常与算法有关，而内存常见的性能问题主要与内存逃逸分析（内存逃逸分析造成了垃圾回收）、过度分配以及不当的分配方式有关。

22.6　使用 go tool pprof 工具进行性能分析的示例

下面演示如何使用 go tool pprof 工具进行性能分析。

（1）设计任务函数 MyTask，在函数中拼接 10000 次的字符串。示例代码如下。

```
// GenRandString 生成 n 个随机字符的字符串
func GeneRateRandomStrings(n int) string

func MyTask() {
        s := ContactString()
}

//直接用 "+" 拼接 10000 次长度为 10 的字符串
func ContactString() string {
        s := ""
        for i := 0; i < 10000; i++ {
                s += GeneRateRandomStrings(10)
        }
        return s
}
```

测试代码如下。

```
func BenchmarkMyTask(b *testing.B) {
        for i := 0; i < b.N; i++ {
                MyTask()
        }
}
```

（2）运行基准测试，测试结果如下。

```
$ go test -run none -bench=. -benchmem -count 5
goos: darwin
goarch: amd64
pkg: performance/perf
cpu: Intel(R) Core(TM) i5-1038NG7 CPU @ 2.00GHz
BenchmarkMyTask-8    21    55659899 ns/op 531797489 B/op    30020 allocs/op
BenchmarkMyTask-8    19    55076142 ns/op 531797624 B/op    30021 allocs/op
BenchmarkMyTask-8    18    60805082 ns/op 531797688 B/op    30022 allocs/op
BenchmarkMyTask-8    19    55778930 ns/op 531797488 B/op    30020 allocs/op
BenchmarkMyTask-8    19    55033809 ns/op 531797483 B/op    30020 allocs/op
PASS
ok      performance/perf    8.418s
```

从测试结果中只能看出每次操作花费的时间比较久，每次分配的内存也较多，但是不能很直观地反映性能的问题所在。

（3）创建 CPU 和内存的 profiling 文件，然后使用 go tool pprof 工具进行进一步分析。示例代码如下。

```
$ go test -run none -bench=. -benchmem -cpuprofile c.out -memprofile m.out
...
$ ls
c.out    m.out    mytask.go    mytask_test.go perf.test    temp.log
```

（4）打开 profiling 文件有两种方式：Web 和交互式。先来看看 Web 方式，使用下面的命令打开 CPU 的 profiling 文件 c.out。

```
$ go tool pprof -http=:9080 c.out
Serving web UI on http://localhost:9080
```

这时会自动弹出一个 Web 页面，如图 22-2 所示。

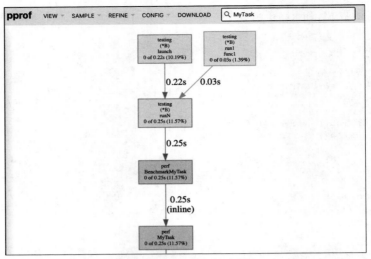

图 22-2　弹出的 Web 页面

（5）查看上述页面，暂时看不出问题。接着使用下面的命令查看内存的 profiling 文件 m.out。

```
$ go tool pprof -http=:9080 m.out
Serving web UI on http://localhost:9080
```

显示结果的页面如图 22-3 所示。

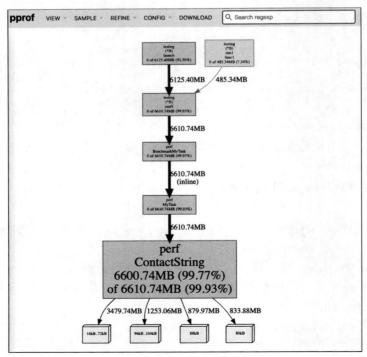

图 22-3　显示结果的页面

通过这次给出的结果可以很清楚地看出问题。图 22-3 中框最大的 ContactString 消耗了 6.6 GB 的内存，占整个任务使用总内存的 99.77%。

还有其他信息如占用内存的 top 列表、火焰图、peek 功能在 Web 视图上也可以查看到。

图 22-4 是占用内存的 top 列表，其中给出了占用内存排名靠前的函数，以及这些函数占用的内存信息。图 22-4 中每列的含义如表 22-7 所示。

pprof	VIEW ▾	SAMPLE ▾	REFINE ▾	CONFIG ▾	DOWNLOAD	🔍 Search regexp
Flat	**Flat%**	**Sum%**	**Cum**	**Cum%**	**Name**	
6600.74MB	99.77%	99.77%	6610.74MB	99.93%	performance/perf.ContactString	
0	0.00%	99.77%	6610.74MB	99.93%	testing.(*B).runN	
0	0.00%	99.77%	485.34MB	7.34%	testing.(*B).run1.func1	
0	0.00%	99.77%	6125.40MB	92.59%	testing.(*B).launch	
0	0.00%	99.77%	6610.74MB	99.93%	performance/perf.MyTask	
0	0.00%	99.77%	6610.74MB	99.93%	performance/perf.BenchmarkMyTask	

图 22-4　占用内存的 top 列表

表 22-7　top 列表中每列的含义

列名	含义
Flat	表示在给定的代码位置分配的内存总量，不包括由它调用的其他函数所消耗的内存。用于帮助我们分析函数执行过程中是否存在过度分配内存的问题。如果有数值，则表示分配的内存是由这一行代码直接引起的，减少此类内存分配，可显著提高程序的性能
Flat%	表示在给定代码的位置上直接分配的内存占整个内存分配总量的百分比。可以帮助我们了解特定函数中的内存分配与总内存分配之间的关系
Sum%	表示从给定的代码位置以及在它之前列出的位置上直接分配的内存占整个调用栈内存分配总量的百分比。有助于我们了解在执行调用栈期间累积的内存分配情况
Cum	表示在给定的代码位置分配的内存与它所调用的函数分配的内存之和。这里的计算方式是从给定行开始，沿着调用栈向下累积。有助于识别与该函数相关的内存消耗，包括调用的其他函数
Cum%	表示 Cum 值占整个内存分配总量的百分比。可以帮助我们了解特定函数及其相关的调用在内存分配中的占比
Name	对应的函数名

图 22-5 是占用内存的火焰图，显示哪些方法占用了内存。

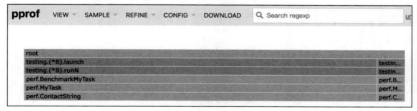

图 22-5　火焰图

图 22-6 是 Web 可视化页面中的 peek 功能，它通常表示概览或预览。与命令行界面中的 peek 命令类似，Web 可视化页面中的 peek 功能也允许查看特定函数或源码某位置的内存使用情况。在 Web 可视化页面中，我们可以点击页面中的节点（函数）查看详细信息，或者在搜索框中输入函数名称来查找特定的函数。选中一个函数后，页面将显示与该函数相关的内存分配信息，包括内存使用量、占比以及调

用关系等。

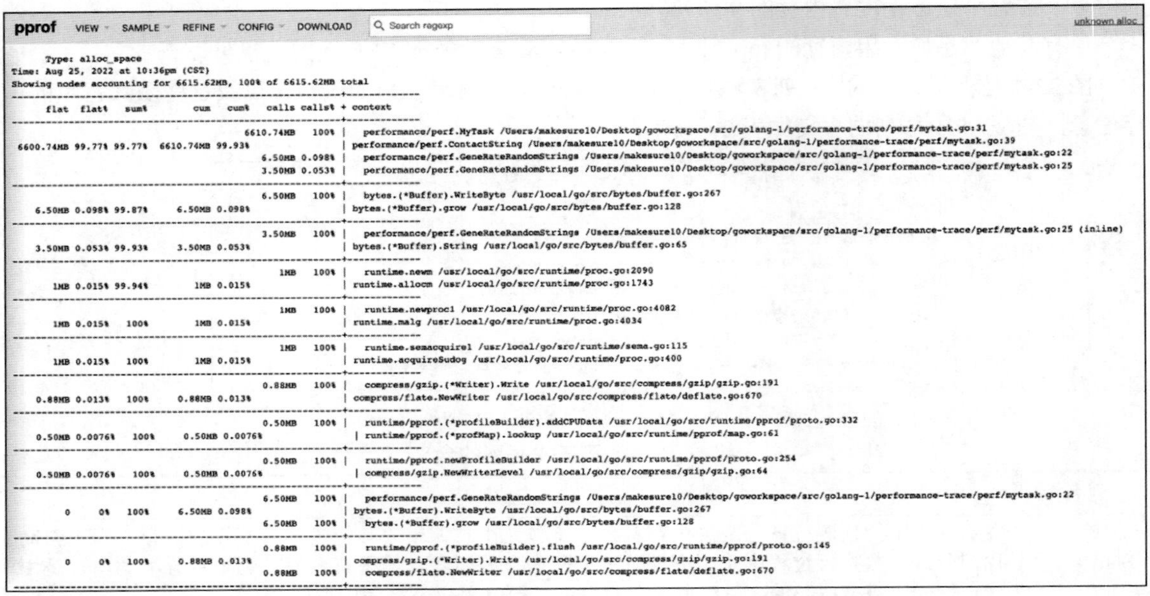

图 22-6 Web 可视化页面中的 peek 功能

peek 命令搭配 list 命令使用，可以快速地将函数消耗的时间列出来，如图 22-7 所示。

图 22-7 peek 命令搭配 list 命令使用

除了图形化查看 profilling，还可以使用交互式命令查看。

开启交互模式的代码如下。

```
$ go tool pprof m.out
Type: alloc_space
Time: Aug 25, 2022 at 8:37pm (CST)
Entering interactive mode (type "help" for commands, "o" for options)
```

使用 top 命令查看。

```
(pprof) top
Showing nodes accounting for 8078.77MB, 99.78% of 8096.32MB total
Dropped 46 nodes (cum <= 40.48MB)
     flat  flat%   sum%        cum   cum%
8078.77MB 99.78% 99.78%  8091.27MB 99.94%  performance/perf.ContactString
        0     0% 99.78%  8091.27MB 99.94%  performance/perf.BenchmarkConcatStr10ByAdd
```

```
0     0% 99.78%  8091.27MB 99.94%  performance/perf.MyTask (inline)
0     0% 99.78%  7598.06MB 93.85%  testing.(*B).launch
0     0% 99.78%   493.21MB  6.09%  testing.(*B).run1.func1
0     0% 99.78%  8091.27MB 99.94%  testing.(*B).runN
```

我们在提示符"（pprof）"后输入 web 命令，会显示一个 HTML 页面（如图 22-8 所示），它展示的结果与执行命令 go tool pprof -http=:9080 m.out 的一样。

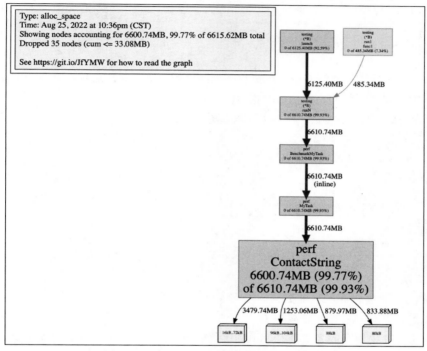

图 22-8　输入 web 命令得到的 HTML 页面

在使用 top 命令后，会显示对应函数的使用情况。结合使用 list 命令，可查看相应的代码以及每行代码所消耗的内存。例如，使用 list 命令查看 top 1 对应的函数 performance/perf.ContactString。

```
(pprof) list ContactString
Total: 6.46GB
ROUTINE ======================== performance/perf.ContactString in …/golang-1/performance-
trace/perf/mytask.go
  6.45GB      6.46GB (flat, cum) 99.93% of Total
       .           .      34:
       .           .      35://直接用"+"拼接字符串
       .           .      36:func ContactString() string {
       .           .      37:s := ""
       .           .      38:for i := 0; i < 10000; i++ {
  6.45GB      6.46GB      39:               s += GeneRateRandomStrings(10)
       .           .      40:}
       .           .      41:return s
       .           .      42:}
       .           .      43:
       .           .      44://使用 bytes.Buffer 的 WriteString 方法拼接字符串
```

通过上述代码可以看到占用内存最多的代码是 s += GeneRateRandomStrings(10)。

（6）对这行代码进行改造。对字符串进行拼接时，使用 string.Builder 和 bytes.Buffer 的性能较好，这里使用 bytes.Buffer 进行演示。修改后的示例代码如下。

```
//使用 bytes.Buffer 的 WriteString 方法拼接字符串
func ContactStringUseBytesBuffer() string {
        var buff bytes.Buffer
        for i := 0; i < 10000; i++ {
                buff.WriteString(GeneRateRandomStrings(10))
        }
        return buff.String()
}
```

（7）修改后，重新进行基准测试。在执行基准测试的命令中添加选项-memprofile 表示在进行测试的同时还生成程序运行时的文件 profile。示例代码如下。

```
$ go test -bench=. -run none -benchmem -memprofile m_by_buffer.out
goos: darwin
goarch: amd64
pkg: performance/perf
cpu: Intel(R) Core(TM) i5-1038NG7 CPU @ 2.00GHz
BenchmarkMyTask-8            432    2596011 ns/op     1223543 B/op   20013 allocs/op
PASS
ok      performance/perf 1.933s
$
$ go tool pprof  m_by_buffer.out
Type: alloc_space
Time: Aug 25, 2022 at 10:45pm (CST)
Entering interactive mode (type "help" for commands, "o" for options)
(pprof) web
```

使用 Web 方式查看内存的性能数据，结果如图 22-9 所示。

这次可以看到消耗的内存明显减少了。

当然，也可以使用交互的方式查看。示例代码如下（注意，type：alloc_objects 表示分析应用程序的内存临时分配情况）。

```
$ go tool pprof m_by_buffer.out
Type: alloc_space
Time: Aug 25, 2022 at 10:45pm (CST)
Entering interactive mode (type "help" for commands, "o" for options)
(pprof) top
Showing nodes accounting for 598.23MB, 99.42% of 601.73MB total
Dropped 17 nodes (cum <= 3.01MB)
Showing top 10 nodes out of 11
    flat  flat%   sum%      cum   cum%
 312.52MB 51.94% 51.94%  479.40MB 79.67%  bytes.(*Buffer).grow
 166.88MB 27.73% 79.67%  166.88MB 27.73%  bytes.makeSlice
 118.83MB 19.75% 99.42%  118.83MB 19.75%  bytes.(*Buffer).String (inline)
       0     0% 99.42%  312.52MB 51.94%  bytes.(*Buffer).WriteByte
       0     0% 99.42%  166.88MB 27.73%  bytes.(*Buffer).WriteString
       0     0% 99.42%  598.23MB 99.42%  performance/perf.BenchmarkMyTask
       0     0% 99.42%  598.23MB 99.42%  performance/perf.ContactStringUseBytesBuffer
       0     0% 99.42%  380.52MB 63.24%  performance/perf.GeneRateRandomStrings
       0     0% 99.42%  598.23MB 99.42%  performance/perf.MyTask (inline)
       0     0% 99.42%  597.23MB 99.25%  testing.(*B).launch
(pprof)
```

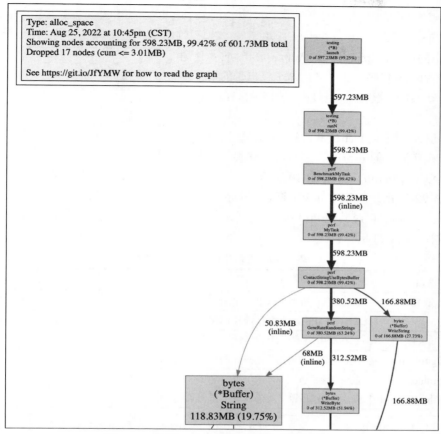

图 22-9 使用 Web 方式查看内存的性能数据

从这个结果也可以看出内存的使用大大减少，这说明使用 bytes.Buffer 比使用"+"拼接字符串消耗的内存更少。

22.7 pprof 包结合 HTTP 服务使用的示例

下面将上一节示例中的数据以 HTTP 服务的方式暴露出来。

（1）将前面的代码改造为 HTTP 服务的形式，示例代码如下。

```
import (
        "io"
        "net/http"
        _ "net/http/pprof"
        "performance/perf"
)

func main() {
        s := perf.ContactString()
        http.HandleFunc("/mytask", func(writer http.ResponseWriter, request *http.Request) {
                io.WriteString(writer, s)
```

```
        })
        http.ListenAndServe(":9080", nil)
}
```

注意其中的这一行 import _ "net/http/pprof"，它是使用 net/http/pprof 的关键代码。通过调用这个包自带的 init 函数，可以在启动 HTTP 服务后，通过内置的 URL 查看 pprof 和 profiling。

（2）启动程序并通过 Web 方式访问 pprof，默认的 pprof 页面会显示所有类型的 profile，它的访问路径是 http://localhost:9080/debug/pprof/，如图 22-10 所示。

可以在图 22-10 所示的相应链接中查看 CPU profiling、内存堆栈信息、互斥锁以及其他 Profiling 的信息。各链接的接口及其说明如表 22-8 所示。

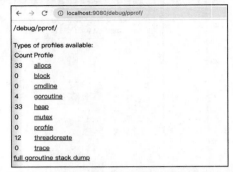

图 22-10　pprof 页面显示了所有类型的 profile

表 22-8　各链接的接口及其说明

URL 接口	说明
/debug/pprof/profile	默认进行 30 秒的 CPU 性能分析
/debug/pprof/heap	查看活动对象的内存堆栈信息
/debug/pprof/block	查看导致阻塞同步的堆栈跟踪信息
/debug/pprof/goroutine	查看当前运行的所有协程的堆栈跟踪信息
/debug/pprof/mutex	查看导致互斥锁的竞争持有者的堆栈跟踪信息
/debug/pprof/threadcreate	查看创建新操作系统线程的堆栈跟踪信息

说明：在图 22-10 所示的链接中，最常用的是 profile 和 heap，分别用来诊断 CPU 和内存中的问题。使用 go tool trace 工具时须先下载 trace 文件，然后才能使用"go tool trace tarce 文件名"命令查看。

（3）将对应的 profiling 文件下载下来，在命令行打开，以交互的方式查看此文件。以下是使用命令查看/debug/pprof/profile 的结果（其中 Type：cpu 表示分析的是 CPU Profiling）。

```
$ go tool pprof http://localhost:9080/debug/pprof/profile?seconds=40
Fetching profile over HTTP from http://localhost:9080/debug/pprof/profile?seconds=40
Saved profile in ../pprof/pprof.samples.cpu.002.pb.gz
Type: cpu
Time: Aug 25, 2022 at 10:58pm (CST)
Duration: 30s, Total samples = 0
No samples were found with the default sample value type.
Try "sample_index" command to analyze different sample values.
Entering interactive mode (type "help" for commands, "o" for options)
(pprof)
```

其中，seconds=40 表示性能数据采样的时间为 40 秒（可调整 seconds 的值）。这意味着，运行该命令时，它会向指定的 HTTP 地址发送性能数据采样请求，并在采样 40 秒后停止。采集到的数据会被存储到本地服务器上的一个文件中，以便后续进行性能分析。运行此命令后，会在 40 秒内持续对 CPU 性能数据进行采样，结束后 go tool pprof 工具会加载采样得到的性能分析数据，并默认进入交互模式，这时可以查看分析的结果或将其导出。

同样，可以在 go tool pprof 命令后加上不同的 URL 来查看对应的性能分析。以下是查看堆的性能分析的示例代码。

```
$ go tool pprof -alloc_space http://localhost:9080/debug/pprof/heap
Fetching profile over HTTP from http://localhost:9080/debug/pprof/heap
Saved profile in ../pprof.alloc_objects.alloc_space.inuse_objects.inuse_space.003.pb.gz
Type: alloc_space
Time: Aug 25, 2022 at 11:02pm (CST)
Entering interactive mode (type "help" for commands, "o" for options)
(pprof) top
Showing nodes accounting for 488.08MB, 98.27% of 496.66MB total
Dropped 41 nodes (cum <= 2.48MB)
      flat  flat%   sum%        cum   cum%
  488.08MB 98.27% 98.27%   490.08MB 98.68%  performance/perf.ContactString
         0     0% 98.27%   490.08MB 98.68%  main.main
         0     0% 98.27%   491.09MB 98.88%  runtime.main
```

注意，在 Go 语言中进行内存分析时，可以使用-inuse_space 或-alloc_space 选项来控制内存分析的方式，这两个选项的含义和用法如下。

- -inuse_space：该选项在生成内存分析报告时用于展示堆分配情况。使用该选项时，会记录堆中当前正在使用的内存情况，但不包括已被释放的内存。
- -alloc_space：该选项用于显示发生过的所有内存分配。使用该选项时，会记录所有的内存分配情况，包括已被释放的内存。

在使用这两个选项时，需要注意它们的不同之处。如果需要查看当前正在使用的内存情况，应该使用-inuse_space 选项。如果需要查看所有发生过的内存分配情况，包括已被释放的内存，应该使用-alloc_space 选项。如果未添加-alloc_space 选项，则默认使用-inuse_space 选项。默认使用-inuse_space 选项的示例代码如下。

```
$ go tool pprof http://localhost:9080/debug/pprof/heap
Fetching profile over HTTP from http://localhost:9080/debug/pprof/heap
Saved profile in .../pprof.alloc_objects.alloc_space.inuse_objects.inuse_space.001.pb.gz
Type: inuse_space
Time: Aug 25, 2022 at 11:00pm (CST)
Entering interactive mode (type "help" for commands, "o" for options)
(pprof) top
Showing nodes accounting for 3587.34kB, 100% of 3587.34kB total
Showing top 10 nodes out of 19
      flat  flat%   sum%        cum   cum%
 2050.25kB 57.15% 57.15%  2050.25kB 57.15%  runtime.allocm
  512.88kB 14.30% 71.45%   512.88kB 14.30%  regexp/syntax.init
  512.20kB 14.28% 85.73%   512.20kB 14.28%  runtime.malg
  512.02kB 14.27%   100%   512.02kB 14.27%  runtime.gcBgMarkWorker
         0     0%   100%   512.88kB 14.30%  runtime.doInit
         0     0%   100%   512.88kB 14.30%  runtime.main
         0     0%   100%  1537.69kB 42.86%  runtime.mcall
         0     0%   100%   512.56kB 14.29%  runtime.mstart
         0     0%   100%   512.56kB 14.29%  runtime.mstart0
         0     0%   100%   512.56kB 14.29%  runtime.mstart1
```

建议优先选择-inuse_space 选项，因为直接分析导致问题的现场比分析过去的数据更直观。另外，还有一个选项-alloc_objects，用于查看各种对象创建的数量。

22.8 pprof 包和 fgprof 包的使用对比

pprof 包只能收集 On-CPU 类型的性能数据，而我们之前介绍的 fgprof 包可以收集 On-CPU 类型和 Off-CPU 类型的性能数据。为了演示 fgprof 包的使用方式，在这里设计两类测试任务：计算密集型任务、网络请求与响应处理任务。我们将分别使用 pprof 包和 fgprof 包对这两种类型的任务进行性能数据收集。示例代码如下。

```
import (
        "log"
        "net/http"
        _ "net/http/pprof"
        "time"
)

func main() {[]
  go func() {
      http.ListenAndServe(":9080", nil)
  }()
        for {
                cpuTask()
                netWorkTask()
        }
}

//On-CPU 类型的任务
func cpuTask() {
        start := time.Now()

        for time.Since(start) <= cpuTime {
                for i := 0; i < 10000; i++ {
                        _ = i
                }
        }
}

//Off-CPU 类型的任务（网络任务）
func netWorkTask() {
        resp, err := http.Get("http://www.xxxxxx.com")

        if err != nil {
                log.Fatal(err)
        }

        defer resp.Body.Close()
}
```

接下来，我们使用 net/http/pprof 工具来查看程序运行时的性能数据。具体操作为在命令行输入以下命令。

```
go tool pprof -http :8080 http://localhost:9080/debug/pprof/profile
```

该命令将打开一个 Web 界面，但里面只能看到与 main.cpuTask 相关的数据，如图 22-11 所示。这表明 go tool pprof 工具只能收集到与 main.cpuTask 任务相关的性能数据，也就是 On-CPU 类型的性能数据。

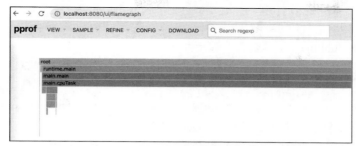

图 22-11　pprof 只显示了 On-CPU 类型的性能数据

要想收集非 CPU 性能消耗情况的信息，可以使用 fgprof 包。它的用法很简单，下载并引入相应的包 github.com/felixge/fgprof，然后在代码段中添加如下代码即可。

```
import "github.com/felixge/fgprof"

func main(){
        go func() {
                http.Handle("/debug/fgprof", fgprof.Handler())
                http.ListenAndServe(":9080", nil)
        }()
        ...
}
```

最后使用 go tool pprof -http :8080 http://localhost:9080/debug/fgprof 命令打开 Web 页面，这时可以同时看到与 CPU 性能消耗不相关的信息 main.netWorkTask 以及与 CPU 性能消耗相关的信息 main.cpuTask，如图 22-12 所示。

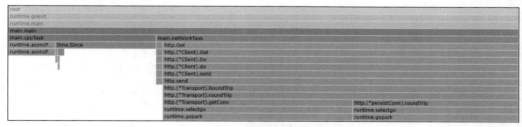

图 22-12　同时查看与 CPU 性能消耗不相关和相关的信息

22.9　go tool trace 工具的使用示例

在演示 go tool trace 工具的使用方法之前，首先在代码中加入三行与创建追踪文件有关的代码，然后生成追踪文件。示例代码如下。

```
f, _ := os.Create("trace_value.out")
trace.Start(f)
defer trace.Stop()
...//以前的业务代码
```

运行后会发现生成了追踪文件 trace_value.out。

```
$ go run main.go
$ ll
total 24
```

```
-rw-r--r--  1 makesure10  staff  404B  8 25 15:46 main.go
-rw-r--r--  1 makesure10  staff  5.5K  8 25 23:53 trace_value.out
```

接下来，使用 go tool trace 工具查看追踪文件。

```
$ go tool trace trace_value.out
2022/08/25 23:54:37 Parsing trace...
2022/08/25 23:54:37 Splitting trace...
2022/08/25 23:54:37 Opening browser. Trace viewer is listening on http://127.0.0.1:51650
```

执行该命令会自动打开一个 Web 页面，显示程序运行时的跟踪数据，并提供一系列工具和视图来帮助我们分析和优化程序的性能，如图 22-13 所示。

单击图 22-13 中的 View trace，可以看到协程、堆栈、线程等的信息，如图 22-14 所示。

在图 22-14 所示的追踪文件中，我们可以看到堆栈上内存分配和

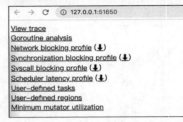

图 22-13　打开的 Web 页面

释放的频率，以及协程数。在这个追踪文件所生成的 Web 视图中，我们总是看到同一时刻只有一个协程在工作，即使切换的时候也是如此，这是只有一个 CPU 核造成的。

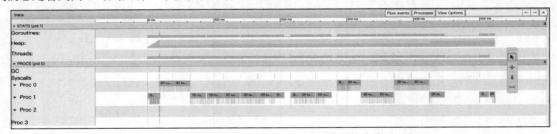

图 22-14　单击 View trace 后看到的内容

在图 22-15 所示的追踪文件中，同一时刻却有多个协程都在工作。

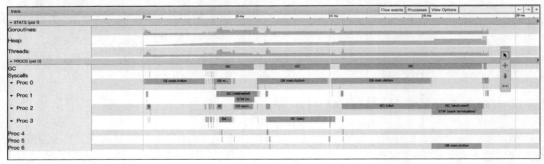

图 22-15　多个协程都在工作

比较这两份不同的追踪文件，我们可以看到其在使用多核上的差异，可见我们能利用追踪文件来判断程序是否利用了多核。

22.10　持续性能分析

有时性能问题可能是因为短暂的抖动而产生的，因此难以捕获或重现。对于这种情况，我们需

要采用持续进行性能分析的方式来处理。在数据库领域，Oracle 公司提供了一个名为 OSWATCH 的监控工具。该工具是一个轻量级的操作系统监控工具，它通过调用系统命令来收集信息并形成历史数据。这些系统命令包括 ps、top、mpstat、iostat、netstat、traceroute 和 vmstat 等。在使用该监控工具时，我们需要将调用脚本添加到操作系统的定时任务中，以便定期进行采样。这样即使系统抖动的间隔很短，也可以将采样数据记录到指定的位置中。这种方法可以帮助我们更全面地了解系统的性能状况，及时发现潜在的性能问题，并采取相应的措施进行优化和改进。

在编写 Go 语言项目时，我们可以借鉴这种长时间持续采集的思路。通过在操作系统层面部署类似的监控工具，或者借助第三方包（如 shirou/gopsutil）编写监控代码，再利用定时器来定期采集信息并记录下来，以便在必要时进行分析。

22.11　性能问题的定位及处理建议

我们在日常工作中做性能问题分析与追踪时，通常会将前面介绍的工具交叉使用。

（1）如果认为内存分配有问题，可以借助 go tool pprof 工具查看分配的内存大小，定位具体的代码行。如果不知道为什么会分配这么大的内存，可以借助内存逃逸分析报告分析。

（2）如果认为算法有问题，可以借助 go tool pprof 工具查看 CPU 的使用情况，分析占用 CPU 最多的前 N 个函数或代码段，最后定位具体的代码行。

（3）使用 GODEBUG 查看垃圾回收时，如果发现垃圾回收的频率过高，则可以借助 go tool pprof 工具查看 CPU 的使用情况、内存的分配信息等，然后利用 top、list 等选项定位有问题的代码行。

（4）若使用 GODEBUG 查看垃圾回收时，没有发现太大的问题，但是使用 go tool trace 命令追踪时，却发现同一时刻只有一个协程在工作，那么说明程序可能没有开启并发，如果有必要，可以对代码进行重构。

通常来说，可能导致性能问题的因素是 CPU、内存、I/O、阻塞和协程。

22.11.1　CPU 占用率高的定位及处理建议

在 Go 语言中，CPU 占用率高的可能原因如下。

（1）存在计算密集型任务，比如复杂的数学运算、字符串处理、大量循环等。

（2）存在不合理的并发，比如过多的并发协程争抢 CPU 资源。

（3）存在低效的算法和数据结构，使用低效的算法和数据结构会消耗大量的 CPU 资源。

（4）使用了性能较低的序列化、反射和第三方库。

（5）可能垃圾回收操作过多，导致 CPU 的使用率过高。

定位方法如下。

- 使用 go tool pprof 工具或其他性能分析工具分析 CPU 的使用情况，找到导致 CPU 占用率高的代码段。对于 runtime 类型，生成 cpuprofile 文件来详细了解 CPU 的使用情况；对于 net 类型，查看/debug/pprof/profile 来获取 CPU profile。在分析得到 CPU profile 后，通过查看 top 选项，观察 flat、flat%、sum%、cum、cum%等的值，可以识别出占用 CPU 资源较多的代码段。这些值越大，占用的 CPU 也就越多。配合使用 list 命令和函数名，即可找到出现问题的代码位置。

● 分析程序的运行日志，查找异常或耗时较长的操作。

处理建议如下。

（1）优化计算密集型任务。比如针对 CPU 占用率高的代码段，尝试使用更高效的算法或优化计算逻辑。

（2）合理地控制并发。根据实际需求和硬件资源，合理地设置并发协程的数量，避免因过多的并发导致 CPU 资源的争抢。

（3）使用高效的数据结构和算法，提高程序的整体执行性能。

（4）利用多核优势。充分利用多核 CPU 的计算能力，通过并行计算提高程序执行效率。

（5）考虑使用异步处理。将耗时的计算任务放到后台处理，避免阻塞主线程。

22.11.2　内存使用率高的定位及处理建议

在 Go 语言中，内存使用率高的可能原因如下。

（1）存在内存泄漏。未正确释放不再使用的资源，导致内存持续增长。

（2）存在过大的数据结构。使用了大量的内存来存储数据。

（3）存在过多的缓存。过度使用缓存，占用了大量内存。

（4）存在高并发协程。大量创建协程时，每个协程的堆栈分配都会占用内存，协程不仅会有 I/O 等待，如果协程的数量过多，还会导致内存溢出。

（5）存在内存逃逸分析。内存逃逸分析与堆内存分配有关，这里要重点关注映射、切片的内存分配。

定位方法如下。

● 使用 go tool pprof 工具或其他性能分析工具来分析内存的使用情况，找到内存使用率高的代码段。对于 runtime 类型，生成 memprofile 文件来详细了解内存使用情况；对于 net 类型，通过/debug/pprof/heap 获取内存的 profile 并使用 top、list 选项定位问题代码。

● 设置环境变量 GODEBUG=gctrace=1，在执行代码时观察垃圾回收的频率。如果垃圾回收的频率过高，说明程序在不断地申请和释放内存，这是高性能程序所不允许的。使用 pprof 查看/debug/pprof/allocs，这次关注的不再是占用大量内存的地方，而是不断申请内存的地方。

● 在 pprof 对应的性能分析数据中可以找到与内存分配有关的代码的位置，但 pprof 不会告诉我们这样分配的原因。想找到内存使用率高的原因，需要借助内存逃逸分析。比如，对象是分配在堆上还是栈上，是由编译器通过内存逃逸分析来决定的。我们可以根据内存逃逸分析报告来确定代码是否有必要被分配到堆上。如果对象不会逃逸，便可分配到栈上，这样一来就不涉及堆上的垃圾回收操作了。

● 分析程序的运行日志，查找异常或耗时较长的操作。

处理建议如下。

（1）修复内存泄漏。仔细检查代码，确保正确关闭文件、网络连接等资源，并使用 defer 语句来确保资源在函数结束时被释放。

（2）优化数据结构。对于内存消耗大的数据结构，尝试改用更节省内存的形式或减少不必要的数据存储。

（3）合理地使用缓存。根据实际需求，设置缓存大小和过期策略，避免过多的缓存占用内存。

（4）合理地控制并发。根据实际需求和硬件资源，合理地设置并发协程数量，避免存在过多的协程，导致内存消耗。

（5）利用内存池。对于频繁分配和释放的内存块，使用内存池来重用内存，可降低内存开销。

22.11.3　I/O 高的定位及处理建议

在 Go 语言中，I/O 高通常是由以下原因引起的。

（1）存在低效的 I/O 操作。如果频繁进行小数据量的读、写操作，大量进行碎片化的提交，没有使用缓冲区，或者没有充分利用并发特性，都有可能导致 I/O 效率低下。

（2）存在高并发请求。大量的客户端同时发送请求，可能导致 I/O 系统瓶颈。

（3）使用了错误的同步原语。不恰当地使用互斥锁、信号量等可能导致 I/O 性能下降。

（4）存在资源竞争。多个协程或线程同时访问同一资源，如文件、数据库等，可能导致资源竞争，从而影响 I/O 性能。

（5）磁盘自身性能原因。

定位方法如下。

- 使用性能分析工具如 go tool pprof，通过查看 CPU、内存、锁和阻塞等的相关数据找到潜在的性能问题。
- 使用 go tool trace 工具，通过分析协程、堆分配、线程和处理器的情况，找到可能导致 I/O 高的原因。

处理建议如下。

（1）优化 I/O 操作。使用缓冲区、合并小的 I/O 请求、充分利用并发特性来提高 I/O 效率。

（2）限制并发数。为保证 I/O 系统的稳定性，可以限制同时处理的请求数量。

（3）合理使用同步原语。确保正确使用互斥锁、信号量等同步原语，避免出现死锁或资源竞争。

（4）进行分布式处理。如果资源竞争问题严重，可以考虑将任务分布到多个服务器上，降低单一资源的访问压力。

（5）做好硬件的基线测试。

22.11.4　阻塞问题的定位及处理建议

在 Go 语言中，可能出现阻塞问题的原因如下。

（1）存在死锁，比如多个协程互相等待对方释放资源，导致程序阻塞。

（2）存在锁竞争，比如多个协程竞争同一个资源，导致大量协程等待资源被释放。

（3）通道阻塞。协程在无缓冲的通道上发送或接收数据时，如果没有与之匹配的接收方或发送方（只能单发或者单收），会导致协程阻塞。

（4）存在外部依赖。程序依赖的外部服务（如数据库、API 等）响应缓慢，导致协程等待的时间过长。

定位方法如下。

- 使用 go tool pprof 工具的/debug/pprof/block 分析功能，然后使用 top、list 选项定位具体的代码行。
- 使用 Go 语言的 go tool trace 工具分析程序执行的追踪信息，找到阻塞位置。
- 分析程序运行日志，寻找异常或耗时较长的操作。

处理建议如下。

（1）修复死锁。检查代码逻辑，确保锁的获取和释放是成对出现的，避免出现死锁。

（2）减少锁竞争。优化锁的粒度，尽量缩小锁的范围；使用读写锁代替互斥锁，降低锁竞争；考虑使用无锁数据结构。

（3）合理地使用通道。根据实际需求设置通道缓冲区大小；避免在无缓冲通道上发送和接收数据时协程阻塞；使用 select 语句设置超时机制，避免无限期等待。

（4）优化外部依赖。对外部服务使用连接池、超时控制等策略，确保外部依赖不会导致程序阻塞；考虑使用异步调用或消息队列来处理外部依赖，降低阻塞对程序的影响。

22.11.5 协程泄露的定位及处理建议

由于 Go 语言自带垃圾回收功能，因此通常不会发生内存泄漏。但凡事都有例外，当协程失控时，还是会导致内存泄漏。所谓协程失控是指程序中创建的协程没有被正确释放，导致这些协程长期驻留在内存中，无法被回收，从而引发内存泄漏。内存泄漏会导致程序的内存消耗持续增加，最终可能致使内存耗尽或程序性能下降。

在 Go 语言中，可能出现协程泄露问题的原因如下。

（1）协程没有正常退出，比如协程在执行完任务后，没有正常结束。

（2）协程因为等待某个资源或操作而长时间阻塞。

（3）存在未捕获的协程，比如程序在创建协程时，没有对其进行捕获和管理。

定位方法如下。

- 使用 go tool pprof 工具的/debug/pprof/goroutine 分析功能查找当前运行的协程。开发者可以对协程数量进行衡量，比如，如果是小程序，协程数通常不会太多，如果太多，就可能创建了不合理的协程。
- 使用 go tool trace 工具分析程序执行的追踪信息，找到异常的协程。
- 分析程序运行日志，寻找异常或未正常退出的协程。

处理建议如下。

（1）确保协程正常退出。编写代码时，可以使用 defer 语句确保资源被正确释放，或者使用 context 包中的 Context 对象来控制协程的生命周期。

（2）避免长时间阻塞。合理使用通道、锁和外部依赖，避免协程因等待资源或操作而长时间阻塞。可以使用 select 语句设置超时机制，以防止无限期等待。

（3）捕获和管理协程。创建协程时，将其加入某个协程管理器或协程池中进行管理，确保在协程结束时，从管理器或协程池中将其移除，以防止泄露。

第 23 章

重构 "hello world"

前面通过"hello world"示例演示了 Go 语言的一些特性，本章将利用前面学过的知识对其进行重构，让示例更为完整。

23.1　搭建业务处理框架

首先，搭建业务处理的框架，整个过程分为 3 步，具体如下。

步骤 1：读取 Nginx 的 access.log，然后将读取到的日志数据传入通道 readChannel 中。

步骤 2：从通道 readChannel 中读取传输过来的日志数据并处理，然后将处理后的日志数据传入通道 writeChannel 中。

步骤 3：从通道 writeChannel 中接收处理后的日志数据，然后将其写入数据库或使用其他方式处理和利用。

这里的核心是使用通道进行日志数据的传输，示例代码如下。

```
var (
        readChannel  = make(chan string)
        writeChannel = make(chan string)
)
```

其中涉及的三个业务方法是读取日志数据的 ReadFromFile、处理日志数据的 HandleLog，以及将处理后的日志数据写入数据库的 WriteToDB。示例代码如下。

```
//读取日志数据的
func (task *MyTask) ReadFromFile() {
        content := "read from file"
        readChannel <- content //将读取的日志数据传入通道 readChannel 中
}

//处理日志数据的
func (task *MyTask) HandleLog() {
        data := <-readChannel //从通道 readChannel 中读取日志数据并处理
        writeChannel <- data //将处理后的日志数据传入通道 writeChannel 中
}
```

```
//将处理后的日志数据写入数据库
func (task *MyTask) WriteToDB() {
        fmt.Println("write to db:" + <-writeChannel)
}
```

由于这里使用了通道，因此可以让每一步都解耦，也就是说它们都是并发安全的。最后，在 main 函数中让三个方法并发执行，示例代码如下。

```
func main() {
        task := &MyTask{
                filePath: "./access.log",
                dbUrl:    "jdbc:oracle:thin:@localhost:1521:orcl",
        }

        go task.ReadFromFile()
        go task.HandleLog()
        go task.WriteToDB()

        time.Sleep(time.Second)
}

//输出结果
write to db:read from file
```

本书配套代码中含有此示例完整的代码，具体见 golang-1/ inaction/v1/main.go。

23.2   设计解耦的读写接口

对于前面示例中的 ReadFromFile 方法和 WriteToDB 方法，从名字就可以看出，它们只能用于特定文件的读取和写入操作，每当业务发生变化，我们就需要添加新的方法来应对。不难看出，这种设计需要进行重构。我们可以利用接口隔离原则来重新设计读写接口，以达到解耦的目的。

23.2.1   用结构体代替读写方法

在对 ReadFromFile 和 WriteToDB 方法进行重构时，可将读、写行为抽象出来，设计为接口 Reader 和 Writer。示例代码如下。

```
type Reader interface {
        Read()
}

type Writer interface {
        Write()
}
```

接着将 ReadFromFile 方法和 WriteToDB 方法重构为结构体，让这两个结构体分别实现 Read 和 Write 方法，并且移除结构体 MyTask。示例代码如下。

```
type ReadFromFile struct {
        filePath string
}
```

```
func (rf *ReadFromFile) Read() {
        content := "read from file"
        readChannel <- content
}

type WriteToDB struct {}

func (w *WriteToDB) Write() {
        fmt.Println("write to db:" + <-writeChannel)
}
```

在 main 函数中，业务流程调用读写的方式如下。

```
var reader Reader = &ReadFromFile{
                filePath: "access.log",
        }

var writer Writer = &WriteToDB{}

go reader.Read()
go HandleLog()
go writer.Write()
```

在业务需求发生变化时，例如要将从文件中读取数据更改为从数据库中读取，我们只需用一个实现了接口 type Reader interface 的新结构体来替换即可，调用的方法不需要修改。比如新增从 Redis 中读取数据，那么变化的示例代码如下。

```
type ReadFromRedis struct {
        url string
}

func (rf *ReadFromRedis) Read() {
        content := "read from redis"
        readChannel <- content
}

var reader Reader = &ReadFromRedis{
                url: "localhost:6379",
}

go reader.Read()
```

23.2.2 使用组合接口

我们也可以使用组合接口的方式来实现更高层次的抽象，也就是在现有接口的基础上，进一步提炼和整合功能，将多个小接口组合成一个新的接口，这样就可以让代码结构更清晰易维护，增强了代码的可复用性和可扩展性。示例代码如下。

```
type ReadWriter struct {
        Reader
        Writer
}

var rw1 = ReadWriter{
        &ReadFromRedis{
```

```
                url: "localhost:6379",
            },
            &WriteToDB{},
    }

var rw2 = ReadWriter{
            &ReadFromFile{filePath: "access.log"},
            &WriteToDB{},
    }
```

如有必要，我们还可以将读取方法或写入方法作为参数传入处理函数中。示例代码如下。

```
//处理日志
func HandleLog(rw ReadWriter) {
        go rw.Read()
        go func() {
                data := <-readChannel + ", 现在时间是: " + time.Now().String()
                writeChannel <- data
        }()
        go rw.Write()
}
```

请注意，HandleLog 函数定义的参数类型是接口类型，该函数被调用时需传入具体的实例作为参数。示例代码如下。

```
func bus() {
        var rw = ReadWriter{
                &ReadFromFile{filePath: "access.log"},
                &WriteToDB{},
        }
        go HandleLog(rw)
}
```

到这里，我们意识到函数 func HandleLog(rw ReadWriter)中参数 rw 的含义可能不是很明确，因此，我们需要进一步明确定义该参数，以避免不必要的困惑。下面将 ReadWriter 拆分为 Reader 接口和 Writer 接口，在函数 HandleLog 被调用时分别传入对应的参数，示例代码如下。

```
//处理模块
func HandleLog(r Reader, w Writer) {
        go r.Read()
        go func() {
                data := <-readChannel + ", 现在时间是: " + time.Now().String()
                writeChannel <- data
        }()
        go w.Write()
}

func bus() {
        r := &ReadFromFile{
                filePath: "access.log",
        }
        w := &WriteToDB{}

        go HandleLog(r, w)
}
```

这样一来，即使是新人接手该代码，也能清楚地知道该如何调用。

本书配套代码中含有此示例完整的代码，具体见 golang-1/inaction/v2.x/main.go，其中，代码 V2.0 到 V2.5 演示了改写的过程。

23.3 业务实现

前面已提到，业务的实现包括三部分：读取 Nginx 日志数据，处理 Nginx 日志数据，将处理后的日志数据写入数据库。接下来，我们将逐一实现这些具体的业务功能。本书配套代码中含有此示例完整的代码，具体见 golang-1/inaction/v3/main.go。

23.3.1 读日志数据

在介绍 I/O 操作的相关包时，我们介绍了读取大日志数据的两种方式：流处理和分片处理。对于 Nginx 这种日志数据量较大的文件，可以选择分片处理。示例代码如下。

```go
//读取文件
func (f *ReadFromFile) Read() {

        fi, err := os.Open(f.filePath)
        if err != nil {
                panic(err)
        }
        defer fi.Close()

        //将文件的指针移动到文件的末尾处
        fi.Seek(0, 0)
        //fi.Seek(0,2)
        //逐行读取文件
        lineReader := bufio.NewReader(fi)
        for {
                line, _ ,err := lineReader.ReadLine()
                //line, err := lineReader.ReadBytes('\n')
                if err == io.EOF {
                        time.Sleep(time.Millisecond * 500)
                        continue
                } else if err != nil {
                        panic(err)
                }
                //rc <- line[:len(line)-select]
                readChannel <- line
        }
}
```

代码说明如下。

（1）fi.Seek(0,2)表示将文件的指针移动到文件的末尾处，这意味着从读取的那一刻开始，我们开始处理 Nginx 的日志文件 access.log，之前的日志则不再考虑。当然也可以设置为 fi.Seek(0,0)，这样就是从头开始处理日志文件，只是处理过早的日志数据，实际的价值不大。

（2）当 err 等于 io.EOF 时，表示已经读取到文件的结尾处，因此在这里需要进行一个特殊处理。使用 if err == io.EOF 先判断 err 是否等于 io.EOF，如果是，则说明读取已经完成，我们只需要等待即可。

（3）使用 readChannel<-line 将 lineReader.ReadLine 函数读取到的日志数据传入通道 readChannel 时，因为 lineReader.ReadLine 函数返回的数据类型是[]byte，所以也需要将通道 readChannel 的类型修改为 chan []byte，并在 main 函数初始化时增加一个 buffer 缓冲区。另外，读取日志数据后有可能会多出一个换行符，可以使用 readChannel<-line[:len(line)-1]进行处理。

23.3.2　Nginx 日志数据的说明及处理

接下来，从通道 readChannel 中获取日志数据并处理。在这里，可以使用正则表达式将 Nginx 的日志数据分割，并将分割后的每个部分封装到 NginxMsg 对象中，最后将此对象作为参数传递到下一个写数据库的环节中。来看个示例。

以下是 nginx.access.log 日志的内容：192.168.4.24 - - [08/Jun/2020:00:42:41 +0000]　"GET /mgrserver/static/lib/animate/animate.min.css HTTP/1.1" 403 555 "http://192.168.3.241:18080" " Mozilla/5.0 (Windows NT 10.0; Win64; x64) AppleWebKit/537.36 (KHTML, like Gecko) Chrome/83.0.4103.97 Safari/537.36 Edg/83.0.478.45" "-"

根据 Nginx 官方文档拆分日志的每一列，相关内容及含义如表 23-1 所示。

表 23-1　Nginx 日志中各列的内容和含义

序号	内容	含义
1	192.168.4.24	远程客户端的 IP 地址
2	-	"-" 占位符
3	-	"-" 占位符
4	[08/Jun/2020:00:42:41 +0000]	访问的时间与时区
5	"GET/mgrserver/static/lib/animate/animate.min.css HTTP/1.1"	请求的方法、URI 和 HTTP 协议，这是整个日志记录中较为有用的信息
6	403	记录请求返回的 HTTP 状态码
7	555	发送给客户端的文件主体内容的大小，可以通过将日志每条记录中的这个值累加起来，来粗略估计服务器的吞吐量
8	"http://192.168.3.241:18080/"	记录从哪个页面访问
9	"Mozilla/5.0 (Windows NT 10.0; Win64; x64) AppleWebKit/537.36 (KHTML, like Gecko) Chrome/83.0.4103.97 Safari/537.36 Edg/83.0.478.45"	记录用何种客户端工具进行访问

使用正则表达式匹配、解析 Nginx 日志数据后，可以将提取的日志数据存储到新定义的 NginxMsg 结构体中，并通过通道传递到下一个被称为 WriteToDB 的业务流程中。

NginxMsg 结构体中的各个字段分别对应 Nginx 日志的各列，示例代码如下。

```
//新增 NginxMsg 结构体
//各字段对应的是 access.log 中的各列
type NginxMsg struct {
    RemoteAddr string //远程客户端的 IP 地址
```

```
        TimeLocal   time.Time //处理的时间戳
        Method      string
        Path        string
        Protocol    string
        HttpCode    string
        ByteSent    int
        FromUrl     string
}
```

23.3.3　处理日志数据的关键代码

1. 从通道中读取日志数据

通过 for-range 遍历通道 readChannel。通道 readChannel 中的日志数据是从上一步（Read）传过来的 Nginx 日志数据。示例代码如下。

```
for v:=range readChannel{
    ...
}
```

2. 用正则表达式提取日志数据

接下来使用正则表达式提取日志数据（每一行），示例代码如下。

```
rep := regexp.MustCompile(`([^ ]*) ([^ ]*) ([^ ]*) (\[.*\]) (\".*?\") (-|[0-9]*) (-|[0-9]*) (\".*?\") (\".*?\")`)

strs := rep.FindStringSubmatch(string(v))

if len(strs) < 10{
    log.Println("正则表达式解析后的数据长度与预估的长度不匹配，解析后的长度为: ",len(strs))
    continue
}
```

注意，通过 rep.FindStringSubmatch 匹配后返回的结果是字符串数组 strs，其中第一个元素是与正则表达式完全匹配的字符串，后续元素是与每个括号表达式匹配的子字符串。如果没有匹配到任何结果，则返回一个 nil 切片。如果想要处理 Nginx 日志中每列的数据，那么需要跳过第一个元素，即从数组的第二个元素开始处理。在处理之前，应该先做一些验证。例如在正则表达式中匹配了 9 个括号的字段，在匹配正确的情况下，得到的数组 str 的长度应为 10（9+1）个，这时可以先做一个验证，如果数组 strs 的长度小于 10，就认为这条 Nginx 日志数据是无效的。

3. 处理提取的日志数据

读取并处理日志数据后，需要将数据存入结构体 NginxMsg 中。参考表 23-1 可知，在通过正则表达式获取的字符串数组 strs 中，str[0]表示的是整个日志信息的字符串，strs[1]是 IP 地址，strs[2]和 strs[3]是占位符，所以我们应从 strs[4]开始逐个处理，其中，0、1、2、3、4 对应表 23-1 中的序号。以下是处理日志数据的步骤。

（1）使用标准库 time 格式化时间数据。示例代码如下。

```
loc,_ := time.LoadLocation("UTC")
...
timeLocal, err := time.ParseInLocation("[02/Jan/2006:15:04:05 +0000]", strs[4] , loc)
```

```
if err != nil {
    log.Println("时间解析报错:", err)
    continue
}
```

（2）解析请求信息，请求信息由以下几部分组成。

- 请求的方法，如 GET、POST 等。
- 请求访问的 URL。
- 访问的协议，如 HTTP/1.1。

将请求信息基于空格字符分割，会得到长度为 3 的数组。数组的第二个元素是 URL，可以使用标准库 net/url 进行解析。示例代码如下。

```
request := strs[5]
requestInfo := strings.Split(request, " ")
if len(requestInfo) < 3 {
    log.Println("请求信息解析个数错误:", request)
    continue
}
method := strings.TrimLeft(requestInfo[0], "\"")
u, err := url.Parse(requestInfo[1])
if err != nil {
    log.Println("解析url报错:", err)
    continue
}
path := u.Path
protocol:= strings.TrimLeft(requestInfo[2], "\"")
```

（3）strs[7]表示发送给客户端的文件主体内容的大小，可以利用 strconv.Atoi 将字符串类型转换为 int 类型，示例代码如下。

```
bytesSent, _ := strconv.Atoi(strs[7])
```

（4）为结构体 NginxMsg 赋值。我们将前面解析出的所有值作为结构体 NginxMsg 的成员值，最后将 NginxMsg 的值作为消息内容传递给通道 WriteChannel 作为下一环节的输入内容。需要注意的是，由于 writeChannel<-msg 传递的是结构体 NginxMsg 的地址，因此需要将通道 writeChannel 的类型修改为 writeChannel chan *NginxMsg，并在初始化 main 函数时加上一个 buffer 缓冲区。关键代码如下。

```
msg:=new(NginxMsg)
...
msg.RemoteAddr = remoteAddr
msg.TimeLocal = timeLocal
msg.Method = method
msg.Path = path
msg.Protocol = protocol
msg.HttpCode = httpCode
msg.ByteSent = bytesSent
msg.FromUrl = fromUrl

writeChannel<-msg
```

23.3.4 实现数据归档

在这一步，我们需要从通道 writeChannel 中读取已处理的日志数据，并进行归档处理，即将读取到的日志数据写入数据库或文件中。由于本例只是演示，我们直接使用标准输出代替写入数据库或文件的操作。示例代码如下。

```
func (w *WriteToDB) Write() {
        for v:=range writeChannel {
                fmt.Println(v)
        }
}
```

执行 main 函数后，输出如下。

```
&{192.168.102.212 2021-01-11 01:44:55 +0000 UTC GET /static/js/manifest.f7e34c23377ce0071620.js
HTTP/1.1" 200 1759 "http://192.168.103.241:18080/"}
...
...
&{192.168.104.114 2021-01-11 03:11:25 +0000 UTC GET /favicon.ico HTTP/1.1" 404 555 "-"}
&{192.168.104.114 2021-01-12 02:22:36 +0000 UTC GET /favicon.ico HTTP/1.1" 404 555 "-"}
```

以上就是对业务的简单实现。

23.4　构建 HTTP 服务发布数据

在本节中，我们将通过构建一个 HTTP 服务来发布经过处理的日志数据，使其可以被客户端（如浏览器）访问。

23.4.1　埋点处理

为了统计处理的行数和错误数，我们需要在关键位置进行数据收集。具体来说，应当在读取每行数据以及遇到错误的地方埋点。这样一来，在整个处理过程中，我们就可以实时地追踪行数和错误的变化，从而更好地了解处理任务的进展。具体步骤如下。

（1）自定义错误类型，并初始化 5 个全局变量，用来记录各类错误的个数，示例代码如下。

```
const (
        TypeHandleLine           = iota //处理行数
        TypeRegexpPraseErr               //正则表达式解析错误
        TypeTimePraseErr                 //时间解析错误
        TypeRequestPraseNumErr           //请求的数组解析错误
        TypeUrlPraseErr                  //URL 解析错误
)

var RegexpPraseErrCounter, TimePraseErrCounter,
        RequestPraseNumErrCounter, UrlPraseErrCounter,
        HandleLineCounter int = 0, 0, 0, 0, 0
```

（2）前面提到过，通道的一个功能是接收信号，在这里定义一个全局的通道 HandleStatusChan，用它来接收来自行和各种错误的信号。示例代码如下。

```
var HandleStatusChan = make(chan int)
```

（3）在相应的位置发送信号。处理行数的示例代码如下。

```
readChannel <- line
HandleStatusChan <- TypeHandleLine
```

处理各种错误的示例代码如下。

```
HandleStatusChan <- TypeRegexpPraseErr
log.Println("正则表达式解析后，数据的长度与期望值不匹配，解析的长度为: ", len(strs))

HandleStatusChan <- TypeTimePraseErr
log.Println("时间解析报错:", err)

HandleStatusChan <- TypeRequestPraseNumErr
log.Println("请求信息解析个数错误:", request)

HandleStatusChan <- TypeUrlPraseErr
log.Println("解析 URL 报错:", err)
```

（4）处理 HandleStatusChan 接收的信号。示例代码如下。

```
//打印输出处理的行数和各种错误的数量
func PrintHandleResult() {
    for range writeChannel {
        go func() {
            for n := range HandleStatusChan {
                switch n {
                case TypeHandleLine:
                    HandleLineCounter++
                case TypeRegexpPraseErr:
                    RegexpPraseErrCounter++
                case TypeTimePraseErr:
                    TimePraseErrCounter++
                case TypeRequestPraseNumErr:
                    RequestPraseNumErrCounter++
                case TypeUrlPraseErr:
                    UrlPraseErrCounter++
                }
            }
        }()

        fmt.Println(HandleLineCounter, "--", RegexpPraseErrCounter, "--",
            TimePraseErrCounter, "--", RequestPraseNumErrCounter, "--",
            UrlPraseErrCounter)
    }
}
```

在 main 函数中添加执行该方法的代码 go PrintHandleResult()。

执行后输出的结果如下。

```
...
25772 -- 0 -- 0 -- 39 -- 0 --- 39
25773 -- 0 -- 0 -- 39 -- 0 --- 39
```

本书配套代码中含有此示例完整的代码，具体见 golang-1/inaction/v4/main.go。

23.4.2 构建 HTTP 服务发布数据的步骤

在 main 函数中，除了使用 time.Sleep 等待协程执行完，还可以构建 HTTP 服务阻塞主协程。启动一个 HTTP 服务（例如使用 http.ListenAndServe 函数）后，它会在当前主协程中监听指定的地址和端口，等待处理来自客户端的请求。HTTP 服务端会持续监听请求并处理它们，这是一个循环的过程。http.ListenAndServe 函数内部有一个无限循环，它会不断地接收并处理新的请求。因此，只要没有遇到 panic 或显式停止服务，这个函数就不会返回，因为 HTTP 服务是在主协程中运行的，所以主协程会被阻塞。

下面介绍构建 HTTP 服务发布数据的步骤。

1. 定义用于展示数据的结构体 PubInfo

结构体 PubInfo 用于展示发布信息的相关数据。它包括 4 个成员变量：HandleLines、ErrLines、ReadChanLen 和 WriteChanLen。其中，HandleLines 表示处理的日志行数，ErrLines 表示错误的日志行数，ReadChanLen 表示读取通道的长度，WriteChanLen 表示写入通道的长度。这个结构体可以用在日志处理程序中收集和展示各项统计数据，以便开发人员了解程序的执行情况。在日常开发中，我们可以根据实际需求对结构体进行扩展，以适应不同的统计需求。该结构体还可以通过 json 标记进行序列化和反序列化，可方便地实现跨网络传输和存储。示例代码如下。

```
//发布的信息
type PubInfo struct {
        HandleLines int `json:"handle_lines"`
        ErrLines int `json:"err_lines"`
        ReadChanLen int `json:"read_chan_len"`
        WriteChanLen int `json:"write_chan_len"`
}
```

2. 添加发布数据的方法 Publish

Publish 是用于向外部发布数据的方法。在该方法中，我们创建了一个请求路由为/pub 的 HTTP 服务，并在其匿名的 handler 函数中加入了数据处理逻辑，之后启动了 HTTP 服务并监听了端口号 9080 的请求。示例代码如下。

```
func (m *PubInfo) Publish() {

        http.HandleFunc("/pub", func(writer http.ResponseWriter, request *http.Request) {
                m.ErrLines = RegexpPraseErrCounter + TimePraseErrCounter + RequestPrase
                NumErrCounter + UrlPraseErrCounter
                m.HandleLines = HandleLineCounter
                m.ReadChanLen = len(readChannel)
                m.WriteChanLen = len(writeChannel)
                pubMsg, _ := json.MarshalIndent(m, "", "\t")
                io.WriteString(writer, string(pubMsg))
        })
        http.ListenAndServe(":9080", nil)
}
```

使用标准库 net/http 编写 HTTP 服务、启动监听器和监听端口 9080 的关键代码如下。

```
http.HandleFunc("/pub", func(writer http.ResponseWriter, request *http.Request) {
        ...
})
http.ListenAndServe(":9080",nil)
```

在匿名 handler 函数中，会对结构体 PubInfo 的成员进行赋值，并使用标准库 json.MarshalIndent 对数据进行序列化，从而将其转换为 JSON 格式。最后，调用 io.WriteString 输出 JSON 格式的结果。关键代码如下。

```
m.ErrLines =...
m.HandleLines = HandleLineCounter
```

```
m.ReadChanLen = len(readChannel)
m.WriteChanLen = len(writeChannel)
pubMsg ,_ := json.MarshalIndent(m,"","\t")
io.WriteString(writer,string(pubMsg))
```

3. 启动 HTTP 服务

在 main 函数中移除 time.Sleep 的相关代码，添加启动 HTTP 服务的代码。

```
pub := &PubInfo{}
pub.Publish()
```

4. 使用 curl 命令对 HTTP 服务进行访问测试

可以使用浏览器访问地址 localhost:9080/pub 来查看发布的数据信息，也可以在终端上使用 curl 命令来测试 HTTP 服务的访问情况，其输出结果如下。

```
$ curl localhost:9080/pub
{
        "handle_lines": 25770,
        "err_lines": 39,
        "read_chan_len": 0,
        "write_chan_len": 0
}
```

本书配套代码中含有此示例完整的代码，具体见 golang-1/inaction/v5/main.go。

23.5　整合 Prometheus 发布数据

Prometheus 是当今云原生领域中最流行的监控告警解决方案之一。除了使用自定义的 HTTP 服务发布数据，我们还可以将发布数据的功能与 Prometheus 整合。Prometheus 使用拉取（Pull）模式采集数据，拉取的对象是各种 exporter。

exporter 是一种将其他系统和服务的监控数据转换为 Prometheus 可识别格式的程序。要实现自定义的 exporter，只需要遵循 Prometheus 的接口定义即可。具体实现时，需要先定义一个结构体，实现 Collector 接口中的 Collect 和 Describe 方法。在 Collect 方法中，需要调用业务逻辑代码收集所需的监控数据，并将数据写入 Metric 中。在 Describe 方法中，需要描述收集到的监控数据的信息。实现 Collect 方法后，还需要在 HTTP 服务中添加 Prometheus 实现的 HTTP Handler，并将 Collector 实例传递给 Handler，以发布监控数据。

接下来，我们将详细介绍发布数据的功能与 Prometheus 整合的过程。

23.5.1　引用第三方 prometheus 包

1. 安装相应的 prometheus 包

在 Go 语言中安装与 Prometheus 相关的包可以使用以下命令。

```
$ go get github.com/prometheus/client_golang/prometheus
$ go get github.com/prometheus/client_golang/prometheus/promhttp
...
```

其中，prometheus 包是 Prometheus Go 客户端库，用于指标采集和指标输出；promhttp 包是一个

HTTP 处理程序,用于将指标公开为 Prometheus 所需的格式。

下载完成后,在 go.mod 中可以看到新添加的 prometheus 包。示例代码如下。

```
require (
        ...
        github.com/prometheus/client_golang v1.11.0
        github.com/prometheus/common v0.26.0
        github.com/prometheus/client_model v0.2.0 // indirect
        github.com/prometheus/procfs v0.6.0 // indirect
        ...
)
```

注意:我们可能需要使用 go mod vendor 命令将 go.mod 中涉及的包同步到本地项目对应的 vendor 目录中。

2. 在代码中引入与 Prometheus 相关的包

接下来,使用 import 关键字引入与 Prometheus 相关的包,分别是 prometheus、promhttp 和 promlog。这些包提供了与 Prometheus 监控系统相关的功能,例如定义了 Prometheus 的 metric、创建了 HTTP Handler 等。示例代码如下。

```
import(
        "github.com/prometheus/client_golang/prometheus"
        "github.com/prometheus/client_golang/prometheus/promhttp"
        promlog "github.com/prometheus/common/log"
        ...
)
```

23.5.2 实现自定义的 exporter

查阅 Prometheus 的官方文档可以知道,通过实现 Collector 接口中定义的方法集,我们可以自定义 exporter,进而可以将任何需要监控的数据暴露给 Prometheus。接口 Collector 的代码位于 github.com/prometheus/client_golang/prometheus 中,它的定义如下。

```
type Collector interface {
        Describe(chan<- *Desc) //用于描述收集到的监控数据
        Collect(chan<- Metric) //用于定义如何收集监控数据,并将数据传递给 Prometheus
}
```

在自定义 exporter 时,首先需要定义结构体 MyCollector 并实现 prometheus.Collector 接口所定义的方法集。示例代码如下。

```
type MyCollector struct {
        Zone          string
        handleLines  *prometheus.Desc
        handleErrs   *prometheus.Desc
}

//实现 Collect 方法
//定义如何收集监控数据,并将数据传递给 Prometheus
func (collector *MyCollector) Collect(ch chan<- prometheus.Metric) {
        ch <- prometheus.MustNewConstMetric(
                collector.handleLines,
```

```
                prometheus.CounterValue,
                float64(HandleLineCounter),
                "handle_nginx_log_total",
        )
        ch <- prometheus.MustNewConstMetric(
                collector.handleErrs,
                prometheus.CounterValue,
                float64(RegexpPraseErrCounter + TimePraseErrCounter +
                RequestPraseNumErrCounter + UrlPraseErrCounter),
                "handle_nginx_log_errors_total",
        )
}

//实现 Describe 方法
func (collector *MyCollector) Describe(ch chan<- *prometheus.Desc) {
        ch <- collector.handleLines
        ch <- collector.handleErrs
}
```

代码说明如下。

（1）这里为结构体 MyCollector 定义了 3 个成员，分别是用于标识指标所属区域的 zone、收集处理 Nginx 日志总条数的 handleLines 和处理遇到的错误条数的 handleErrs。

（2）Collector 接口的 Collect(chan<- Metric)方法用于收集数据。我们在这个方法的处理逻辑中将值 float64(HandleLineCounter)赋给了 MyCollector 结构体中定义的成员 handleLines，该成员的标签是 handle_nginx_log_total，这种指标的类型是 Counter。

（3）用处理 handleLines 的方法处理 handleErrs。

（4）在方法 Describe(chan<- *Desc)中，将值传递给通道 prometheus.Desc。

Prometheus 支持收集 4 种类型的监控指标，分别是 Counter（计数器）、Guage（仪表盘）、Histogram（直方图）和 Summary（摘要）。Counter 用于统计一个事件发生的次数；Guage 用于表示一个可变的值，如 CPU 利用率；Histogram 用于记录一组样本的分布情况，如请求延迟时间的分布；而 Summary 则用于记录样本的分位数、平均数等聚合指标。本书中不会深入介绍 Prometheus，感兴趣的读者可以通过访问 Prometheus 官网获取更多相关信息。

接下来，设置 zone 并注册监控指标。zone 用于标识监控指标（metric）属于哪个区域，它在 Collect 方法中被使用，可动态生成指标的名称，这样可以方便地将同一指标在不同区域的数据分开记录，便于监控和统计。示例代码如下。

```
func MyMetrics(zone string) *MyCollector {
        return &MyCollector{
                Zone: "nginx_handle",
                handleLines: prometheus.NewDesc("handle_nginx_log_total",
                        "Nginx 日志处理总行数",
                        []string{"nginx_log_handle"}, prometheus.Labels{"zone": zone},
                ),
                handleErrs: prometheus.NewDesc("handle_nginx_log_errors_total",
                        "Nginx 日志处理错误行数",
                        []string{"nginx_log_handle"}, prometheus.Labels{"zone": zone},
                ),
        }
}
```

```
collector := MyMetrics("collect-nginx-for-prometheus")
prometheus.MustRegister(collector)
reg := prometheus.NewPedanticRegistry()
reg.MustRegister(collector)
```

然后，参考 Prometheus 文档定义 handler，启动 HTTP 服务。示例代码如下。

```
gatherers := prometheus.Gatherers{
        prometheus.DefaultGatherer,
        reg,
}
handler := promhttp.HandlerFor(gatherers,
        promhttp.HandlerOpts{
                ErrorLog:        promlog.NewErrorLogger(),
                ErrorHandling: promhttp.ContinueOnError,
        })

http.HandleFunc("/metrics", func(w http.ResponseWriter, r *http.Request) {
        handler.ServeHTTP(w, r)
})
```

最后，发布 HTTP 服务，将上面的代码放在 func (m *PubInfo) Publish()中。

```
func (m *PubInfo) Publish() {
...
http.HandleFunc("/pub", func(writer http.ResponseWriter, request *http.Request) {
                .../放入上面几步的代码
})
```

HTTP 服务启动后，在浏览器中输入请求地址，即可获取相应的指标信息。该信息将会按照 Prometheus 所定义的格式进行展示。最后的显示结果如图 23-1 所示。

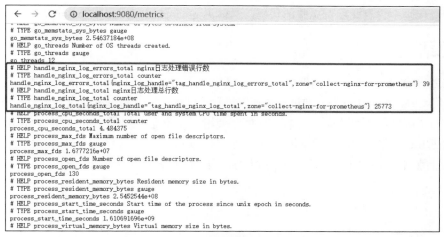

图 23-1　通过访问浏览器查看指标信息

在图 23-1 中，被框线框住的就是自定义的指标项，包括指标的名称、zone、tag 和对应的值等，刷新浏览器就会刷新对应的值。

到这里，已将编写完的 exporter 纳入 Promethus 中监控。本书配套代码中含有此示例完整的代码，具体见 golang-1/inaction/v6/main.go。

23.6 代码细节的提升

本章前面已将基本的代码逻辑完成，不过，在此基础上还可以进一步完善和优化。

（1）根据读、写的快慢，尝试使用 FanOut 模式设置多个的协程。示例代码如下。

```
for i := 0; i < 5; i++ {
        go task.HandleLog()
}

for i := 0; i < 10; i++ {
        go writer.Write()
}
```

（2）Nginx 日志的路径之前都是固定写在 filePath: "access.log"中的，若路径发生变化，则需要更改相应的代码。对此，可以通过使用 flag 包设置传入的参数来进行调整，这样使用起来更加灵活。示例代码如下。

```
var filePathFlag string
flag.StringVar(&filePathFlag, "filepath", "access.log", "location for nginx access.log")
flag.Parse()

reader := &ReadFromFile{
        filePath: filePathFlag,
}
```

在生产项目中，不会把所有的代码都放在 main 函数中，需要有一定的层次，这里可以参考之前的项目的目录结构进行设计。

本书配套代码中含有此示例完整的代码，具体见 golang-1/inaction/v7/main.go。

23.7 总结

本章在之前的 "hello world" 示例中加入了很多新的知识。比如利用接口隔离原则重新设计了读、写的接口，使用协程实现了并发，通过增加通道进行了解耦，使用 io 包对大文件进行了分片处理，使用 http 包发布了服务，使用 time 包处理了时间，使用 regexp 包处理了正则表达式，使用 json 包序列化了对象，使用 flag 包灵活地处理了传入的参数，最后还引入第三方包 prometheus 自定义 exporter，用于发布指标数据，让我们更加深入地了解和掌握了 Go 语言在实际项目中的应用。